Teoria da usinagem dos materiais

Blucher

Álisson Rocha Machado
Universidade Federal de Uberlândia – UFU
Alexandre Mendes Abrão
Universidade Federal de Minas Gerais – UFMG
Reginaldo Teixeira Coelho
Universidade de São Paulo – USP
Márcio Bacci da Silva
Universidade Federal de Uberlândia – UFU

Teoria da usinagem dos materiais

3ª edição revista e atualizada

Teoria da usinagem dos materiais
© 2015 Álisson Rocha Machado
Alexandre Mendes Abrão
Reginaldo Teixeira Coelho
Márcio Bacci da Silva
3ª edição revista e atualizada
2ª reimpressão - 2021
Editora Edgard Blücher Ltda.

Foto da capa: Prof. Alexandre Mendes Abrão

Blucher

Rua Pedroso Alvarenga, 1245, 4º andar
04531-934 - São Paulo - SP - Brasil
Tel.: 55 11 3078-5366
contato@blucher.com.br
www.blucher.com.br

Segundo o *Novo Acordo Ortográfico*, conforme 5. ed. do *Vocabulário Ortográfico da Língua Portuguesa*, Academia Brasileira de Letras, março de 2009.

FICHA CATALOGRÁFICA

Teoria da usinagem dos materiais / Álisson Rocha Machado... [et al.]. - 3. ed. - São Paulo: Blucher, 2015.

Outros autores: Alexandre Mendes Abrão, Reginaldo Teixeira Coelho, Márcio Bacci da Silva

Bibliografia.

ISBN 978-85-212-0846-4

1. Materiais - Usinagem. I. Machado, Álisson Rocha. II. Abrão, Alexandre Mendes. III. Coelho, Reginaldo Teixeira. IV. Silva, Márcio Bacci da.

14-0379 CDD-671.35

Índice para catálogo sistemático:

1. Materiais: Usinagem

Simbologia usada

a_e = penetração de trabalho (mm)
a_f = penetração de avanço (mm)
a_p = profundidade ou largura de usinagem (mm)
A = área da seção transversal de corte, área aparente entre duas superfícies em contato (mm^2)
A = fator de forma da fonte de calor, Equação (5.28)
A_1 = fração de energia de deformação transfomada em calor, Equação (5.15)
A_R = área de contato real entre duas superfícies em contato (mm^2)
b = largura de corte (mm)
b_d = largura atuante do dressador (mm)
C = custos (R$); constante par ferramenta/peça – Equação (5.1)
B_1 = proporção de calor que flui do plano de cisalhamento para a peça, Equação (5.15)
B_2 = proporção de calor que flui da interface cavaco/ferramenta para o cavaco
c = calor específico dos materiais (J/kg.K)
d = diâmetro da peça (mm)
d_s = diâmetro do rebolo (mm)
d_w = diâmetro da peça sendo retificada (mm)
D_c = diâmetro do cortador em fresamento (mm)
e_n = extensão da parte plana do quebra-cavacos tipo II – cratera (mm)
f = avanço (mm/rev)
f_c = avanço de corte (mm)
f_e = avanço efetivo (mm)
f_z = avanço por dente (mm/dente)
F = força tangencial sobre uma superfície em atrito (N)
F_{ap} = força de apoio (N)
F_c = força de corte (N)
F_f = força de avanço (N)
F_p = força passiva, ou de profundidade (N)
F_n = força de compressão (N)

F_N = projeção da força principal de corte sobre a superfície de saída da ferramenta na sua direção normal (N)

F_{NZ} = projeção da força principal de corte sobre o plano de cisalhamento na sua direção normal (N)

F_T = projeção da força principal de corte sobre a superfície de saída da ferramenta na sua direção tangencial (N)

F_{TR} = força ativa (N)

F_U = força resultante de usinagem (N)

F_Z = projeção da força principal de corte sobre o plano de cisalhamento na sua direção tangencial (N)

G = razão entre o volume de material usinado, Zw, e o de rebolo consumido, Zs

h = espessura de corte (mm)

h' = espessura do cavaco (mm)

h_{eq} = espessura de corte equivalente em retificação (mm)

h_m = espessura média de corte no fresamento (mm)

I = corrente elétrica (A)

I_{ef} = corrente eficaz (A)

k = constante na Equação (3.20), difusidade térmica do material (W/m.K)

k_s = pressão específica de corte (N/mm^2)

k_{s1} = pressão específica de corte proporcional à espessura de corte (N/mm^2 · mm$^{(1-z)}$)

K = constante da Equação de Taylor, condutividade térmica

l' = comprimento do traço do plano de cisalhamento sobre o plano de trabalho (mm)

l_c = comprimento de contato ferramenta/cavaco sobre a superfície de saída, comprimento de contato rebolo/peça (mm)

l_f = distância entre a aresta de corte e o centro do raio de curvatura do cavaco (mm)

l_n = extensão do quebra-cavacos postiço (mm)

l_{st} = comprimento de contato dentro da zona de aderência na interface cavaco/ferramenta (mm)

L = parâmetro de velocidade para a Equação (5.31)

L_f = percurso de avanço (mm)

L_c = percurso de corte (mm)

L_e = percurso efetivo (mm)

n = rotação da peça, ou ferramenta (rpm); característica do par ferramenta/peça, Equação (5.1)

n_t = número de trocas de arestas de corte

N = força normal sobre uma superfície em atrito (N)

P = potência de retificação (W)

P_{ap} = potência aparente (V.A)

Z_s = volume de rebolo consumido (mm^3)

Z_T = número de peças usinadas com uma aresta de corte no tempo de vida T

Z_w = volume de material retificado (mm^3)

$(1\text{-}z)$ = expoente da Equação de Kienzle

α = difusividade térmica igual a $K/c\rho$ (m^2/s)

α_o = ângulo de folga da ferramenta

β_o = ângulo de cunha da ferramenta; razão entre as forças tangencial e normal sobre a superfície de saída da ferramenta

β' = ângulo de atrito médio sobre a superfície de saída da ferramenta, sob ação do cavaco

β_Z = coeficiente de atrito interno sobre o plano de cisalhamento

χ_r = ângulo de posição da ferramenta

ΔY = espessura da lamela de cavaco (mm)

ΔS = deformação por cisalhamento (mm)

ε = deformação verdadeira

ε_0 = grau de deformação no cisalhamento

ε_r = ângulo de ponta da ferramenta

φ = ângulo da direção de avanço

ϕ = ângulo de cisalhamento

γ_o = ângulo de saída da ferramenta

μ = coeficiente de atrito para o caso governado pelo modelo de Coulomb

ρ = ângulo entre a força de usinagem F_U e a componente F_N; densidade (kg/m^3); resistividade elétrica (Ω)

σ_1 = tensão normal limite para transição entre o atrito seco de Coulomb e o atrito de cisalhamento do material mais fraco sem zona de transição (N/mm^2)

σ_2 = tensão normal limite para transição entre o atrito seco de Coulomb e o atrito de cisalhamento do material mais fraco com zona de transição (N/mm^2)

σ_c = tensão de compressão sobre a superfície de saída da ferramenta (N/mm^2)

σ_{fav} = tensão normal média que atua na superfície de saída da ferramenta (N/mm^2)

σ_Z = tensão normal sobre o plano de cisalhamento (N/mm^2)

τ_{st} = tensão de cisalhamento limite para a proporcionalidade entre atrito seco e de cisalhamento (N/mm^2)

τ_Z = tensão de cisalhamento sobre o plano de cisalhamento (N/mm^2)

ν = coeficiente de Poisson

η = ângulo da direção efetiva de corte

Θ = temperatura (K, °C)

λ_s = ângulo de inclinação da ferramenta

Simbologia usada

P_{at} = potência ativa (W)
P_C = potência de corte (kW)
P_f = potência de avanço (kW)
P_{mC} = potência do motor de acionamento do eixo árvore (kW)
P_{mf} = potência de acionamento do sistema de avanço (kW)
P_{rt} = potência reativa (V.A)
q = energia específica na forma de calor (W/m^2)
Q = energia na forma de calor (W)
r_ε = raio de ponta da ferramenta (mm)
r_c = raio de curvatura do cavaco (mm)
r_h = raio de cunha da ferramenta (mm)
R = proporção de calor que flui da fonte do corpo semi-infinito, resistência elétrica (Ω)
R_c = grau de recalque do cavaco
s = altura do quebra-cavacos postiço (mm)
S = área do cavaco indeformado, ou da seção de corte (mm^2)
S_d = passo de dressagem (mm/rev)
S_R = relação entre a variação de resistência elétrica e a variação de comprimento
S_Z = área do plano de cisalhamento (mm^2)
t = tempo (s), altura do quebra-cavacos postiço (mm)
T = tempo de vida de uma aresta de corte (min)
T_o = temperatura ambiente (°C)
T_Z = temperatura devido ao cisalhamento (°C)
U_d = grau de recobrimento na dressagem de rebolos
v_0 = velocidade de custo mínimo (m/min)
v_c = velocidade de corte (m/min)
v_{cav} = velocidade de saída do cavaco (m/min)
v_e = velocidade efetiva (m/min)
v_f = velocidade de avanço (mm/min)
v_{mxp} = velocidade de máxima produção (m/min)
v_s = velocidade do rebolo em retificação (m/s)
v_w = velocidade da peça sendo retificada (mm/s)
v_z = velocidade de cisalhamento (m/min)
V = tensão elétrica (V)
V_{ef} = tensão eficaz (V)
V_g, V_b e V_p = volumes de abrasivos, ligantes e de poros, respectivamente (%)
W = trabalho mecânico (W)
z = número de aresta de corte da ferramenta
Z = número de peças em um lote

Conteúdo

1 Introdução à teoria da usinagem dos materiais

Até meados do século XVIII, o principal material utilizado para peças, em engenharia, era a madeira, salvo raras exceções, a qual era usinada com ferramentas de aço-carbono. Com a Revolução Industrial, novos e mais resistentes materiais apareceram, impulsionando o desenvolvimento dos aços-liga como ferramentas de corte. Mais tarde, a utilização da água e do vapor como fontes de energia impulsionou a indústria metal-mecânica, já no final do século XVIII e início do século XIX, propiciando, assim, o aparecimento de máquinas-ferramentas responsáveis pela fabricação de outras variedades de máquinas e instrumentos em substituição ao trabalho humano em diversas atividades. A primeira contribuição relevante foi apresentada por John Wilkinson, em 1774 (McGEOUGH, 1988), ao construir uma máquina para mandrilar cilindros de máquinas a vapor, os quais antes eram usinados com equipamentos originalmente projetados para mandrilar canhões e que, portanto, não eram capazes de assegurar a exatidão exigida.

Os materiais a princípio utilizados na fabricação de máquinas a vapor eram o ferro fundido, o latão e o bronze, facilmente usinados com as ferramentas de aço-carbono temperado disponíveis na época. Ainda assim, eram necessários 27,5 dias de trabalho para mandrilar um dos cilindros de uma máquina de grande porte (TRENT, 1985).

Em 1797, Henry Maudslay desenvolveu o primeiro torno com avanço automático, permitindo a produção de roscas com passo definido. Após a mandriladora e o torno surgiram a plainadora e, em 1860, a retificadora. A primeira fresadora universal, desenvolvida por J. R. Brown, surgiu em 1862 e foi utilizada inicialmente para a produção de canais em brocas helicoidais. Outro desenvolvimento importante ocorreu em 1896, quando F. W. Fellows desenvolveu uma máquina capaz de produzir praticamente qualquer tipo de engrenagem.

Já no século XX surgiram produtos feitos de materiais mais duráveis e, consequentemente, mais difíceis de serem usinados. O advento das ferramentas de aço rápido, e mais tarde de carboneto de tungstênio, permitiu a usinagem de aços e de outros materiais metálicos com produtividade crescente, também favorecida pelos avanços tecnológicos no campo das máquinas-ferramentas, como o desenvolvimento de máquinas automáticas e, mais tarde, de máquinas comandadas numericamente (CN). Por fim, a partir da década de 1940, os processos não convencionais de usinagem passaram a ganhar importância pela capacidade de produzir peças de geometria complexa em materiais de difícil usinabilidade, garantindo assim acabamento de elevada qualidade e tolerâncias estreitas.

Segundo Kalpakjian (1995), em países industrializados, a atividade manufatureira responde por 20% a 30% do Produto Interno Bruto e serve de indicativo confiável do padrão de vida da população do país. Em um contexto mais amplo, a manufatura pode ser entendida como o processo de transformação de matérias-primas em produtos acabados, seguindo planos bem organizados em todos os aspectos. Dessa forma, os mais diversos bens de consumo são produzidos, desde um simples parafuso até uma aeronave comercial de grande porte (aproximadamente seis milhões de peças), passando pelo automóvel (cerca de 15 mil peças). Já o termo *fabricação* é empregado de forma mais restrita, limitando-se aos processos nele envolvidos.

Para se ter uma ideia dos fatores relacionados à atividade manufatureira, Kalpakjian (1995) usa o exemplo da produção de um simples artigo: o clipe. Primeiro, ele deve ser projetado para atender ao seu requisito funcional: manter juntas várias folhas de papel. Para tanto, deve exercer força suficiente a fim de evitar o deslizamento de uma folha sobre a outra. Geralmente, é feito de arame de aço, embora hoje se encontrem no mercado clipes de plástico. O comprimento do arame necessário à sua fabricação é cortado e, então, dobrado várias vezes, para dar forma final ao produto. Por sua vez, o arame é feito por um processo de trefilação a frio, no qual a seção transversal de uma barra é reduzida ao passar por uma matriz (ou fieira), a qual também confere algumas propriedades mecânicas ao material, como resistência mecânica e dureza. A barra, por sua vez, é obtida por processos como trefilação e extrusão de um lingote fundido. Portanto, a fabricação de um simples clipe envolve projeto, seleção de material adequado e de um método de fabricação para atender aos requisitos de funcionalidade do produto. As escolhas são feitas não somente com base em requisitos técnicos, mas também com base em considerações econômicas, visando minimizar os custos de produção para que o produto possa ser competitivo no mercado.

Nos processos de fabricação, geralmente haverá mais de um método que poderá ser empregado para produzir um determinado componente. A seleção de um método em particular vai depender de um grande número de fatores. Além disso, na maioria das vezes, o produto final é resultado de muitos processos diferentes. Na seleção de processos, segundo Kalpakjian (1995), os seguintes fatores devem ser considerados:

- Tipo do material e suas propriedades.
- Propriedades finais desejadas.
- Tamanho, forma e complexidade do componente.
- Tolerâncias e acabamento superficial exigidos.
- Processo subsequente envolvido.
- Projeto e custo de ferramental; efeito do material na vida da ferramenta ou matriz.
- Sucata gerada e seu valor.
- Disponibilidade do equipamento e experiências operacionais.
- Tempo necessário para iniciar a produção.
- Número de partes requeridas e taxa de produção desejada.
- Custo total do processamento.

O engenheiro responsável deve ter, portanto, amplos conhecimentos dos processos e dos materiais envolvidos. É evidente que a fabricação de um produto, seja ele um clipe, uma lâmpada, uma calculadora ou um automóvel, além de conhecimentos de projeto, materiais e processos, requer também grande interação entre os diversos departamentos da empresa. Quanto mais complexo o produto, maior a necessidade de comunicação entre eles.

A Figura 1.1 mostra uma classificação dos processos de fabricação (FERRARESI, 1977), na qual se destaca a usinagem, objeto principal tratado neste livro. Outras maneiras de classificação também são encontradas na literatura, podendo-se encontrar uma classificação mais ampla como processos de adição de material, remoção e sem alteração de massa. Outra, por exemplo, divide em processos primário, secundário e de montagem. Ao observar essa figura, a seguinte definição de usinagem pode ser extraída: *processo de fabricação com remoção de cavaco*. Uma definição mais abrangente é a seguinte: *operação que, ao conferir à peça forma, dimensões e acabamento, produz cavaco*. E por cavaco entende-se: *porção de material da peça retirada pela ferramenta e caracterizada por apresentar forma geométrica irregular*.

A usinagem é reconhecidamente o processo de fabricação mais popular do mundo, transformando em cavacos algo em torno de 10% de toda a produção de metais e empregando dezenas de milhões de pessoas (TRENT, 1985).

Apesar dessa popularidade, trata-se de um processo bastante imprevisível e a definição paradoxal que se segue relata com exatidão toda a sistemática que o envolve: *processo complexo e simples ao mesmo tempo, no qual se produzem peças removendo-se o excesso de material na forma de cavacos.* É um processo complexo em razão das dificuldades em determinar as imprevisíveis condições ideais de corte. E simples porque, uma vez determinadas essas condições, o cavaco se forma corretamente, dispensando qualquer tipo de intervenção do operador. As condições ideais de corte são aquelas capazes de produzir peças dentro de especificações de forma, tamanho e acabamento ao menor custo possível.

Processos de fabricação
- Com remoção de cavaco
  - **Usinagem**
    - Convencional
      - Torneamento
      - Fresamento
      - Furação
      - Aplainamento
      - Mandrilamento
      - Serramento
      - Brochamento
      - Roscamento
      - Retificação etc.
    - Não convencional
      - Jato d'água
      - Jato abrasivo
      - Fluxo abrasivo
      - Ultrassom
      - Eletroquímica
      - Eletroerosão
      - Feixe de elétrons
      - Laser
      - Plasma
      - Química
      - Fotoquímica etc.
- Sem remoção de cavaco
  - Fundição
  - Soldagem
  - Metalurgia do pó
  - Conformação
    - Laminação
    - Extrusão
    - Trefilação
    - Forjamento
    - Estampagem
  - Outros

FIGURA 1.1 Classificação dos processos de fabricação.

A usinagem tem ainda a peculiaridade de ser um processo essencialmente prático e que envolve um elevado número de variáveis. Shaw (1984) afirma que é praticamente impossível prever o desempenho no corte dos metais. Entretanto, isso não significa que estudos detalhados dos processos de usinagem não têm valor. Cada ponto fundamental que é detalhadamente estudado e interpretado de maneira adequada contribui para o entendimento do processo, o procedimento mais próximo da capacidade de prever seu comportamento.

De acordo com Black (1995), a imprevisibilidade da usinagem se deve ao fato de esse ser o único processo de deformação plástica cuja única restrição é oferecida pela ferramenta de corte. Além disso, a usinagem envolve altas deformações combinadas com altas taxas de deformação. A variedade de opções para os parâmetros de entrada do processo resulta em infinitas combinações e há apenas três maneiras de lidar com tal complexidade: por meio da experiência adquirida por sucessivas tentativas e erros ao longo dos anos, além de comparações com situações análogas; por meio da experimentação, que é onerosa, demorada e restrita a uma determinada situação, não podendo ser generalizada; e por intermédio de modelos teóricos, que vão desde modelos matemáticos simplistas até sofisticados modelos numéricos. Em geral, nenhuma dessas abordagens é capaz de, sozinha, encontrar soluções satisfatórias, sendo recomendada a combinação de duas delas, ou mesmo das três abordagens.

1.1 PRINCIPAIS OPERAÇÕES DE USINAGEM

A seguir, as principais operações de usinagem convencional executadas com ferramentas de geometria definida são apresentadas e agrupadas de acordo com a máquina-ferramenta empregada. As operações de usinagem por abrasão, ou seja, realizadas com ferramenta sem geometria definida, serão tratadas posteriormente. É importante salientar que todas as operações apresentadas a seguir podem ser subdivididas em desbaste e acabamento. No desbaste, a principal preocupação é garantir elevada taxa de remoção de material, sendo, portanto, limitado pela potência da máquina-ferramenta. No acabamento, quando o sobremetal deixado pela operação de desbaste é removido, a qualidade final do componente é prioritária.

A Figura 1.2 mostra as principais operações realizadas no torno. Nesses casos, a peça gira em torno de seu eixo, enquanto a ferramenta de corte realiza os movimentos de avanço longitudinal e/ou transversal. Essas operações são:

- Torneamento cilíndrico externo.
- Torneamento cilíndrico interno.
- Torneamento cônico externo.
- Torneamento cônico interno.
- Faceamento.
- Perfilamento.
- Sangramento.
- Recartilhamento.

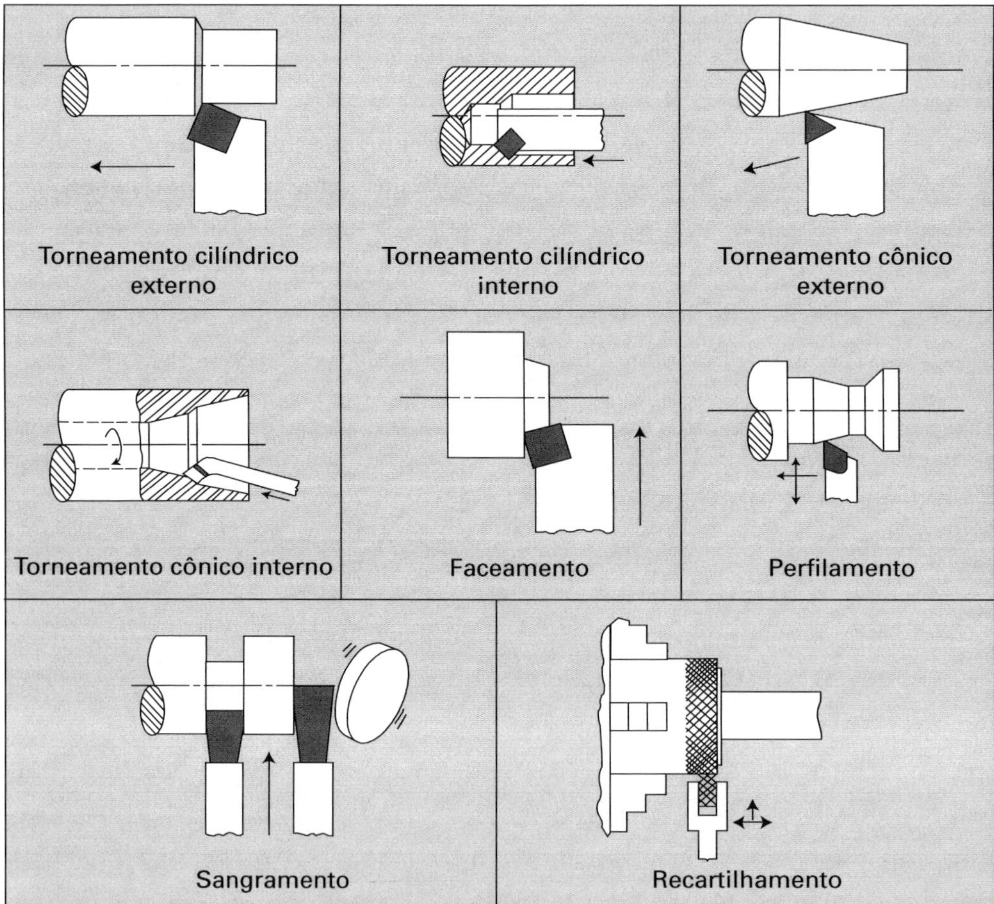

FIGURA 1.2 Principais operações executadas no torno.

As operações realizadas na furadeira são apresentadas na Figura 1.3. Aqui, a ferramenta gira e realiza o movimento de avanço, que pode ser manual ou automático. Normalmente, a qualidade de trabalho produzido pela operação de furação é inferior a IT11. Caso seja exigida uma qualidade superior, o alargamento deve ser executado.

- Furação.
- Furação com pré-furo.
- Furação escalonada.
- Furação de centro.
- Alargamento cilíndrico.
- Alargamento cônico.
- Rebaixamento.
- Trepanação.
- Ferramenta para furação profunda com broca canhão.

A operação de fresamento é reconhecida pela versatilidade na produção de geometrias diversas, além de garantir elevadas taxas de remoção de material, visto que a ferramenta (fresa) possui múltiplas arestas de corte. Nesse grupo de operações, a ferramenta gira, enquanto a peça, presa à mesa, é responsável pelos movimentos de avanço longitudinal e transversal (Figura 1.4). Em situações especiais, a peça pode ficar estática, enquanto a ferramenta realiza todos os movimentos.

- Fresamento tangencial (concordante ou discordante).
- Fresamento tangencial de canais ou de perfis.
- Fresamento de topo.
- Fresamento frontal.
- Fresamento com fresa de topo esférica.
- Fresamento de cavidades.

Além disso, o fresamento é o principal responsável pela fabricação de engrenagens. A Figura 1.5 ilustra os seguintes exemplos:

- Fresamento de engrenagens de dentes retos com fresa de perfil.
- Fresamento de engrenagens pelo processo Fellows.
- Fresamento de engrenagens cônicas helicoidais.
- Fresamento de engrenagens com par de fresas.
- Fresamento de engrenagens com fresa caracol.

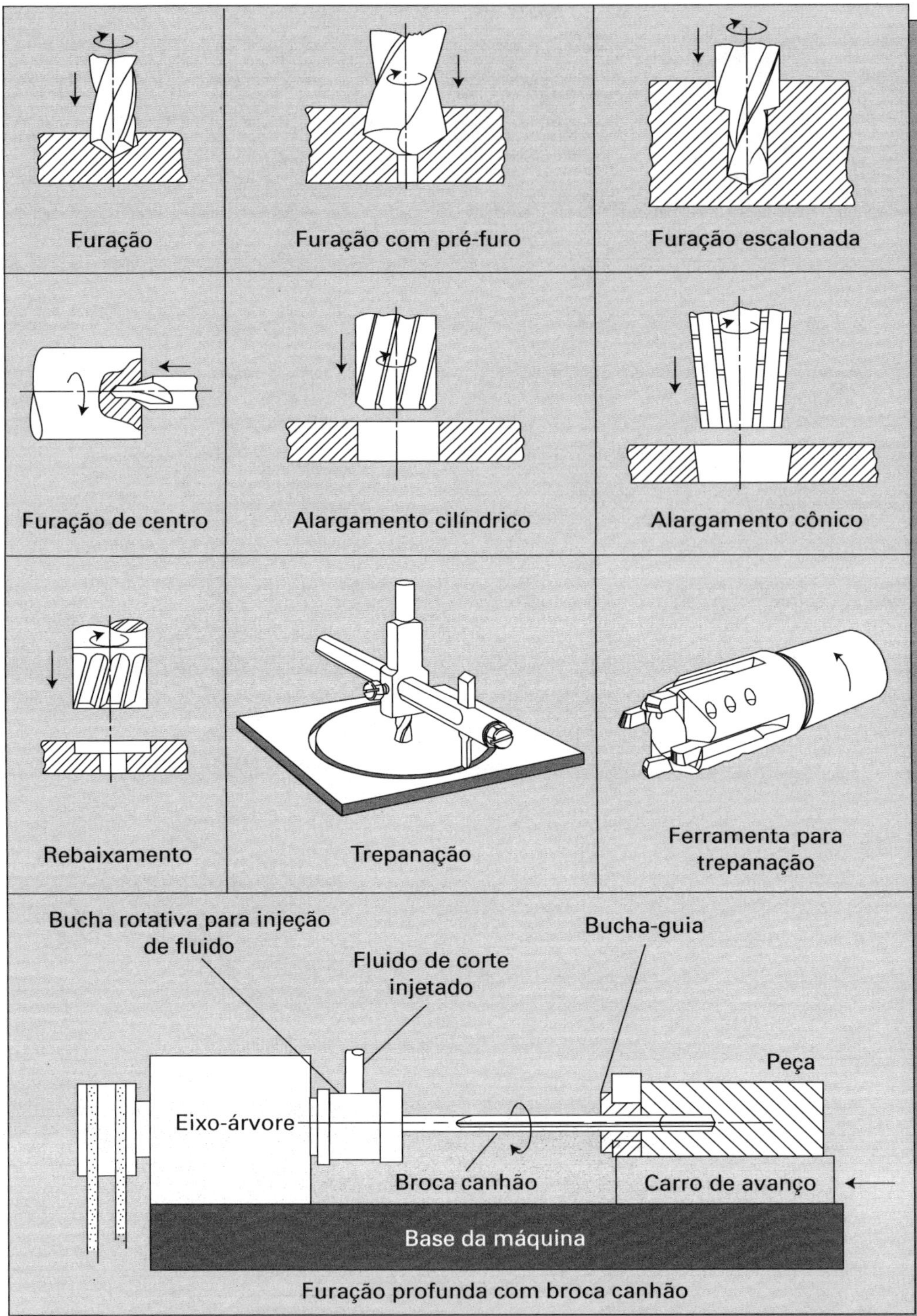

FIGURA 1.3 Principais operações executadas na furadeira.

FIGURA 1.4 Principais operações executadas na fresadora.

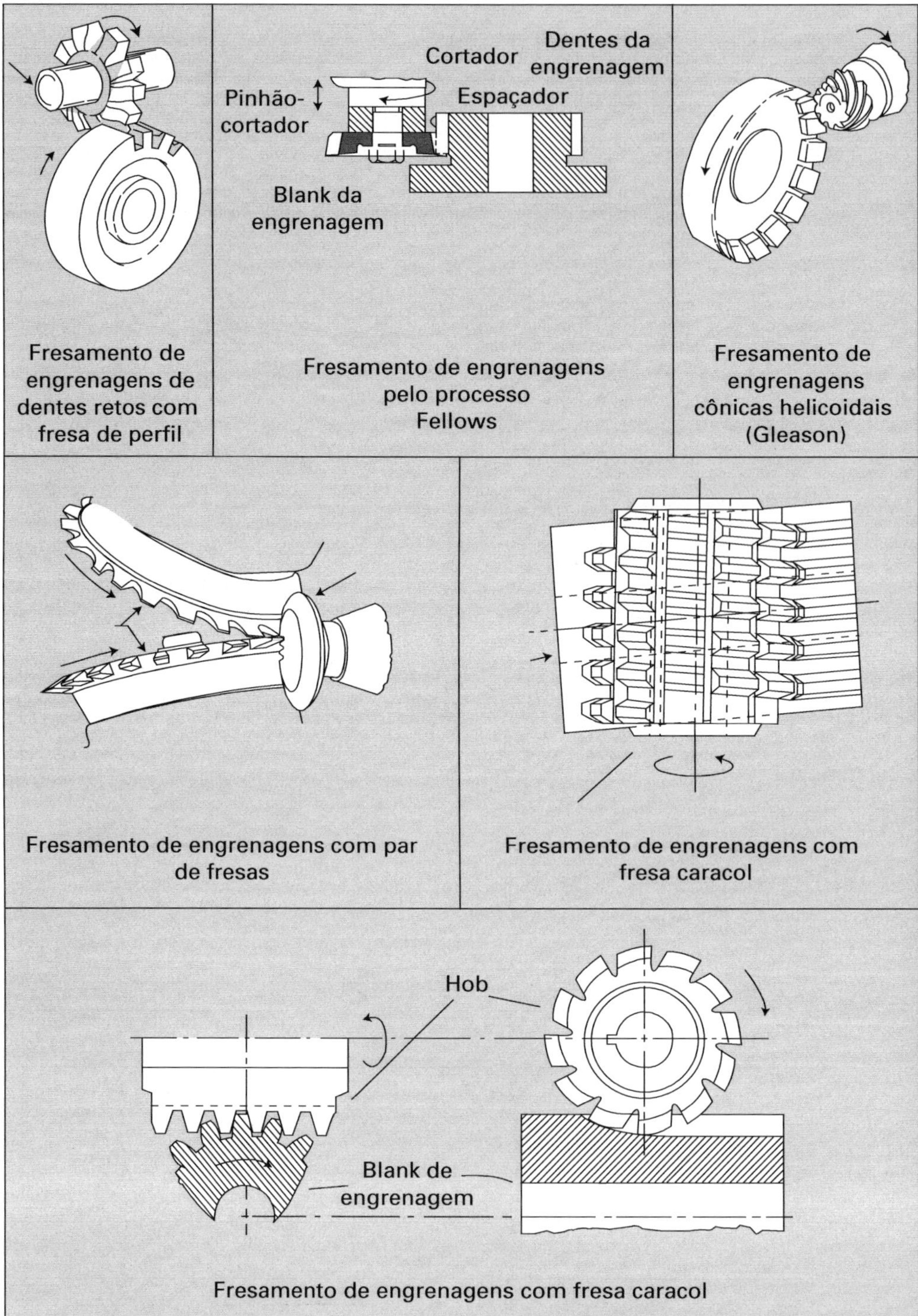

FIGURA 1.5 Exemplos de fresamento de engrenagens.

O mandrilamento é realizado em um equipamento específico (mandriladora), similar a uma fresadora de grande porte. Nessa operação, utilizada principalmente no acabamento interno de furos cilíndricos e com perfis especiais, a ferramenta é dotada dos movimentos de corte e avanço, enquanto a peça permanece estática (Figura 1.6). É particularmente interessante para a usinagem de peças de grandes dimensões e assimétricas.

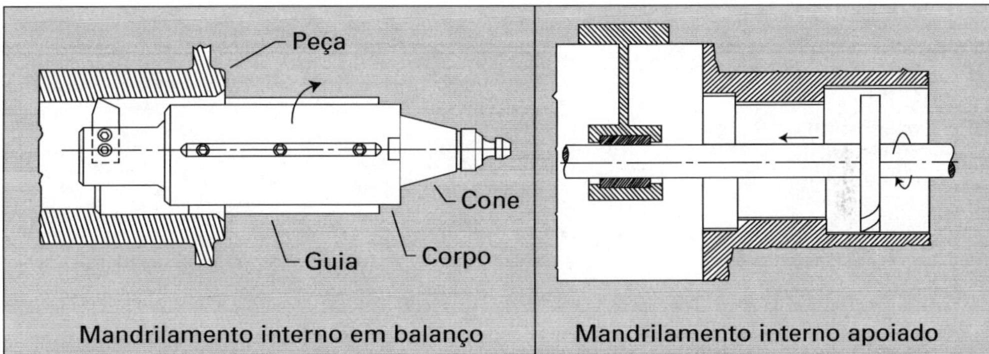

FIGURA 1.6 Mandrilamento.

O brochamento é comumente empregado quando se deseja produzir furos com formas diferentes da cilíndrica. A ferramenta (brocha) é tracionada e a passagem de dentes sucessivos provoca a mudança de forma de um furo inicial, para o perfil desejado. Elevada qualidade dimensional e geométrica pode ser conseguida em componentes produzidos em massa. Formas externas também podem ser produzidas por meio dessa operação. A Figura 1.7 ilustra as operações de brochamentos interno e externo, bem como dá exemplos de peças produzidas por meio dessa operação.

A abertura de roscas é uma operação bastante diversificada e que pode ser realizada com o uso de dispositivos manuais ou por meio de máquinas-ferramentas (tornos, fresadoras, rosqueadeiras etc.), dependendo principalmente da taxa de produção esperada, mas também das dimensões da rosca. Roscas externas podem ser produzidas por cossinetes (conhecidos como tarraxas) ou por ferramentas de perfil único ou múltiplo (Figura 1.8). Já roscas internas podem ser produzidas utilizando machos ou ferramentas de perfil único ou múltiplo. A Figura 1.8 ilustra os seguintes exemplos:

- Roscamento externo com ferramenta de ponta única.
- Roscamento interno com ferramenta de ponta única.
- Roscamento interno com macho de corte.
- Roscamento externo com ferramenta multiarestas.
- Roscamento interno com ferramenta multiarestas.
- Roscamento externo com cossinete.

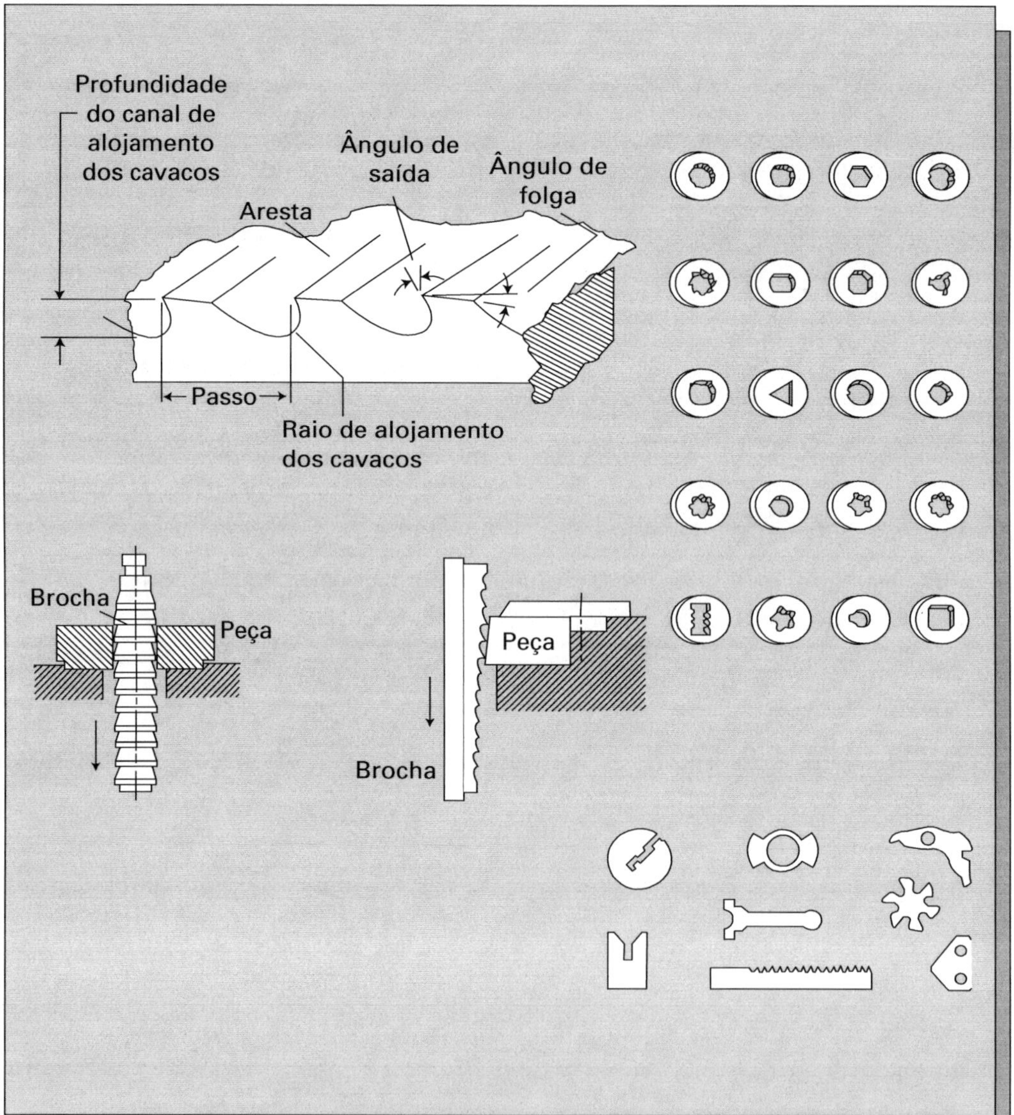

FIGURA 1.7 Brochamento e aplicações.

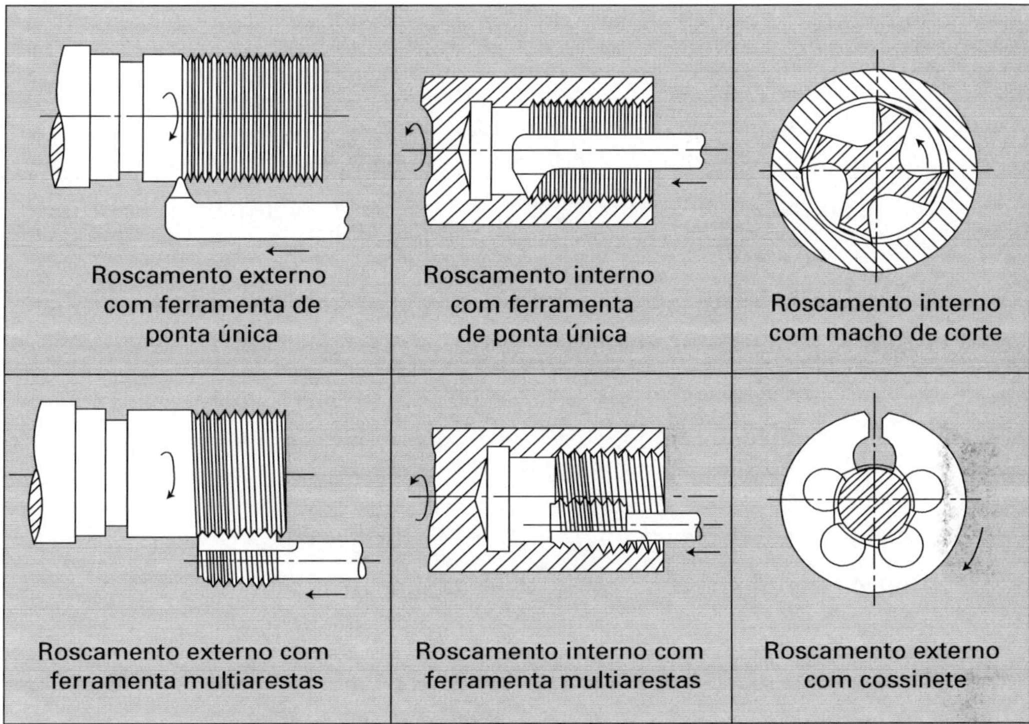

FIGURA 1.8 Rosqueamentos interno e externo.

1.2 GRANDEZAS FÍSICAS NO PROCESSO DE CORTE

O princípio usado em toda máquina-ferramenta para obter a superfície desejada é providenciar um movimento relativo apropriado entre a peça e a ferramenta, escolhida adequadamente. Assim, para o estudo da usinagem, é necessária a definição das grandezas físicas no processo de corte. A norma *NBR 6162 – Movimentos e relações geométricas na usinagem dos metais: terminologia* trata justamente desses conceitos (ABNT, 1989). A seguir são apresentadas algumas definições básicas extraídas dessa norma.

Os conceitos se referem a um ponto genérico da aresta cortante (gume), dito "ponto de referência". Nas ferramentas de barra, esse ponto é fixado na parte da aresta cortante próxima à ponta da ferramenta.

1.2.1 Movimentos

Os movimentos nas operações de usinagem são relativos entre a peça e a aresta cortante e a peça é considerada estacionária. Podem-se distinguir dois tipos de movimentos: os que causam diretamente a saída de cavaco e os que não tomam parte diretamente na sua retirada.

Movimentos que causam diretamente a saída do cavaco:

- *Movimento de corte*: realizado entre a peça e a aresta de corte, o qual, na ausência de movimento de avanço, produz somente uma única retirada de cavaco.
- *Movimento de avanço*: realizado entre a peça e a aresta de corte, o qual, com o movimento de corte, provoca a retirada contínua de cavaco.
- *Movimento efetivo*: resultante dos movimentos de corte e avanço, realizados ao mesmo tempo.

Movimentos que não causam diretamente a formação do cavaco:

- *Movimento de aproximação*: realizado entre a peça e a aresta de corte, por meio do qual ambas se aproximam antes da usinagem.
- *Movimento de ajuste*: realizado entre a peça e a aresta de corte para determinar a espessura de material a ser retirado.
- *Movimento de correção*: realizado entre a peça e a aresta de corte para compensar o desgaste da ferramenta, ou outra variação (térmica, por exemplo).
- *Movimento de recuo*: realizado entre a peça e a aresta de corte com o qual a ferramenta, após a usinagem, é afastada da peça.

1.2.2 Direções dos movimentos

Devem-se distinguir as direções dos movimentos que causam diretamente a retirada de cavaco:

- *Direção de corte*: direção instantânea do movimento de corte.
- *Direção de avanço*: direção instantânea do movimento de avanço.
- *Direção efetiva*: direção instantânea do movimento efetivo de corte.

Definições análogas são válidas para os movimentos que não causam diretamente a retirada de cavaco. As Figuras 1.9 a 1.11 ilustram essas direções para o torneamento, a furação e o fresamento tangencial discordante, respectivamente.

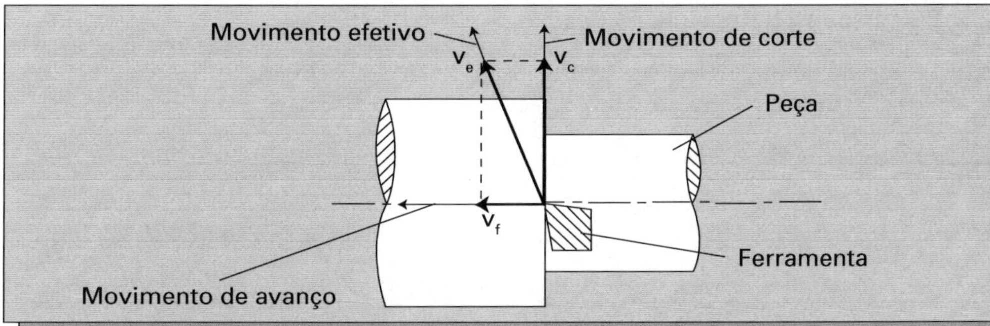

FIGURA 1.9 Direção dos movimentos de corte, de avanço e efetivo no torneamento.

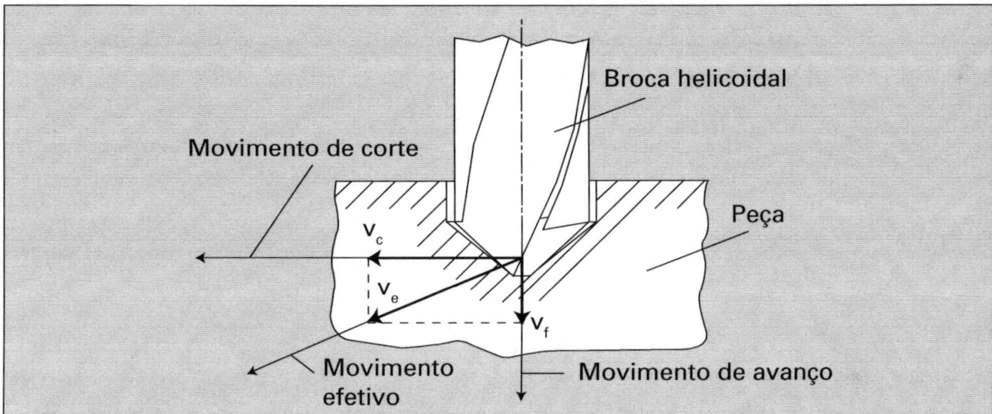

FIGURA 1.10 Direção dos movimentos de corte, de avanço e efetivo na furação.

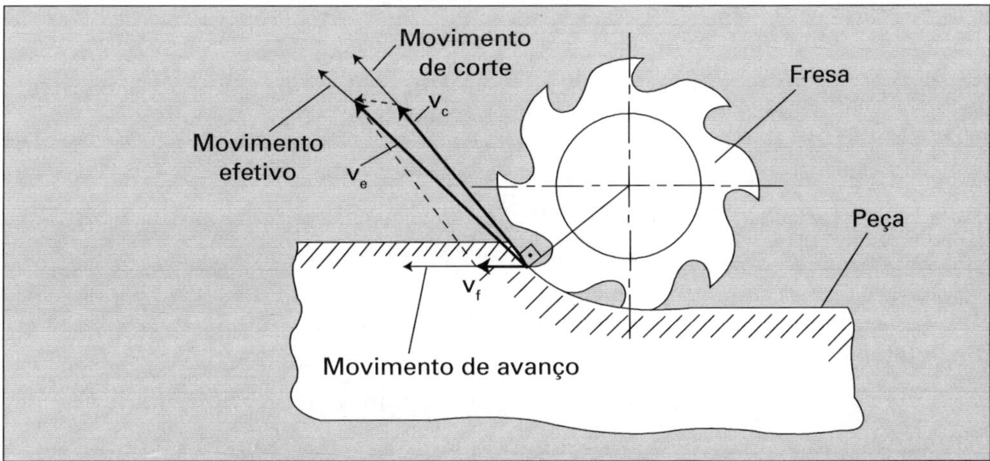

FIGURA 1.11 Direção dos movimentos de corte, de avanço e efetivo no fresamento tangencial discordante.

1.2.3 Percursos da ferramenta na peça

- *Percurso de corte* (L_c): é o espaço percorrido pelo ponto de referência da aresta cortante sobre a peça, segundo a direção de corte.
- *Percurso de avanço* (L_f): é o espaço percorrido pelo ponto de referência da aresta cortante sobre a peça, segundo a direção de avanço. Nos casos em que há movimento de avanço principal e lateral, devem-se distinguir os componentes do percurso de avanço.
- *Percurso efetivo* (L_e): é o espaço percorrido pelo ponto de referência da aresta cortante sobre a peça, segundo a direção efetiva do corte.

Definições análogas são válidas para os movimentos que não tomam parte diretamente na retirada de cavaco. A Figura 1.12 ilustra os percursos da ferramenta na operação de fresamento tangencial discordante.

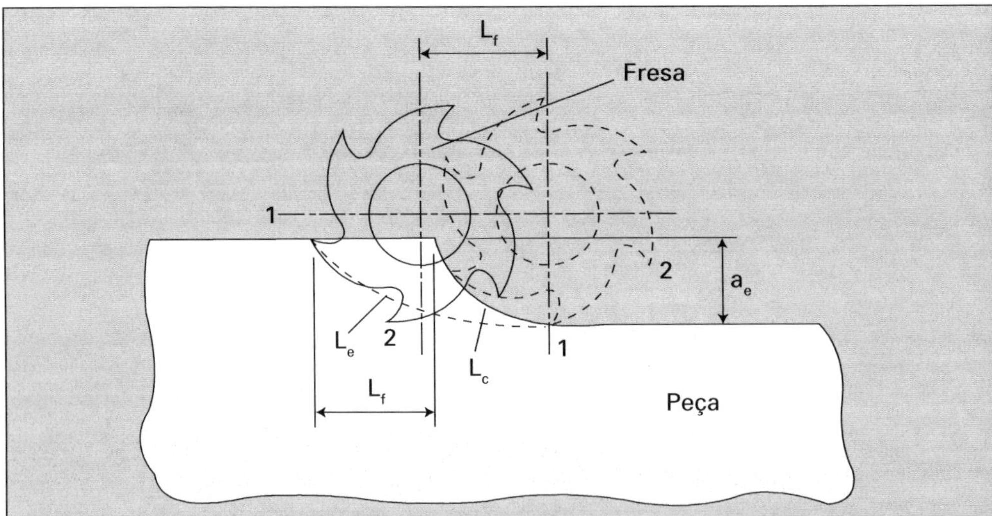

FIGURA 1.12 Percurso de corte (L_c), percurso de avanço (L_f) e percurso efetivo (L_e) para o fresamento tangencial discordante.

1.2.4 Velocidades

Velocidade de corte (v_c) é a velocidade instantânea do ponto de referência da aresta cortante da ferramenta, segundo a direção e o sentido do corte. Para processos com movimentos de rotação, a velocidade de corte é calculada pela Equação 1.1, usando-se as unidades mais usuais em usinagem:

$$v_c = \frac{\pi \cdot d \cdot n}{1.000} \quad \text{[m/min]} \qquad (1.1)$$

Onde:

d = diâmetro da peça ou da ferramenta em mm

n = número de rotações por minuto (rpm)

Velocidade de avanço (v_f) é a velocidade instantânea do ponto de referência da aresta cortante da ferramenta, segundo a direção e o sentido de avanço. É dada pela Equação 1.2:

$$v_f = f \cdot n \quad \text{[mm/min]} \qquad (1.2)$$

Onde:

f = avanço em mm/rev (mm por revolução)

n = número de rotações por minuto

Velocidade efetiva de corte (v_e) é a velocidade instantânea do ponto de referência da aresta cortante da ferramenta, segundo a direção e o sentido efetivo do corte. É calculada vetorialmente como mostra a Equação 1.3:

$$\vec{v}_e = \vec{v}_c + \vec{v}_f \quad \text{[m/min]} \qquad (1.3)$$

A seleção das velocidades de corte e de avanço (e, consequentemente, da velocidade efetiva) mais adequadas depende da operação de usinagem e dos materiais da ferramenta e da peça. Além destas, têm-se também as velocidades de aproximação, de ajuste, de correção e de recuo. Embora não tomem parte na retirada de cavaco, as velocidades de aproximação e recuo são particularmente importantes em máquinas comandadas numericamente, visto que valores elevados para tais velocidades contribuem para a redução do tempo total de fabricação da peça.

1.2.5 Conceitos auxiliares

Para melhor compreender os conceitos relacionados às diferentes operações de usinagem, é necessário compreender o conceito de plano de trabalho (P_{fe}):

esse plano, passando pelo ponto de referência, contém as direções de corte e de avanço. Nele se realizam os movimentos que tomam parte na retirada de cavaco (Figuras 1.13 e 1.14). No plano de trabalho é possível identificar e definir os ângulos da direção de avanço e da direção efetiva de corte:

- *Ângulo da direção de avanço* (φ): formado entre a direção de avanço e a direção de corte. Nem sempre a direção de avanço é perpendicular à direção de corte, assim, por exemplo, no fresamento, esse ângulo varia durante o corte.
- *Ângulo da direção efetiva de corte* (η): formado entre a direção efetiva de corte e a direção de corte.

A partir da Figura 1.14, pode-se desenvolver a Equação 1.4:

$$tg\eta = \frac{v_f sen\varphi}{v_f \cdot cos\varphi + v_c} = \frac{sen\varphi}{cos\varphi + v_c/v_f} \quad (1.4)$$

Nota-se que, como na maioria dos casos, a velocidade de avanço é muito inferior à velocidade de corte – o ângulo η é desprezível (nas operações de rosqueamento, η assume valores consideráveis, pois a diferença entre v_c e v_f é menor).

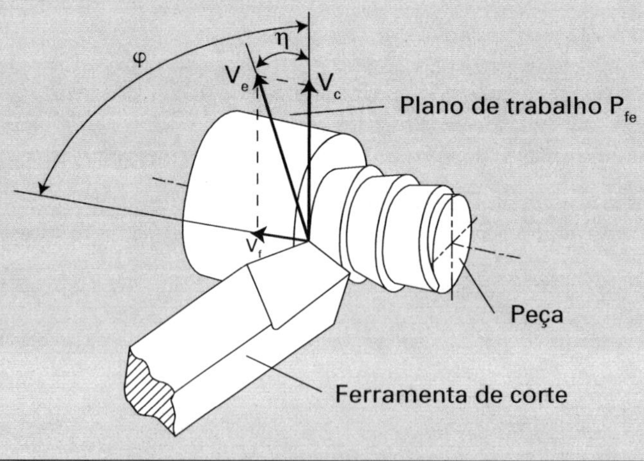

FIGURA 1.13 Plano de trabalho (P_{fe}), ângulo da direção de avanço (φ) e ângulo da direção efetiva de corte (η) no torneamento.

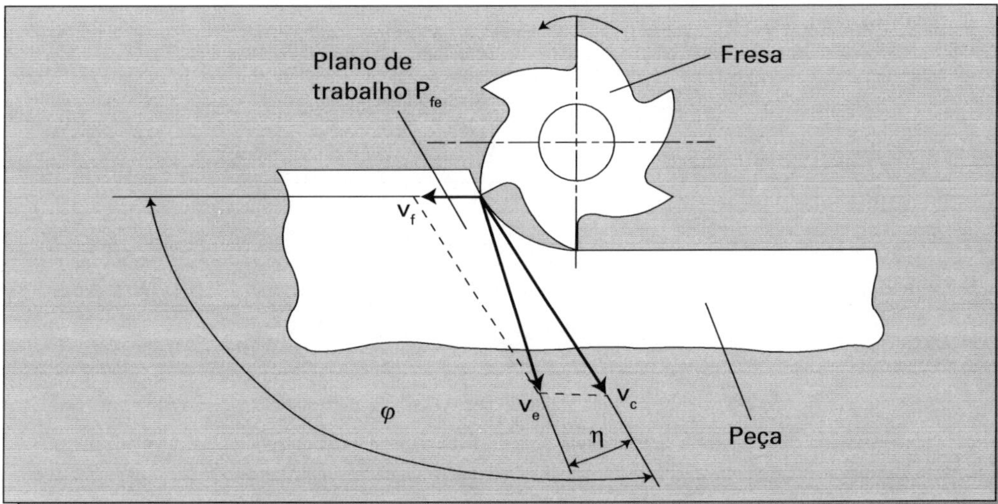

FIGURA 1.14 Plano de trabalho (P_{fe}), ângulo da direção de avanço (φ) e ângulo da direção efetiva de corte (η) no fresamento tangencial concordante.

As superfícies em usinagem são as geradas na peça pela ferramenta. Deve-se distinguir a superfície em usinagem principal da superfície em usinagem secundária, sendo a primeira gerada pela aresta principal de corte, enquanto a segunda é gerada pela aresta secundária de corte (Figura 1.15).

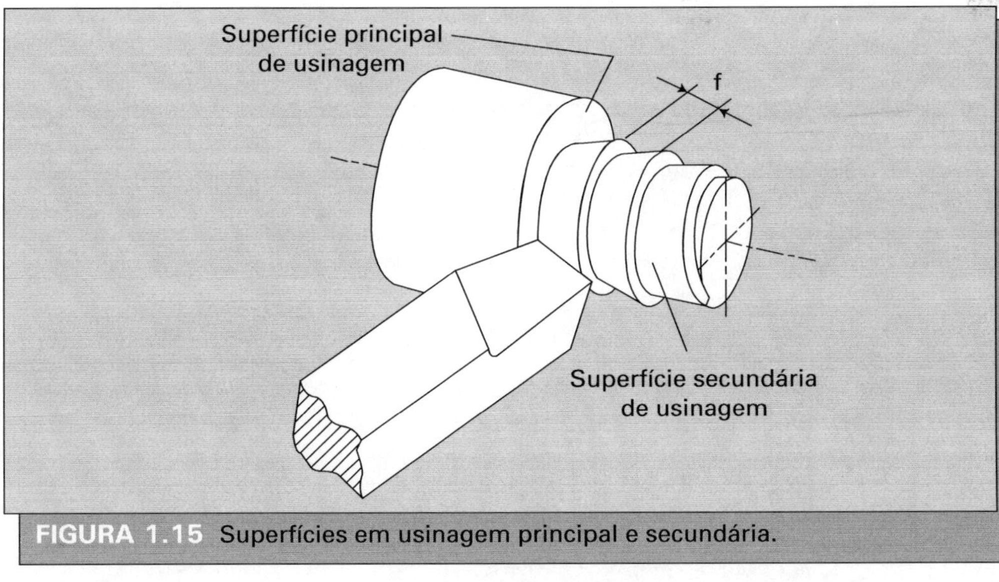

FIGURA 1.15 Superfícies em usinagem principal e secundária.

1.2.6 Grandezas de corte

São as grandezas que devem ser ajustadas na máquina direta ou indiretamente. O avanço (f) é o percurso de avanço em cada volta (*mm/rev*) ou em cada curso da ferramenta (*mm/golpe*). No caso de ferramentas que possuem mais de um dente, como a fresa, distingue-se ainda o avanço por dente (f_z), que representa o percurso de avanço de cada dente medido na direção do avanço da ferramenta (correspondente à geração de duas superfícies consecutivas em usinagem). Vale a relação representada pela Equação 1.5:

$$f = f_z \cdot z \qquad \text{[mm/rev]} \qquad (1.5)$$

Onde:

z = número de dentes

O avanço por dente pode ainda ser decomposto no avanço de corte (f_c) e no avanço efetivo de corte (f_e), mostrados na Figura 1.16. O avanço de corte (f_c) é a distância entre duas superfícies consecutivas em usinagem medida na direção perpendicular à direção de corte no plano de trabalho (Equação 1.6). Já o avanço efetivo de corte (f_e) representa a distância entre duas superfícies consecutivas em usinagem medida na direção perpendicular à direção efetiva de corte no plano de trabalho (Equação 1.7).

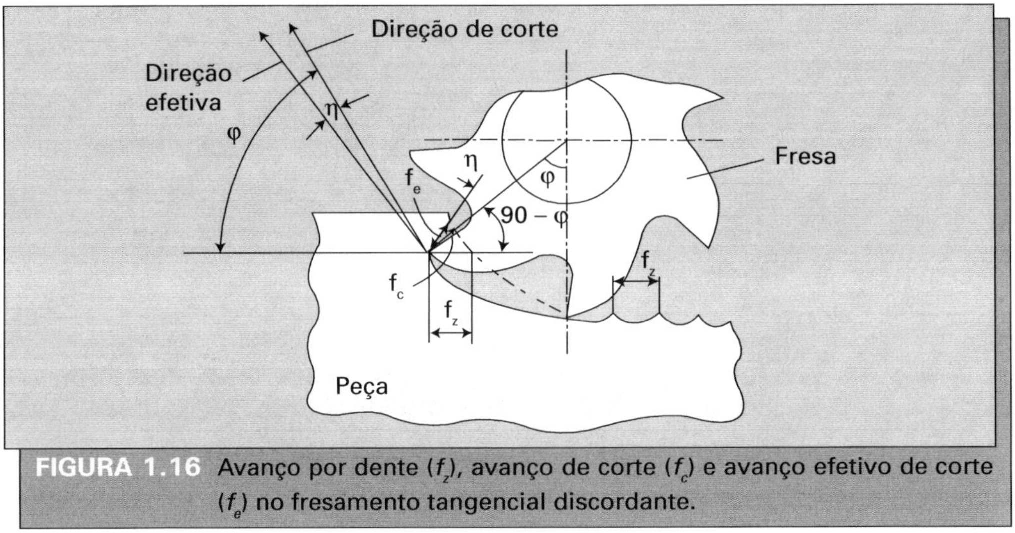

FIGURA 1.16 Avanço por dente (f_z), avanço de corte (f_c) e avanço efetivo de corte (f_e) no fresamento tangencial discordante.

$$f_c = f_z \cdot sen\varphi \qquad [\text{mm/dente}] \qquad (1.6)$$

$$f_e = f_z \cdot sen\ (\varphi - \eta) \qquad [\text{mm/dente}] \qquad (1.7)$$

Finalmente, a profundidade ou largura de usinagem (a_p) é a profundidade ou largura de penetração da ferramenta na peça, medida em uma direção perpendicular ao plano de trabalho. A penetração de trabalho (a_e) é a penetração da ferramenta em relação à peça, medida no plano de trabalho e em uma direção perpendicular à direção de avanço. É de grande importância no fresamento e na retificação. Já a penetração de avanço (a_f) é a grandeza de penetração da ferramenta medida no plano de trabalho e na direção de avanço. Essas grandezas estão representadas na Figura 1.17.

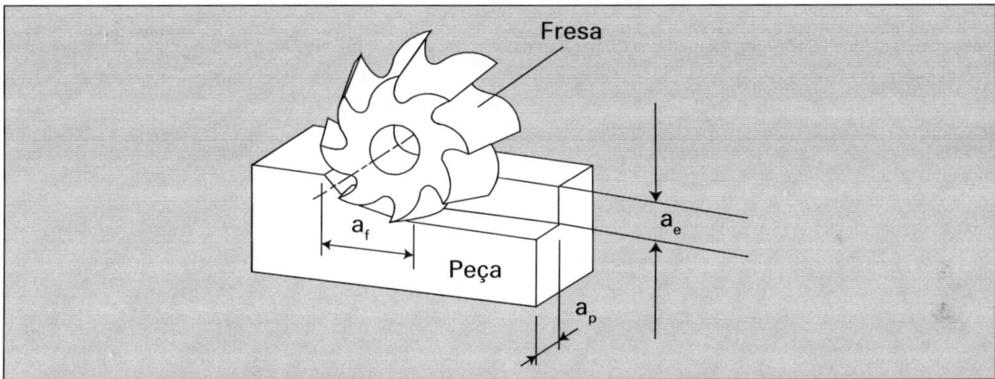

FIGURA 1.17 Profundidade ou largura de usinagem (a_p), penetração de trabalho (a_e) e penetração de avanço (a_f) no fresamento tangencial discordante.

Para torneamento, vale a relação:

$$\text{TRM} = v_c \cdot f_c \cdot a_p \qquad (1.8)$$

onde TRM é a taxa de remoção de material.

1.2.7 Grandezas relativas ao cavaco

São grandezas derivadas das grandezas de corte e obtidas por meio de cálculos (Figura 1.18).

A largura de corte (b) é a largura calculada da seção transversal de corte a ser retirada, medida na superfície em usinagem principal e segundo a direção normal à direção de corte. Em ferramentas com aresta cortante retilínea e sem curvatura na ponta, a largura de corte (b) é definida pela Equação 1.9:

$$b = \frac{a_p}{sen\chi_r} \quad [\text{mm}] \qquad (1.9)$$

Onde:

χ_r = ângulo de posição da aresta principal de corte

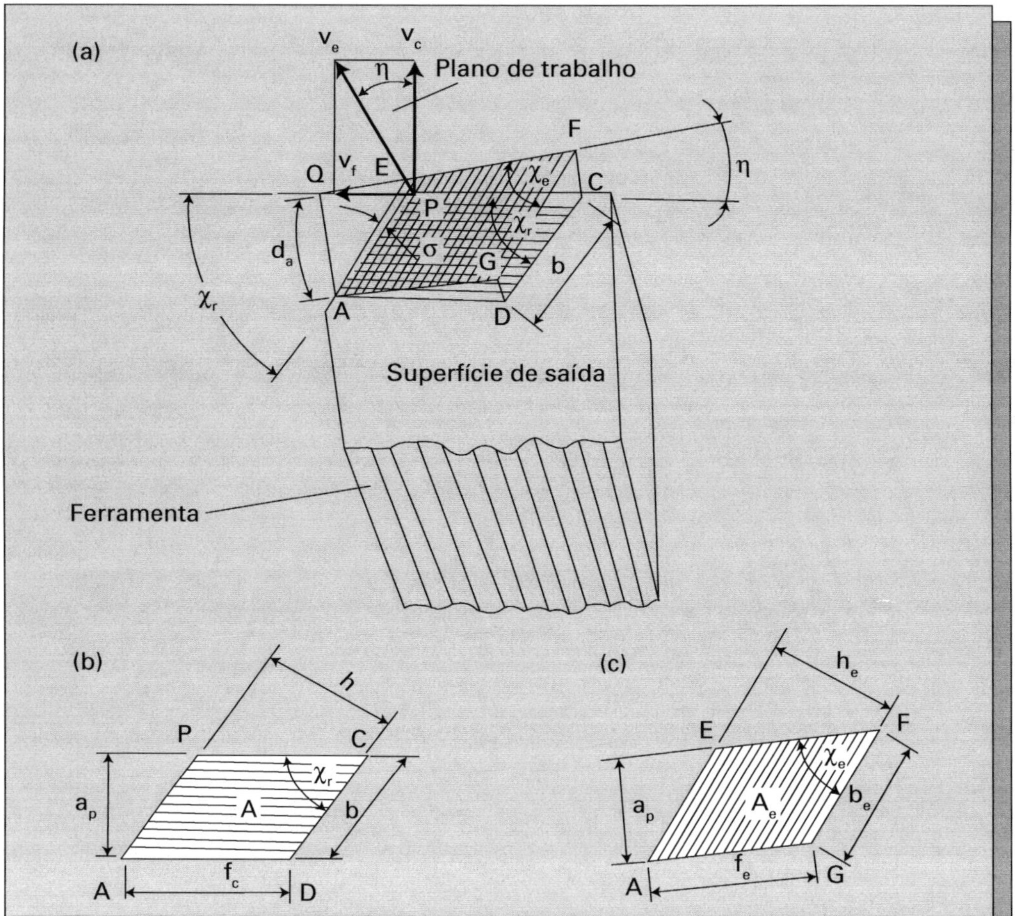

FIGURA 1.18 Grandezas relativas ao cavaco para arestas de corte retilíneas.

A espessura de corte (h) é a espessura calculada da seção transversal de corte a ser retirada e medida, normalmente, à superfície em usinagem principal e segundo a direção perpendicular à direção de corte. Em ferramentas com aresta de corte retilíneas:

$$h = f_c \cdot sen\chi_r \qquad [mm] \qquad (1.10)$$

Assim, a seção transversal de corte (A), que é a área calculada da seção transversal de um cavaco a ser retirado e medida no plano normal à direção de corte, pode ser calculada pelas Equações 1.11 ou 1.12:

$$A = a_p \cdot f_c \qquad [mm^2] \qquad (1.11)$$

$$A = b \cdot h \qquad [mm^2] \qquad (1.12)$$

Analogamente, é possível definir a largura efetiva de corte (b_e) como sendo a largura calculada da seção transversal efetiva de corte a ser retirada e medida na superfície em usinagem principal, segundo a direção normal à direção efetiva de corte. Pela Figura 1.18, deduz-se a Equação 1.13:

$$b_e = b \cdot (1 - sen^2\eta \cdot cos^2\chi_r)^{1/2} \qquad [mm] \qquad (1.13)$$

A espessura efetiva de corte (h_e) é a espessura calculada da seção transversal efetiva de corte a ser retirada e medida normalmente à superfície em usinagem principal, segundo a direção perpendicular à direção efetiva de corte (Equação 1.14):

$$h_e = \frac{h}{(1 + sen^2\chi_r \cdot tg^2\eta)^{1/2}} \qquad [mm] \qquad (1.14)$$

Por fim, a seção transversal efetiva de corte (A_e) é a área calculada da seção transversal efetiva de um cavaco a ser retirado e medida no plano normal à direção efetiva de corte. Na maioria dos casos (ferramentas sem arredondamento de ponta), a seção transversal efetiva de corte (A_e) pode ser calculada pelas Equações 1.15 ou 1.16:

$$A_e = a_p \cdot f_e \qquad [mm^2] \qquad (1.15)$$

$$A_e = b_e \cdot h_e \qquad [mm^2] \qquad (1.16)$$

A ponta de corte é a interseção das arestas principal e secundária de corte, ao passo que o ponto de corte escolhido serve como referência para a determinação das superfícies e dos ângulos da cunha de corte, ou seja, as definições se referem a um ponto arbitrário da ferramenta: o "ponto de corte escolhido" ou o "ponto de referência".

A Figura 2.1 representa os elementos de uma cunha cortante de uma ferramenta qualquer, enquanto a Figura 2.2 trata de uma ferramenta de tornear. Já a Figura 2.3 representa uma fresa frontal, e a Figura 2.4, uma broca helicoidal.

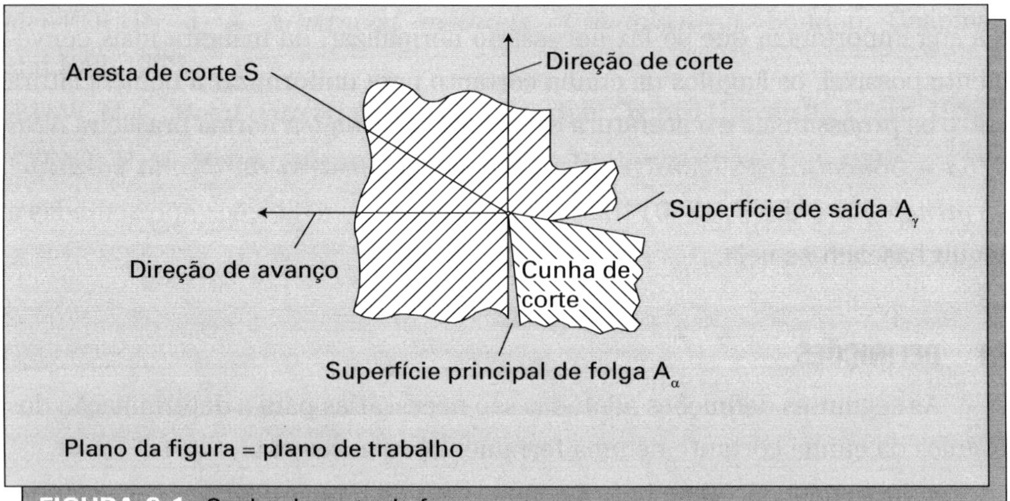

FIGURA 2.1 Cunha de corte da ferramenta.

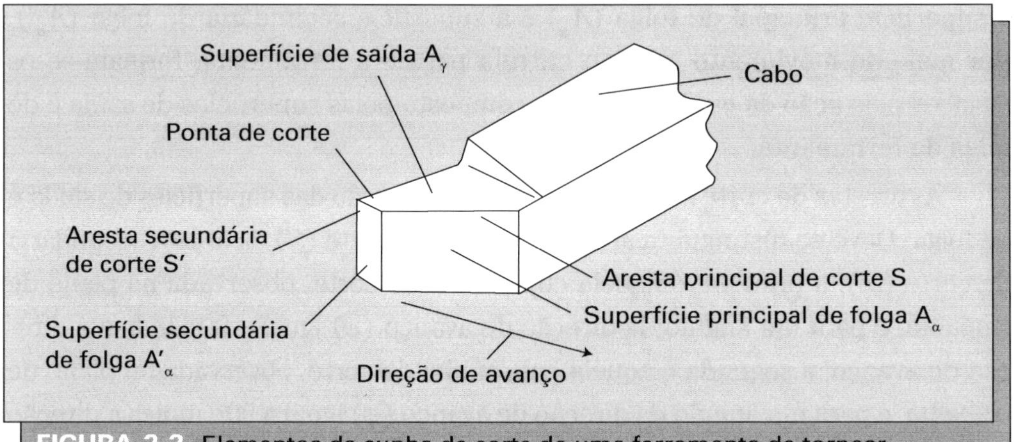

FIGURA 2.2 Elementos da cunha de corte de uma ferramenta de tornear.

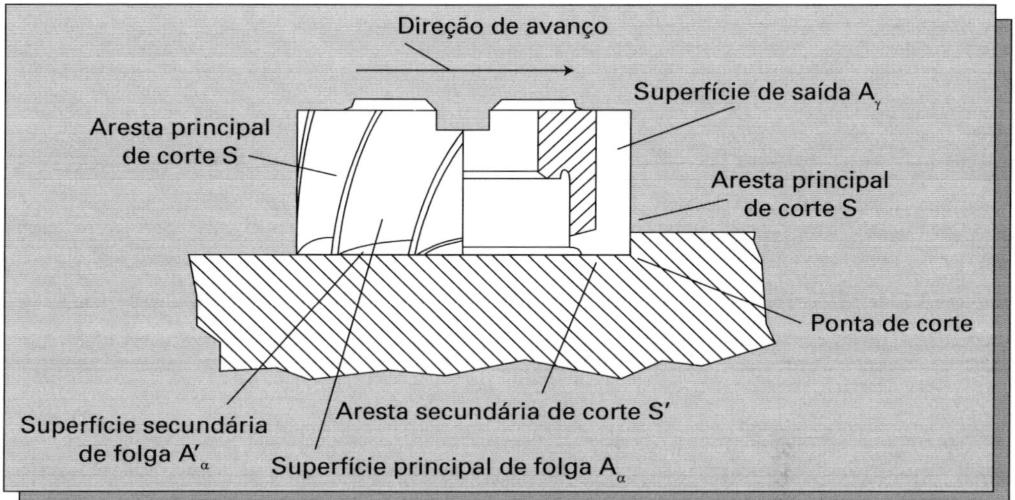

FIGURA 2.3 Elementos da cunha de corte de uma fresa frontal.

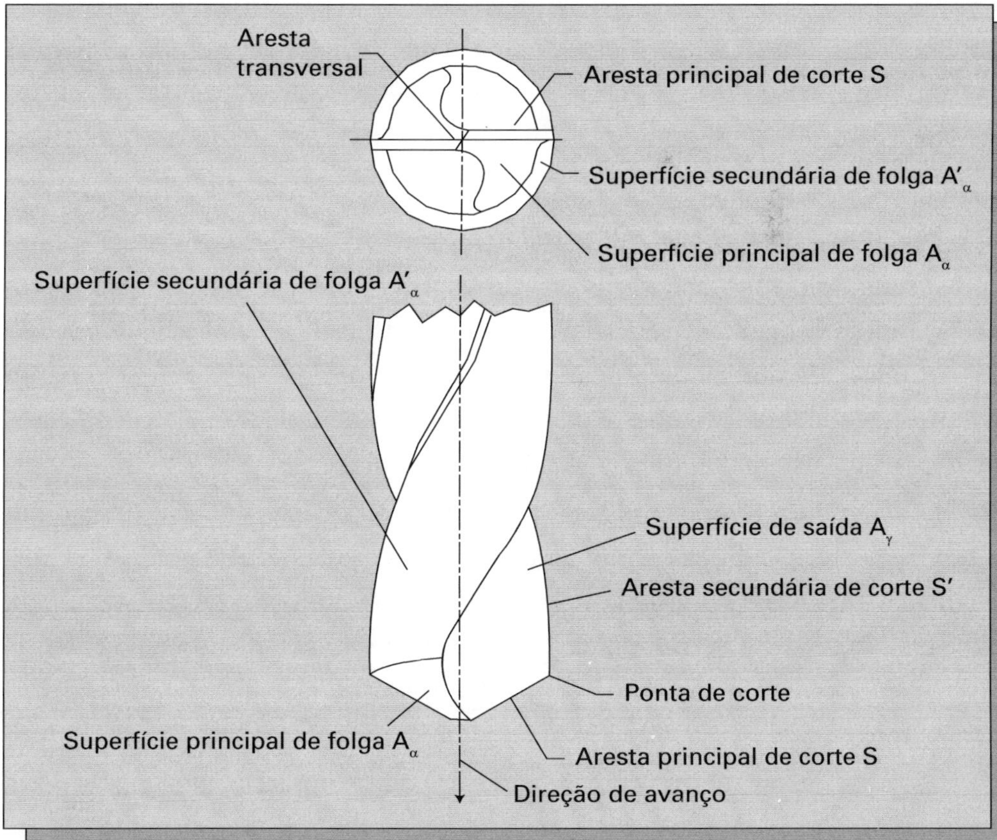

FIGURA 2.4 Elementos da cunha de corte de uma broca helicoidal.

2.2 SISTEMAS DE REFERÊNCIA

Para a determinação dos ângulos na cunha de corte, é necessário empregar um sistema de referência. Normalmente, são empregados dois sistemas para o estudo dos ângulos da ferramenta e dos ângulos efetivos ou de trabalho: o sistema de referência da ferramenta e o sistema efetivo de referência.

O sistema de referência da ferramenta é necessário para a determinação da geometria da cunha de corte da ferramenta durante as etapas de projeto, execução e controle da ferramenta. Já o sistema efetivo de referência é necessário para a determinação da geometria da cunha de corte da ferramenta durante o processo de usinagem. Além desses, outro sistema de referência poderá ser necessário para a determinação do posicionamento da ferramenta em relação à máquina.

Após a seleção do sistema de referência a ser utilizado, é possível identificar os planos e ângulos da ferramenta. Os planos e os ângulos relativos ao sistema efetivo de referência possuem definições análogas aos correspondentes encontrados no sistema de referência da ferramenta e, portanto, não serão tratados neste livro.

2.2.1 Planos do sistema de referência da ferramenta

A seguir são apresentados os principais planos localizados no sistema de referência da ferramenta e essenciais à determinação dos ângulos da cunha de corte. Convém lembrar que todos os planos aqui descritos passam pelo ponto de corte escolhido. A Figura 2.5 mostra duas vistas em perspectiva dos planos localizados no sistema de referência da ferramenta.

O plano de referência da ferramenta (P_r) é perpendicular à direção admitida de corte, escolhida de modo que esse plano seja o mais paralelo ou perpendicular possível à superfície ou eixo da ferramenta. Nas ferramentas para torneamento, o plano de referência é paralelo à superfície de apoio do cabo. Já nas ferramentas de fresamento ou furação, ele contém o eixo de rotação das ferramentas.

Existem dois planos de corte: o principal e o secundário. O plano de corte principal da ferramenta (P_s) é tangente à aresta de corte e perpendicular ao plano de referência da ferramenta. Por sua vez, o plano de corte secundário da ferramenta (P_s') é tangente à aresta secundária de corte e perpendicular ao plano de referência da ferramenta, e ambos passam pelo ponto de referência.

Como o próprio nome indica, o plano ortogonal da ferramenta (P_o) é perpendicular aos planos de referência e de corte da ferramenta. Esse plano também é conhecido como "plano de medida".

O plano admitido de trabalho (P_f) é perpendicular ao plano de referência e paralelo à direção admitida de avanço. É escolhido de tal forma que fique o mais paralelo ou perpendicular possível a uma superfície ou eixo da ferramenta.

Além desses planos, são definidos ainda no sistema de referência da ferramenta:

- *Plano dorsal da ferramenta* (P_p): perpendicular aos planos de referência da ferramenta e admitido de trabalho.
- *Plano normal à aresta de corte* (P_n): perpendicular à aresta principal de corte.
- *Plano ortogonal à superfície de saída* (P_g): perpendicular à superfície de saída e ao plano de referência da ferramenta.
- *Plano ortogonal à superfície de folga* (P_b): perpendicular à superfície de folga e ao plano de referência da ferramenta.

As Figuras 2.6 a 2.8 mostram, respectivamente, os planos do sistema de referência da ferramenta em ferramentas usadas nas operações de torneamento, fresamento e furação.

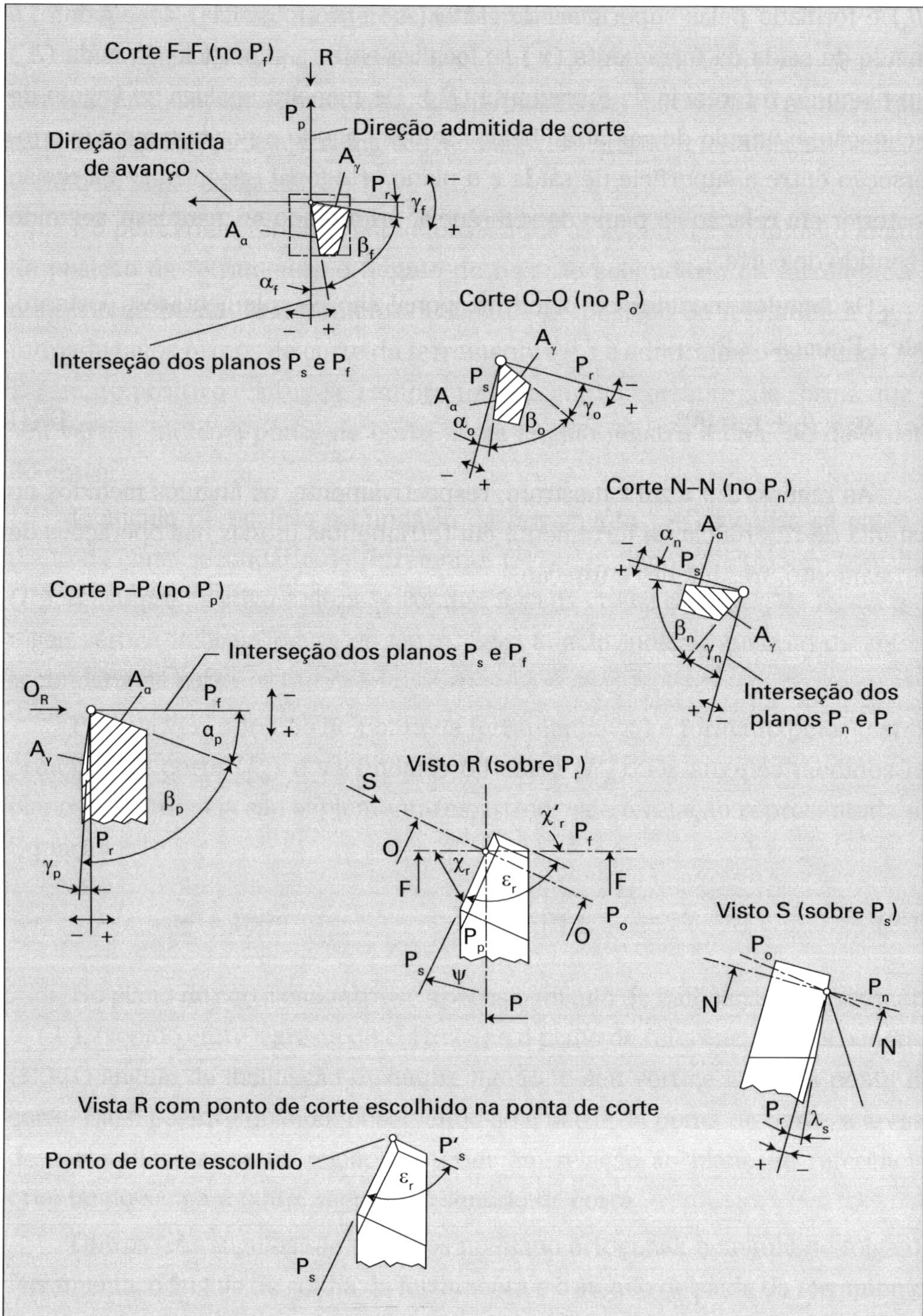

FIGURA 2.9 Ângulos em uma ferramenta de tornear.

ferramenta (P_s') é tangente à aresta secundária de corte e perpendicular ao plano de referência da ferramenta, e ambos passam pelo ponto de referência.

Como o próprio nome indica, o plano ortogonal da ferramenta (P_o) é perpendicular aos planos de referência e de corte da ferramenta. Esse plano também é conhecido como "plano de medida".

O plano admitido de trabalho (P_f) é perpendicular ao plano de referência e paralelo à direção admitida de avanço. É escolhido de tal forma que fique o mais paralelo ou perpendicular possível a uma superfície ou eixo da ferramenta.

Além desses planos, são definidos ainda no sistema de referência da ferramenta:

- *Plano dorsal da ferramenta* (P_p): perpendicular aos planos de referência da ferramenta e admitido de trabalho.
- *Plano normal à aresta de corte* (P_n): perpendicular à aresta principal de corte.
- *Plano ortogonal à superfície de saída* (P_g): perpendicular à superfície de saída e ao plano de referência da ferramenta.
- *Plano ortogonal à superfície de folga* (P_b): perpendicular à superfície de folga e ao plano de referência da ferramenta.

As Figuras 2.6 a 2.8 mostram, respectivamente, os planos do sistema de referência da ferramenta em ferramentas usadas nas operações de torneamento, fresamento e furação.

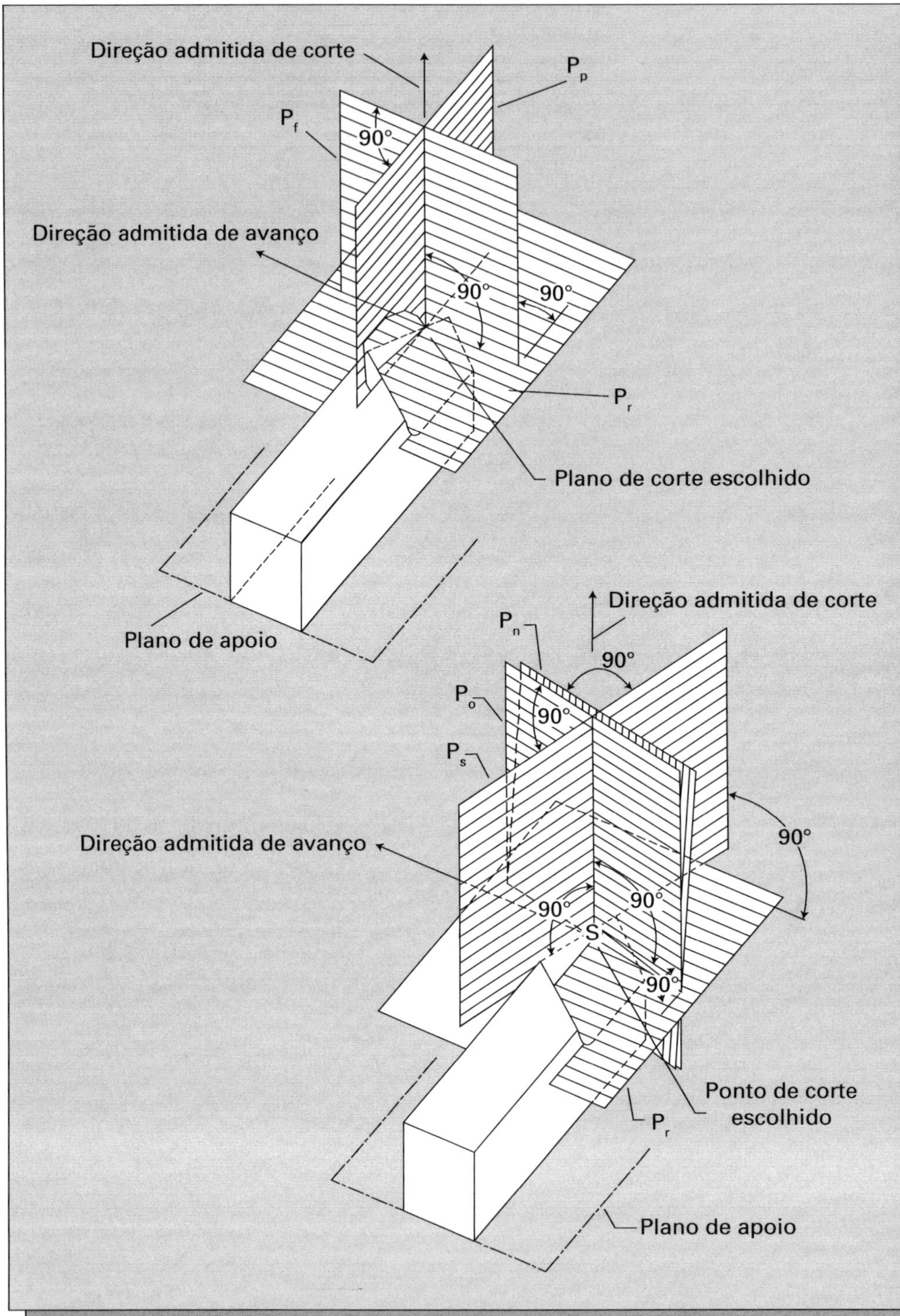

FIGURA 2.5 Vistas em perspectiva dos planos do sistema de referência da ferramenta.

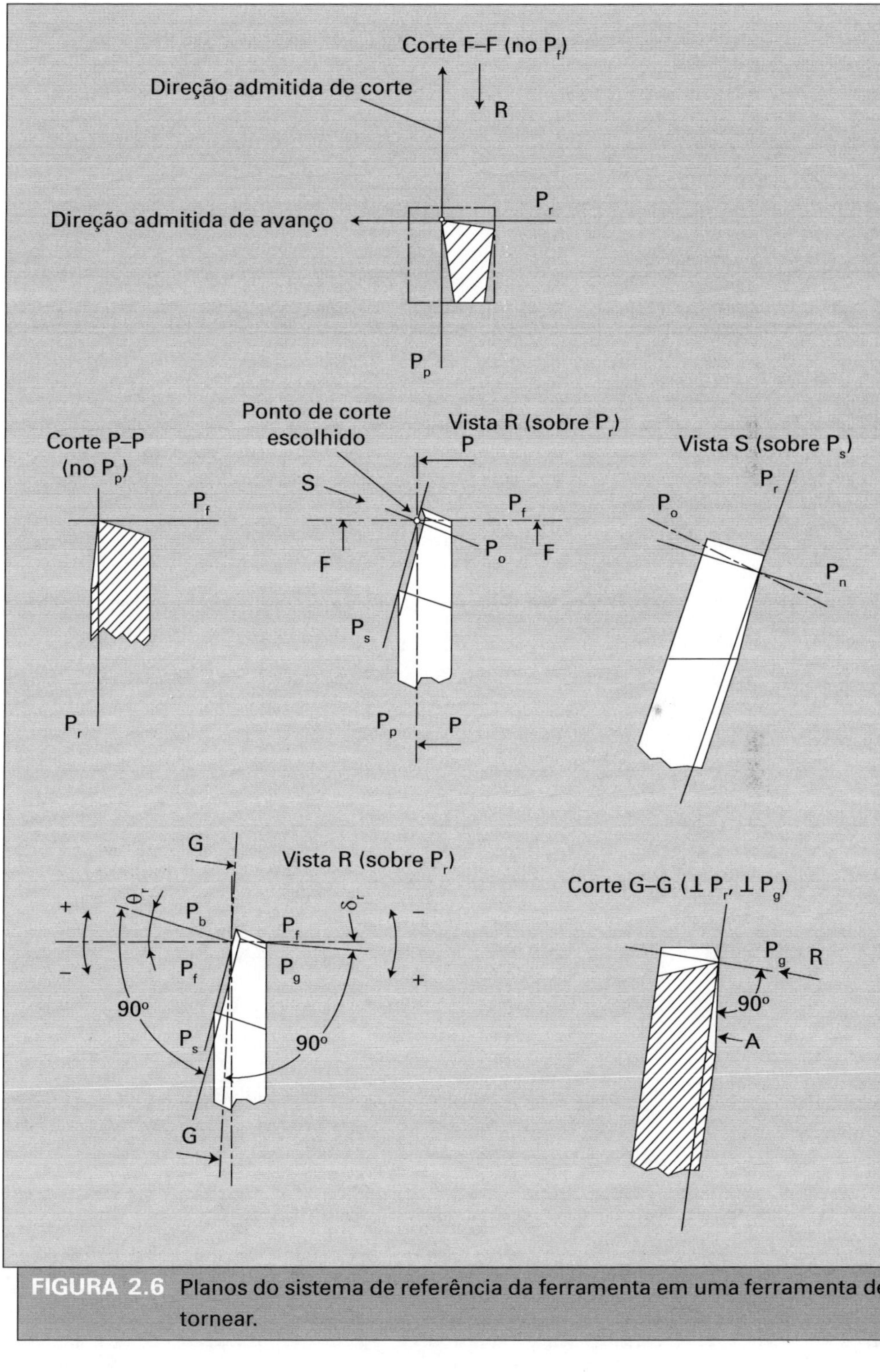

FIGURA 2.6 Planos do sistema de referência da ferramenta em uma ferramenta de tornear.

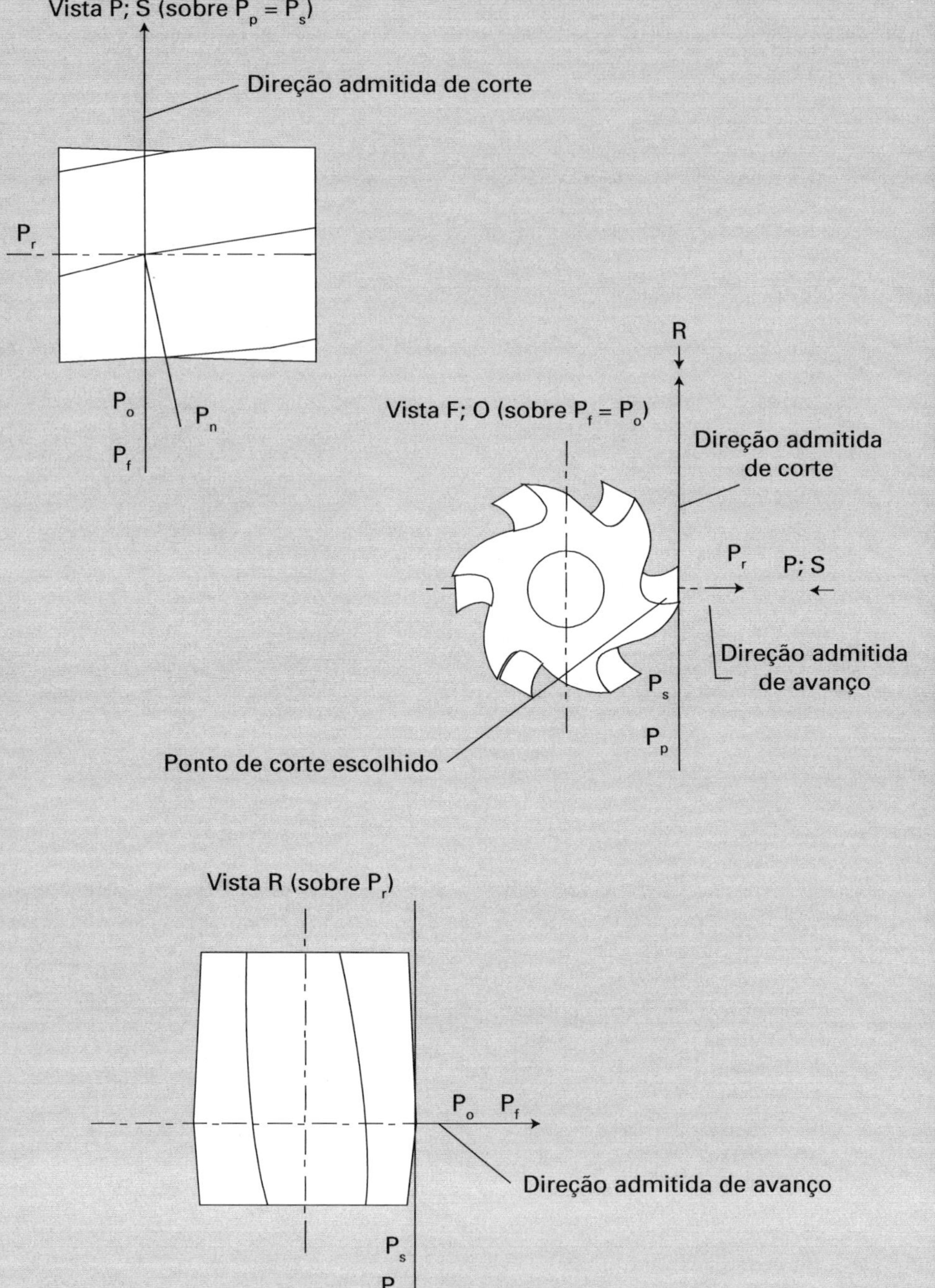

FIGURA 2.7 Planos do sistema de referência da ferramenta em uma fresa cilíndrica.

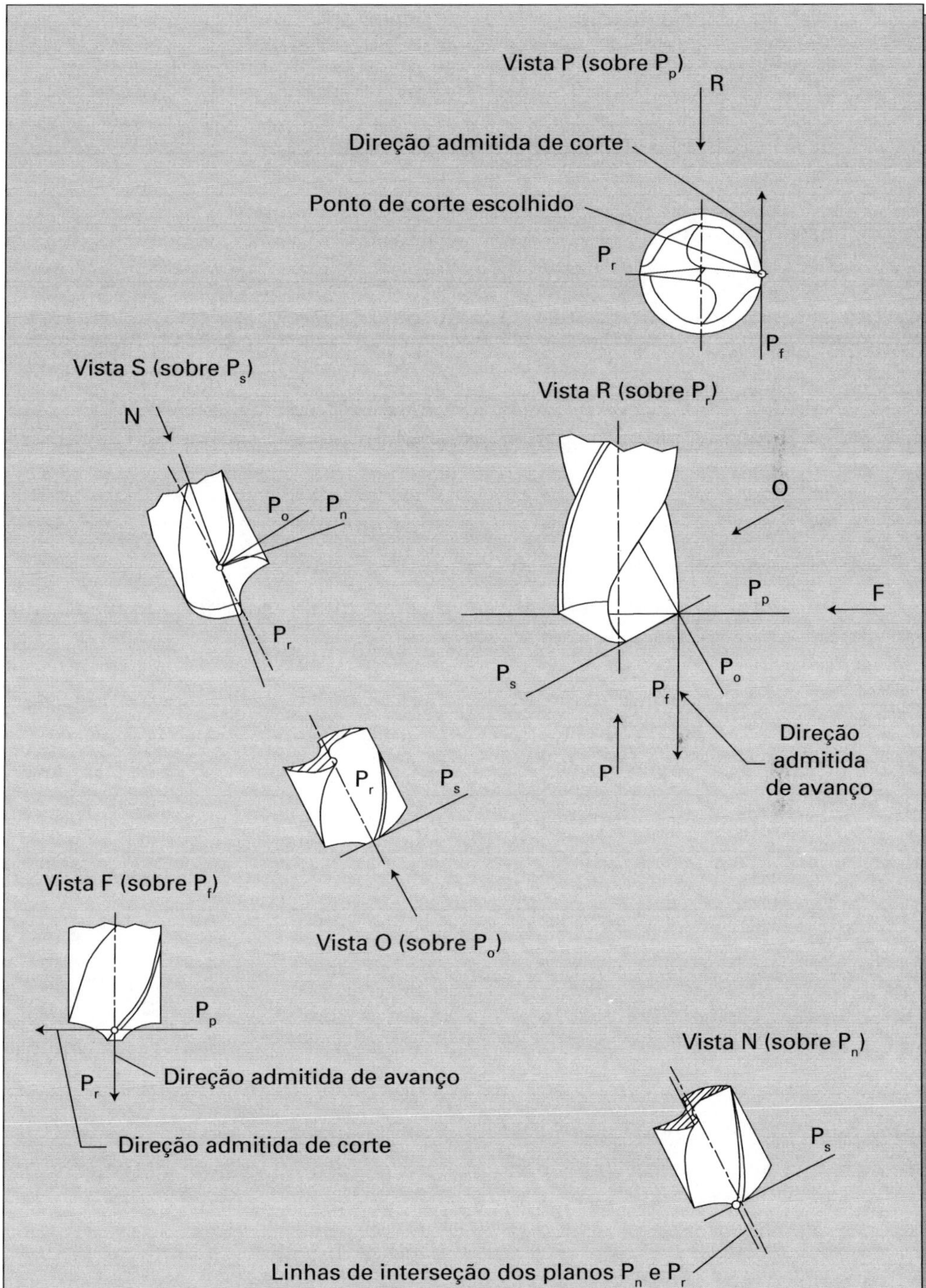

FIGURA 2.8 Planos do sistema de referência da ferramenta em uma broca helicoidal.

2.2.2 Ângulos do sistema de referência da ferramenta

Os ângulos da cunha cortante destinam-se à determinação da posição e da forma da cunha de uma ferramenta. São agrupados de acordo com o plano no qual estão localizados, ou seja, em ângulos medidos no plano de referência, no plano de corte e no plano ortogonal.

No plano de referência estão localizados os seguintes ângulos: o ângulo de posição da ferramenta, o ângulo de posição secundário da ferramenta e o ângulo de ponta da ferramenta. O ângulo de posição da ferramenta (χ_r) é formado pelos planos de corte da ferramenta (P_s) e admitido de trabalho (P_f). É sempre positivo e situa-se sempre fora da cunha cortante, de forma que o seu vértice indica a ponta de corte. Esse ângulo mostra a posição da aresta de corte.

O ângulo de posição secundário da ferramenta (χ_r') localiza-se entre o plano de corte secundário da ferramenta (P_s') e o plano admitido de trabalho (P_f). É sempre positivo e situa-se sempre fora da cunha cortante, de forma que o seu vértice indica a ponta de corte. Esse ângulo indica a posição da aresta secundária de corte.

Por sua vez, o ângulo de ponta da ferramenta (ε_r) é formado pelos planos principal de corte (P_s) e secundário de corte (P_s'). Os ângulos medidos no plano de referência são suplementares, isto é, vale a relação representada na Equação 2.1:

$$\chi_r + \varepsilon_r + \chi_r' = 180^\circ \qquad [^\circ] \qquad (2.1)$$

No plano de corte encontra-se apenas o ângulo de inclinação da ferramenta (λ_s), medido entre a aresta de corte (S) e o plano de referência da ferramenta (P_r). O ângulo de inclinação é sempre agudo, e seu vértice indica a ponta de corte. Ele é positivo quando, observando-se a partir da ponta de corte, a aresta de corte encontra-se na região posterior em relação ao plano de referência, orientando-se, para tanto, segundo o sentido de corte.

Outros três ângulos são medidos no plano ortogonal: o ângulo de folga da ferramenta, o ângulo de cunha da ferramenta e o ângulo de saída da ferramenta. O ângulo de folga da ferramenta (α_o) está situado entre a superfície de folga (A_α) e o plano de corte da ferramenta (P_s). O ângulo de cunha da ferramenta

(β_o) é formado pelas superfícies de saída (A_γ) e de folga (A_α). Finalmente, o ângulo de saída da ferramenta (γ_o) se localiza entre a superfície de saída (A_γ) e o plano de referência da ferramenta (P_r). De maneira análoga ao ângulo de inclinação, o ângulo de saída também é sempre agudo e positivo quando a interseção entre a superfície de saída e o plano ortogonal encontra-se na região posterior em relação ao plano de referência, orientando-se, para isso, segundo o sentido de corte.

Os ângulos medidos no plano ortogonal são complementares, portanto, vale a Equação 2.2:

$$\alpha_o + \beta_o + \gamma_o = 90^o \qquad (2.2)$$

As Figuras 2.9 a 2.11 mostram, respectivamente, os ângulos medidos no sistema de referência da ferramenta em ferramentas usadas nas operações de torneamento, fresamento e furação.

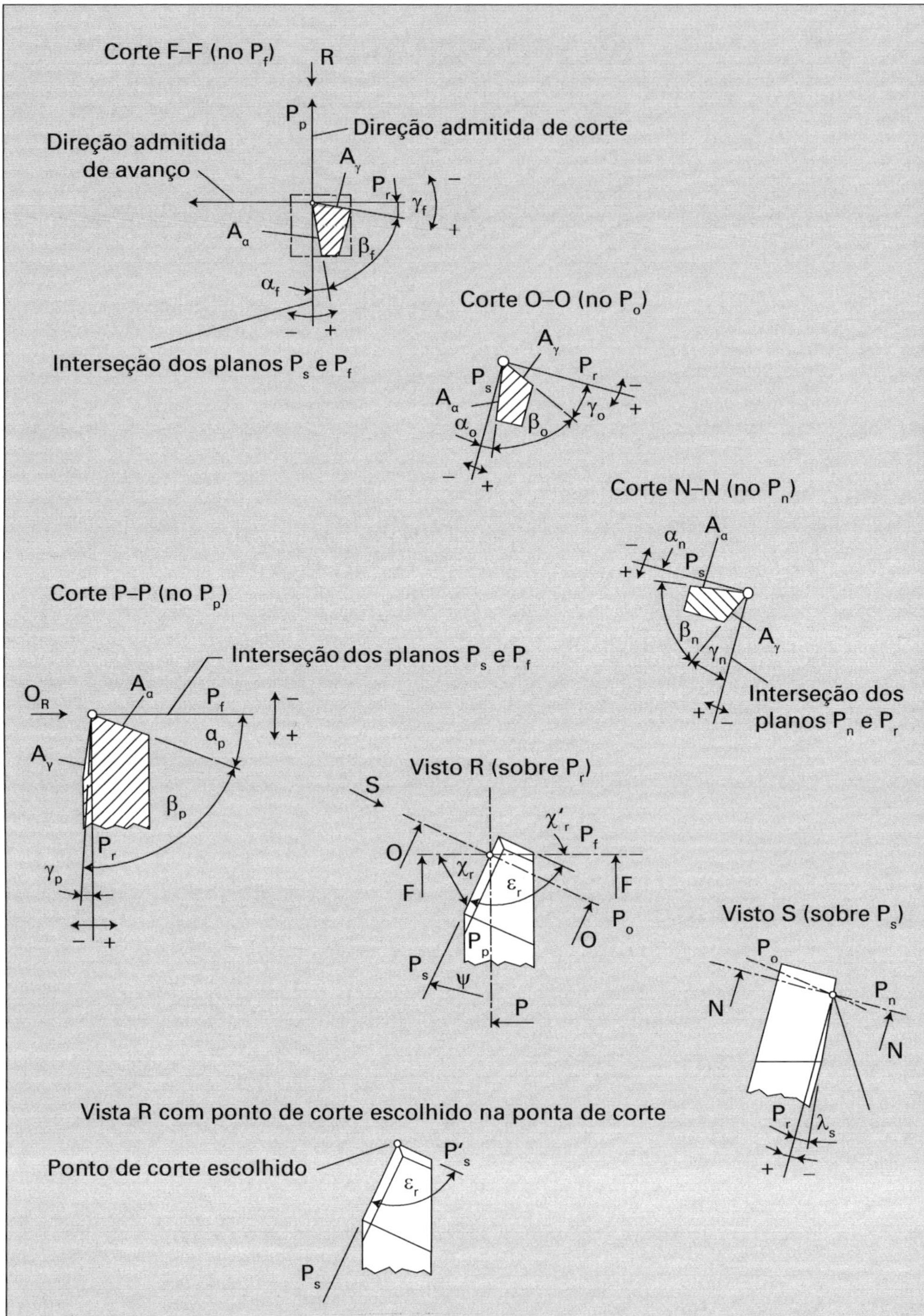

FIGURA 2.9 Ângulos em uma ferramenta de tornear.

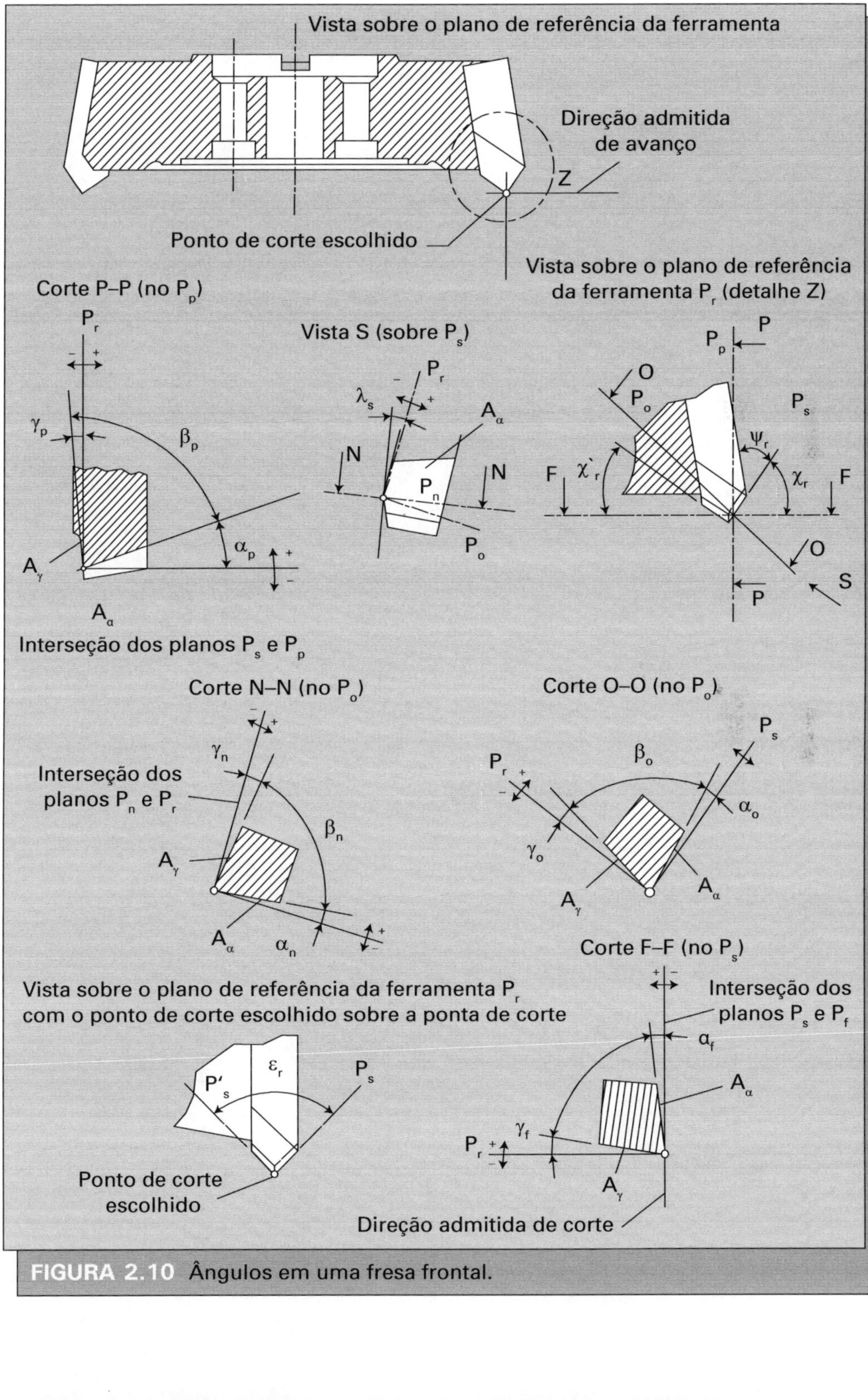

FIGURA 2.10 Ângulos em uma fresa frontal.

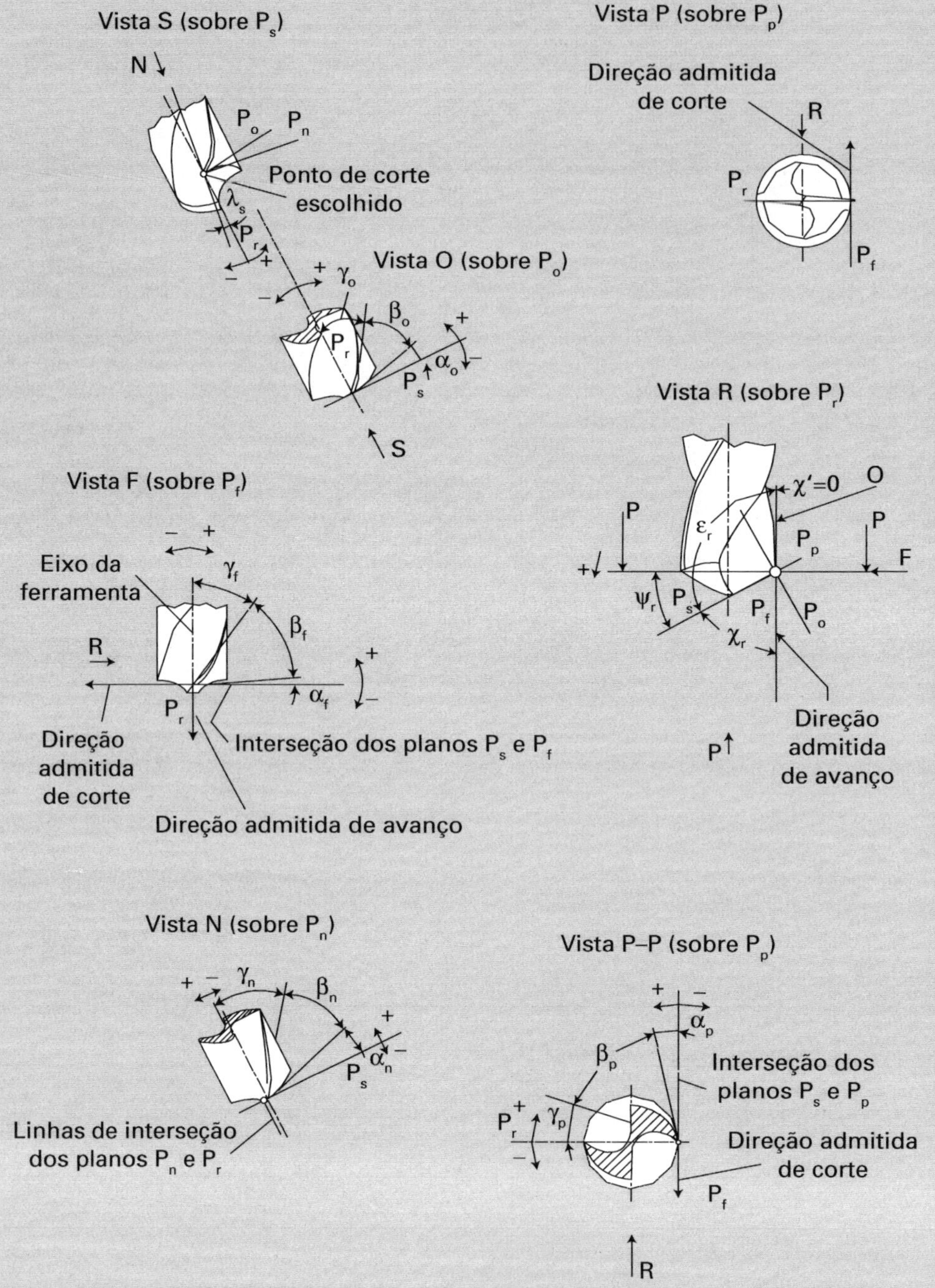

FIGURA 2.11 Ângulos em uma broca helicoidal.

2.3 FUNÇÕES E INFLUÊNCIA DOS PRINCIPAIS ÂNGULOS DA CUNHA CORTANTE

Cada um dos ângulos descritos anteriormente tem um papel a desempenhar durante o corte, portanto seu valor deve ser cuidadosamente determinado.

O ângulo de posição (χ_r) geralmente varia de 45° a 95° e tem as seguintes funções:

- Distribuir as tensões de corte favoravelmente no início e no fim do corte.
- Influenciar na direção de saída do cavaco.
- Aumentar o ângulo de ponta ε_r.

Esse ângulo também induz uma força passiva na ferramenta e, por conseguinte, na máquina-ferramenta. Ele é o principal responsável pela flexão de peças muito esbeltas na operação de torneamento cilíndrico externo.

O ângulo de ponta (ε_r) é definido pelo formato da ferramenta, assumindo, por exemplo, 90° em insertos quadrados e 60° em insertos triangulares. Ferramentas utilizadas em operações de perfilamento apresentam ângulo de ponta (ε_r) igual a 35°, o que pode fragilizar a ponta da ferramenta, ao passo que insertos circulares têm o ângulo de ponta (ε_r) definido em função da profundidade de usinagem. Sua principal função é assegurar a resistência da ponta da ferramenta e sua capacidade de dissipar calor.

O ângulo de inclinação (λ_s) normalmente varia de –11° a 11° e tem as seguintes funções:

- Controlar a direção de saída do cavaco.
- Proteger a aresta de corte (gume) da ferramenta contra impactos.
- Quando negativo, pode atenuar vibrações.

O ângulo de folga (α_o) normalmente varia de 5° a 20° e sua principal função é evitar atrito entre a peça e a superfície de folga da ferramenta. Se o valor do ângulo de folga (α_o) for muito baixo, entretanto, a cunha não penetrará adequadamente na peça e, assim, a ferramenta perderá sua afiação rapidamente, visto que há grande geração de calor. Além disso, o acabamento da peça será prejudicado. Porém, se o ângulo de folga (α_o) for muito elevado, a cunha da ferramenta perderá resistência, podendo soltar pequenas lascas ou, até mesmo, se quebrar. O valor do ângulo de folga (α_o) depende principalmente da resistência mecânica do material da ferramenta e da peça: quanto maior for a resistência mecânica, menor será o ângulo.

Em geral, o ângulo de saída (γ_o) varia de –8° a 20° e influencia decisivamente a força e a potência necessárias ao corte, uma vez que, quanto maior o ângulo de saída (γ_o), menores serão o trabalho de dobramento e o encruamento do material do cavaco. Consequentemente, o acabamento da peça e a temperatura de corte também serão afetados. O valor do ângulo de saída (γ_o) dependerá, em especial, da resistência mecânica do material da ferramenta e da peça, bem como da quantidade de calor gerado pelo corte e da velocidade de avanço. Valores negativos do ângulo de saída (γ_o) são comumente empregados no corte de materiais de difícil usinabilidade e em cortes interrompidos, por garantir maior resistência à cunha de corte (β_o = 90°). Em contrapartida, a usinagem de materiais dúcteis, como ligas de alumínio e de cobre, requer o emprego de ângulos de saída altamente positivos para evitar extensas áreas de adesão do cavaco à superfície de saída da ferramenta, que resultam na sua quebra.

2.4 OUTROS ATRIBUTOS DA CUNHA CORTANTE

Além das já descritas, outras características geométricas da cunha de corte que merecem destaque são: o raio de ponta (r_ε), o raio de cunha ou de aresta (r_h) e o quebra-cavacos.

O raio de ponta (r_ε) determina, com o ângulo de ponta, a resistência mecânica da ponta da ferramenta de corte (Figura 2.12). Além disso, o raio de ponta tem grande influência sobre a rugosidade da peça, como será visto mais tarde. Em geral, o raio de ponta (r_ε) varia de 0,2 mm a 2,4 mm (valores típicos de 0,4 mm a 0,8 mm e 1,2 mm). Valores elevados do raio de ponta (r_ε) garantem maior resistência à ponta da ferramenta, entretanto há um maior contato entre ferramenta e peça, o que provoca o aumento da força passiva (perpendicular ao plano de trabalho) e vibrações.

Analogamente, o raio de cunha (r_h) tem a finalidade de proteger a cunha cortante, que, em hipótese alguma, deverá ser aguda, sob o risco de quebrar-se. Todavia, valores elevados do raio de cunha (r_h) tendem a provocar a elevação da força na direção de avanço. Por isso, as arestas passam por um processo fino de arredondamento, conhecido como brunimento. Outras possibilidades de preparação da cunha de corte são a inclusão de chanfros, simples ou duplos – especialmente em ferramentas cerâmicas, de diamante (PCD) ou de nitreto cúbico de boro (PcBN) –, ou a combinação de raio e chanfro. A Figura 2.12 apresenta essas alternativas.

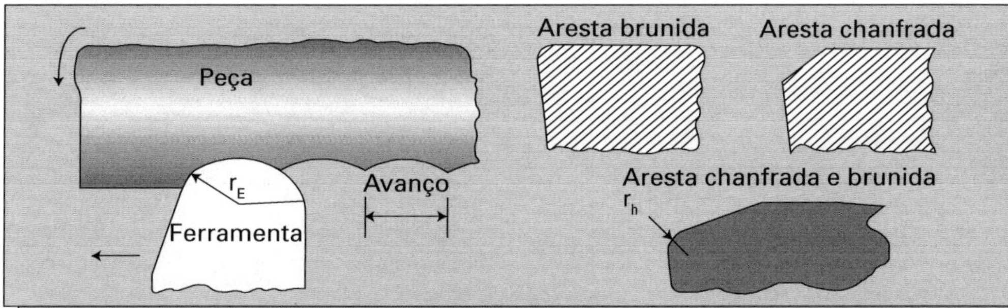

FIGURA 2.12 Raio de ponta (r_ε), raio de cunha (r_h) e cunha chanfrada.

O quebra-cavacos é uma alteração na geometria da ferramenta cuja principal finalidade é provocar a fratura periódica do cavaco. Mais detalhes sobre o assunto serão apresentados adiante, entretanto sua utilização representa uma efetiva modificação da geometria da cunha de corte, particularmente nos ângulos de cunha e de saída. A seleção do quebra-cavacos mais indicado para uma determinada aplicação depende principalmente dos valores de avanço e de profundidade de usinagem, uma vez que esse elemento deve estar posicionado exatamente onde o cavaco vai se formar. Assim, quebra-cavacos para operações de acabamento situam-se próximos à aresta de corte, enquanto quebra-cavacos para operações de desbaste localizam-se mais afastados da aresta de corte. O uso de quebra--cavacos de acabamento em operações de desbaste pode resultar na quebra do inserto, ao passo que o emprego de quebra-cavacos de desbaste em operações de acabamento não acarretará a quebra periódica do cavaco. Além disso, o uso de quebra-cavacos permite que uma ferramenta reversível possua ângulo de saída positivo. A Figura 2.13 ilustra quebra-cavacos de acabamento e de desbaste.

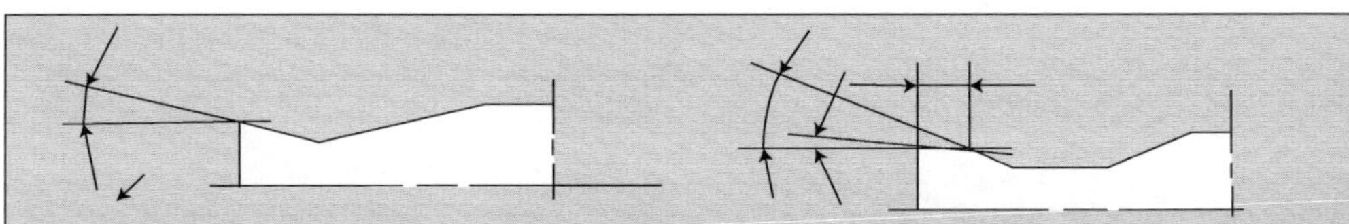

FIGURA 2.13 Quebra-cavacos de acabamento e de desbaste.

REFERÊNCIAS BIBLIOGRÁFICAS

ABNT (ASSOCIAÇÃO BRASILEIRA DE NORMAS TÉCNICAS). *NBR 6163 – Conceitos da técnica de usinagem: geometria da cunha cortante: terminologia*. São Paulo, 1980.

3 Formação de cavacos

A base para um melhor entendimento de todos os processos de usinagem está no estudo científico da formação de cavacos. Esse estudo tem proporcionado grandes avanços nos processos de usinagem e contribuído para o aperfeiçoamento das arestas de corte, com quebra-cavacos cada vez mais eficientes, além de novos e mais eficazes materiais para ferramentas e a possibilidade de usinar os mais variados tipos de materiais. Sabe-se que o cavaco é formado em altíssimas velocidades de deformação, seguidas de ruptura do material da peça. Para um estudo mais detalhado, divide-se o processo em quatro eventos:

- *Recalque inicial*: em decorrência da penetração da cunha cortante no material da peça, uma pequena porção deste (ainda unido à peça) é pressionada contra a superfície de saída da ferramenta.
- *Deformação e ruptura*: o material pressionado sofre, de início, uma deformação elástica, e, em seguida, uma deformação plástica, que aumenta progressivamente até o estado de tensões provocar a ruptura. Essa ruptura se dá, na maioria das vezes, por cisalhamento, embora exista um estado de tensões que combina tensões de compressão/tração e de cisalhamento e leve o material à ruptura, segundo algum critério próprio de sua natureza frágil ou dúctil. Há a formação de uma trinca que se propaga seguindo também um critério de propagação de trincas próprio de cada material, caracterizando a ruptura. Como a formação de cavacos ocorre dinamicamente, há planos instantâneos de ruptura e de propagação de trincas que definirão certa região entre a peça e o cavaco, chamada "zona primária de cisalhamento". Para facilitar o tratamento matemático dado à formação do cavaco, modelos simples consideram essa região como sendo apenas um plano matemático, ou seja, "o plano de cisalhamento", no qual se concentra, preferencialmente, a ruptura. A Figura 3.1 mostra esquematicamente esse plano ou zona de cisalhamento primário, definida pelo ângulo de cisalhamento ϕ, formado entre o plano de cisalhamento e a direção da velocidade de corte (v_c).

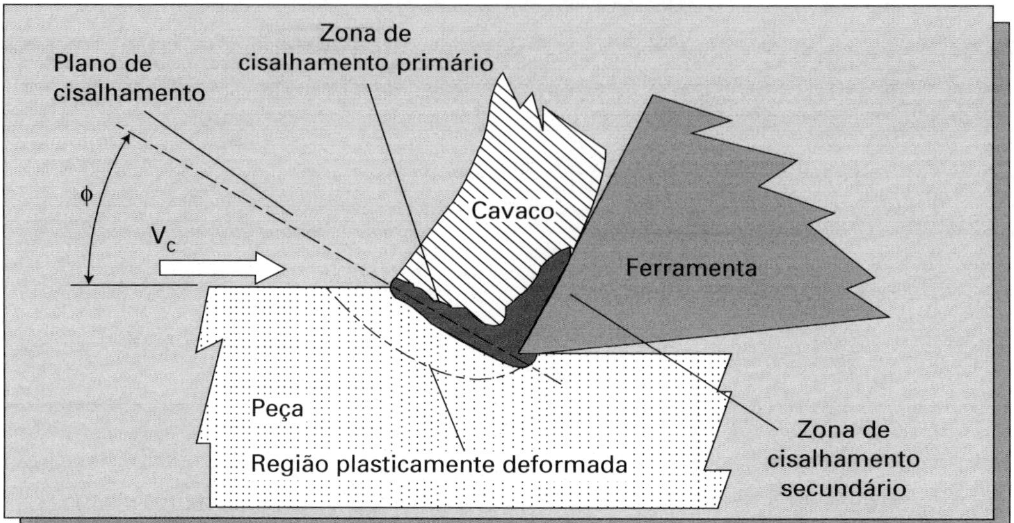

FIGURA 3.1 Mecanismo de formação de cavacos.

- *Deslizamento das lamelas*: continuando a penetração da ferramenta na peça, haverá uma ruptura parcial, ou completa, na região de cisalhamento, dependendo da extensão da propagação da trinca. As propriedades do material e as condições de avanço e de velocidade de corte vão determinar quanto o segmento de material rompido permanecerá unido ao cavaco recém-formado, dando origem a cavacos contínuos ou descontínuos, conforme a extensão e a resistência da união entre as lamelas de material rompido.
- *Saída do cavaco*: em decorrência do movimento relativo entre a ferramenta e a peça, inicia-se um escorregamento da porção de material deformada e rompida – o cavaco – sobre a superfície de saída da ferramenta. Enquanto tal evento ocorre, uma nova lamela de material (imediatamente adjacente à porção anterior) está se formando e passando pelos mesmos processos. Essa nova porção de material também escorregará sobre a superfície de saída da ferramenta, repetindo o fenômeno mais uma vez.

O escorregamento sobre a superfície de saída não obedece, necessariamente, ao Modelo de Coulomb, uma vez que as tensões normais, a velocidade relativa entre as superfícies e, em geral, a temperatura são muito elevadas. Isso provoca o surgimento de uma região denominada "zona de cisalhamento secundário".

Dessa forma, o fenômeno da formação do cavaco, nas condições normais de trabalho, é periódico, uma vez que se têm, ciclicamente, as fases de recalque, deformação plástica, ruptura, deslizamento e saída do cavaco para cada pequena lamela de material a ser removido. Essa periodicidade do fenômeno provoca excitações dinâmicas na ferramenta de corte e é comprovada experimentalmente por meio de filmagem, ou pela frequência e amplitude da força de usinagem.

As primeiras observações do mecanismo de formação de cavacos permitiram a idealização de um modelo simplificado, comparando-se as lamelas a um "baralho de cartas", inicialmente publicado por Piispanen, em 1937, e ilustrado na Figura 3.2 (FERRARESI, 1977).

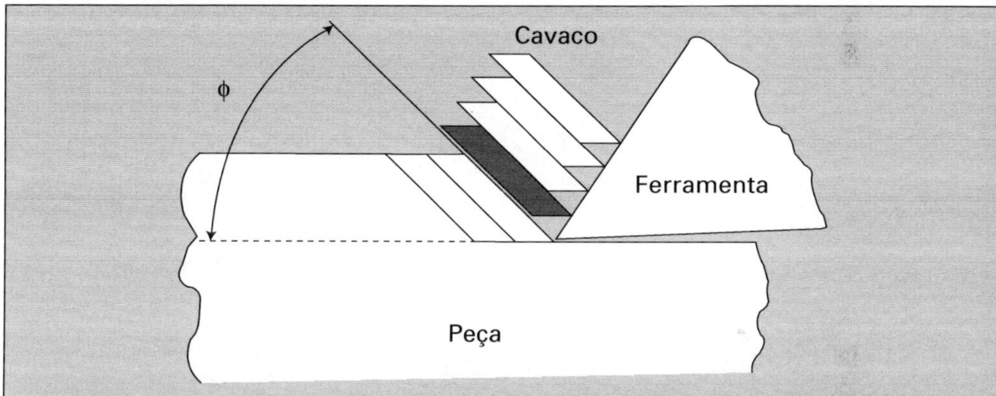

FIGURA 3.2 Modelo de Piispanen para a formação de cavacos, com as lamelas semelhantes a um "baralho de cartas" (PIISPANEN, 1937).

Para facilitar o estudo científico da formação de cavacos, os primeiros modelos propostos basearam-se em simplificações, sendo a primeira delas o modelo plano denominado de "corte ortogonal" (BOOTHROYD, 1981; ERNEST, 1940).

3.1 CORTE ORTOGONAL

No corte ortogonal, a aresta de corte é uma reta normal à direção de corte e à direção de avanço, de maneira que a formação do cavaco pode ser considerada um fenômeno bidimensional e que ocorre em um plano normal à aresta cortante, ou seja, no plano de trabalho. A Figura 3.3 ilustra dois exemplos de usinagem aproximando-se do corte ortogonal nos processos de torneamento e de fresamento.

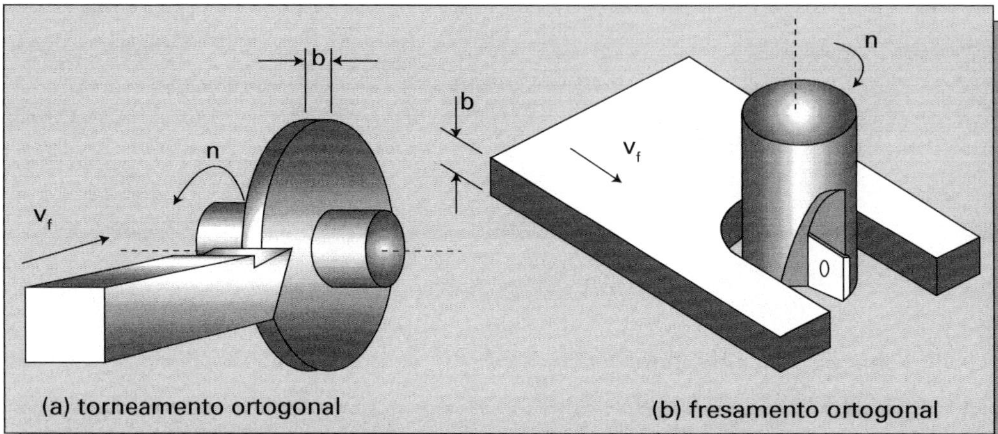

FIGURA 3.3 Exemplos de corte ortogonal em processos de torneamento e de fresamento.

Além das citadas, são admitidas algumas outras simplificações, que permitem um tratamento matemático do corte ortogonal e podem ser estendidas a outras operações de usinagem.

- Os cavacos formados são contínuos, sem a formação de aresta postiça de corte (APC).
- Não há contato entre a superfície de folga da ferramenta e a superfície usinada.
- A espessura de corte (h), equivalente ao avanço (f), é suficientemente pequena em relação à largura de corte (b).
- A largura da aresta de corte é maior que a largura de corte (b).
- A largura de corte (b) e a largura do cavaco (b') são idênticas.
- A aresta de corte é idealmente afiada e perpendicular ao plano de trabalho.

Segundo esse modelo, considere um volume de metal representado pela seção "klmn" movendo-se em direção à cunha cortante, conforme mostra a Figura 3.4.

Ao passar pelas fases anteriormente descritas para a formação de cavacos, define-se a zona primária de cisalhamento, que passa a ser representada pelo traço do plano de cisalhamento, segmento $\overline{OD}$ na Figura 3.4. Ainda segundo esse modelo, a seção "klmn", após a total deformação plástica, se transforma na seção "pqrs", que entra em contato com a superfície de saída da ferramenta. Nesse caso, essa região é representada pelo segmento $\overline{OB}$ da mesma figura.

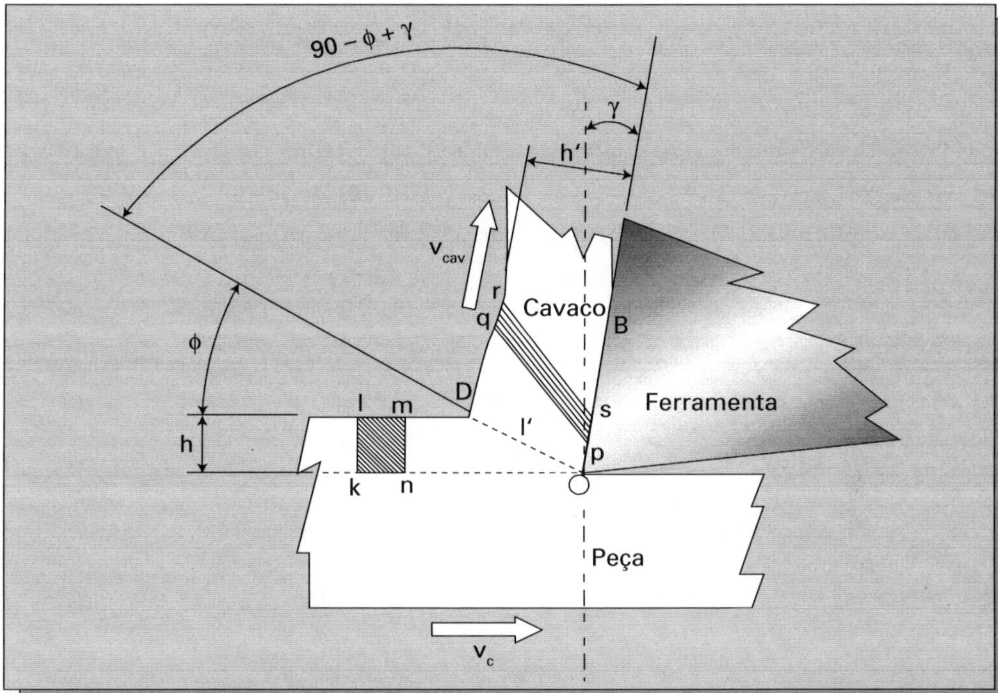

FIGURA 3.4 Modelo para o mecanismo de formação de cavacos em corte ortogonal.

3.2 RELAÇÕES CINEMÁTICAS E GEOMÉTRICAS NO CORTE ORTOGONAL

Por meio das simplificações anteriormente descritas para o modelo bidimensional da formação de cavacos, foi possível estabelecer planos e relações geométricas importantes para o equacionamento matemático do fenômeno. De acordo com a já mencionada Figura 3.4, pode-se definir o grau de recalque como:

$$R_c = \frac{h'}{h} \tag{3.1}$$

Além disso, tem-se também:

$$sen\phi = \frac{h}{l'} \tag{3.2}$$

$$sen(90 - \phi + \gamma) = \frac{h'}{l'} \tag{3.3}$$

ou, reformulando-se:

$$tg\phi = \frac{cos\gamma}{R_c - sen\gamma} \tag{3.4}$$

A Equação 3.4 demonstra que o ângulo de cisalhamento é função do grau de recalque e do ângulo de saída da ferramenta. Como esse ângulo de saída tem uma pequena faixa de variação, nas aplicações práticas (entre –8° e 20°), a dependência maior do ângulo de cisalhamento fica por conta do grau de recalque. Como há restrição na superfície de saída da ferramenta por onde o cavaco deve escoar, consequentemente existe uma desaceleração do volume de material a ser transformado em cavaco. Dessa forma, a espessura do cavaco é sempre maior que a espessura de corte (h), o que resulta em um grau de recalque sempre maior que a unidade. Admite-se também que o volume do material não se modifica durante a formação de cavacos. A Figura 3.5 mostra a relação entre o ângulo do plano de cisalhamento e o grau de recalque.

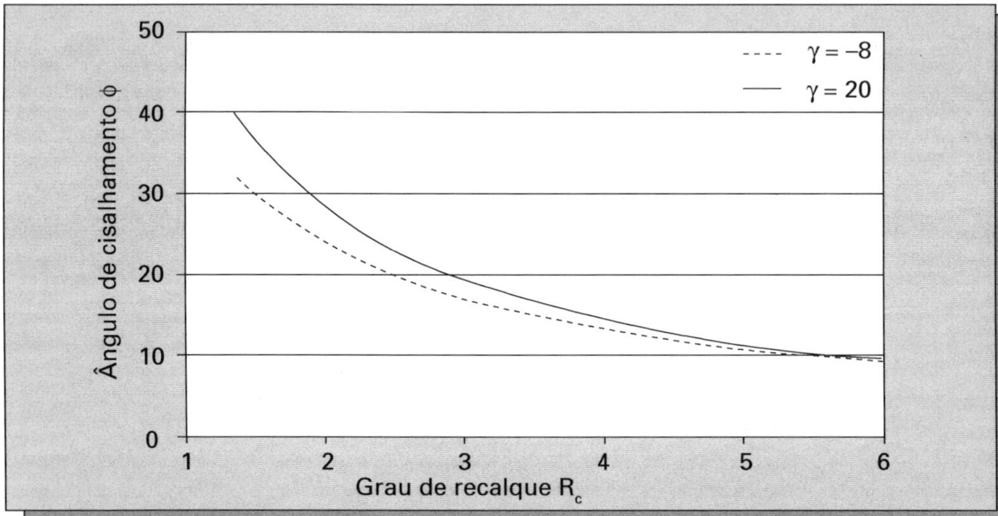

FIGURA 3.5 Ângulos do plano de cisalhamento em função do grau de recalque.

Ao contrário do que possa parecer, o grau de recalque não é facilmente obtido, pois o cavaco não possui uma espessura uniforme: ele é formado por lamelas justapostas com extremidades irregularmente conformadas, porém, nos casos em que é possível sua correta estimativa, pode-se encontrar o ângulo do plano de cisalhamento. Estimativas melhores podem ser obtidas pela medida do comprimento e da densidade, chegando-se à área de seção do cavaco.

O ângulo de cisalhamento pode também ser medido diretamente em uma micrografia da raiz do cavaco obtida por ensaio de *quick-stop* (parada brusca do processo – ver Item 3.6 adiante). A Figura 3.6 mostra o valor do ângulo de cisalhamento [ϕ], formado entre o plano de cisalhamento e o plano de corte, para a liga de alumínio-manganês 3030 O, determinado dessa maneira. A raiz do cavaco foi produzida durante o torneamento com uma ferramenta de metal duro sem revestimento, com código ISO TCGT16T308-AZ HTi10 e suporte com código ISO STGCR2020K16Z. O conjunto montado, ferramenta-suporte, gerou a seguinte geometria: α_o = 10° (ângulo de folga); γ_o = 15° (ângulo de saída) e χ_r= 90° (ângulo de posição). O ângulo de cisalhamento [ϕ] encontrado foi de 15,11°. Considerando o grau de recalque de 3,58 (475,56/132,99 – ver Figura 3.6), o ângulo de saída (γ_o) usado de 15° e utilizando a Equação 3.4, o valor ϕ calculado é de 16,20°. Assim, o valor medido metalograficamente é bem próximo do calculado, erro de 6,7%.

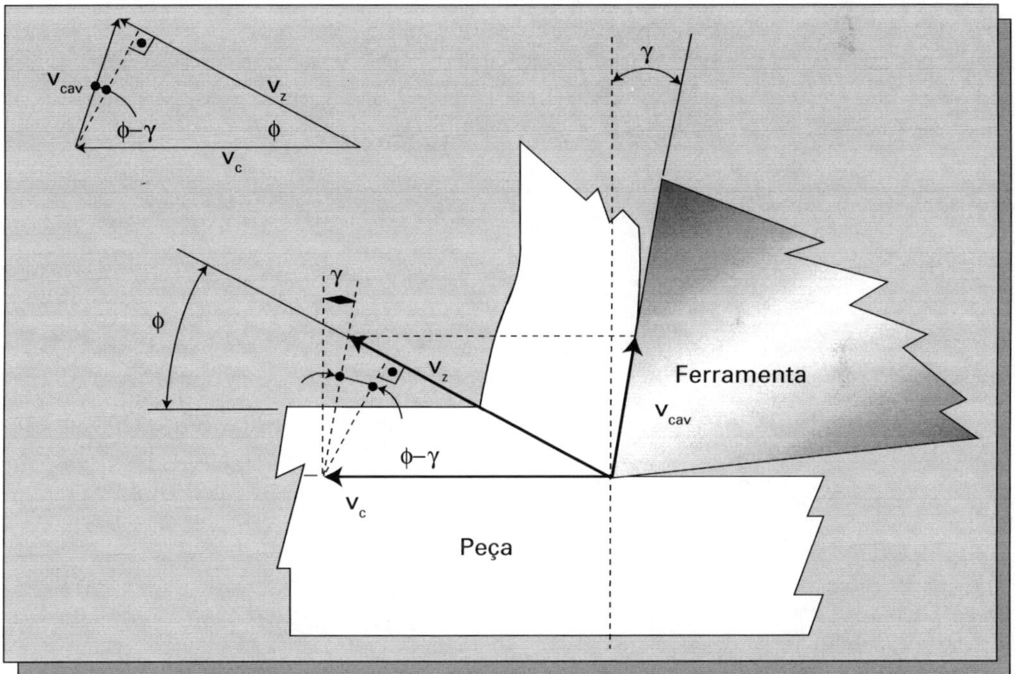

FIGURA 3.6 Ângulo de cisalhamento ϕ para a liga de alumínio 3030 O na condição de velocidade de corte de 180 m/min, avanço de 0,134 mm/rot e profundidade de corte de 2,0 mm (SOUZA, 2013).

Como o material é recalcado para que o cavaco se forme, há uma desaceleração deste quando passa pela região de cisalhamento. Essa desaceleração pode ser calculada, uma vez que o volume não se altera durante o processo. A Figura 3.7

mostra a relação geométrica entre as velocidades envolvidas, ou seja, de saída do cavaco (v_{cav}) e de cisalhamento (v_z) em relação à velocidade de corte (v_c).

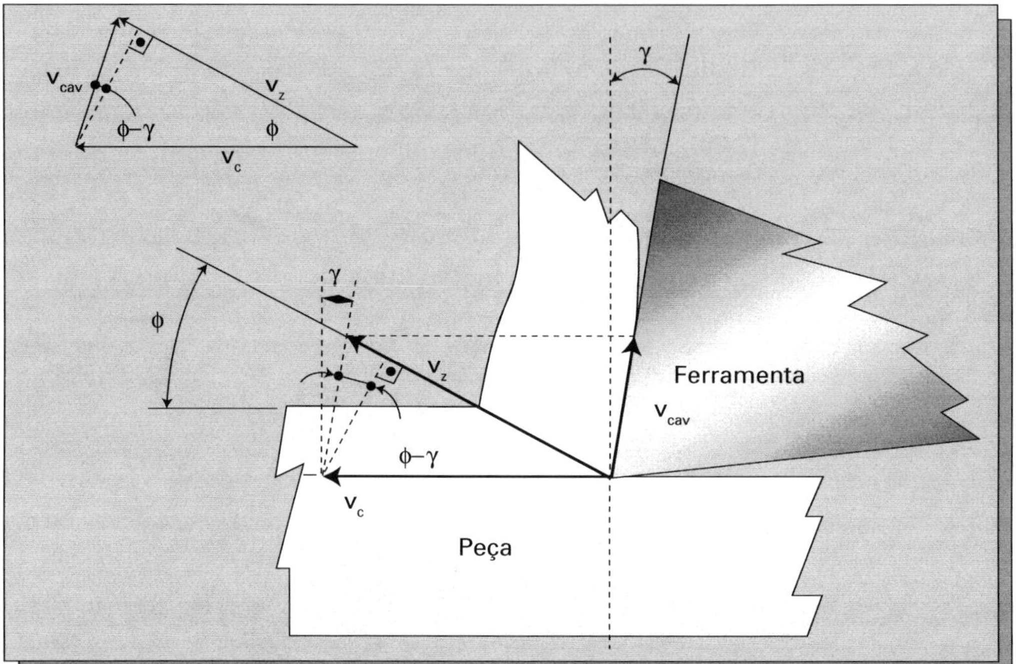

FIGURA 3.7 Velocidades no corte ortogonal.

Ainda segundo o modelo idealizado, podem-se definir algumas relações entre essas velocidades, calculadas a partir da aplicação da lei dos senos no triângulo de velocidades da Figura 3.7, resultando em:

$$\frac{v_{cav}}{sen\phi} = \frac{v_c}{sen[90-(\phi-\gamma)]} \Rightarrow v_{cav} = v_c \cdot \frac{sen\phi}{cos(\phi-\gamma)} \quad (3.5)$$

$$\frac{v_z}{sen(90-\gamma)} = \frac{v_c}{sen[90-(\phi-\gamma)]} \Rightarrow v_z = v_c \cdot \frac{cos\,\gamma}{cos(\phi-\gamma)} \quad (3.6)$$

Usando-se as Equações 3.4 e 3.5, tem-se:

$$v_{cav} = \frac{v_c}{R_c} \quad (3.7)$$

Uma vez que os cavacos são formados por cisalhamento, o estudo da deformação em um elemento antes e depois de passar pelo plano de cisalhamento pode trazer resultados importantes, conforme esquematizado na Figura 3.8.

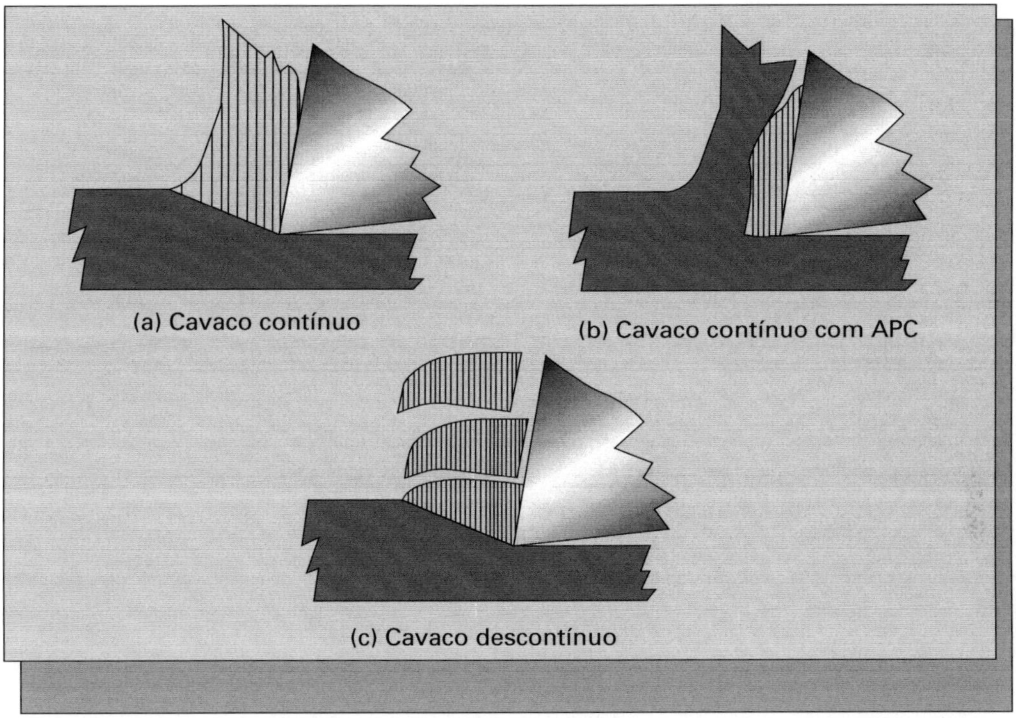

Modelo de deformação para os cálculos relacionados ao cisalhamento.

O grau de deformação, ou deformação angular, pode ser definido como:

$$\varepsilon_0 = \frac{\Delta S}{\Delta Y} \tag{3.8}$$

que no limite resulta em:

$$\varepsilon_0 = \frac{\partial S}{\partial Y} \tag{3.9}$$

Segundo uma definição já comum em processos de conformação para grandes deformações, se ambas grandezas da Equação 3.9 forem divididas pelo mesmo tempo, tem-se:

$$\varepsilon_0 = \frac{v_z}{v_Y} \tag{3.10}$$

Onde v_Y é a velocidade de deslocamento dos cavacos na direção perpendicular ao plano de cisalhamento. Pelas relações geométricas entre as velocidades na Figura 3.7, tem-se:

$$v_z = v_c\, cos(\phi) + v_{cav}\, sen(\phi - \gamma) \tag{3.11}$$

$$v_\gamma = v_c\, sen(\phi) \tag{3.12}$$

Substituindo as equações 3.11 e 3.12 pela Equação 3.10, obtém-se:

$$\varepsilon_0 = cot(\phi) + \frac{v_{cav}\, sen(\phi - \gamma)}{v_c\, sen(\phi)} \tag{3.13}$$

Introduzindo agora a Equação 3.5, o resultado é:

$$\varepsilon_0 = cot(\phi) + tg(\phi - \gamma) \tag{3.14}$$

Outra grandeza importante é a velocidade com que o material é cisalhado no plano de cisalhamento, dada por:

$$\dot{\varepsilon}_0 = \frac{\partial \varepsilon_0}{\partial t} = \frac{\partial}{\partial t}\left(\frac{\partial S}{\partial Y}\right) = \frac{\partial}{\partial Y}\left(\frac{\partial S}{\partial t}\right) = \frac{\partial}{\partial Y} v_z \tag{3.15}$$

Se a espessura do material que está sendo deformado for semelhante à espessura de uma lamela de cavaco e usando-se a Equação 3.6, pode-se ter uma ideia da velocidade de deformação por cisalhamento em uma operação de usinagem da seguinte forma:

$$\dot{\varepsilon}_0 = \frac{1}{\Delta Y}\left(v_c \frac{cos\gamma}{cos(\phi - \gamma)}\right) \tag{3.16}$$

Portanto, em um processo de torneamento de aço em condições normais, pode-se estimar a velocidade de deformação do processo de formação de cavacos por meio dos seguintes valores:

v_c= 100 m/min

$\gamma = 10°$

$\phi = 20°$

ΔY = 0,0025 mm

Resultando em $\dot{\varepsilon}_0 = 6.7 \times 10^5$ s^{-1} (FERRARESI, 1977). Dessa forma, pode-se afirmar que a velocidade de deformação é da ordem de 10^5 s^{-1} para um processo normal de usinagem. Essa velocidade de deformação é muito superior à maioria dos processos de conformação (5 s^{-1}) e às velocidades normalmente empregadas em testes de tração ou de torção, fato que é um dos responsáveis pelas diferenças encontradas quando se utilizam os valores de tensão de cisalhamento obtidos em ensaios padronizados e no cálculo de forças de corte em usinagem.

3.3 TIPOS DE CAVACOS

Durante a usinagem, uma nova superfície é gerada na peça pela remoção de material na forma de cavacos. Morfologicamente, os cavacos podem ser *contínuos*, *descontínuos* e *segmentados*. Em geral, cavacos contínuos aparecem durante a usinagem de materiais dúcteis, enquanto os descontínuos surgem em consequência da formação de um fluxo de elementos de cavacos quebrados em pedaços durante a usinagem de materiais frágeis. Existem várias vantagens em produzir cavacos curtos. A quebra do cavaco pode ocorrer naturalmente durante a sua formação, como no caso da usinagem de bronze e de ferro fundido, ou sua quebra pode ser conseguida pelos quebra-cavacos. Nesse caso, provavelmente, apenas a forma do cavaco vai se alterar. Entretanto, em uma classificação mais detalhada, os tipos de cavaco podem ser: contínuo, parcialmente contínuo, descontínuo e segmentado.

A obtenção dos três primeiros tipos depende muito da ductilidade (ou fragilidade) do material da peça e dos parâmetros de corte. Já o último tipo refere-se a cavacos produzidos geralmente na usinagem de materiais de baixa condutividade térmica e na presença de "cisalhamento catastrófico (ou adiabático)" (RECHT, 1964).

3.3.1 Cavacos contínuos

Os cavacos contínuos são formados, na usinagem de materiais dúcteis, como aços de baixa liga, alumínio e cobre, conforme mostrado esquematicamente na Figura 3.9(a).

Nesse caso, o metal cisalha na zona primária de cisalhamento com grandes deformações e permanece homogêneo, sem fragmentação. Apesar de a forma de fita externa não apresentar nenhuma evidência clara de fratura ou trinca, esses fenômenos ocorrem para que uma nova superfície seja formada.

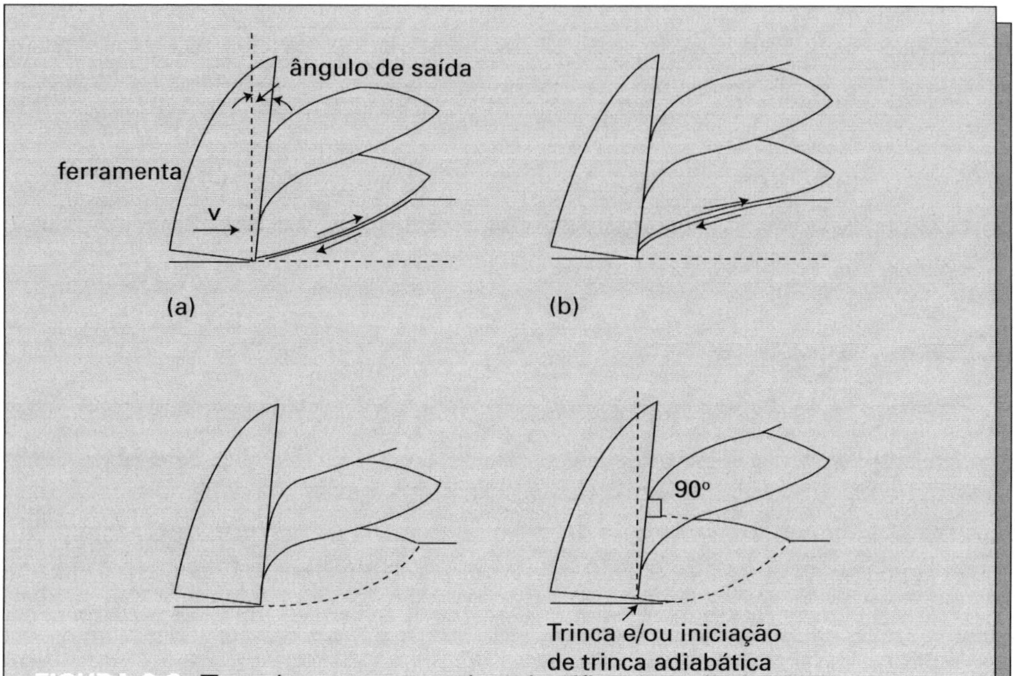

FIGURA 3.9 Tipos de cavaco segundo a classificação mais simples.

Um fator preponderante para a formação do cavaco contínuo é a ocorrência de encruamento. A deformação cisalhante no plano primário deve promover encruamento no material, para dificultar a continuidade da deformação nesse plano e, em consequência, a deformação se inicia em um plano adjacente posterior, que também se deforma e encrua, para sucessivamente ir trocando de planos de cisalhamento primário para formar o cavaco contínuo. Caso o calor gerado no processo seja elevado o suficiente para impedir o encruamento e, ao contrário, promover amolecimento do material localmente, a deformação continua nesse plano, até uma determinada distância da aresta de corte, favorecendo a formação do cavaco segmentado, como se verá mais detalhadamente adiante, no item 3.3.3.

O tipo de cavaco também está fortemente ligado à tensão normal no plano de cisalhamento, a qual depende do ângulo de cisalhamento ϕ e das condições de atrito na interface ferramenta/cavaco, ou seja, na zona secundária de cisalhamento (DOYLE et al., 1979). Na formação do cavaco contínuo, no entanto, há um equilíbrio entre a tensão normal e a de cisalhamento no plano de cisalhamento, de forma que a trinca surgida no momento da ruptura não se propague muito ou rapidamente, para que o cavaco não seja interrompido. A complexidade da análise se deve ao fato de que tanto o primeiro quanto o segundo fator dependem das condições de atrito na interface ferramenta/cavaco, isto é, o que promove a tensão cisalhante no plano de cisalhamento, necessária à abertura da trinca, é a restrição que o cavaco tem ao se movimentar na superfície de saída da ferramenta. Quanto maior for tal restrição, maior será a tensão provocada. E é essa mesma restrição que promove a tensão de compressão no plano de cisalhamento e que poderá restringir a propagação da trinca.

Algumas ações podem favorecer a propagação da trinca, diminuindo a restrição ao movimento do cavaco na zona secundária de cisalhamento e, por conseguinte, a tensão normal que determina a extensão da trinca, ao mesmo tempo que reduz a tensão de cisalhamento. A adição de elementos como chumbo, telúrio, selênio e enxofre aos aços pode favorecer a formação de cavacos, o que ocorre com os chamados aços de corte livre (MILOVIK; WALLBANK, 1983). Tais adições, além de reduzirem as tensões normais no plano de cisalhamento, em virtude do efeito lubrificante na interface ferramenta/cavaco, também reduzem a tensão de cisalhamento necessária para dar início à trinca, pois fragilizam o material. Porém, a geometria da aresta (ou gume), principalmente o ângulo de saída, a velocidade de corte, o avanço, a profundidade de corte, as inclusões (a quantidade, a forma e a dureza) e a rigidez da ferramenta também são variáveis importantes que influenciam o tipo de cavaco.

Os cavacos contínuos são indesejáveis, pois podem causar acidentes, danificar a superfície usinada etc. Se eles não se quebrarem naturalmente, um quebra-cavacos deverá ser usado para promover a segmentação. O cavaco será, então, fragmentado, mas não pelos mesmos mecanismos descritos a seguir como "cavacos descontínuos".

Uma variação do tipo de cavaco contínuo é o cavaco contínuo na presença de aresta postiça de corte (APC) (ALGARTE et al., 1995), fenômeno mostrado esquematicamente na Figura 3.9(b) e que será discutido em detalhes mais adiante.

3.3.2 Cavacos descontínuos

Esse tipo é mais comum na usinagem de materiais frágeis, como bronze e ferros fundidos cinzentos, uma vez que não são capazes de suportar grandes deformações sem se quebrar. Entretanto, baixas velocidades de corte, ângulo de saída pequeno e grandes avanços também podem produzir cavacos descontínuos em materiais de baixa ductilidade. Com o aumento da velocidade de corte, o cavaco tende a se tornar mais contínuo, pois além de mais calor ser produzido e, por conta disso, os materiais se tornarem mais dúcteis, a penetração de "contaminantes" na interface ferramenta/cavaco para reduzir a tensão normal no plano de cisalhamento torna-se mais difícil.

A Figura 3.9(c) mostra um cavaco descontínuo, no qual a trinca se propaga por toda a extensão do plano de cisalhamento, promovendo sua fragmentação. A zona secundária de cisalhamento também desempenha importante papel para que esse tipo de cavaco seja formado. Inicialmente, o componente de força tangencial à superfície de saída é menor que a força necessária para promover o escorregamento do cavaco. Há, então, o desenvolvimento de uma região de material estático e a separação do cavaco ocorrerá com o aumento da relação entre força tangencial e normal.

3.3.3 Cavacos segmentados

Os cavacos segmentados são caracterizados por grandes deformações continuadas em estreitas bandas entre segmentos com pouca ou quase nenhuma deformação nos seus interiores. Trata-se de um processo muito diferente do verificado na formação do cavaco contínuo. Tal fenômeno pode ser entendido com base nas explicações de Cook (1953), que afirma que a diminuição na resistência mecânica do material por causa do aumento da temperatura (provocado pelas deformações plásticas locais nas bandas de cisalhamento) iguala, ou excede, o aumento da resistência mecânica causado pelo endurecimento a frio. Isso é peculiar a certos materiais com limitadas propriedades térmicas, como o titânio e suas ligas. O cisalhamento para formar o cavaco começa a ocorrer em um plano de cisalhamento particular, quando as tensões impostas pelo movimento da ferramenta contra a peça excedem o limite de escoamento do material da peça. A energia associada a essa deformação é convertida em calor e, em virtude das propriedades térmicas do material, altas temperaturas são desenvolvidas de forma concentrada, o que provoca amolecimento localizado e, consequentemente, um plano de deslizamento, como ocorre na formação de cavacos contínuos (COOK et al., 1954; SHAW et al., 1954). Com o prosseguimento da deformação, ocorre uma rotação no plano de cisalhamento, que começa a se afastar da ponta da ferramenta e a se movimentar sobre a superfície de saída. Tal rotação persiste até que o aumento da força, provocada pela rotação, exceda a força necessária para deformar um material a temperatura menor, em outro plano mais favorável. Esse processo já foi chamado de "cisalhamento termoplástico catastrófico" (RECHT, 1964) ou de "cisalhamento adiabático", resultando em um processo cíclico de produção de cavacos na forma de dentes de serra, conforme esquematizado na Figura 3.10.

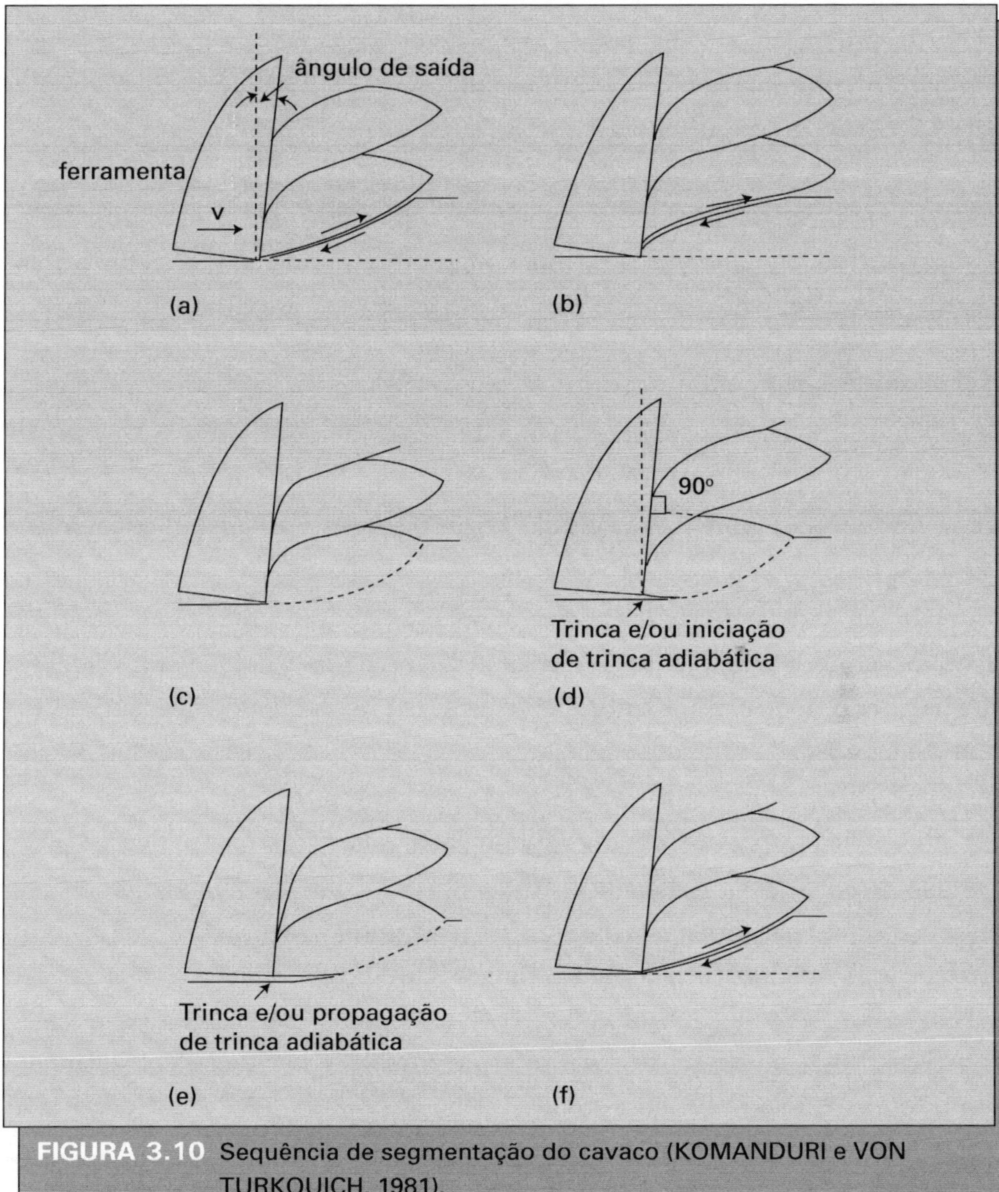

FIGURA 3.10 Sequência de segmentação do cavaco (KOMANDURI e VON TURKOUICH, 1981).

Verificou-se, experimentalmente, que muitos materiais podem sofrer cisalhamento termoplástico catastrófico, dependendo da temperatura alcançada durante a formação de cavacos, de suas propriedades térmicas e da velocidade de deformação. Pesquisas científicas mostraram que um material pode sofrer cisalhamento termoplástico catastrófico – quando o efeito de amolecimento devido ao aumento da temperatura supera o efeito do endurecimento a frio – acima de uma determinada velocidade chamada "crítica" (RECHT, 1964). Para o Inconel 718, essa velocidade é de 61 m/min; já para o AISI 4340, é de 275 m/min (TRENT, 1984; KOMANDURI et al., 1982).

No entanto, Shaw (1984) afirma que, além do cisalhamento adiabático, cavacos segmentados podem ser formados por um processo cíclico de fratura e adesão de cavacos, no qual a região de alta deformação é ainda mais estreita, a velocidades de corte é relativamente baixa e o amolecimento localizado não ocorre.

3.4 FORMAS DE CAVACO

Quanto à sua forma, os cavacos podem ter a seguinte classificação: em fita, helicoidais, em espiral, em lascas ou pedaços.

Entretanto, a norma ISO 3685 (1993) classificou mais detalhadamente a forma dos cavacos (Figura 3.11).

O material da peça é o que mais influencia a forma e o tipo dos cavacos. Cavacos contínuos, parcialmente contínuos e segmentados podem ser produzidos em qualquer das formas mostradas na Figura 3.11, dependendo dos parâmetros de corte e do uso de quebra-cavacos. Cavacos do tipo descontínuo, entretanto, só podem ser classificados quanto às formas das lascas, ou em pedaços.

No que se refere aos parâmetros de corte, em geral, um aumento na velocidade de corte, uma redução no avanço ou um aumento no ângulo de saída tendem a mudar das formas da direita para a esquerda (Figura 3.11), isto é, produzir cavacos em fitas (ou contínuos, quanto ao tipo). O avanço é o parâmetro mais influente, seguido da profundidade de usinagem, a afetar a forma do cavaco. A Figura 3.12 mostra como as formas de cavaco são afetadas pelo avanço e pela profundidade de usinagem (SMITH, 1989).

As formas de cavacos longos é que causam os maiores transtornos quanto à segurança de produtividade, exigindo, portanto, mais cuidado e especial atenção ao seu controle. Apesar de os parâmetros de corte poderem ser, na maioria das vezes, escolhidos para evitar ou reduzir a formação de cavacos contínuos, o método mais efetivo para produzir cavacos curtos é a utilização de quebra-cavacos.

1- Cavaco em fita	2- Cavaco tubular	3- Cavaco espiral	4- Cavaco helicoidal tipo arruela	5- Cavaco helicoidal cônico	6- Cavaco em arco	7- Cavaco fragmentado	8- Cavaco tipo agulha
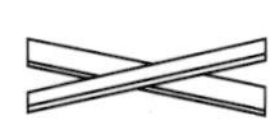	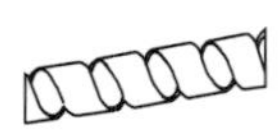						
1-1- Longo	2-1- Longo	3-1- Plano	4-1- Longo	5-1- Longo	6-1- Conectado		
	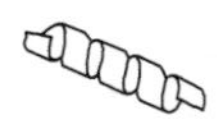			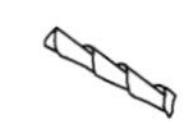			
1-2- Curto	2-2- Curto	3-2- Cônico	4-2- Curto	5-2- Curto	6-2- Solto		
			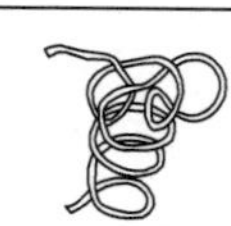				
1-3- Emaranhado	2-3- Emaranhado		4-3- Emaranhado	5-3- Emaranhado			

FIGURA 3.11 Formas de cavacos produzidos na usinagem dos metais (ISO, 1993).

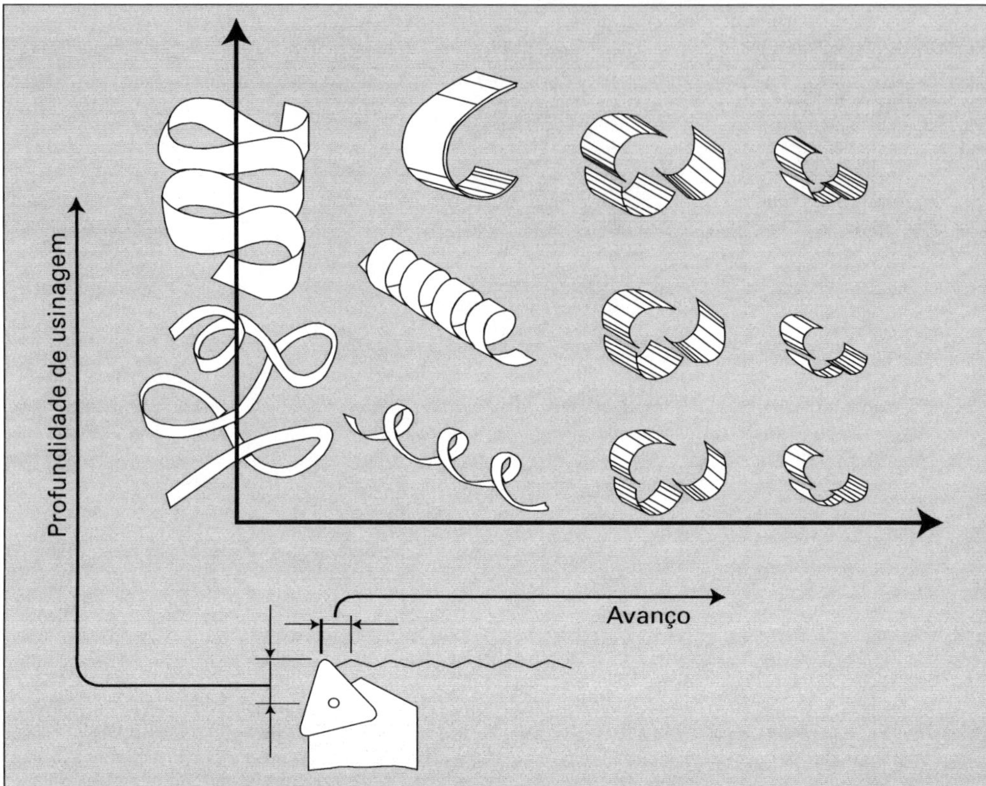

FIGURA 3.12 Efeito do avanço e da profundidade de usinagem na forma dos cavacos (SMITH, 1989).

3.5 CONTROLE DO CAVACO

Nas operações de usinagem que utilizam corte contínuo em materiais dúcteis, como o torneamento de aços-baixo carbono, por exemplo, o controle do cavaco pode ser imperativo para a produtividade da empresa. Esse problema se agrava quando novas gerações de ferramentas mais resistentes ao desgaste permitem o uso de altas velocidades de corte em máquinas CN, em sistemas produtivos altamente automatizados, com mínima supervisão humana. A produção de cavacos longos pode causar os seguintes problemas e perturbações:

- As baixas densidades efetivas desse tipo de cavaco, devidas ao alto volume que ocupam, dificultam os processos subsequentes de manuseio e descarte.
- Podem se emaranhar na peça, em partes da máquina, ou na ferramenta, criando situações de perigo ao operador, por conta das altas velocidades e do fio de corte, em cavacos de material endurecido pelo encruamento.

- Podem prejudicar o acabamento superficial ao aderir à peça, ou mesmo levar à quebra da aresta de corte.
- Aumentam a força de usinagem, a temperatura e, em geral, diminuem a vida útil das ferramentas.
- Prejudicam o acesso do fluido de corte à área de formação de cavacos, provocando o efeito guarda-chuvas.

Os quebra-cavacos podem ser postiços ou integrais, e ambos modificam a superfície de saída das ferramentas, causando uma curvatura mais acentuada nos cavacos e levando-os à quebra por flexão. Além dos quebra-cavacos, também já foram utilizadas variações na velocidade de avanço, por meio das quais se criou uma situação semelhante à da furação intermitente. Em ambos os casos, a velocidade de avanço é reduzida a zero, ou quase isso, provocando concentração de tensão e a consequente quebra do cavaco. Essa estratégia, no entanto, necessita de uma máquina CN com programa apropriado.

Outro método bastante eficiente para a quebra do cavaco é a injeção de fluido de corte em alta pressão na superfície de saída e em sentido contrário ao da saída do cavaco. Se o jato for forte o suficiente, haverá fragmentação do cavaco, conforme a sequência mostrada na Figura 3.13.

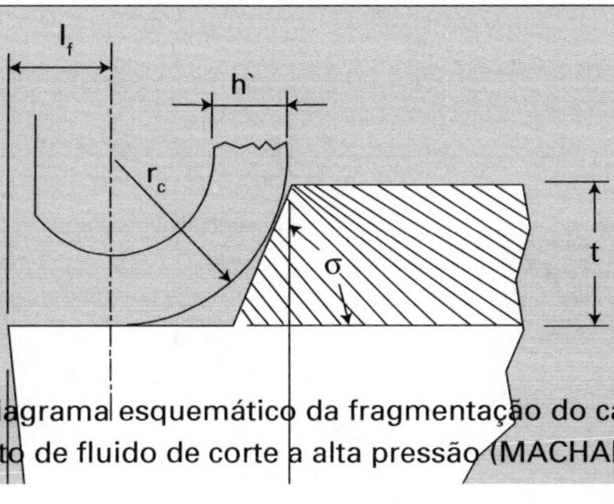

FIGURA 3.13 Diagrama esquemático da fragmentação do cavaco promovida pelo jato de fluido de corte a alta pressão (MACHADO, 1990).

De maneira geral, quanto menor for a espessura do cavaco, mais flexível ele é, portanto, maior será a dificuldade de quebra. Os cavacos que já sofreram intensas deformações passando pelas zonas primárias e secundárias de cisalhamento necessitam de uma deformação crítica (ε_f) para quebrar depois de deixar a superfície de saída da ferramenta. A deformação que o cavaco sofrerá nesse ponto é diretamente proporcional à razão h'/r_c, onde r_c é o raio de curvatura do cavaco (ERNEST; MERCHANT, 1940). Se a deformação do cavaco não é suficientemente grande para causar a fratura, há a necessidade de aumentar *h'* ou diminuir r_c, a fim de conseguir a quebra do cavaco. Mas *h'* depende, principalmente, do avanço ou da espessura de usinagem, e prejudica o acabamento superficial, se excessivamente aumentado. Dessa forma, procura-se reduzir r_c para promover a quebra dos cavacos.

O método mais usual para aumentar a curvatura do cavaco (diminuir r_c) é a utilização de quebra-cavacos postiços ou integrais (superfícies de saída com formatos especiais). O raio de curvatura r_c pode ser estimado de acordo com as dimensões dos quebra-cavacos, como será visto a seguir.

3.5.1 Quebra-cavacos postiço

$$r_c = [(l_n - l_f) - (t\cot\sigma)]\cot\left(\frac{\sigma}{2}\right) \quad \text{[mm]} \qquad (3.17)$$

Onde os símbolos estão de acordo com a Figura 3.14.

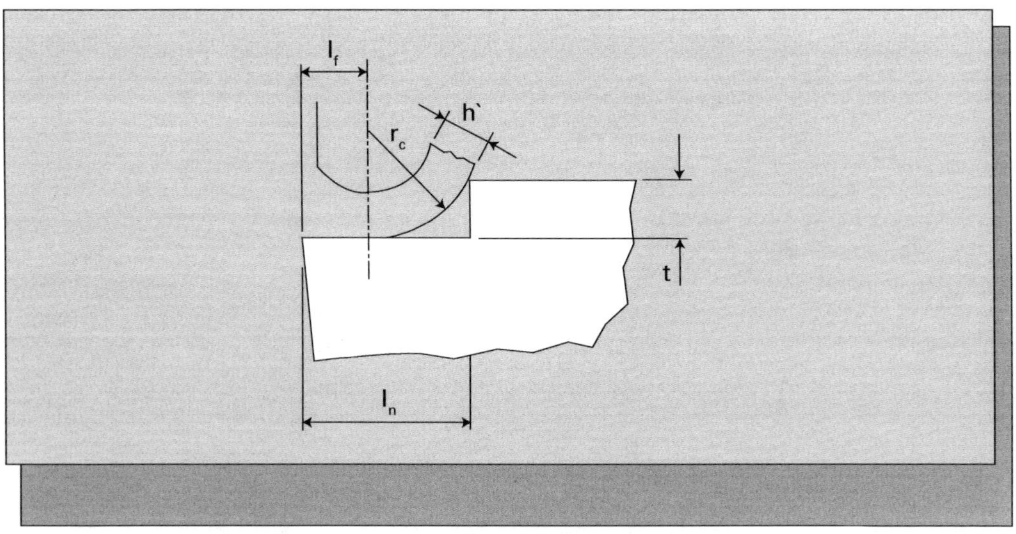

Quebra-cavacos postiço (BOOTHROYD, 1981).

3.5.2 Quebra-cavacos integral tipo I: anteparo

$$r_c = \frac{(l_n - l_f)^2}{2t} + \frac{t}{2} \quad \text{[mm]} \qquad (3.18)$$

Onde os símbolos estão de acordo com a Figura 3.15.

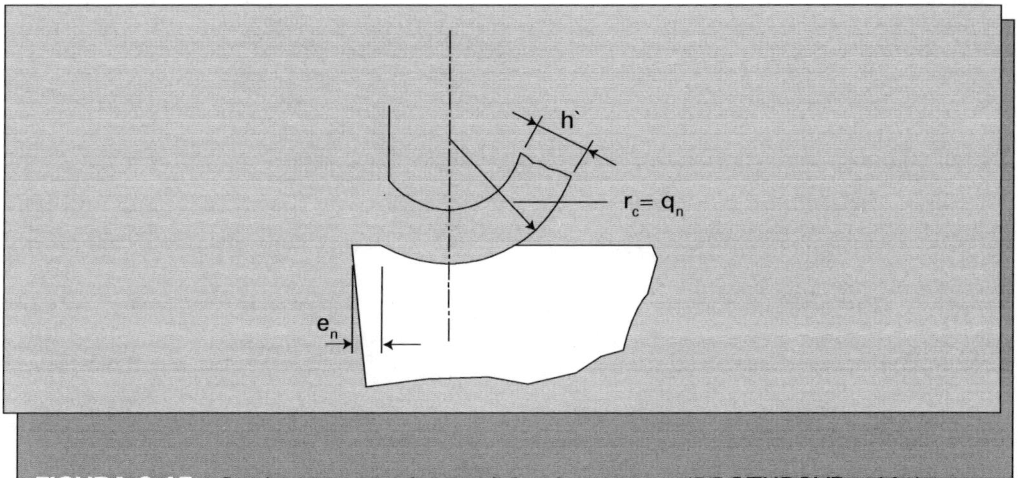

FIGURA 3.15 Quebra-cavacos integral tipo I: anteparo (BOOTHROYD, 1981).

3.5.3 Quebra-cavacos integral tipo II: cratera

$$r_c = q_n \qquad [\text{mm}] \qquad (3.19)$$

Onde os símbolos estão de acordo com a Figura 3.16.

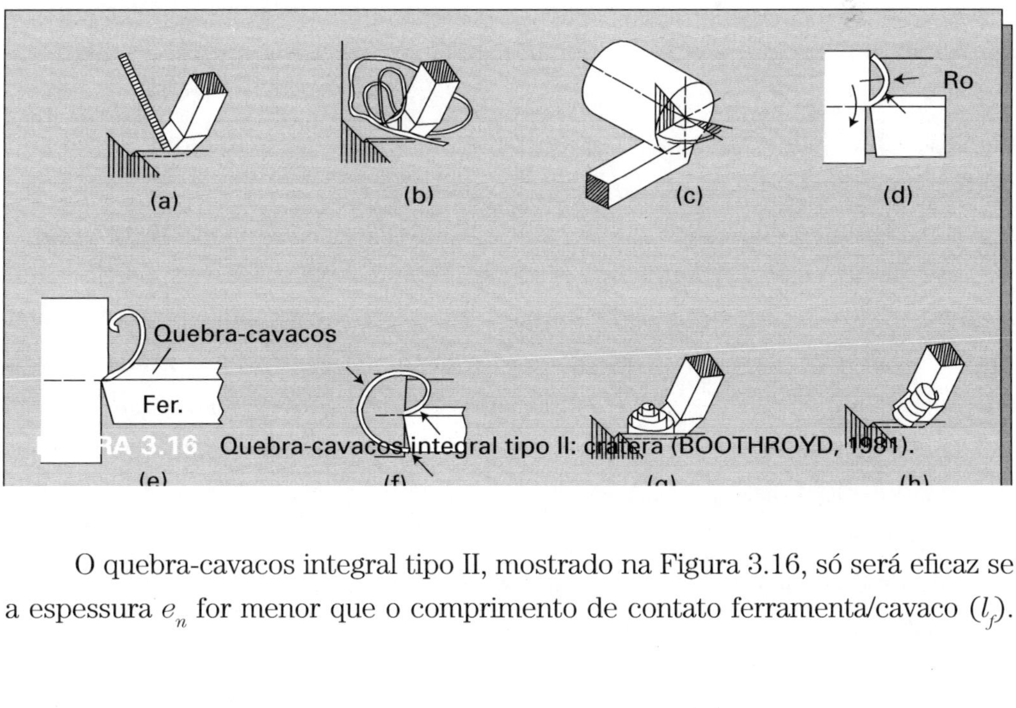

FIGURA 3.16 Quebra-cavacos integral tipo II: cratera (BOOTHROYD, 1981).

O quebra-cavacos integral tipo II, mostrado na Figura 3.16, só será eficaz se a espessura e_n for menor que o comprimento de contato ferramenta/cavaco (l_f).

Também se q_n for muito pequeno, o cavaco poderá não seguir o contorno da cratera até que se obtenha um desgaste significativo.

Os quebra-cavacos do tipo anteparo – sejam eles postiços ou integrais, trabalhando sob condições normais de usinagem e quando comparados a superfícies de saída planas, não afetam significativamente as forças de usinagem nas mesmas condições (MILLS; REDFORD, 1983). No caso de quebra-cavacos do tipo cratera, uma aresta postiça estável pode se formar ao longo da espessura e_n (Figura 3.16), aumentando de maneira considerável o ângulo de saída e diminuindo as mencionadas forças de usinagem (BOOTHROYD, 1981).

Verificou-se também que o desgaste de flanco não muda significativamente com a aplicação de quebra-cavacos. Quanto ao desgaste de cratera, os quebra--cavacos do tipo anteparo reduzem a área de desgaste, enquanto os do tipo cratera tendem a aumentá-la (BOOTHROYD, 1981). É importante verificar na teoria dos quebra-cavacos se estes vão garantir a redução de r_c para que se atinja a deformação crítica ε_f que promove a quebra. Além disso, as ranhuras dos quebra-cavacos servem para conformar mais os cavacos, tornando-os menos dúcteis e, portanto, reduzindo a deformação crítica.

As Equações 3.17 a 3.19 podem ser utilizadas como orientação para o projeto de quebra-cavacos, porém, deve-se também levar em consideração outros fatores, como fragilidade do material, raio natural de curvatura e espessura do cavaco. Também afetarão a quebra do cavaco a geometria da ferramenta, por meio dos ângulos de saída, inclinação e posição, velocidade de corte, profundidade de usinagem e rigidez da máquina-ferramenta. Quanto menor o ângulo de saída, menor será o raio de curvatura natural e maior será a espessura do cavaco. Quanto ao ângulo de posição, além de afetar a direção de saída do cavaco, quando este tende a sair perpendicular à aresta, ele afeta também a espessura, que aumenta com o incremento desse ângulo. O ângulo de inclinação tem influência direta na direção de saída do cavaco. Se for negativo, direciona o cavaco contra a peça; se for positivo, o efeito é o contrário. Um aumento da velocidade de corte tende a incrementar r_c, porque o comprimento de contato ferramenta/cavaco é reduzido. Além disso, a ductilidade do material é elevada, tornando a quebra ainda mais difícil.

A combinação dos diversos efeitos que afetam a quebra do cavaco pode ser exemplificada por meio da Figura 3.17.

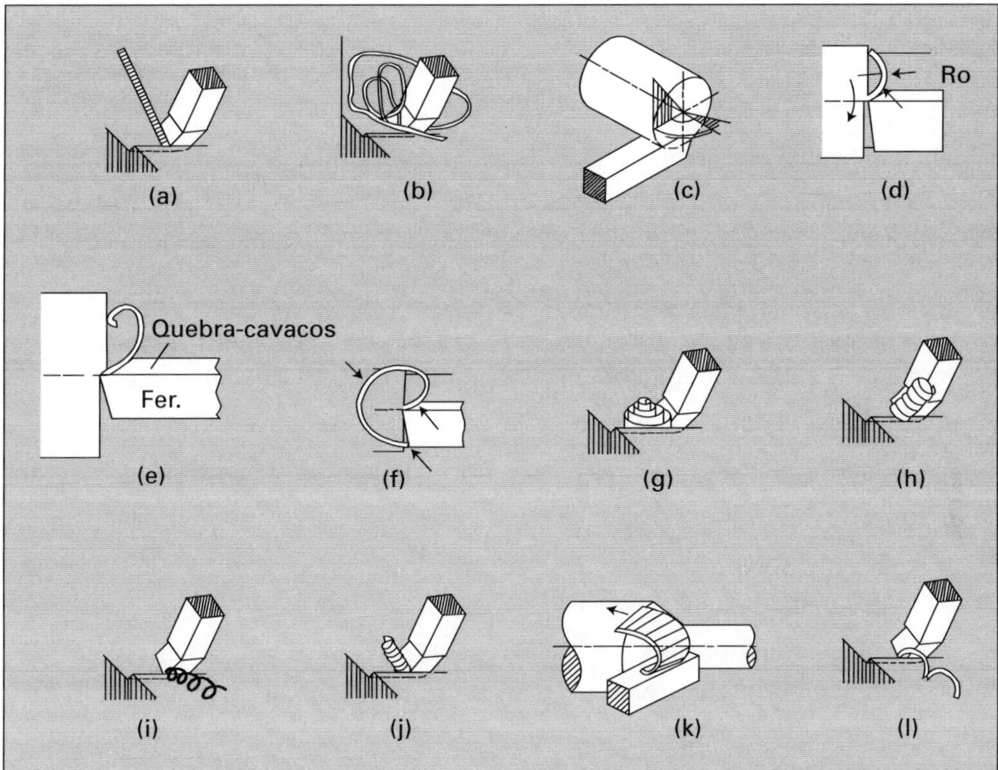

FIGURA 3.17 Representação da geração das diversas formas de cavaco (SHAW, 1986).

Os cavacos da Figura 3.17(c) são quebrados periodicamente quando encontram a superfície recém-usinada, o que danifica o acabamento superficial. Os cavacos das Figuras 3.17(d) e 3.17(e) são quebrados quando colidem com a superfície da peça a ser usinada. Se a direção lateral for suficiente, o cavaco pode evitar a peça, mas encontrar a superfície de folga da ferramenta, formando, assim, cavacos como os da Figura 3.17(f). Se a direção lateral for ainda maior, podem produzir cavacos como os das Figuras 3.17(h) e 3.17(i), ou 3.17(j). Além desses, vários outros tipos podem ser observados, representando a combinação dos cavacos mostrados na Figura 3.17(a-j) (SHAW, 1986).

Com todos esses conceitos em mente, os fabricantes de ferramentas de metal duro desenvolvem insertos com as mais variadas formas de quebra-cavacos. Geralmente, os quebra-cavacos são divididos em grupos para operações de desbaste, semiacabamento e acabamento, cada qual cobrindo uma faixa de avanço e de profundidade.

3.6 INTERFACE FERRAMENTA/CAVACO

A formação do cavaco é um processo periódico, com cada ciclo dividido em quatro eventos distintos, sendo o último o movimento do cavaco sobre a superfície de saída da ferramenta. As condições nas quais esse escorregamento acontece têm influências marcantes em todo o processo, particularmente no mecanismo de formação do cavaco, na força de usinagem, no calor gerado durante o corte e, consequentemente, na temperatura de corte e nos mecanismos e taxa de desgaste das ferramentas, afetando, assim, seu tempo de vida. É preciso, portanto, entender como se processa o movimento do cavaco ao longo da superfície de saída da ferramenta.

O conceito clássico de atrito, baseado nas leis de Amonton e Coulomb, não é apropriado para aplicação em usinagem dos metais, pois, nesse caso, a força de atrito é proporcional à força normal, sendo a constante de proporcionalidade chamada "coeficiente de atrito". Em condições usuais de corte, a pressão normal à superfície de saída da ferramenta é, geralmente, bastante elevada, chegando a 3,5 GN/m^2 na usinagem de certos aços (TRENT, 1963). Estudos sobre esse fenômeno têm se mostrado um grande desafio, principalmente por conta das altas velocidades de saída dos cavacos e pelas reduzidíssimas áreas de contato ferramenta/cavaco. Para condições normais de corte, a velocidade de saída do cavaco (v_{cav}) pode ser de 120 m/min (ou 2 m/s), e a área de contato pode chegar a apenas 6 mm^2. A maioria das teorias modernas disponíveis derivou-se de estudos dessa interface após o corte ter sido interrompido e utilizando-se dispositivos *quick-stop*, nos quais a ferramenta de corte é retraída com velocidade superior à velocidade de corte (de duas a três vezes maior), deixando a raiz do cavaco em condições de análise detalhada por meio de microscópios. Basicamente, esses dispositivos têm a função de estabelecer a operação de corte com o suporte da ferramenta apoiado em um pino de aço endurecido. Esse pino possui grande rigidez e capacidade de ruptura sem deformação. Quando a formação do cavaco está acontecendo, o pino se rompe e a ferramenta é afastada da peça em alta velocidade, quase instantaneamente. A ruptura do pino de sustentação da ferramenta pode se dar por meio de uma explosão, usando-se pólvora de um cartucho, ou da força de uma mola, acelerando uma barra de impacto. A Figura 3.18 mostra dois exemplos desse dispositivo.

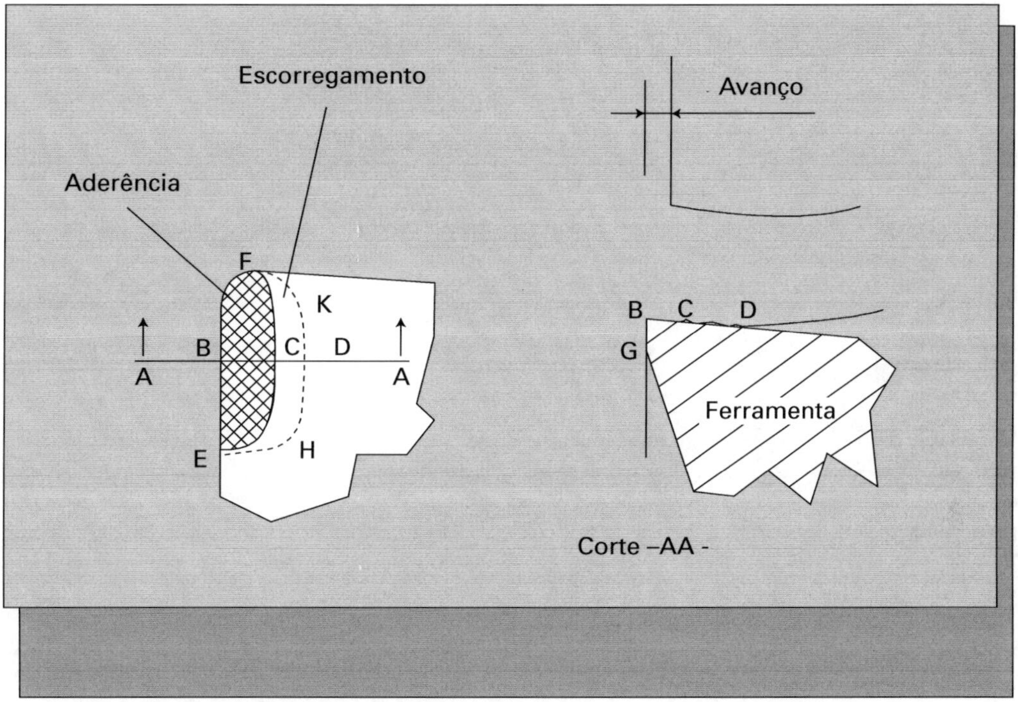

Exemplos de dispositivos *quick-stop* (ABRÃO, 1995; LUCAS, 2003).

Quem mais difundiu a teoria das condições da interface ferramenta/cavaco, nos meios científicos, foi Trent, que desde 1963 identificou e definiu com muita competência a "zona de aderência" (*seizure zone* ou *sticking zone*) e a "zona de escorregamento" (*sliding zone*). A zona de aderência se estende da aresta de corte para dentro da superfície de saída da ferramenta, com uma zona de escorregamento se desenvolvendo ao longo de sua periferia. A Figura 3.19 identifica essas duas zonas: linha BC = aderência; linha CD = escorregamento.

Em determinadas condições, a zona de aderência pode ser suprimida, prevalecendo apenas a condição de escorregamento ou zona de escorregamento, citada no parágrafo anterior e abordada mais à frente. Outra situação é a existência da APC, fenômeno que pode ocorrer a baixas velocidades de corte. A presença da APC altera a geometria da cunha cortante, o que afeta todo o processo de usinagem (força, temperatura, desgaste das ferramentas e acabamento superficial).

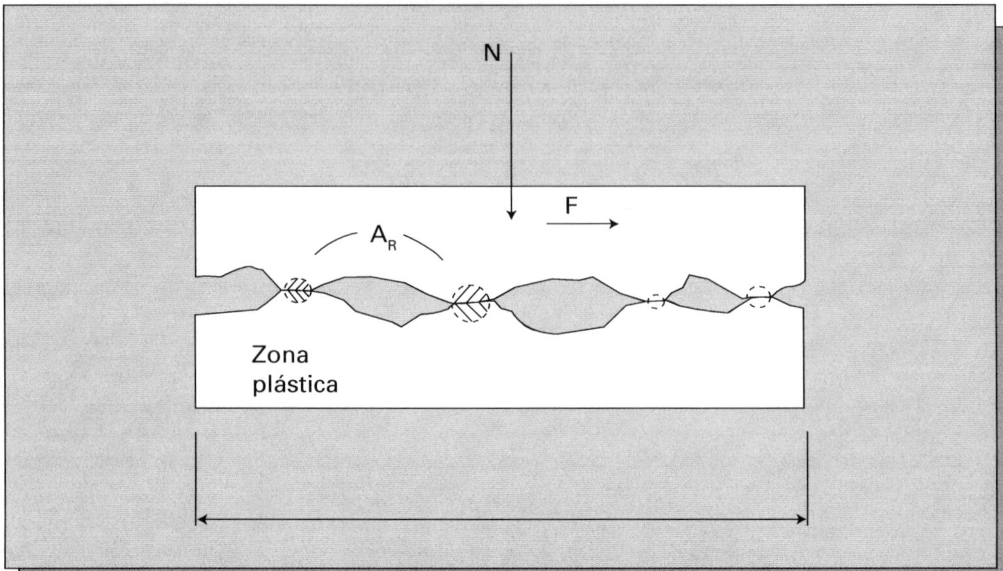

FIGURA 3.19 Áreas de aderência e escorregamento na interface ferramenta/cavaco (TRENT; WRIGHT, 2000).

3.6.1 Atrito no corte de metais

Quando duas superfícies são colocadas justapostas e em eminente movimento relativo, a área de contato real (A_r) é muito menor que a área de contato aparente (A), em virtude das microirregularidades presentes em qualquer superfície acabada. Os contatos são estabelecidos apenas em alguns picos das irregularidades, como ilustrado na Figura 3.20.

Aplicando-se uma força normal (N), os pontos de contato são deformados plasticamente, e a área de contato real (A_R) aumenta para suportar essa nova carga. A força tangencial (F) (ou força de atrito), por conseguinte, aumenta proporcionalmente, e o limite de proporcionalidade é o coeficiente de atrito μ, valendo, portanto, a Lei de Atrito de Coulomb. Se a força normal aplicada for aumentada indefinidamente, pode-se atingir uma situação em que todos os picos das irregularidades se deformarão de tal maneira que a área real se iguale à área aparente ($A_R = A$). A força normal necessária para que isso aconteça é definida como "força normal limite" e, a partir desse valor, o aumento da força normal não altera mais a força tangencial (ou de atrito), isto é, a força tangencial não é mais proporcional à força normal, pois passa a ser constante e assume valor suficiente para vencer a resistência ao cisalhamento do material menos resistente. Nessas condições, a Lei de Atrito de Coulomb não tem mais validade.

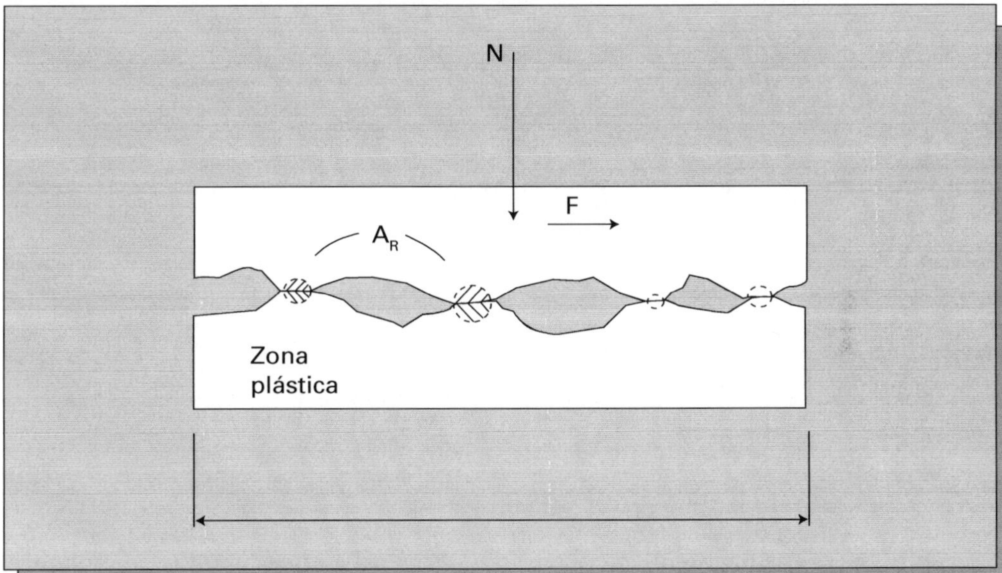

FIGURA 3.20 Área de contato em uma superfície levemente carregada (SHAW et al., 1960).

Três regimes diferentes de atrito sólido podem ser identificados na Figura 3.21.

No regime I, vale a Lei de Atrito de Coulomb ($\mu = \tau/\sigma =$ constante) e $A_R << A$. No regime III, não existe superfície livre entre os materiais, isto é, $A_R = A$, e τ é independente de σ. Este começa a existir a partir do valor de tensão normal limite (σ_2). O regime II é o de transição entre os regimes I e III, no qual o coeficiente de atrito diminui com o aumento da carga normal. Wallace e Boothroyd (1964), entretanto, sugerem a transição brusca do regime I para o III, com a supressão do regime II. Assim, a Lei de Atrito de Coulomb vale até o ponto B da Figura 3.21, e a tensão normal limite passa a ser σ_1.

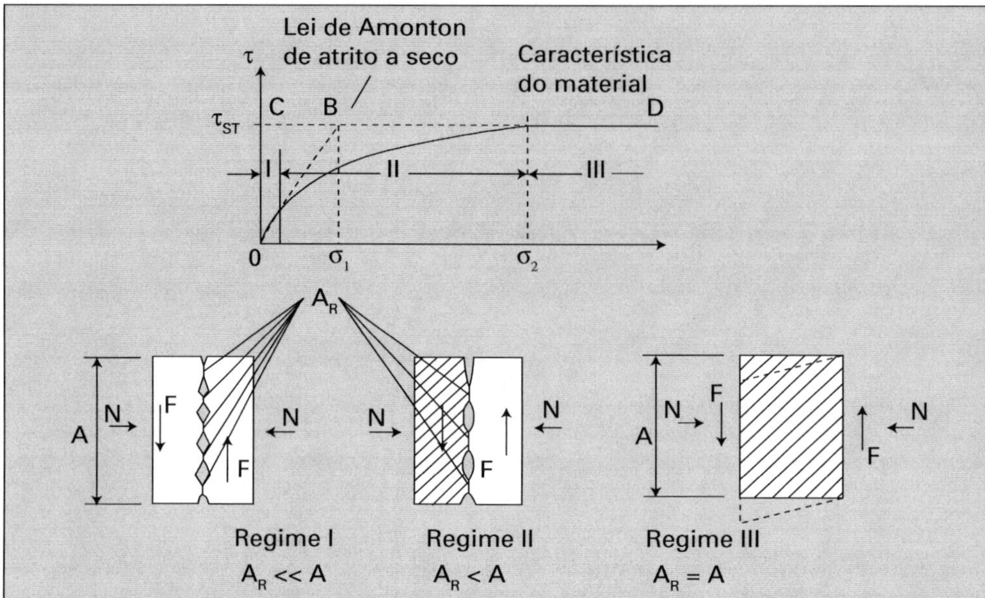

FIGURA 3.21 Três regimes de atrito sólido (SHAW et al., 1960).

Durante o corte dos metais, os regimes I e III ocorrem simultaneamente em pontos distintos ao longo do comprimento de contato entre o cavaco e a ferramenta. O modelo de distribuição de tensão na superfície de saída da ferramenta, ilustrado na Figura 3.22, mostra que o comprimento de contato pode ser dividido em duas regiões distintas: "a região de aderência" e "a região de escorregamento" (ZOREV, 1963).

Segundo esse modelo, a tensão normal é máxima na extremidade da aresta e decresce, exponencialmente, até zero, no ponto onde o cavaco perde contato com a superfície de saída. A tensão cisalhante é constante na zona de aderência (e assume o valor do limite de resistência ao cisalhamento do material da peça naquela região) e decresce, também exponencialmente, na zona de escorregamento até o valor zero, no ponto onde o cavaco perde contato com a ferramenta. Na região de aderência, $A_R = A$ e vale o regime III. Na região de escorregamento, $A_R << A$ e o regime I prevalece. A extensão da zona de aderência depende do valor da tensão limite σ_{lim} (Figura 3.22).

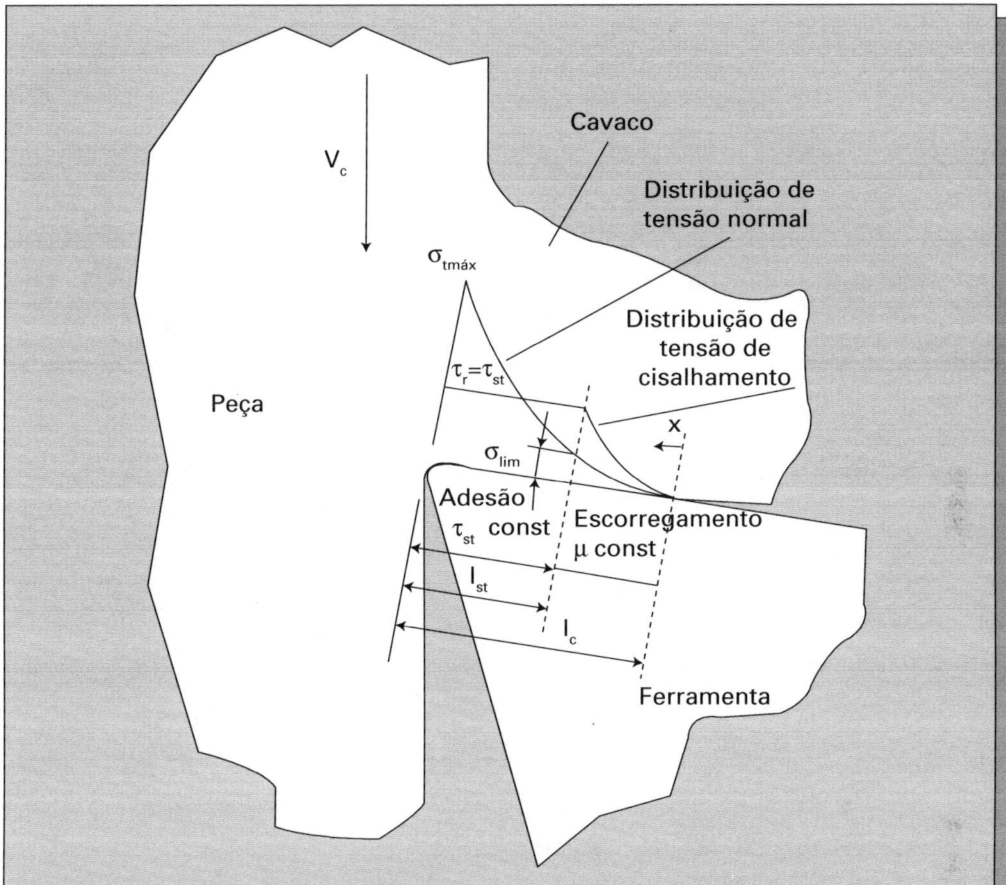

FIGURA 3.22 Modelo de distribuição de tensão na superfície de saída da ferramenta (ZOREV, 1963).

Assim, a força total tangente à superfície da ferramenta é dada pela soma das forças tangenciais que atuam em cada uma dessas regiões. Considerando as duas situações individualmente, pode-se equacionar as tensões tangenciais médias da região de aderência e da região de escorregamento, e definir o "ângulo de atrito médio (β)", dado por Boothroyd (1981):

$$\beta = arctg\left(\frac{k}{\sigma_{fav}}\right) \tag{3.20}$$

Onde k é a tensão tangencial média na interface e σ_{fav} é a tensão normal média que atua na superfície de saída da ferramenta.

3.6.2 Zona de aderência

Foi por meio da análise de micrografias da raiz do cavaco (obtidas por *quick-stop*) de vários materiais usinados com aço rápido e metal duro que se pôde obter evidências claras de "contato absoluto" ao longo de uma grande porção da interface ferramenta/cavaco (TRENT, 1963). Essa região foi denominada "zona de aderência" (*seizure zone*), que, na realidade, é a confirmação da presença do regime III na interface. Sob tais condições, o movimento na interface ocorre por cisalhamento dentro do material do cavaco. Uma zona de cisalhamento intenso é formada bem próximo, mas não necessariamente na interface, que foi denominada "zona de fluxo" (*flow zone*) (TRENT, 1963).

Nessa zona existe um gradiente de velocidade iniciando-se com uma camada estacionária de material em contato com a ferramenta com uma espessura da ordem de 0,01 mm a 0,10 mm (espessura da zona de fluxo), a partir da qual a velocidade assume o valor da velocidade de saída do cavaco (v_{cav}). As "condições de aderência" devem ser admitidas como inevitáveis para a usinagem de, praticamente, todos os materiais (exceto alguns de corte fácil), e utilizando-se qualquer tipo de ferramenta de corte. Altas tensões de compressão, grandes quantidades e altas taxas de deformação, que provocam altas temperaturas na interface ferramenta/cavaco, bem como a pureza do material da peça em contato com a ferramenta, promovem ligações atômicas nessa interface, causando aderência (TRENT, 1988a, 1988b, 1988c). O mecanismo de deformação plástica na interface ferramenta/cavaco ocorre de dois modos diferentes: a baixas velocidades de corte e avanço, com formação de APC, ocorre por movimentos de discordâncias, o que acarreta, portanto, encruamentos; a altas taxas de remoção de material na zona de aderência, as deformações cisalhantes estão confinadas a estreitas bandas de cisalhamento termoplástico (*flow zone*). A Figura 3.23 apresenta uma micrografia da raiz de um cavaco de aço baixo carbono após *quick-stop*, na qual se observa a presença da zona de fluxo.

Isso fica mais nítido na ampliação da Figura 3.23 (c e d), na qual se pode observar que, no cavaco, os microconstituintes do aço se apresentam mais ou menos deformados na direção do plano de cisalhamento primário. Não se pode dizer que eles estão exatamente na direção desse plano de cisalhamento, porque as deformações sofridas pelo cavaco na interface com a ferramenta (na zona de fluxo) contribuem para afastá-los dessa direção.

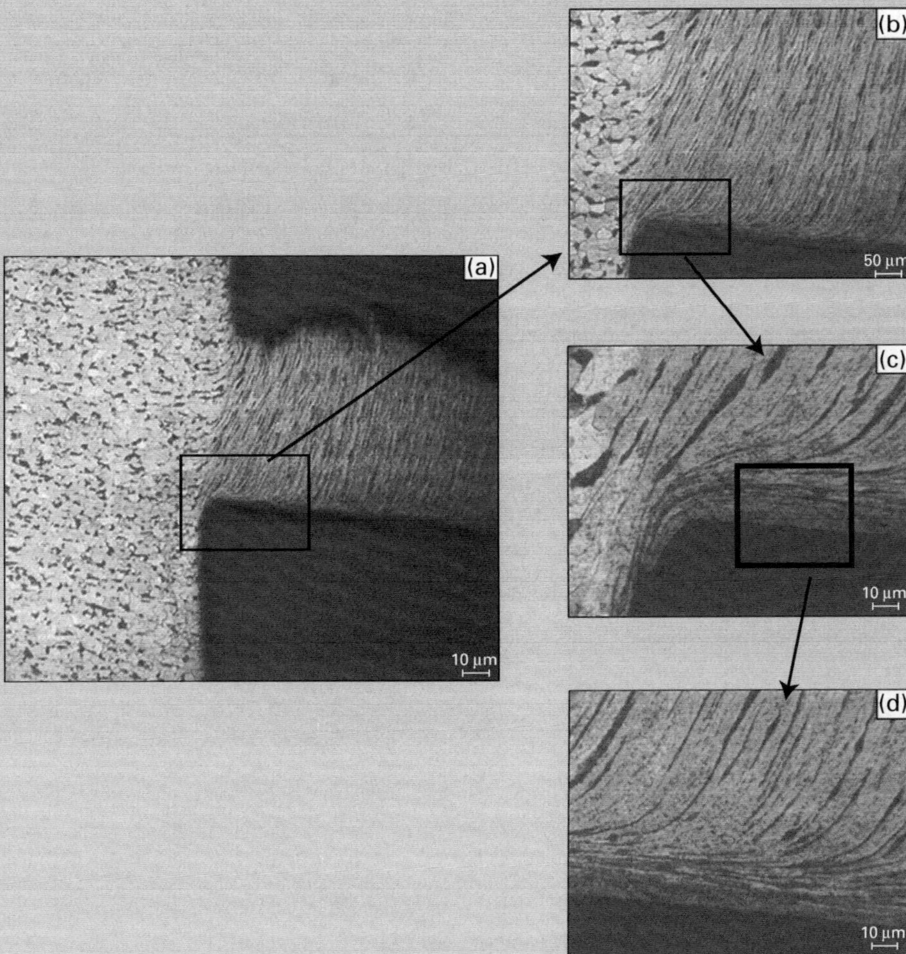

FIGURA 3.23 (a) Micrografia da raiz de um cavaco de aço ABNT 1010; (b) Ampliação da região indicada em a; (c) Ampliação da região indicada em b; Ampliação da região indicada em c. Crédito: Rodrigo Henriques Lopes da Silva e Daniel Souza.

Na zona de fluxo, observa-se que, à medida que se aproximam da interface com a superfície de saída da ferramenta, as deformações do material dentro da zona de fluxo vão aumentando rapidamente. Chegam a aumentar tanto que, mais próximo da interface, não se distinguem mais os microconstituintes (ferrita e perlita) por falta de resolução, consequência da ampliação usada nessa micrografia.

Enquanto no plano de cisalhamento primário as deformações cisalhantes são da ordem de 2 a 5, podendo chegar a 8 nas bandas de cisalhamento adiabático na usinagem de titânio, na zona de fluxo (*flow zone*) as deformações são bem maiores, podendo atingir valores superiores a 100. Este é um valor estimado, visto que é praticamente impossível de se medir tais níveis de deformações a taxas de deformações da ordem de 10^4 a 10^5 s^{-1}, confinadas a uma zona de fluxo de espessura bem estreita (geralmente medem de 10 μm a 100 μm; TRENT, 1988c). Trent e Wright (2000), entretanto, propõem um modelo, o qual é apresentado na Figura 3.24.

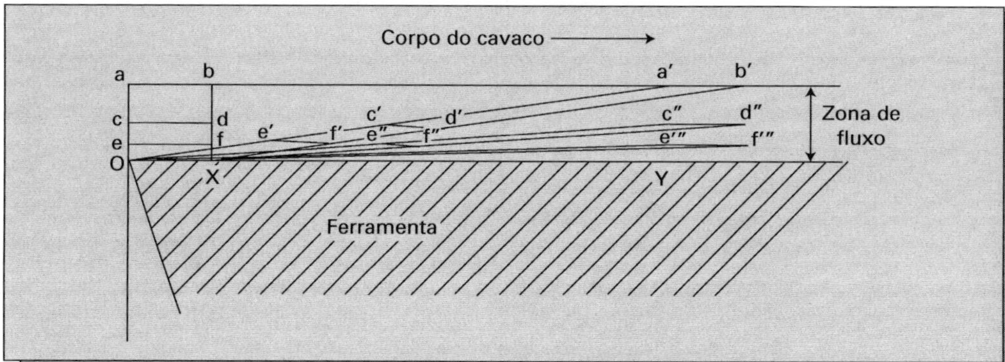

FIGURA 3.24 Modelo de deformação na zona de fluxo (TRENT; WRIGHT, 2000).

Segundo este modelo, a deformação cisalhante na zona de fluxo é inversamente proporcional à distância da superfície de saída. No ponto Y, a porção inicial do material OabX sofreu uma deformação para Oa'b'X, enquanto a metade do material da porção inicial considerada, isto é, OcdX (metade de OabX) se deformou para Oc"d"X, que é o dobro da deformação sofrida por ab. Correspondentemente, o material OefX, onde Oe vale ¼ de Oa, se deforma para Oe'"f'"X quando ele atinge o ponto Y, que é quatro vezes maior que a deformação sofrida por OabX quando este atinge o mesmo ponto, Oa'b'X.

A Tabela 3.1 mostra a variação da deformação cisalhante calculada dentro da zona de fluxo, para um exemplo, assumindo a velocidade de corte igual a 180 m/min, a velocidade de saída do cavaco de 60 m/min, espessura da zona de fluxo de 0,08 mm e comprimento de contato de 1,6 mm.

Teoricamente, a deformação cisalhante seria infinita na superfície de saída da ferramenta, mas o fluxo laminar é interrompido a poucos micrômetros dessa superfície, devido à rugosidade superficial inerente. A capacidade de os metais e ligas metálicas suportarem tais níveis de deformações cisalhantes sem se romperem é atribuída às altíssimas tensões de compressão e às elevadas temperaturas presentes naquela região.

Tabela 3.1 Deformações cisalhantes na zona de fluxo de acordo com o modelo da Figura 3.24 (TRENT; WRIGHT, 2000)

Distância da superfície de saída da ferramenta (µm)	Deformação cisalhante sobre o comprimento de contato cavaco/ferramenta (mm/mm)	Tempo sobre o comprimento de contato cavaco/ferramenta (µs)	Taxa de deformação (s^{-1})
80	20	1,6	$1{,}25 \times 10^4$
40	40	3,2	$1{,}25 \times 10^4$
20	80	6,4	$1{,}25 \times 10^4$
10	160	12,8	$1{,}25 \times 10^4$
5	320	25,6	$1{,}25 \times 10^4$
2,5	640	51,2	$1{,}25 \times 10^4$

Alguns lubrificantes sólidos adicionados aos aços podem atuar na interface ferramenta/cavaco e minimizar, ou mesmo suprimir, a zona de aderência, caracterizando as condições especiais em que prevalece apenas a zona de escorregamento. Lubrificantes sólidos são elementos ou compostos adicionados ao material da peça para melhorar sua usinabilidade, como Pb, Se, Bi, Te, MnS, MoS_2, que funcionam como lubrificantes internos e formam um filme na interface, com resistência ao cisalhamento menor que a resistência da matriz, eliminando por completo a zona de aderência. Prevalecendo totais condições de escorregamento, estas contribuem para a diminuição da temperatura na ferramenta (TRENT, 1988c). A adição de 2% a 3% de Pb em latão 60-40 é suficiente para promover o desaparecimento da zona de aderência (TRENT; WRIGHT, 2000).

3.6.3 Zona de escorregamento

Além de aderência, condições de escorregamento também são observadas na periferia da área de contato entre o cavaco e a ferramenta (TRENT, 1988a). Nessas condições, a área real (A_R) é muito menor que a área aparente (A), constatando que há a presença do regime I (SHAW et al., 1960), bem como que a zona de intenso fluxo de material está ausente, porque as ligações que se formam são mais fracas que as ligações internas dos materiais da peça e da ferramenta. O movimento relativo acontece justamente na interface, por meio de um processo conhecido como *stick-slip*, no qual há um início de aderência seguido por escorregamento na interface.

A presença de condições de escorregamento na periferia da área de contato ferramenta/cavaco se deve às baixas tensões de compressão atuando nessas regiões, em geral decorrentes de baixas velocidades de corte, o que não favorece a presença do regime III. Outro fator que dificulta a presença desse regime é a possibilidade do acesso do oxigênio, formando óxidos que dificultam ligações metálicas fortes entre o cavaco e a ferramenta.

3.6.4 Aresta postiça de corte (APC)

Quando se usina com velocidades de corte intermediárias, um fenômeno conhecido como APC pode ocorrer na interface ferramenta/cavaco. Existem evidências de que a APC é contínua com o material da peça e do cavaco, em vez de ser um corpo separado de material encruado sobre o qual o cavaco se escoa (TRENT, 1963). A Figura 3.25 apresenta fotos de uma APC obtidas em ensaio com o dispositivo *quick-stop* no torneamento do aço de corte-fácil ABNT 12L14.

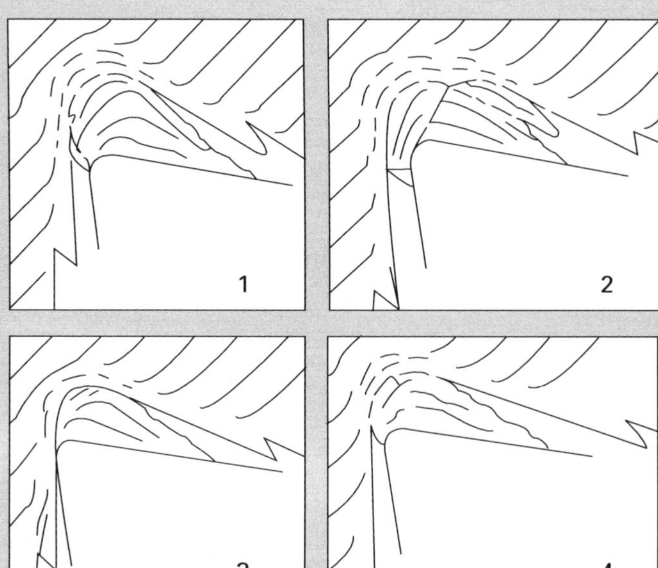

FIGURA 3.2 (a) Aresta postiça de corte – APC do aço ABNT 12L14 (v_c = 35 m/min); (b) Detalhe ampliado do topo da APC (EVANGELISTA LUIS, 2007).

Na interface, a primeira camada do material da peça que se une à ferramenta por meio de ligações atômicas é endurecida a frio, aumentando, assim, seu limite de escoamento e, por conseguinte, a tensão de cisalhamento torna-se insuficiente para romper tais ligações. As deformações, então, continuam nas camadas superiores adjacentes, mais afastadas da interface, até que estejam também encruadas o suficiente. Pela repetição desse processo, uma sucessão de camadas forma a APC, cujo tamanho não pode aumentar indefinidamente, portanto, quando o seu tamanho atinge um valor no qual a tensão de cisalhamento é suficiente para mudar a zona primária de cisalhamento (que até então acontecia acima da APC), partes de sua estrutura são cisalhadas e arrastadas entre a superfície da peça e a superfície de folga da ferramenta. Essa ruptura e arrastamento também podem ocorrer entre a superfície inferior do cavaco e a superfície de saída da ferramenta. A Figura 3.26 mostra esse processo de maneira esquemática.

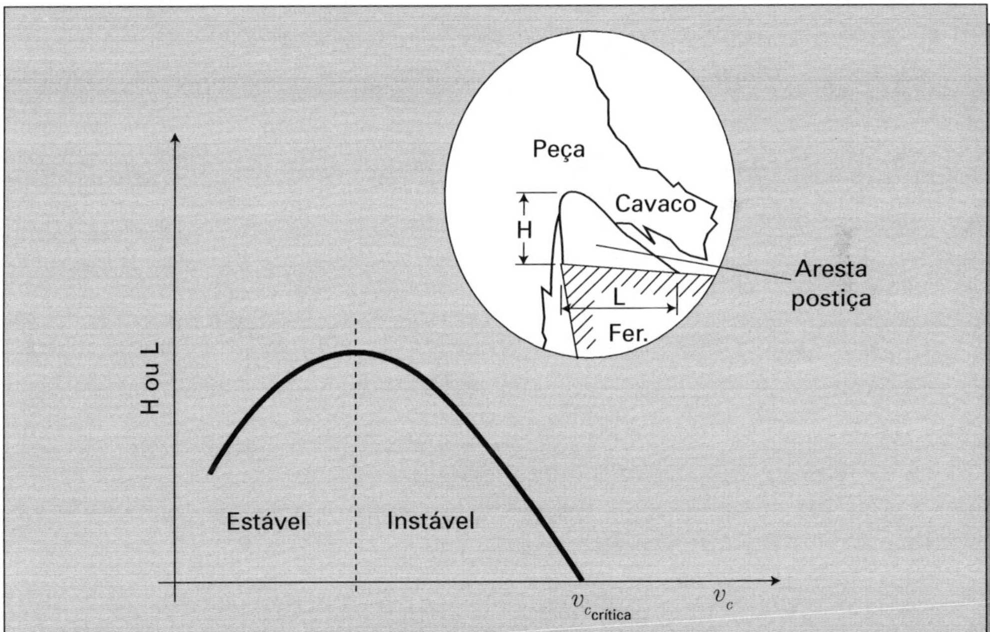

FIGURA 3.26 Esquema de crescimento da APC e de cisalhamento de partes desta, deixando fragmentos nas novas superfícies geradas (FERRARESI, 1977).

A sequência de quadros de 1 a 4 na Figura 3.26 mostra como o processo de crescimento da APC e de cisalhamento de partes desta acontece – trata-se de um processo que se repete ciclicamente. Apesar das diferentes ênfases dadas por vários autores, pode-se resumir que a formação da APC é um fenômeno que envolve deformação plástica, encruamento e formação de microtrincas. Esses fatores são fortemente afetados pelas condições de corte e temperatura. O escorregamento deve ocorrer em toda a região de contato ferramenta/cavaco, a baixas velocidades de corte, e na periferia da zona de aderência, a altas velocidades de corte. A APC estará presente em velocidades de corte intermediárias, e a zona de fluxo (presente em condições de aderência) se formará em altas velocidades de corte. O fenômeno da APC não é observado no corte de metais puros.

Wallbank (1979) examinou a microestrutura da aresta postiça de corte de várias ligas, utilizando microscopia eletrônica e ótica. Foram encontradas várias microtrincas na zona de cisalhamento ao redor da APC (entre a APC e o cavaco e entre a APC e a peça, próximos às duas fendas ali observadas; Figura 3.25). Essas microtrincas foram, também, consideradas responsáveis pela formação da APC.

Já foi provado experimentalmente (WILLIAMS; ROLLANSON, 1970) que a APC só se formará na presença da segunda fase dos materiais sob corte. Milovik e Wallbank (1983) explicaram isto teoricamente, pela presença de um sistema triaxial de tensões nas redondezas das segundas fases deformadas, causado pela taxa de deformação diferente da segunda fase em relação à matriz. Esse sistema triaxial de tensão levará à formação das microtrincas que vão se coalescer e formar as trincas maiores (ou macrotrincas ou fendas), que foram consideradas também responsáveis pela formação da APC.

Tanto a diferença da plasticidade relativa da segunda fase como a temperatura desenvolvida durante a deformação plástica são responsáveis pela geometria da APC. Quando a plasticidade relativa da segunda fase se aproxima daquela da matriz, o promotor de microtrincas desaparece, eliminando, assim, a APC (MILOVIK; WALLBANK, 1983). A importância da temperatura é ilustrada pelo trabalho experimental de Bandyopadhyay (1984) que mostrou que a APC pode ser eliminada apenas preaquecendo a ferramenta de corte. Quando o material é aquecido, o amolecimento do material pela temperatura elimina o encruamento necessário para a formação e crescimento da APC. Este fato explica, também, o desaparecimento da APC com o aumento da velocidade de corte. Com o incremento desse parâmetro, aumentam-se o calor gerado e, por conseguinte, a temperatura de corte também. Portanto vai existir um valor de velocidade de corte no qual a APC é eliminada. Esse valor de velocidade denomina-se "*velocidade de corte crítica*, $v_{c_{crítica}}$".

As dimensões da APC já foram muito estudadas e o gráfico da Figura 3.27 representa a variação das dimensões da APC com a velocidade de corte, normalmente encontrada na literatura (FERRARESI, 1977; ALGARTE et al., 1995).

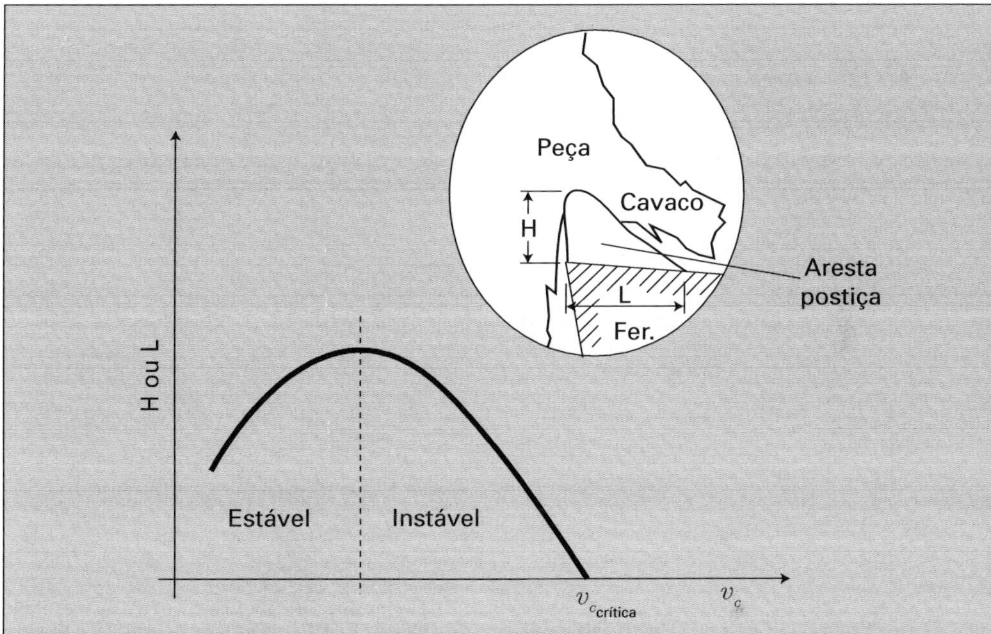

FIGURA 3.27 Variação das dimensões da APC com a velocidade de corte com identificação dos regimes estável e instável e da velocidade de corte crítica (FERRARESI, 1977; ALGARTE et al., 1995).

Nota-se que a dimensão da APC cresce até atingir um valor máximo, a partir do qual começa a diminuir até o valor de velocidade de corte crítica, $v_{c_{crítica}}$, onde a APC desaparece completamente. Observa-se que para velocidades de corte menores, à esquerda do valor de dimensão máxima, a APC se encontra em "*regime estável*", enquanto para valores de velocidade de corte maiores, à direita do valor de dimensão máxima, ela se encontra em um "*regime instável*", isto é, existe uma frequência de aparecimento e desaparecimento da APC. Essa frequência aumenta à medida que se aproxima do valor de velocidade de corte crítica, quando ela desaparece por completo.

Apesar do grande número de publicações sobre o assunto, o estudo das dimensões da APC é bastante comprometido pela falta de precisão na determinação de suas dimensões. Da Silva (1998) mostrou que tanto a largura, L, como a altura, H, variam muito ao longo da largura de corte, b. Isto prejudica seriamente qualquer conclusão tirada com relação a essas curvas.

3.6.5 Influência das diferentes condições da interface nas variáveis do processo

A quantidade de calor gerado no plano de cisalhamento primário pode ser estimada, e a temperatura do cavaco, calculada com relativa exatidão. Porém, na zona de fluxo, em condições de aderência, os conhecimentos atuais ainda não possibilitam um cálculo de temperatura mais adequado, pois as deformações, o fluxo de tensão e a própria temperatura na zona de fluxo variam consideravelmente e não há dados disponíveis para cálculos. Além disso, a quantidade de calor que flui para o cavaco e para a ferramenta é relativamente grande e difícil de ser estimada com base em teorias ou empiricamente.

Em relação à temperatura da ferramenta de corte, sabe-se que o calor gerado na zona primária de cisalhamento exerce um papel secundário, porque as temperaturas desenvolvidas em regiões de deformações mais severas, zona de fluxo, são bem maiores. Dessa maneira, o fluxo de calor não pode fluir do cavaco para a ferramenta, e a temperatura desta é inteiramente governada pelas condições da interface.

Em regiões de escorregamento, apesar de ainda não existirem estudos detalhados sobre distribuição de temperatura, pode-se afirmar que a temperatura na interface ferramenta/cavaco é bem menor que em regiões de aderência, principalmente em altas velocidades de corte, nas quais o calor gerado por pequenos períodos de tempo promovem *flashes* de temperatura não detectáveis pelos atuais métodos de medição de temperatura.

A força de usinagem depende da resistência ao escoamento no cisalhamento do material nas zonas primárias e secundárias de cisalhamento, bem como do tamanho dessas zonas (áreas) de cisalhamento (TRENT; WRIGHT, 2000). Na presença da APC, as forças são geralmente baixas, porque a APC age como se fosse uma ferramenta com área de contato restrito, reduzindo efetivamente o comprimento de contato na aresta de corte (TRENT; WRIGHT, 2000). Além disso, a APC aumenta bastante o ângulo de saída efetivo, o que diminui as forças de usinagem.

Em condições de aderência na interface ferramenta/cavaco, na qual se verifica total união por ligações atômicas entre as superfícies em contato, a resistência ao escorregamento, como foi visto, é igual à resistência ao cisalhamento do material menos resistente (geralmente o da peça). Também nessas condições, a área real de contato é máxima e igual à área aparente. Tudo isso leva à conclusão de que a força de usinagem é grande nessas condições. Já em condições de escorregamento no plano de cisalhamento secundário, a área de contato real é bem menor. A resistência ao movimento do material na interface é imposta apenas pelos picos de contato, o que reduz a força de usinagem.

Na usinagem com APC, se esta for estável, ela protege a superfície de saída da ferramenta. O desgaste, nesse caso, é provocado apenas por adesão e abrasão na superfície de folga, causado por partes da APC que se arrastam por entre a superfície de folga da ferramenta e da peça. No caso de a APC ser instável, ou seja, formar e desaparecer com determinada frequência, na sua existência, um outro importante mecanismo de desgaste, que envolve a aderência e o arrastamento de micropartículas (*attrition wear*), estará presente e acelerará o desenvolvimento de desgaste na superfície de saída.

Em condições de aderência, a análise se torna ainda mais complexa. A taxa de desgaste da ferramenta vai depender dos mecanismos de desgaste que prevalecem na interface. As altas temperaturas desenvolvidas podem exercer influências marcantes nos mecanismos de desgaste termicamente ativados, porém outros fatores devem ser considerados: no mecanismo de desgaste difuso, por exemplo, a transferência de átomos só é garantida pela existência da zona de fluxo com o gradiente de velocidade inerente. A velocidade zero na interface garante tempo suficiente para a difusão e o fluxo de material garante a renovação contínua do material dentro dessa zona, impedindo, assim, que aconteça a saturação, o que formaria uma barreira difusiva ao processo. Outro mecanismo que pode estar presente nessas condições de aderência é a deformação plástica, caso o material em usinagem possua razoável rigidez. Nesse caso, as elevadas temperaturas desenvolvidas na zona de fluxo e acopladas às altas forças de usinagem desenvolvidas por esse tipo de material podem ser suficientes para vencer o limite de escoamento do material da ferramenta e provocar o seu colapso.

Já em condições de escorregamento, as temperaturas médias são bem menores, o que faz os mecanismos de desgaste ativados termicamente diminuírem. Porém, verifica-se experimentalmente que a taxa de desgaste nessas condições pode ser maior que em condições de aderência, indicando a ação de mecanismos de desgaste operantes em baixas temperaturas. Esse é o caso do desgaste por aderência e arrastamento de micropartículas. Na zona de escorregamento também há influência da atmosfera local, que tem acesso à interface. Na usinagem do aço com metal duro, o desgaste é acelerado na presença de oxigênio e retardado na presença de nitrogênio ou argônio. É fato observado experimentalmente que, nas duas condições (aderência e escorregamento), diferentes mecanismos de desgaste podem ocorrer ao mesmo tempo ao longo da interface.

Todo volume de informações colocado neste capítulo ratifica a importância das condições da interface ferramenta/cavaco no processo de usinagem. Mais ainda: o conhecimento de tais condições deve ser incentivado, e pesquisas nessa área são fundamentais. Ainda existem muitos pontos obscuros nesse processo, como a quantificação de deformação e a distribuição de temperatura na zona de fluxo. O processo de deformação e os fenômenos que ocorrem na zona primária de cisalhamento são importantes, porém a prática tem mostrado que o que ocorre na zona secundária de cisalhamento é tão importante quanto, e, em termos de desempenho de ferramentas, este é mais importante que a zona primária de cisalhamento.

REFERÊNCIAS BIBLIOGRÁFICAS

ABRÃO, A. M. *The machining of annealed and hardened steels using advanced ceramic cutting tools*, Tese (PhD) – Univeristy of Birmigham, Birmigham, 1995.

ALGARTE, R. D. et al. Morfologia da APC no torneamento do aço ABNT 1020. In: COBEM, 13., 1995, Belo Horizonte. Anais. (CD-Rom).

BANDYOPADHYAY, B. P. Mechanism of formation of built-up edge. *Precision engineering*, v. 6, n. 3, p. 148-151, July 1984.

BOOTHROYD, G. Fundamentals of metals machining and machine tools. 5. ed. *International student edition*. Nova York: McGraw Hill, 1981.

COOK, N. H. Chip formation in machining titanium. In: SYMP. ON MACH GRINDING TITANIUM. WATERTOWN ARSENAL, 72., 1953, Watertown, p. 1-7.

__________. et al. Discontinuous chip formation. *Trans. of ASME*, p. 153-162, fevereiro 1954.

DA SILVA, M. B. *Lubrication in metal cutting under built-up-edge conditions*. Tese (PhD) – University of Warwick, England, UK, 1998.

DOYLE, E. D. et al. Frictional interactions between chip and rake face in continuous chip-formations. *Proc. R. Soc.*, série A, v. 366, p. 173-183, 1979.

ERNEST, H.; MERCHANT, M. E. Chip formation, friction and high quality surfaces. *Proc. Symp. Surface Treatment of Metals*, n. 21-25, p. 299-378, out. 1940.

EVANGELISTA LUIZ, N. *Usinabilidade do aço de corte fácil baixo carbono ao chumbo ABNT 12L14 com diferentes níveis de elementos químicos residuais (cromo, níquel e cobre)*. Tese (Doutorado) – Programa de Pós-graduação em Engenharia Mecânica, FEMEC – UFU, Uberlândia, 2007.

FERRARESI, D. *Fundamentos da usinagem dos metais*. São Paulo: Blucher, 1977.

ISO 3685. *Tool life testing with single-point turning tools*, 1993.

KOMANDURI, R.; DESAI, J. D. Tool materials for machining. *General Electric – Technical information series*, number 82 CRD, Aug. 1982, 32 pags.

__________.; VON TURKOVICH, B. F. New observations on the mechanisms of chip formation when machining titanium alloys. *Wear*, v. 69, p. 179-188, 1981.

__________. et al. On the catastrophic shear instability in high speed machining of an AISI 4340 Steel. *Trans. of ASME. J. Eng. Industry*, v. 104, p. 121-131, maio 1982.

LUCAS, E. O. *Aspectos da formação do cavaco na usinagem do ferro fundido nodular ferrítico*. Tese (Doutorado) – Programa de Pós-Graduação em Engenharia Mecânica, UFSC, Florianópolis, 2003.

MACHADO, A. R. *Machining of Ti6Al4V and Inconel 901 with a high pressure coolant system*. Tese (PhD) – Warwich University – Corentry. U.K., 1990.

MILLS, B.; REDFORD, A. H. Machinability of engineering materials. *Applied Science Publishers*, 1983.

MILOVIK, R.; WALLBANK, J. The machining of low carbon free cutting steels with high speed steel tools. *The machinability of engineering materials*. New York: ASM International, 1983.

PIISPANEN, V. Lastunmoudostimisen teoriaa. *Teknillinen Aika Kauslehti*, n. 27, p. 315, 1937.

RECHT, R. F. Catastrophic thermoplastic shear. *Trans. of ASME. Journal of Applied Mechanics*, p. 189-193, June 1964.

SHAW, M. C. *Metal cutting principles*. Oxford University Press, 1984.

SHAW, M. C. et al. *Machining titanium. MIT Report*, 1954.

SHAW, M. C. et al. Friction characteristics of sliding surfaces undergoing subsurface plastic flow. *Trans. of ASME. J. Basic Eng.*, v. 82, p. 342-346, June 1960.

__________. Metal cutting principles. *Oxford Scientific Publications*, 1986.

SMITH, G. T. *Advanced machining*: the handbook of cutting technology. IFS Publications, 1989.

SOUSA, M. N. *Influência das propriedades mecânicas das ligas de alumínio na usinabilidade:* foco no grau de recalque, na dimensão da zona de fluxo e na microdureza dos cavacos. Tese de Doutorado, Programa de Pós-graduação em Engenharia Mecânica. Uberlândia: Universidade Federal de Uberlândia – UFU, 2013.

TRENT, E. M. Cutting steel and iron with cemented carbide toolks. Part II: conditions of seizure at the tool/work interface. *Journal of the Iron and Steel Institute*, p. 923-932, nov. 1963.

__________. *Metal cutting*. 2. ed. London: Butterworths & Co., 1984.

__________. Metal cutting and the tribology of seizure: I – Seizure in metal cutting. *Wear*, v. 128, p. 29-46, 1988a.

__________. Metal cutting and the tribology of seizure: II – Movement of work material over the tool in metal cutting. *Wear*, v. 128, p. 47-64, 1988b.

__________. Metal cutting and the tribology of seizure: III – Temperature in metal cutting. *Wear*, v. 128, p. 65-81, 1988c.

__________.; WRIGHT, P. K. *Metal cutting*. 4. ed. Oxford: Butterworth-Heinemann, 2000.

WALLACE, P. W.; BOOTHROYD, D. G. Tool force and tool chip friction in orthogonal machining. *Mech. Eng. Sci.*, v. 6, n. 1, p. 74-87, 1964.

WALLBANK, J. Structure of built-up edge formed in metal cutting. *Metals technology*, p. 145-153, Apr. 1979.

WILLIAMS, J. E.; ROLLANSON, E. C. Metallurgical and pratical machining parameters affecting built-up edge formation in metal cutting. *J. Inst. Metals*, v. 98, p. 144-153, 1970.

WRIGHT, P. K. et al. Influence of friction on the shear plane angle in machining. In: NORTH AMERICAN MANUFACTURING CONF. 10, 1982. *Proc.* p. 255-262.

ZOREV, N. M. Interrelationship between shear processes occurring along tool face and on shear plane in metal cutting. In: INT. PROD. ENG. RES. CONF., 1963. *Proc.* p. 42-49.

4 Força e potência de usinagem

4.1 FORÇA DE USINAGEM NO CORTE OBLÍQUO (TRIDIMENSIONAL)

O conhecimento da força de usinagem que age sobre a cunha cortante e o estudo de suas componentes vetoriais são de grande importância, porque possibilitam estimar a potência necessária para o corte, bem como as forças atuantes nos elementos da máquina-ferramenta, além de manter relação com o desgaste das ferramentas de corte, influenciando a viabilidade econômica do processo.

A formação dos cavacos nos processos de usinagem ocorre, na maioria das operações reais, tridimensionalmente, como ilustrado na Figura 4.1.

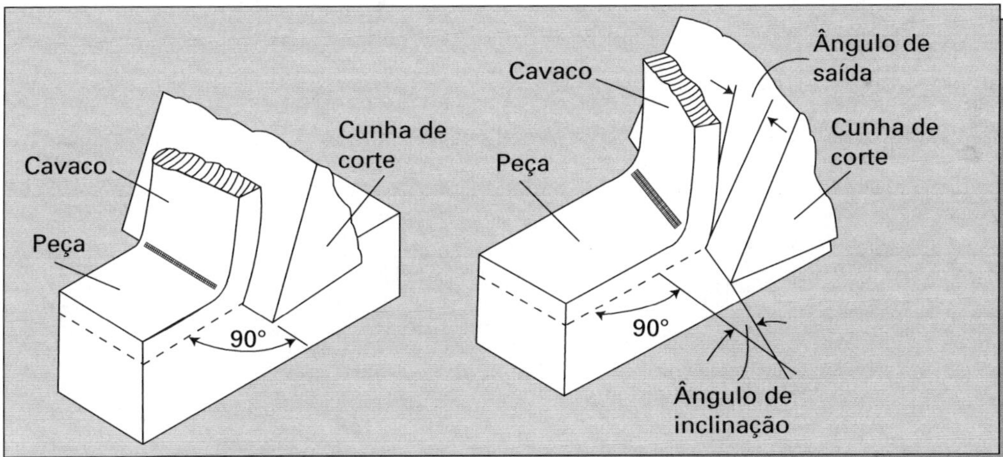

FIGURA 4.1 Operação de corte tridimensional.

Por estar no espaço tridimensional, a força de usinagem (F_U) possui três componentes básicos que agem diretamente na cunha cortante e, por conseguinte, na estrutura da máquina-ferramenta. A Figura 4.2 mostra a força de usinagem tridimensional e seus componentes para os processos de torneamento e de fresamento.

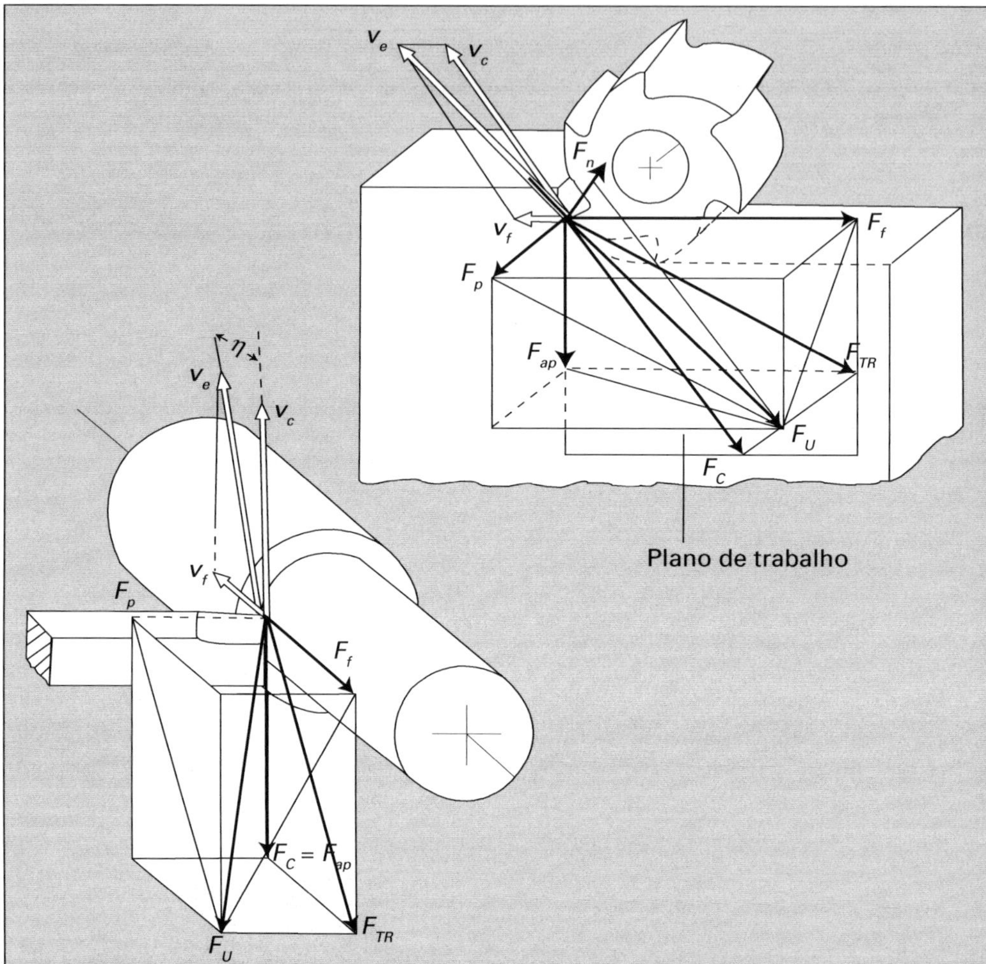

FIGURA 4.2 Força de usinagem e seus componentes para os processos de torneamento e de fresamento (FERRARESI, 1977).

Os três componentes básicos da força de usinagem são:

- *Força de corte ou força principal de corte* (F_C): é a projeção da força de usinagem sobre o plano de trabalho, na direção de corte, dada pela velocidade de corte.
- *Força de avanço* (F_f): é a projeção da força de usinagem sobre o plano de trabalho, na direção de avanço, dada pela velocidade de avanço.
- *Força passiva ou força de profundidade* (F_p): é a projeção da força de usinagem perpendicular ao plano de trabalho.

Além desses componentes básicos, também se pode identificar outros três componentes importantes:

- *Força ativa* (F_{TR}): é a projeção da força de usinagem sobre o plano de trabalho.
- *Força de compressão* (F_n): é a projeção da força de usinagem sobre uma direção perpendicular à superfície principal de corte.
- *Força de apoio* (F_{ap}): é a projeção da força de usinagem sobre uma direção perpendicular à direção de avanço, situada no plano de trabalho.

Como a força de usinagem é normalmente decomposta nos seus três principais componentes, vale sempre a relação:

$$F_U = \sqrt{F_{ap}^2 + F_f^2 + F_p^2} \quad [N] \qquad (4.1)$$

4.2 FORÇA DE USINAGEM NO CORTE ORTOGONAL (BIDIMENSIONAL)

Para simplificar o entendimento da atuação das forças de corte na cunha cortante, pode-se usar o modelo de corte ortogonal, no qual todos os componentes atuam em um único plano (o plano de trabalho). O modelo bidimensional da formação de cavacos permite uma análise vetorial das forças, agindo nas partes envolvidas: ferramenta, cavaco e peça. A Figura 4.3 ilustra a força de usinagem (F_U) agindo sobre a cunha cortante e sua decomposição em diversas direções.

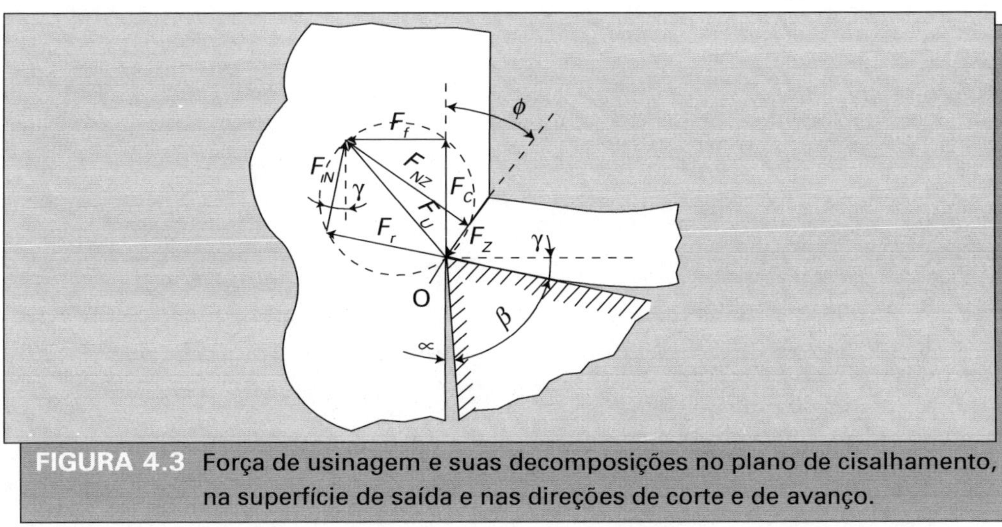

FIGURA 4.3 Força de usinagem e suas decomposições no plano de cisalhamento, na superfície de saída e nas direções de corte e de avanço.

A decomposição da força de usinagem (F_U) nas diversas direções obedece a um teorema da geometria que permite representar todos os componentes em um círculo, onde F_U é o seu diâmetro. Essa representação é chamada Círculo de Merchant, pesquisador que foi o primeiro a idealizá-la. A Figura 4.4 ilustra melhor as relações geométricas utilizadas com base nesse círculo (MERCHANT, 1954).

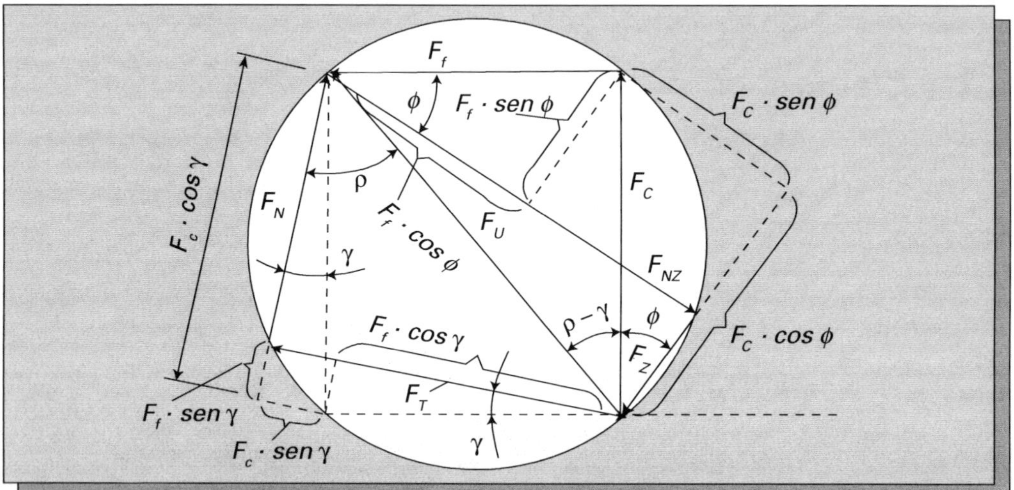

FIGURA 4.4 Círculo de Merchant.

Usando as relações geométricas permitidas pelo Círculo de Merchant, pode-se estabelecer:

$$F_T = F_U \cdot sen\rho \qquad [N] \qquad (4.2)$$

$$F_N = F_U \cdot cos\rho \qquad [N] \qquad (4.3)$$

$$F_C = F_U \cdot cos(\rho - \gamma) \qquad [N] \qquad (4.4)$$

$$F_f = F_U \cdot sen(\rho - \gamma) \qquad [N] \qquad (4.5)$$

$$F_Z = F_U \cdot cos(\phi + \rho - \gamma) \qquad [N] \qquad (4.6)$$

$$F_{NZ} = F_U \cdot sen(\phi + \rho - \gamma) \qquad [N] \qquad (4.7)$$

sendo ρ o ângulo entre as forças F_N e F_U.

As relações anteriores também podem ser expressas em função dos componentes de corte (F_C) e de avanço (F_f), que, por sua vez, podem ser determinados por um dinamômetro, pois suas direções são perpendiculares entre si. Dessa forma, todos os outros componentes podem ser determinados em função do ângulo de saída da ferramenta (γ) e do ângulo do plano de cisalhamento (ϕ), por meio das seguintes relações:

$$F_T = F_C \cdot sen\gamma + F_f \cdot cos\gamma \qquad [N] \qquad (4.8)$$

$$F_N = F_C \cdot cos\gamma - F_f \cdot sen\gamma \qquad [N] \qquad (4.9)$$

$$F_Z = F_C \cdot cos\phi - F_f \cdot sen\phi \qquad [N] \qquad (4.10)$$

$$F_{NZ} = F_C \cdot sen\phi + F_f \cdot cos\phi \qquad [N] \qquad (4.11)$$

Usando-se os componentes da força de usinagem decompostos sobre a superfície de saída da ferramenta, pode-se calcular um coeficiente de atrito (β), na interface ferramenta/cavaco, dado por:

$$\beta = \frac{F_T}{F_N} = tg\rho \qquad (4.12)$$

Substituindo-se os valores segundo as Equações 4.8 e 4.9 e simplificando-se, tem-se:

$$\beta = \frac{F_f + F_C \cdot tg\gamma}{F_C - F_f \cdot tg\gamma} \qquad (4.13)$$

Como foi analisado anteriormente, a interface ferramenta/cavaco envolve alta pressão normal e a superfície real em contato pode aumentar até o seu limite máximo, sendo a força necessária para o deslizamento associada à menor tensão de ruptura ao cisalhamento entre os materiais em contato. Também se pode afirmar que a distribuição dessa tensão ao longo do comprimento de contato ferramenta/cavaco não é uniforme, uma vez que há regiões de aderência e de deslizamento.

Analogamente, no plano de cisalhamento, pode-se calcular o coeficiente de atrito interno da seguinte forma:

$$\beta_z = \frac{F_z}{F_{NZ}} = \frac{F_C - F_f \cdot tg\phi}{F_f + F_C \cdot tg\phi} \qquad (4.14)$$

Também no plano de cisalhamento, pode-se admitir uma distribuição uniforme de tensão de cisalhamento, o que permite calcular as tensões de cisalhamento e normal por meio da seguinte Equação:

$$\tau_z = \frac{F_z}{S_z} = \frac{F_z}{A} sen\phi \qquad [\text{N/mm}^2] \qquad (4.15)$$

$$\sigma_z = \frac{F_{NZ}}{S_Z} = \frac{F_{NZ}}{A} sen\phi \qquad [\text{N/mm}^2] \qquad (4.16)$$

Onde S_Z é a área do plano de cisalhamento e $S = A$ (Eq. 1.11) é a área do cavaco indeformado. Para o corte ortogonal, tem-se:

$$S_Z = \frac{A}{sen\phi} = \frac{b \cdot h}{sen\phi} \qquad [\text{mm}^2] \qquad (4.17)$$

Portanto, a força necessária para formar cavacos depende da resistência ao cisalhamento do material e da área do plano de cisalhamento nas condições particulares de corte.

4.2.1 Tensões no plano de cisalhamento secundário

A tensão normal média que atua no plano secundário de cisalhamento é de natureza compressiva e pode ser determinada dividindo-se a força normal sobre a superfície de saída pela área de contato ferramenta/cavaco. De maneira similar, a tensão cisalhante média pode ser obtida dividindo-se a força tangencial pela mesma área de contato. A determinação das forças sobre a superfície de saída não representa grande dificuldade, sejam essas forças teóricas ou experimentais; porém, a área de contato não é facilmente determinada por nenhuma das duas maneiras, em razão, principalmente, das dificuldades de estabelecer o comprimento de contato ferramenta/cavaco sobre a superfície de saída. Assim, embora seja de grande importância, a determinação das tensões normais e tangenciais sobre a superfície de saída não é tarefa fácil. Cálculos desenvolvidos por Zorev (1963) mostraram que a tensão normal de compressão tem uma distribuição exponencial, sendo zero no ponto onde o cavaco perde contato com a ferramenta e assumindo valor máximo na aresta de corte (Figura 3.23), que pode ser representada pela Equação:

$$\sigma_c = q \, . \, x^y \qquad [\text{N/mm}^2] \qquad (4.18)$$

Onde:

x = distância da zona de contato a partir do ponto onde o cavaco perde contato com a ferramenta

y e q = constantes

Também se concluiu que, na zona de aderência, a tensão cisalhante é igual à resistência ao cisalhamento do material. Essa tensão cai para zero na zona de escorregamento, onde o cavaco perde contato com a ferramenta. Verificou-se experimentalmente (CHILDS; MAHADI, 1989; KATO et al., 1972) que a distribuição de tensão varia com o material da peça, uma vez que depende não somente do coeficiente de atrito ferramenta/cavaco, mas também das características de deformação do material. Foi também mostrado que os valores de tensão normal máxima aumentam com o incremento da velocidade de corte e de avanço, mas os valores de tensão cisalhante máxima diminuem (BARROW et al., 1982).

4.3 DETERMINAÇÃO TEÓRICA DO ÂNGULO DE CISALHAMENTO

No modelo da formação de cavacos, uma das grandes incógnitas é o ângulo de cisalhamento. O ângulo pelo qual o material se rompe para formar cavacos é a grandeza fundamental de todos os modelos desenvolvidos até o presente. É possível determinar todo o modelo matemático desde que o valor de ϕ seja conhecido, o que foi prontamente reconhecido pelos primeiros pesquisadores a adotar o modelo inicial de formação de cavacos. Dessa forma, diversas propostas surgiram para a determinação do ângulo ϕ a partir apenas das características do material, da ferramenta e das grandezas do processo.

4.3.1 Teoria de Ernst e Merchant

O fundamento dessa teoria consiste em procurar um valor do ângulo ϕ para o qual a energia necessária para a formação de cavacos seja mínima. Os pesquisadores Ernst e Merchant basearam-se na teoria do corte ortogonal com formação de cavacos contínuos e admitiram a hipótese de que a tensão de cisalhamento, no plano de cisalhamento, é função apenas do material. A energia para a formação de cavacos pode ser expressa por:

$$E = v_C \cdot F_C \cdot \Delta_t \qquad [J] \qquad (4.19)$$

Onde Δt é o tempo de corte. Para uma dada operação já estabelecida e dentro das hipóteses admitidas, a energia será mínima se a força F_C também for mínima. Retomando as Equações 4.4 e 4.6, pode-se escrever:

$$F_c = F_z \cdot \frac{cos(\rho - \gamma)}{cos(\phi + \rho - \gamma)} \quad [N] \qquad (4.20)$$

Usando-se agora a Equação 4.15, tem-se:

$$F_C = \tau_Z \frac{A \cdot cos(\rho - \gamma)}{sen\phi \cdot cos(\phi + \rho - \gamma)} \quad [N] \qquad (4.21)$$

Diferenciando-se em relação a ϕ e admitindo-se que τ_Z, ρ e γ sejam constantes, encontram-se:

$$\frac{dF_C}{d\phi} = \tau_z \cdot A \cdot cos(\rho - \gamma) \left[\frac{cos\phi \cdot cos(\phi + \rho - \gamma) - sen\phi \cdot sen(\phi + \rho - \gamma)}{sen^2\phi \cdot cos^2(\phi + \rho - \gamma)} \right] \qquad (4.22)$$

$$\frac{dF_C}{d\phi} = \tau_z \cdot A \cdot cos(\rho - \gamma) \left[\frac{cos(2\phi + \rho - \gamma)}{sen^2\phi \cdot cos^2(\phi + \rho - \gamma)} \right] \qquad (4.23)$$

Igualando-se a Equação 4.23 a zero, encontra-se o mínimo da energia necessária para cisalhar o material no plano de cisalhamento. Entre os valores válidos para o ângulo ϕ, tem-se:

$$cos(2\phi + \rho - \gamma) = 1 \Leftrightarrow \phi = 45° + \frac{\gamma}{2} - \frac{\rho}{2} \qquad (4.24)$$

Quando a Equação 4.24 foi confrontada com resultados experimentais, encontraram-se diferenças consideráveis, por exemplo, na usinagem de aços ABNT 9445 e ABNT 4340, conforme mostrado na Figura 4.5.

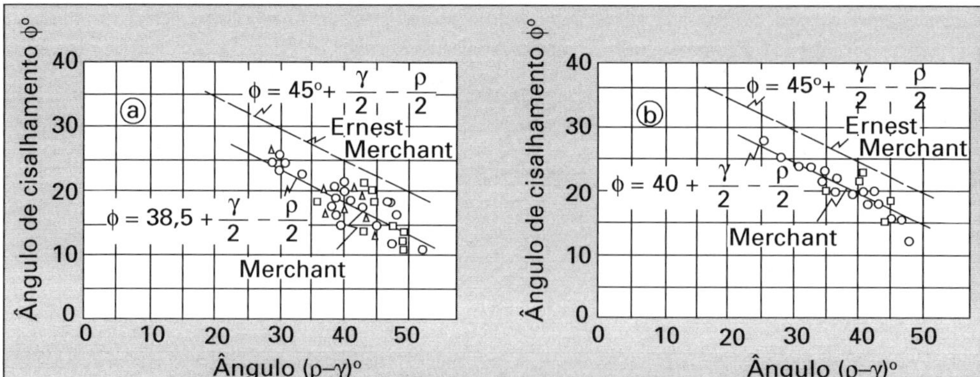

FIGURA 4.5 Resultados experimentais em confronto com a Equação 4.34 (v_C = 60 m/min a 460 m/min; f = 0,013 mm/rev a 0,2 mm/rev; γ = −10° a 10°).

Na diferenciação foi admitido que τ_Z é constante, o que pode conter uma parcela considerável de erro, uma vez que no plano de cisalhamento há também uma tensão normal (σ_Z). Os trabalhos de P. W. Bridgman (FERRARESI, 1977) indicavam que a tensão de ruptura ao cisalhamento no plano de cisalhamento poderia obedecer à seguinte Equação:

$$\tau_Z = \tau_0 + k \cdot \sigma_Z \qquad [\text{N/mm}^2] \qquad (4.25)$$

Assim, combinando-se as Equações 4.15 e 4.16 e usando-se os resultados das Equações 4.10 e 4.11, tem-se a relação:

$$\frac{\sigma_Z}{\tau_Z} = \frac{F_{NZ}}{F_Z} = tg(\phi + \rho - \gamma) \qquad (4.26)$$

Substituindo-se agora na Equação 4.25, obtém-se:

$$\tau_Z = \frac{\tau_o}{1 - k \cdot tg(\phi + \rho - \gamma)} \qquad [\text{N/mm}^2] \qquad (4.27)$$

E introduzindo-se a Equação 4.27 na Equação 4.21, tem-se:

$$F_C = \tau_o \cdot A \cdot \frac{cos(\rho - \gamma)}{sen\phi \cdot cos(\phi + \rho - \gamma)[1 - k \cdot tg(\phi + \rho - \gamma)]} \qquad [\text{N}] \qquad (4.28)$$

Diferenciando-se nas mesmas condições anteriores, chega-se a:

$$\phi = \frac{C}{2} + \frac{\gamma}{2} - \frac{\rho}{2} \qquad [°] \qquad (4.29)$$

Onde:

$C = arc\ cot(k)$ é medido experimentalmente para cada condição de corte

Essa nova relação permitiu uma maior aproximação dos dados experimentais, mas ainda sem obter uma explicação satisfatória.

4.3.2 Teoria de Lee e Shaffer

O princípio dessa teoria está em aplicar a teoria da plasticidade à formação de cavacos em corte ortogonal. Para isso, são consideradas as seguintes hipóteses (LEE; SHAFFER, 1943):

- O material usinado é um plástico ideal, no qual não há deformação elástica durante a aplicação de carga e, uma vez atingido o limite de escoamento, a tensão não aumenta com a deformação.

- O comportamento do material independe do grau de deformação.
- Os efeitos do aumento da temperatura durante a deformação não são considerados.
- Desprezam-se os efeitos de inércia provocados pela aceleração do material durante a deformação.

Se o material se comporta como um plástico ideal, haverá na região de cisalhamento uma distribuição uniforme das tensões e um plano onde a tensão de cisalhamento seja máxima. Na Teoria de Lee e Shaffer, o plano de cisalhamento máximo, onde haverá a ruptura do material, é o plano de cisalhamento. Para encontrar o ângulo desse plano de máxima tensão de cisalhamento, recorre-se ao Círculo de Mohr, admitindo-se um estado uniaxial de tensão na raiz do cavaco, sujeito à compressão simples. Usando-se o critério de Tresca, que diz que o escoamento se dá na máxima tensão de cisalhamento, tem-se a situação mostrada na Figura 4.6.

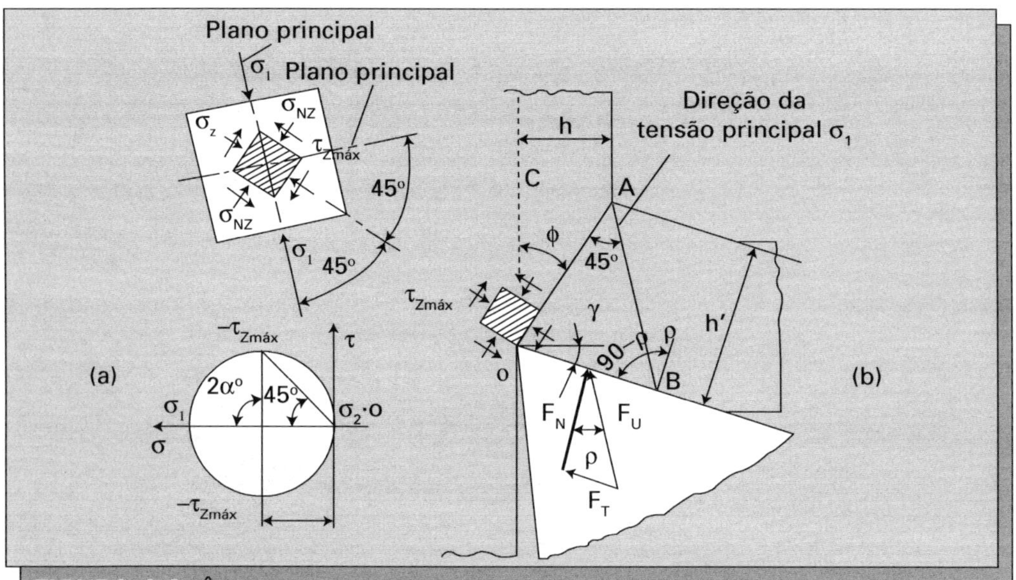

FIGURA 4.6 Ângulo de cisalhamento segundo Lee e Shaffer.

Por meio do Círculo de Mohr, verifica-se que a tensão máxima de cisalhamento acontece a 45° da direção dos planos principais: σ_1 e σ_2. Como na direção principal a tensão de cisalhamento é nula, Lee e Shaffer admitiram que a direção de cisalhamento nulo é a direção indicada pela linha pontilhada no esquema da

Figura 4.6(b), sendo referido por σ_2. Assim, o triângulo OAB tem a seguinte relação entre seus ângulos internos:

$$\Delta AOB = 180^\circ - 45^\circ - (90^\circ - \rho) = 45^\circ + \rho$$

$$C\hat{O}B = \phi + A\hat{O}B = \phi + 45^\circ + \rho$$

Mas

$$C\hat{O}B = 90^\circ + \gamma$$

Assim,

$$\phi + 45^\circ + \rho = 90^\circ + \gamma$$

Simplificando:

$$\phi = 45^\circ + \gamma - \rho \qquad [^\circ] \qquad (4.30)$$

Com esse resultado, os valores teóricos foram confrontados com os experimentais, mostrando também certa discrepância. A Figura 4.7 mostra as curvas teóricas de Lee e Shaffer, as experimentais para diversos materiais, bem como as de Ernst e Merchant.

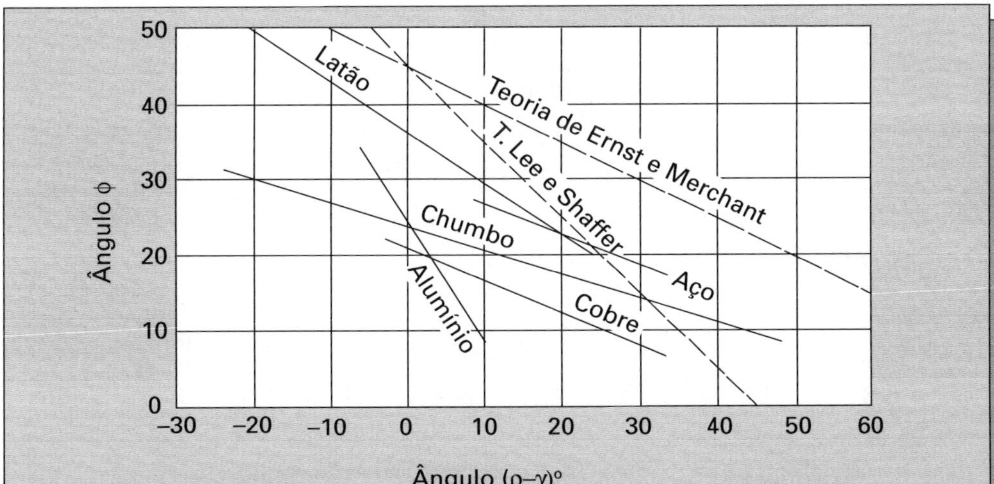

FIGURA 4.7 Comparação dos resultados experimentais de vários materiais com as curvas teóricas de Ernst e Merchant e de Lee e Shaffer.

Fatores de correção também foram propostos por Lee e Shaffer e por outros pesquisadores para tornar as equações teóricas mais próximas dos resultados experimentais.

Shaw et al., (1953) apresentaram uma complementação à Equação anterior levando em consideração que o coeficiente de atrito ferramenta/cavaco se modifica com o ângulo de saída e é influenciado pelo estado de tensões no plano de cisalhamento. Assim, propuseram a expressão:

$$\phi = 45^o + \gamma - \rho + \eta \qquad [^\circ] \qquad (4.31)$$

Onde:

η = ângulo de desvio entre a direção do plano de cisalhamento e a direção da tensão máxima de cisalhamento

Outro pesquisador que propôs uma fórmula para determinação do ângulo ϕ foi Hucks (FERRARESI, 1977). Partindo do critério de Mohr (envoltória de Mohr) para escoamento de materiais, e admitindo um estado duplo de tensões na raiz do cavaco, esse pesquisador chegou à seguinte fórmula:

$$\phi = \varphi + \gamma - \frac{1}{2} arctg(2\mu) \qquad [^\circ] \qquad (4.32)$$

Onde φ é o ângulo entre a direção do plano de cisalhamento e a direção de uma das tensões principais, e μ é o coeficiente de atrito ferramenta/cavaco. Outros pesquisadores tentaram, e ainda tentam, encontrar uma expressão geral que permita obter o ângulo do plano de cisalhamento usando apenas dados sobre o comportamento do material ou de condições de corte, a fim de se aproximar dos resultados experimentais. Mais recentemente, Toropov e Ko (2007) propuseram uma Equação para determinar o ângulo de cisalhamento para cavacos contínuos sem a presença de APC. Essa equação deriva do uso de dados experimentais e da teoria da elasticidade.

$$\phi = \frac{5}{8}\gamma + \frac{1}{2} arccos\left[exp\left(-52.5 \times 10^{-3} \left(\frac{\sigma_u}{100\rho c} \right)^{0.8} \left(\frac{v_c f \times 10^{-3}}{k60} \right)^{0,4} \right) \right] \qquad (4.33)$$

Onde:

σ_u = resistência à tração do material da peça

ρ = densidade

c = calor específico

v_c = velocidade de corte

f = avanço de cavaco

k = condutividade térmica do material sendo usinado

Outra maneira de determinar o ângulo de cisalhamento de forma teórica é pela simulação em programas de computador, utilizando-se o método de elementos finitos (em inglês, *Finite Element Method* – FEM). De forma geral, esse princípio consiste em dividir o meio contínuo em *elementos* simples, cujas propriedades são as mesmas do material. Pela aplicação de esforços nesses elementos e dos cálculos de deformação, que são estendidos a todos os elementos de uma só vez, pode-se prever as tensões e deformações de todo o meio. A escolha de elementos simples facilita as previsões de tensões e deformações. Essa técnica envolve uma manipulação matemática considerável, quando se divide o meio em um número grande de elementos para se obter uma melhor precisão nos resultados. Assim, essa técnica depende de computadores rápidos e com muita memória. A Figura 4.8 mostra um exemplo de simulação da formação de cavacos usando a técnica FEM.

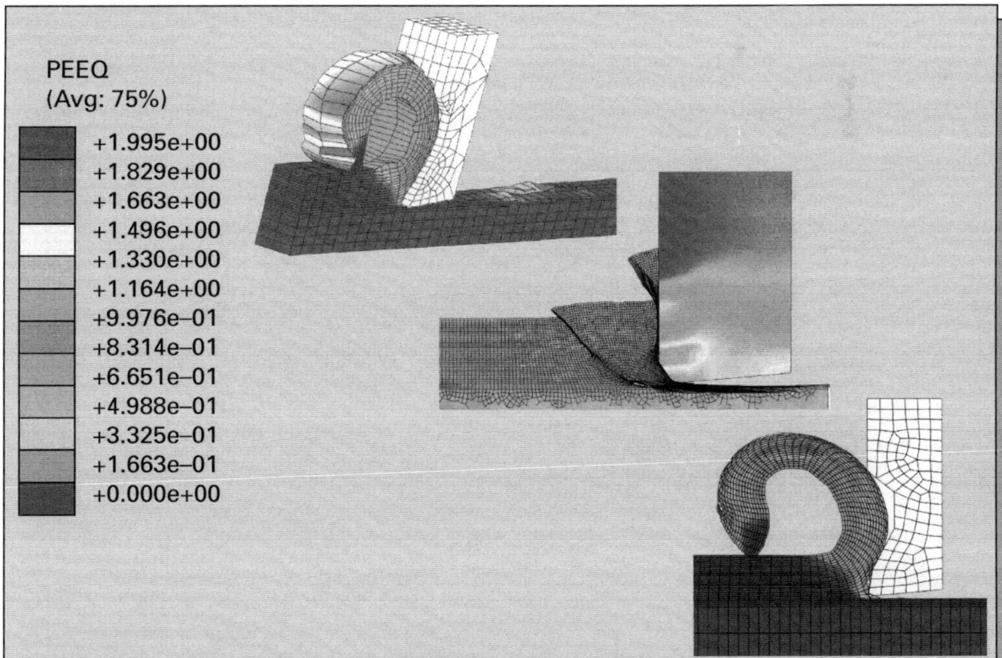

FIGURA 4.8 Exemplo de simulação de formação de cavacos por meio da técnica FEM (http://msl.mcmaster.ca/).

Na prática, no entanto, a determinação do ângulo ϕ pode se dar por meio de *quick-stop*, embora esta não seja uma técnica de fácil aplicação. O uso do grau de recalque, conforme foi mencionado no Capítulo 3, também pode ser um caminho aplicável a um reduzido número de casos.

4.4 DETERMINAÇÃO TEÓRICA DA FORÇA DE CORTE

A determinação teórica, ou experimental, do ângulo do plano de cisalhamento permite a projeção da força de usinagem (F_U) nas diversas direções de interesse. Sua previsão teórica se faz necessária para os casos em que se pretende prever potência de corte ou esforços na estrutura e elementos da máquina-ferramenta. No início do século XX, diversos pesquisadores constataram, experimentalmente, que os componentes da força de usinagem variam com a seção do cavaco, em uma relação quase linear, em especial a força de corte (F_C), principal componente da potência de usinagem para dimensionamento do principal motor na seleção, ou projeto de máquinas-ferramentas. Da relação linear entre força de corte e área da seção de corte foi proposta a primeira equação para a determinação teórica da força de corte:

$$F_c = k_s \cdot A \qquad [\mathrm{N}] \qquad (4.34)$$

Onde:

k_s = pressão específica de corte

A = área da seção de corte cujo valor é dado pelas Equações 1.11 e 1.12.

Admitindo-se que a ferramenta não possua raio de ponta. A pressão específica de corte é determinada medindo-se a força necessária para remover uma área de corte equivalente a 1 mm^2. Inicialmente, imaginava-se como sendo uma característica somente do material, similar à tensão de ruptura. Porém, ensaios mostraram que a pressão específica varia segundo os seguintes fatores:

- *Material da peça*: para os aços-carbono, principalmente à medida que se aumenta a porcentagem de carbono, a pressão específica de corte (k_s) também aumenta. O aumento da porcentagem de P, Pb e Bi e de MnS causa uma diminuição do valor de k_s. Durante a formação do cavaco, esses elementos deformam-se plasticamente e produzem pontos de baixa resistência mecânica. Além disso, essas inclusões também funcionam como um lubrificante na interface cavaco/superfície de saída da ferramenta (SANDVIK, 1994). Nos aços inoxidáveis, a presença de MnS diminui sensivelmente o valor de k_s. Em geral, quando a dureza da peça cresce, k_s também cresce, mas isso não pode ser tomado como regra. Materiais com durezas semelhantes podem ter valores de pressão específica de corte muito diferentes em razão de diversos fatores, entre eles a presença dos elementos de liga citados anteriormente, os quais podem formar carbetos cuja dureza é semelhante à da ferramenta. Entre as propriedades de um material, a que mais pode ser correlacionada com a pressão específica de corte é a tensão de ruptura ao cisalhamento do material, uma vez que o cavaco se forma, basicamente, por ruptura ao cisalhamento. Mesmo assim, tal correlação deve ser feita com cuidado, pois essa tensão de ruptura é obtida em ensaios estáticos, e a formação de cavaco acontece em velocidades de ruptura da ordem de $10^5\ s^{-1}$.

- *Material e geometria da ferramenta*: a variação do material da ferramenta ou do acabamento na superfície de saída (com coberturas, por exemplo) causa variação do coeficiente de atrito no contato ferramenta/cavaco, e essa variação pode influir nos valores de k_s. No entanto, diversas pesquisas já mostraram que, quando se varia o material da ferramenta dentro da mesma classe ISO P de carboneto, por exemplo, a variação da pressão específica de corte pode ser desprezada. Ferramentas com cobertura de TiN tendem a diminuir o coeficiente de atrito nas interfaces ferramenta/cavaco e ferramenta/peça e, com isso, propiciam valores de k_s menores. Os ângulos de saída (γ), principalmente, e de inclinação (λ) provocam uma diminuição de k_s à medida que seus valores aumentam, pois a deformação do cavaco diminui. Na usinagem de materiais frágeis, como ferro fundido, que se deforma bem pouco antes da ruptura, a influência desses ângulos na pressão específica de corte pode ser desprezada. Assim, no corte de materiais frágeis, a utilização de ângulos de saída e de inclinação negativos é recomendada, porque eles não influenciam os esforços de corte e propiciam uma maior resistência mecânica da cunha cortante. Geometrias positivas (γ e λ positivos) só são recomendadas no corte de materiais dúcteis quando baixas forças de corte são necessárias, como nos casos em que a máquina possui potência e/ou rigidez baixa, na usinagem de peças com paredes finas, bem como de eixos esbeltos e torneamento interno em acabamento, no qual a ferramenta é pouco rígida e a obtenção de bons acabamentos superficiais é imposição do projeto da peça. Quando o ângulo de folga (α) diminui, o atrito entre a peça e a ferramenta aumenta, e com isso cresce também o valor de k_s. Essa situação é crítica quando α é pequeno (menor que 5°). Um aumento do ângulo de folga muito acima de 5° praticamente não tem influência no valor da pressão específica e diminui sua resistência mecânica. O ângulo de posição da ferramenta (χ) tem pouca influência sobre os valores de k_s, dentro dos limites usuais, entre 45° e 90°, para usinagem com uma única aresta. Geralmente, no torneamento os valores de k_s diminuem quando se varia χ de 45° para 90°. No fresamento, k_s tende a diminuir quando se muda χ de 45° para 75°, aumentando em seguida de χ = 75° para 90°.

- *Área da seção de corte* (A): a pressão específica de corte diminui com a área da seção de corte. Essa diminuição de k_s é devida principalmente ao aumento do avanço (f), como se pode constatar na Figura 4.9.

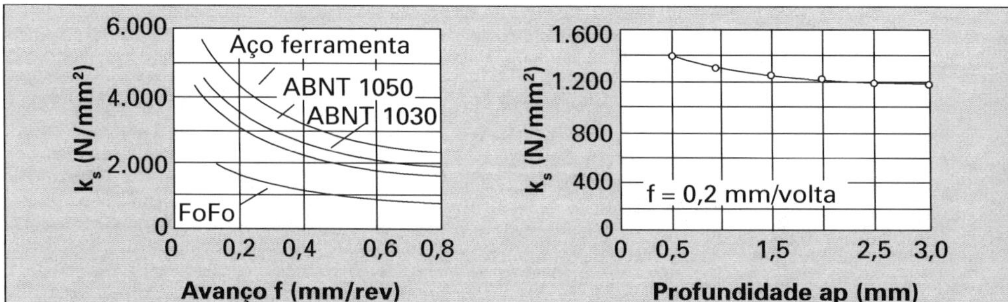

FIGURA 4.9 Influência do avanço e da profundidade de corte na pressão específica (FERRARESI, 1977).

Durante a formação do cavaco, parte do volume de material deformado na peça não se transforma em cavaco, mas escorrega entre a peça e a superfície de folga da ferramenta, em virtude do retorno elástico do material da peça. A proporção da energia gasta por esse fenômeno é relativamente grande quando se tem avanço [ou espessura de corte (h)] pequeno, pois o volume de material que se transforma em cavaco não é muito maior que o volume de material que flui lateralmente. À medida que f ou h crescem, o material que escorrega é relativamente menor, comparado ao removido, fazendo que a pressão específica de corte diminua.

- *Velocidade de corte* (v_c): no corte de materiais dúcteis com baixas velocidades de corte, pode acontecer o fenômeno da APC. Com essa aderência, há uma modificação da geometria da aresta de corte e os valores de k_s variam dependendo do tamanho e da geometria da APC. Em velocidades de corte usualmente utilizadas (sem APC), os valores de k_s tendem a diminuir levemente com o crescimento da velocidade de corte em razão da diminuição da deformação e da dureza do cavaco, bem como dos coeficientes de atrito que o aumento de v_c (e, consequentemente, da temperatura de corte) proporciona.
- *Condições de lubrificação e refrigeração*: influenciam a pressão específica de corte, modificando as condições de atrito entre cavaco e ferramenta. Quanto mais eficiente for a penetração do fluido de corte e quanto maior for o seu efeito lubrificante, maior será a diminuição de k_s. Em operações nas quais a velocidade de corte é alta, há muito pouco efeito lubrificante na formação de cavacos. Se a refrigeração predominar, pode aumentar k_s.
- *Desgaste da ferramenta*: com a utilização, mesmo em condições favoráveis, sempre haverá o desgaste da cunha cortante. Quando tal desgaste ocorre na superfície de folga denomina-se "desgaste de flanco" (representado por *VB*). Nesse caso, a pressão específica de corte aumenta à medida que o desgaste cresce, por conta do crescimento do atrito ferramenta/peça. Quando o desgaste se dá na superfície de saída, denominado "desgaste de cratera", o crescimento de k_s já não é tão proeminente.

4.4.1 Determinação teórica da pressão específica de corte no torneamento

Vários pesquisadores tentaram estabelecer Equações analíticas para exprimir a relação entre a pressão específica de corte (k_s) e algumas propriedades conhecidas ou mensuráveis, por meio de ensaios mecânicos conhecidos (tração, cisalhamento etc.), dos diversos materiais utilizados em usinagem. Como essa estratégia não resultou em valores teóricos próximos aos medidos experimentalmente, a pressão específica de corte passou a ser medida em laboratório para cada par ferramenta/peça em função de parâmetros de corte. Com os valores de k_s é possível determinar todos os parâmetros do modelo estabelecido para a formação de cavacos. Entre os mais importantes pesquisadores a estabelecer essas equações, cita-se Kienzle, cujas equações têm fornecido valores mais próximos dos experimentais para a maioria dos materiais metálicos usinados:

$$k_s = k_{s1} \cdot h^{-Z} \qquad [\text{N/mm}^2] \qquad (4.35)$$

Onde os valores de k_s e de $(1 - Z)$ são obtidos, experimentalmente, para materiais específicos, mediante ensaios.

Equações mais completas que as citadas anteriormente também foram apresentadas por diversos pesquisadores, levando em conta outras variáveis, como o ângulo de posição e o grau de recalque, porém a exatidão conseguida é ainda relativa, e a complexidade dos cálculos, considerável. Como a Equação de Kienzle para a força de corte é a que melhor equilibra complexidade e exatidão dos resultados, é a que mais tem sido adotada.

A pressão específica de corte, calculada pela Equação 4.35, leva em conta o ângulo de posição da ferramenta no cálculo da espessura de corte (h), calculada como:

$$h = f \cdot sen\chi_r \qquad [\text{mm}] \qquad (4.36)$$

Para valores de χ entre 40° e 75° e (a_p/f) maiores que quatro, não se verificam variações significativas na pressão específica de corte.

Outra fonte para cálculo da pressão específica de corte é fornecida pelo Apêndice A1, no qual há uma relação mais completa de materiais. Os valores de pressão específica de corte nessa tabela se referem à espessura de corte de 0,4 mm e são, portanto, $k_{s0,4}$. A empresa Sandvik, fabricante de ferramentas de corte, prefere fornecer o valor de pressão específica para h = 0,4 mm e adota o expoente z = 0,29 para todos os materiais. Dessa forma, os valores de k_s são dados por:

$$k_s = k_{s0,4}\left(\frac{0,4}{h}\right)^{0,29} \qquad [\text{N/mm}^2] \qquad (4.37)$$

Em relação às forças de avanço (F_f) e de profundidade (F_p), pode-se estabelecer equações semelhantes às de Kienzle:

$$F_f = k_{f1} \cdot h^{1-x} \cdot b \qquad [\text{N}] \qquad (4.38)$$

$$F_p = k_{p1} \cdot h^{1-y} \cdot b \qquad [\text{N}] \qquad (4.39)$$

Onde k_{f1} e k_{p1} são os valores de pressão específica de corte na direção de avanço e de profundidade, respectivamente. E $(1 - x)$ e $(1 - y)$ são os coeficientes para as forças de avanço e de profundidade, respectivamente.

Valores teóricos de força de corte foram comparados aos experimentais por diversos pesquisadores, entre eles Ruffino (1971) e Lirani (1975). Encontrou-se que o ajuste dos valores é melhor quando se usa um expoente diferente de 1 para a profundidade de usinagem, sugerindo que a Equação proposta por Kienzle poderia incluir esse fator.

Para os casos em que as condições da aplicação são muito diferentes das utilizadas nos ensaios experimentais para obtenção dos valores de pressão específica e dos expoentes, pode-se obter uma maior aproximação, usando-se as seguintes correções:

- *Correções no ângulo de saída* (γ): para cada grau de diminuição (aumento) em relação aos valores tabelados, deve-se aumentar (diminuir) a força de corte (de 1,5%), a força de avanço (de 5%) e a força de profundidade (de 4%).
- *Ângulo de folga* (α): para variações entre 4° e 11°, não há correções. Valores maiores devem ser ensaiados antes que correções sejam feitas.
- *Ângulo de inclinação* (λ): para cada grau de diminuição (aumento) em relação aos valores tabelados, deve-se aumentar (diminuir) a força de corte (de 1,5%), a força de avanço (de 1,5%) e a força de profundidade (de 10%).
- *Ângulo de posição* (χ): os componentes da força de usinagem possuem considerações diferentes, como força de corte (correção levada em consideração na equação), força de avanço [para cada grau de diminuição (aumento) em relação aos valores tabelados, deve-se diminuir (aumentar) em 2,5%] e força de profundidade (correção levada em consideração na Equação).
- *Raio de ponta* (r_ε): para os casos em que $2r_\varepsilon < a_p$, não há necessidade de correção, caso contrário, ensaios devem ser efetuados.
- *Velocidade de corte* (v_c): quando se empregam ferramentas de aço rápido, com pequenas variações, não há necessidade de correção. Quando se usam ferramentas de carbeto, as velocidades devem estar acima de

30 m/min para evitar a APC. Com velocidades entre 50 m/min e 300 m/min e valores usuais de avanço, verificou-se que a força específica de corte diminui, aproximadamente, de forma hiperbólica com aumento da velocidade de corte, desde que não se forme APC. Para os valores intermediários aos da tabela, recomenda-se, no entanto, interpolação linear, por causa da simplicidade e de pequenos erros. Para valores maiores, novos ensaios devem ser efetuados.

- *Fluido de corte*: para valores de velocidade menores que 30 m/min, o fluido de corte pode contribuir para uma diminuição da força de usinagem, em particular, os componentes de avanço e de profundidade. Para valores de velocidade maiores que 70 m/min, pode haver um aumento da força de corte, devido à rápida saída de calor da zona de formação de cavacos.
- *Quebra-cavacos*: a presença de quebra-cavacos postiços colocados sobre a superfície de saída da ferramenta pode aumentar a força de corte entre 4% e 10%, e as de avanço de profundidade, entre 8% e 20%. Nos casos de quebra-cavacos com perfis especiais em insertos intercambiáveis de carbeto, eles são projetados para diminuir a força de usinagem, especialmente o componente de profundidade.
- *Desgaste da ferramenta*: o desgaste da cunha cortante provoca modificações na geometria da ferramenta, o que, por si só, já provoca alterações na força de usinagem. Além disso, há um aumento da superfície de contato ferramenta/peça à medida que o desgaste se processa. Dessa forma, não há ainda uma relação clara entre o desgaste e a força de usinagem, porém, experimentalmente, constataram-se força de corte (aumentar 7% a 12% para cada 0,1 mm de desgaste de flanco), força de avanço (aumentar 18% a 26% para cada 0,1 mm de desgaste de flanco) e força de profundidade (aumentar 20% a 32% para cada 0,1 mm de desgaste de flanco). Valores maiores devem ser usados até 0,25 mm de desgaste, e os menores, para valores maiores.

4.4.2 Determinação teórica da pressão específica de corte no fresamento

No fresamento, a força de usinagem pode ser determinada da mesma forma que no torneamento, exceto pelo fato de que a espessura do cavaco não é constante. Para contornar esse fato, utiliza-se a espessura média do cavaco. A Figura 4.10 mostra a espessura do cavaco para um fresamento de faceamento.

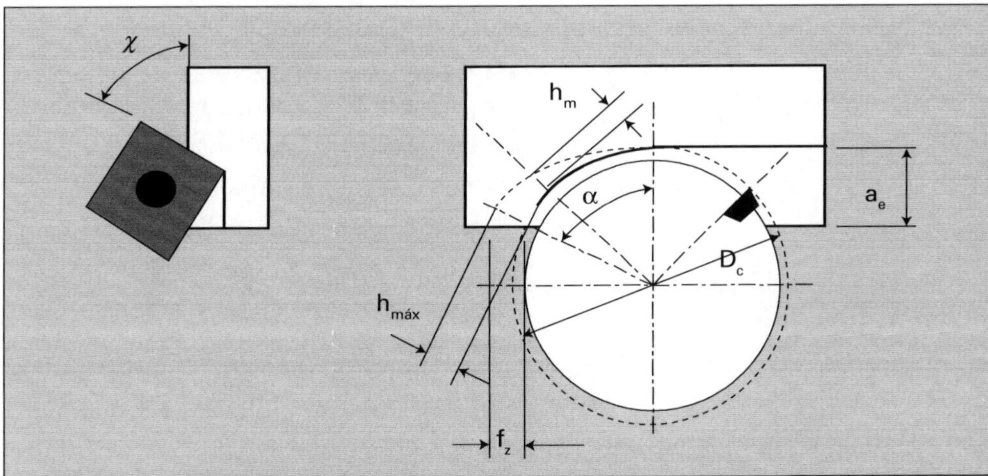

FIGURA 4.10 Espessura de cavaco para uma operação de fresamento de faceamento.

De acordo com essa figura, têm-se:

f_z = avanço por dente da fresa

a_e = largura de usinagem

$h_{máx}$ = espessura máxima do cavaco

h_m = espessura média do cavaco

χ = ângulo de posição

D_c = diâmetro do cortador

α = ângulo de contato

Para o fresamento, a pressão específica de corte é dada por:

$$k_s = k_{s1} \cdot h_m^{-z} \qquad [\text{N/mm}^2] \qquad (4.40)$$

Onde:

k_{s1} e z = fornecidos no Apêndice A2 para diversos materiais. O índice z é referido como mc no apêndice A_z.

h_m = espessura média do cavaco, calculada como:

$$h_m = \frac{sen\chi \cdot 180 \cdot a_e \cdot f_z}{\pi \cdot D_c \cdot arcsen\left(\dfrac{a_e}{D_c}\right)} \qquad [\text{mm}] \qquad (4.41)$$

Os valores de força de corte e potência calculados para as operações de fresamento representam um valor médio, uma vez que o processo de formação de cavacos é interrompido e a força varia com a espessura do cavaco, que muda durante a interação da aresta de corte com o material usinado. Os resultados assim obtidos podem servir de valioso indicador quando se buscam valores próximos da realidade.

4.5 DETERMINAÇÃO EXPERIMENTAL DA FORÇA DE USINAGEM (MÉTODOS DE MEDIÇÃO)

Tanto do ponto de vista prático quanto do ponto de vista experimental, a medição da força de usinagem pode ser importante em um processo de usinagem específico e em andamento. Tal medição pode ter a exatidão e a precisão desejadas, dependendo da necessidade, bem como ser apenas de caráter estático, com um valor médio sem preocupação com os componentes dinâmicos inerentes ao processo dinâmico de formação de cavacos. Assim, para estudos grosseiros, e apenas para a estimativa da potência requerida de corte, a medição estática é suficiente. No entanto, para estudos detalhados de formação de cavacos ou de estabilidade dinâmica da máquina-ferramenta, a medição do componente dinâmico é necessária e, para isso, utilizam-se dinamômetros que devem atender a certos requisitos (FERRARESI, 1977):

- *Sensibilidade*: é a relação entre a grandeza indicada pelo dinamômetro e a que está sendo medida. Por exemplo, se a grandeza medida é a força em Newtons e o dinamômetro se deforma proporcionalmente a essa força, a sensibilidade será a relação entre a deformação e a grandeza lida em Newtons. Na maioria dos dinamômetros utilizados, tem-se como grandeza lida um valor em Volts fornecido pelo sensor em uso. Esse sinal é proporcional à força e a sensibilidade é dada em Volts por Newtons de força.
- *Precisão*: a precisão do dinamômetro está associada à sua capacidade de reproduzir o valor da grandeza medida o mais próximo possível do valor real, excluindo-se erros sistemáticos e aleatórios.
- *Rigidez*: o dinamômetro não deve influenciar a grandeza que está sendo medida – no caso, a força de usinagem. Se o dinamômetro utilizado em um processo de fresamento tangencial, por exemplo, se deformar excessivamente durante a medição, afetará os valores de profundidade e de largura de usinagem, os quais influenciarão o valor da força. A rigidez também está associada à frequência natural de vibração do dinamômetro. Esse parâmetro é de extrema importância para as medições dinâmicas.

- *Exatidão*: o dinamômetro também deve ser capaz de reproduzir as medições sem distorção, ou seja, para medições no tempo, não devem ocorrer atrasos em relação ao fenômeno que está sendo medido, nem alterações por conta da variação da frequência.
- *Insensibilidade em relação à temperatura e à umidade*: o aparelho deve ser capaz de medir em aceitáveis variações de temperatura e umidade, normalmente presentes nos processos de usinagem.
- *Mínimo efeito cruzado*: a excitação de força em um eixo do dinamômetro não deve interferir nos demais, sob pena de superestimar valores reais em apenas um eixo, com registro de efeito cruzado nos demais.

A medição de força de usinagem, em geral, é feita por meio de seus três componentes em direções ortogonais – ou por meio de quatro componentes, com a inclusão do torque em processos com ferramentas rotativas. Entre os vários princípios possíveis para um dinamômetro de medição de força de usinagem, os extensômetros (*strain gauges*) e os cristais piezoelétricos são os mais comumente empregados.

4.5.1 Princípio de medição por extensômetros (*strain gauges*)

Desde os primeiros extensômetros produzidos por Arthur Claude Ruge e Eduard E. Simmons, por volta de 1940, houve uma grande evolução na medição da deformação elástica por esse meio (HOFFMANN, 1989). Simplificadamente, os extensômetros são transdutores que convertem deformação mecânica em variação de tensão elétrica. Esses transdutores valem-se do princípio descoberto por Charles Wheatstone, por volta de 1843, na sua primeira publicação sobre o circuito em ponte que ele mesmo inventou, conhecido como Ponte de Wheatstone (WHEATSTONE, 1843 apud HOFFMANN, 1989). O princípio básico descoberto pelo pesquisador foi de que todo condutor elétrico tem sua resistência elétrica modificada sob tensão mecânica. Essa mudança em resistência elétrica é parcialmente devida à deformação, bem como à mudança na resistividade do material, causada pelas mudanças microestruturais. O processo de mudança pode ser descrito matematicamente por:

$$\frac{dR}{R_0} = \varepsilon(1 + 2\upsilon) + \frac{d\rho}{\rho} \tag{4.42}$$

Onde:

R = resistência elétrica

ε = deformação

ν = coeficiente de Poisson

ρ = resistividade elétrica

Muitos materiais foram investigados na tentativa de descobrir os que pudessem fornecer maior relação entre a mudança de resistência elétrica e a deformação, expressa na forma:

$$S_R = \frac{\Delta R / R}{\Delta l / l} = \frac{\Delta R / R}{\varepsilon} \tag{4.43}$$

A Figura 4.11 mostra o resultado dessa relação para alguns materiais.

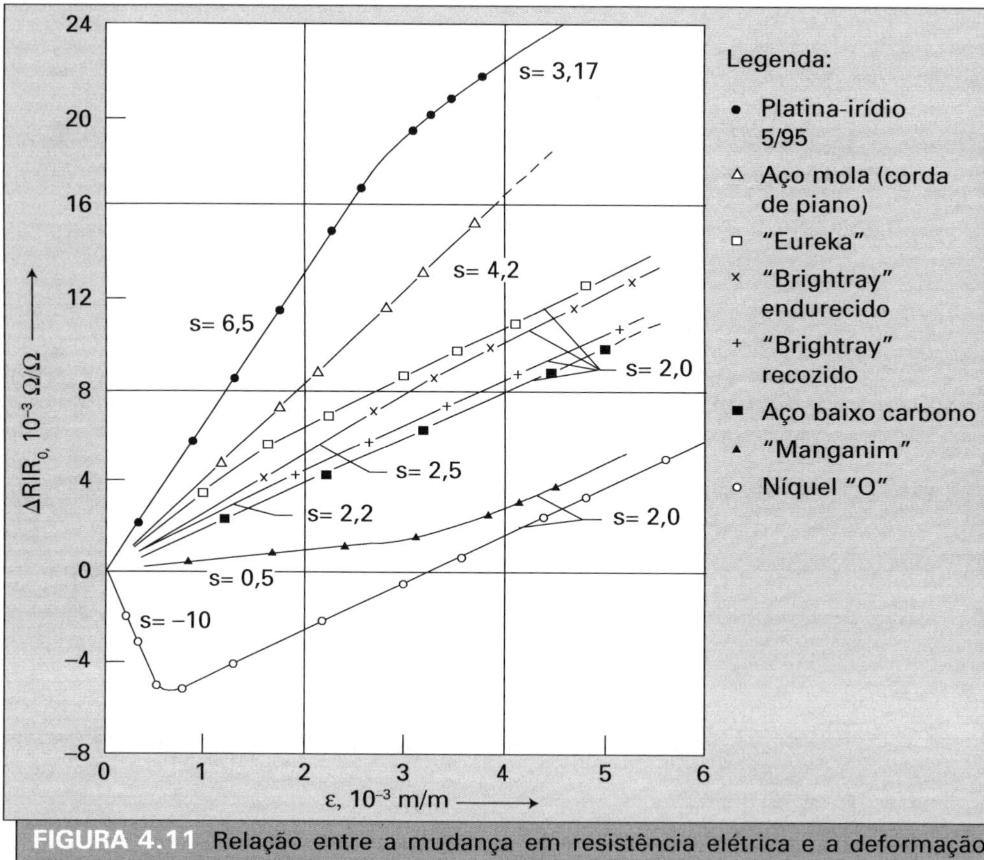

FIGURA 4.11 Relação entre a mudança em resistência elétrica e a deformação para vários materiais (HOFFMAN, 1989).

Pode-se observar que há diferenças significativas na relação S_R entre os materiais: entre 6,5 para a liga platina-irídio e 5,95 até –10 para o níquel. Há também significativas modificações nessa relação se a deformação passar do regime elástico para o plástico, por conta da microestrutura. Se o volume for mantido, pode-se demonstrar que o coeficiente de Poisson é igual a 0,5, e sendo as mudanças microestruturais no regime elástico desprezíveis para certos materiais, tem-se que:

$$\frac{\Delta R}{R} = \varepsilon(1 + 2 \cdot 0{,}5) = 2\varepsilon \tag{4.44}$$

Portanto, os materiais que mais se aproximam dessas características são os preferidos para a fabricação de extensômetros comerciais.

Além dos metais, semicondutores podem ser empregados como extensômetros, baseados no princípio da piezoresistividade, descoberto por C. S. Smith em 1954. Segundo esse princípio, cristais puros, como o germânio, e mais tarde o silício, aumentados pelo princípio de Czochralsky, mudam sua resistência elétrica em decorrência de deformações. As características desse efeito também são muito sensíveis à orientação cristalográfica e à resistência elétrica. Uma das principais características desse tipo de extensômetro é o seu ganho, em geral, cerca de 50 vezes o equivalente em liga metálica. A Figura 4.12 mostra uma curva típica da relação entre S_R e a resistência elétrica para várias orientações cristalográficas.

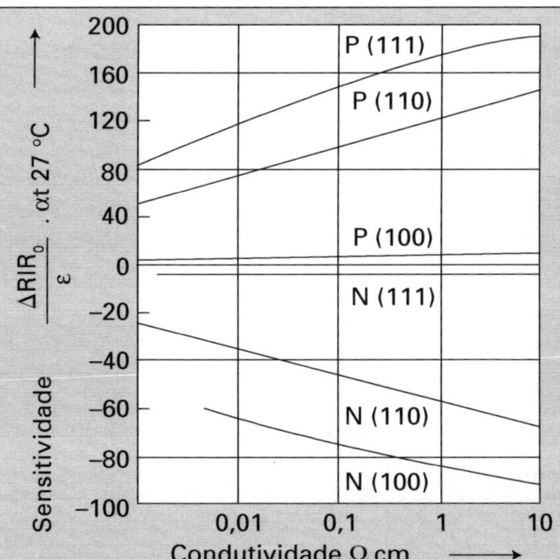

FIGURA 4.12 Relação S_R em função da resistência elétrica para diferentes orientações cristalográficas para monocristais dos tipos *p* e *n* (HOFFMAN, 1989).

Para extensômetros em semicondutores, vale a seguinte relação entre variação em resistência elétrica e deformação:

$$\frac{\Delta R}{R} = k \cdot \varepsilon \cdot \frac{T_o}{T} + C\varepsilon^2 \left(\frac{T_o}{T}\right)^2 \qquad (4.45)$$

Onde k, ε, T e C são constantes características de cada material.

Os extensômetros são utilizados para medição de deformações muito pequenas, da ordem de 10^{-6} m/m. Portanto as mudanças em resistência elétrica também são muito pequenas e, raramente, podem ser medidas por ohmímetros. Dessa forma, a medição da variação de resistência só pode ser medida usando-se um circuito elétrico montado na forma de uma ponte de Wheatstone, como mostrado na Figura 4.13.

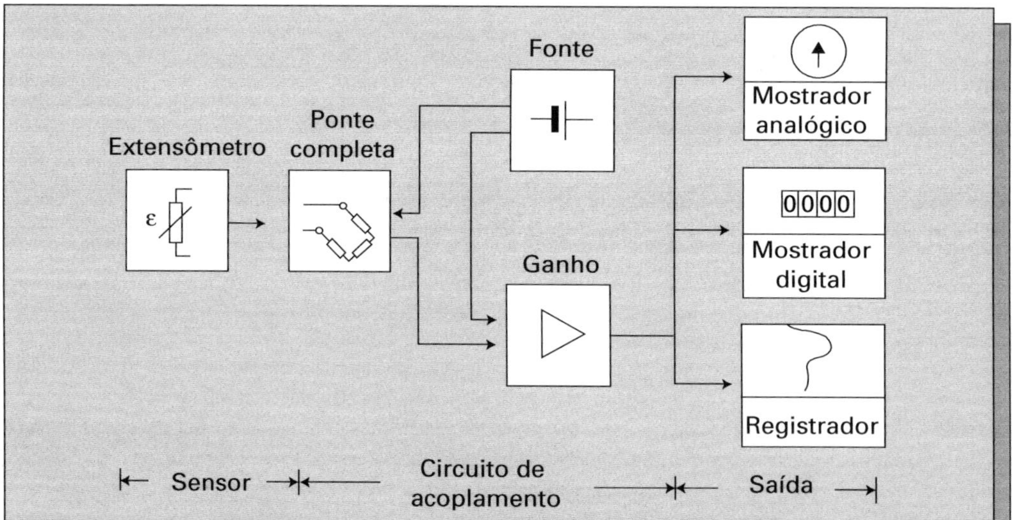

FIGURA 4.13 Diagrama de medição de deformação usando extensômetro.

Usando o próprio extensômetro como uma das resistências da ponte, qualquer variação de resistência elétrica desequilibrará a ponte, fornecendo uma variação de tensão proporcional à usada para alimentá-la. Um circuito de amplificação também é adicionado, uma vez que as tensões aplicadas nas pontes montadas com extensômetros não podem ser altas, pois estes são de tamanho bastante reduzido na maioria das aplicações.

Os extensômetros são comercializados em diversas formas e tamanhos, variando desde menores que um até centenas de milímetros. Normalmente, os menores são de mais alto custo, da mesma forma que os fabricados com semicondutores. Os extensômetros são montados em uma lâmina que deve ser aderida à superfície a ser deformada. A Figura 4.14 mostra exemplos de extensômetros típicos.

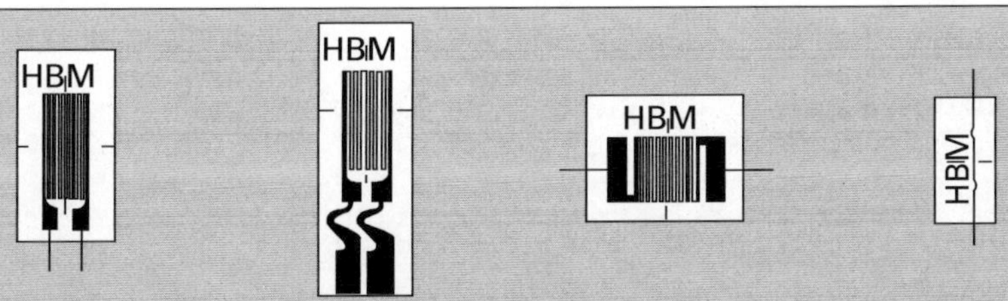

FIGURA 4.14 Exemplos de extensômetros típicos para medição linear (HOFFMANN, 1989).

Os exemplos mencionados anteriormente são utilizados para a medição de deformações em uma direção apenas. Embora possam ser combinados para medição em diferentes direções, há outros já preparados para esse fim, como mostrado na Figura 4.15.

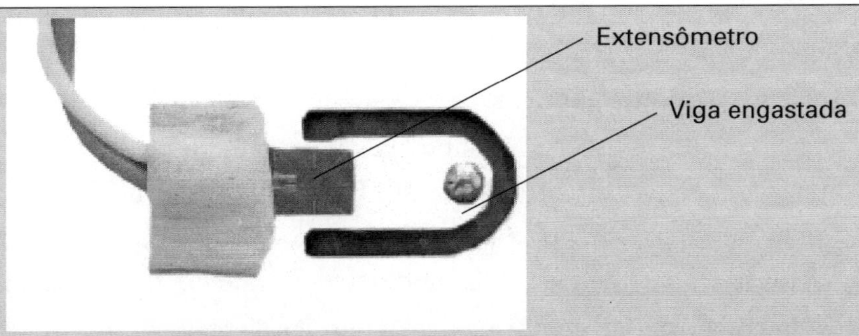

FIGURA 4.15 Exemplos de extensômetros especiais para a medição de deformação em diversas direções e configurações. Sensor de força baseado em uma viga engastada (vista de cima).

A medição de deformações por meio de extensômetros está sujeita à interferência da temperatura, parâmetro que deve ser compensado por meio de arranjos entre os extensômetros, usando-se um extensômetro sem deformação como padrão, mas que esteja sujeito à variação de temperatura.

A medição de deformações usando extensômetros é uma técnica bastante utilizada, já que pela Lei de Hooke (Robert Hooke, 1635-1703) pode-se calcular as tensões e, consequentemente, os componentes da força de usinagem. Normalmente, os extensômetros são aderidos a partes do dinamômetro que sofrem deformações elásticas quando sujeitos a forças de usinagem. O projeto, portanto, do dinamômetro deve ser idealizado de tal forma que facilite a relação entre a força exercida e a deformação sentida pelo extensômetro.

4.5.2 Princípio de medição por cristais piezoelétricos

Denomina-se piezoeletricidade a propriedade que alguns cristais possuem de se polarizar eletricamente quando submetidos a deformações elásticas. Há também o efeito inverso: se submetidos a uma polarização elétrica, exibem deformações. Esse efeito foi demonstrado pela primeira vez em 1880, pelos irmãos Pierre e Jacques Curie. A primeira aplicação prática de que se tem registro foi o desenvolvimento de um sonar, em 1917, por Paul Langevin, na França, durante a Primeira Guerra Mundial. Esse sonar consistia em um transdutor feito de finas camadas de cristais aderidos entre duas chapas de aço e um fone para detectar o sinal de eco. Muitos materiais naturais e artificiais possuem esse efeito, como quartzo, turmalina, açúcar de cana, sal de Rochele, tartarato de potássio e titanato de bário.

Para a medição de componentes da força de usinagem, cristais piezoelétricos são introduzidos entre partes metálicas de dinamômetros a fim de medir a tensão elétrica gerada durante o esforço. Geralmente, um invólucro com os cristais e os polos é montado no caminho do esforço, de modo a sofrer a carga. A Figura 4.16 mostra um exemplo de dinamômetro usando cristais piezoelétricos.

Os dinamômetros piezoelétricos são, em geral, mais compactos que os fabricados com extensômetros, além de serem mais rígidos mecanicamente. Em consequência disso, a medição de força se torna menos intrusiva e permite medições de fenômenos com frequências mais altas. Dinamômetros mais compactos, isto é, com menor massa, e com maior rigidez, possuem frequência natural mais alta, o que permite sua utilização em medições nas quais há componentes dinâmicos de força com altas frequências, por exemplo, até 200 kHz.

A medição de força de usinagem por meio de dinamômetros piezoelétricos necessita também do uso de amplificadores de carga, uma vez que essas cargas e, consequentemente, as tensões elétricas geradas pelos esforços nos cristais, são muito baixas. Normalmente, usam-se amplificadores e cabos fornecidos pelos próprios fabricantes, pois esses equipamentos são muito sensíveis à umidade e às variações de temperatura.

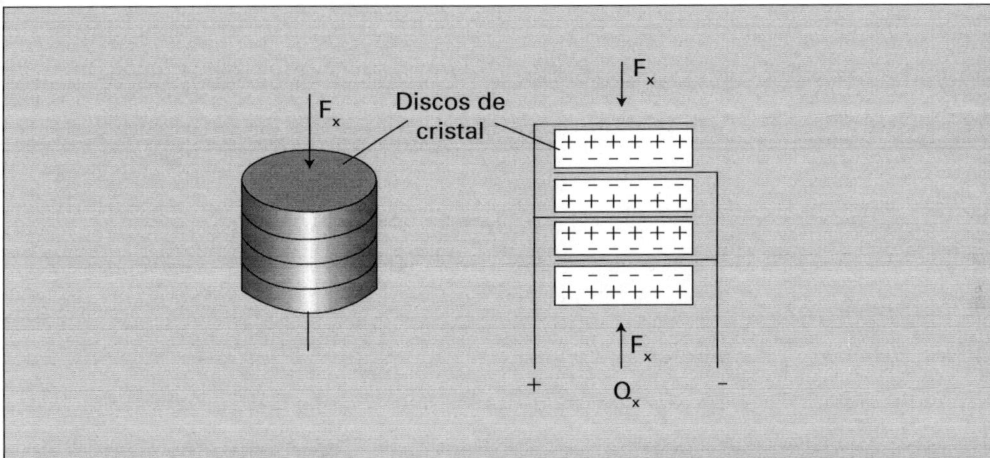

FIGURA 4.16 Esquema de construção de um dinamômetro piezoelétrico (KISTLER, 2000).

4.6 POTÊNCIA DE USINAGEM

A potência de usinagem resulta da soma das potências necessárias para cada componente da força de usinagem, bem como do produto da velocidade pela força e pelo cosseno do ângulo entre ambas. Assim, somente os componentes de corte e avanço contribuem para a potência de usinagem. A potência de corte é dada por:

$$P_C = \frac{F_C \cdot v_c}{6{,}0 \times 10^4} \quad \text{[kW]} \tag{4.46}$$

As unidades da Equação 4.46 são as que normalmente se empregam em usinagem, ou seja, força de corte em [N] e velocidade de corte em [m/min]. Igualmente, a potência de avanço é dada por:

$$P_f = \frac{F_f \cdot v_f}{6{,}0 \times 10^7} \quad \text{[kW]} \tag{4.47}$$

E a unidade usual em usinagem para a velocidade de avanço é em [mm/min]. Se a potência deve ser expressa em [CV], dividem-se os valores obtidos acima por 0,735.

A potência do motor de acionamento é dada, em cada caso, pela potência resultante das Equações 4.46 e 4.47, dividida pela eficiência dos sistemas de transmissão entre os eixos dos motores e dos sistemas finais de entrega de potência na ferramenta ou no carro de avanço da máquina-ferramenta. Assim, têm-se:

$$P_{mc} = \frac{P_C}{\eta_C} \quad [\text{kW}] \qquad (4.48)$$

$$P_{mf} = \frac{P_f}{\eta_f} \quad [\text{kW}] \qquad (4.49)$$

Onde P_{mc} e P_{mf} são as potências dos motores de acionamento do eixo-árvore e do sistema de avanço, respectivamente. Da mesma forma que η_c e η_f são os valores das eficiências dos sistemas de transmissão do eixo-árvore e do sistema de avanço, respectivamente. Para sistemas de transmissão com engrenagens ou correias, pode-se adotar η = 0,65 a 0,85; e para sistemas com motor acoplado, η = 0,80 a 0,85. Em máquinas-ferramentas nas quais um único motor é utilizado, somam-se as potências obtidas para o dimensionamento ou seleção da máquina adequada. Há que se levar em consideração que os valores de potência obtidos para os motores de acionamento na direção do avanço são, geralmente, bem menores que os da direção de corte, ou seja, no eixo-árvore das máquinas. Isso se deve ao fato de as forças de avanço serem, na maioria das vezes, muito menores que as de corte e, para condições de corte usuais, as velocidades de avanço são cerca de mil vezes menores que as de corte. Na multiplicação de força por velocidade, os valores para a potência de avanço resultam muito menores que os valores para a potência de corte e, na maioria dos casos de seleção de máquina, são desprezados.

Para exemplificar as proporções entre os componentes da força de usinagem, a Figura 4.17 mostra um gráfico com medição dos três componentes.

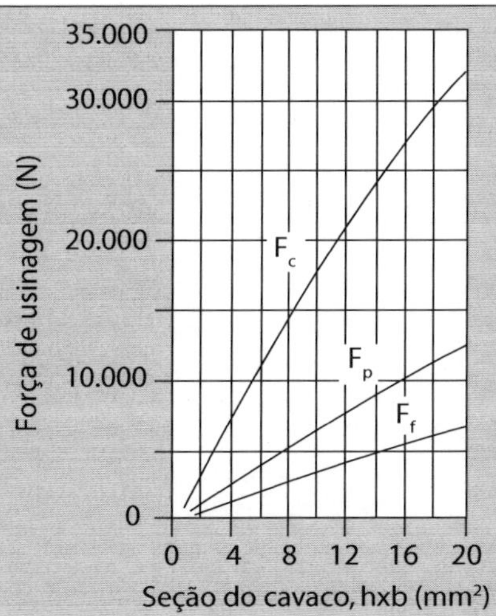

FIGURA 4.17 Proporção entre os componentes da força de usinagem para torneamento de aço para o caso Aço S_t42.11 σ_R = 450 N/mm² (FERRARESI, 1977).

Para a usinagem de aços comuns com ferramenta de metal duro, tem-se a seguinte proporção média:

$$F_c : F_p : F_f = 4{,}5 : 2{,}5 : 1 \quad (4.50)$$

Com essas proporções em mente, em geral, somente o cálculo da força de corte é suficiente para que se proceda à seleção de uma máquina-ferramenta, com base na potência requerida para uma operação de usinagem.

4.7 MEDIÇÃO DE POTÊNCIA EM USINAGEM

A potência em usinagem pode ser medida, experimentalmente, por meio da tensão e da corrente elétrica consumida. Em virtude da natureza nem sempre linear dessas grandezas e da defasagem entre elas no tempo, a obtenção da potência por esse método não é uma operação tão simples. A potência instantânea pode ser dada por:

$$P_i = V(t) \cdot I(t) \quad [\text{W}] \quad (4.51)$$

Onde:

P_i = potência instantânea

$V(t)$ = tensão medida no tempo

$I(t)$ = corrente elétrica medida no tempo

Para circuitos de corrente alternada, o cálculo da potência segue essa mesma multiplicação, porém os valores de tensão e de corrente são chamados "valores eficazes", ou seja, valores que produzem os mesmos efeitos térmicos que os equivalentes contínuos (NISHIER; MACINTYRE, 1996). Por exemplo, a tensão e a corrente eficazes em um circuito alternado são dadas pelas relações:

$$I_{ef} = \frac{I_{\text{máx}}}{\sqrt{2}} \quad [A] \qquad V_{ef} = \frac{V_{\text{máx}}}{\sqrt{2}} \quad [V] \tag{4.52}$$

Onde os subíndices "máx" indicam os valores máximos das grandezas na forma de ondas senoidais. Quando, no entanto, ligam-se motores elétricos ou bobinas, estes caracterizam reatâncias indutivas, ou cargas indutivas. Nesses casos, a tensão e a corrente ficam defasadas no tempo, efeito causado pela capacidade que os enrolamentos têm de autoindução, ou seja, a bobina induz tensão em si mesma quando a corrente varia no tempo. O ângulo de defasagem entre tensão e corrente é representado por φ. Por conta dessa defasagem, surgem os conceitos de potência aparente (potência total), medida em Volt-Ampère [V.A.], potência ativa, medida em Watts [W], e potência reativa, medida também em Volt-Ampère. Para cada uma delas, há uma forma de cálculo:

$$P_{ap} = V \cdot I \qquad [VA] \tag{4.53}$$

$$P_{at} = V \cdot I \cdot cos\varphi \qquad [W] \tag{4.54}$$

$$P_{rt} = V \cdot I \cdot sen\varphi \qquad [VAr] \tag{4.55}$$

Onde:

P_{ap} = potência aparente

P_{at} = potência ativa

P_{rt} = potência reativa

Dessa forma, quando se lê a potência consumida usando-se o wattímetro, obtém-se a potência ativa apenas e quando se medem a corrente e a voltagem simultaneamente, conseguindo-se, assim, a potência aparente pelo produto de ambas. O quociente entre as potências ativa e aparente fornece o cosseno de φ, com o qual é possível obter a potência reativa:

$$cos\varphi = \frac{P_{at}}{P_{ap}} \tag{4.56}$$

Como o cosseno é sempre menor que 1, conclui-se que a potência ativa é sempre menor que a aparente. Para o caso de motores trifásicos, os componentes de potência devem ser multiplicados por $\sqrt{3}$, pois a corrente, no caso de ligação em triângulo [Δ (delta)] das bobinas, e a tensão, no caso de ligação em estrela [Y (ipsílon)], são multiplicadas por esse valor. Assim, têm-se:

$$P_{ap3F} = V \cdot I \cdot \sqrt{3} \qquad \text{[VA]} \tag{4.57}$$

$$P_{ap3F} = V \cdot I \cdot \sqrt{3} \cdot cos\varphi \qquad \text{[W]} \tag{4.58}$$

$$P_{ap3F} = V \cdot I \cdot \sqrt{3} \cdot sen\varphi \qquad \text{[VAr]} \tag{4.59}$$

Onde as tensões e a corrente são medidas em cada uma das linhas do circuito trifásico.

A diferença de potencial pode ser medida por voltímetros, atualmente de operação bastante simples e com saída de dados diretamente para computadores, a fim de obter-se a medição contínua e em processo, se necessário. Para a medição de corrente, pode-se usar amperímetros ligados em série dentro do circuito, o que talvez cause um problema de intrusão em máquinas-ferramentas. Para evitar essa intrusão, usam-se dispositivos de Efeito Hall.

O Efeito Hall foi descoberto em 1879, por Edwin Hall, enquanto trabalhava em sua tese de doutorado em física. Ele descobriu um fenômeno inesperado em uma placa fina de ouro (Elemento de Hall) colocada em um campo magnético perpendicular à sua superfície. Uma corrente elétrica fluindo ao longo da placa pode causar diferença de potencial em uma direção perpendicular tanto ao campo magnético quanto à corrente. A Figura 4.18 ilustra esse efeito.

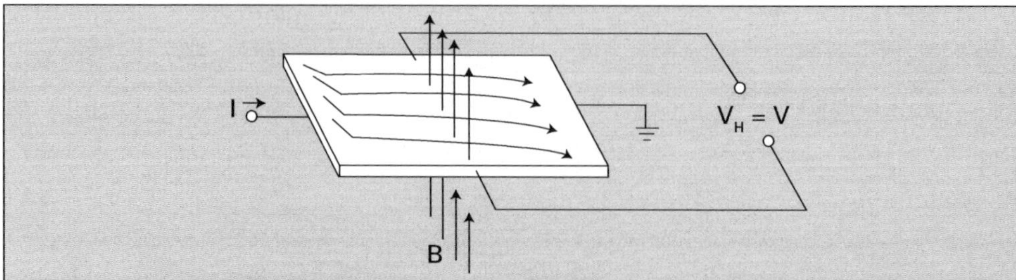

FIGURA 4.18 Ilustração do Efeito Hall (www.honeywell.com/sensing).

A diferença de potencial gerada é proporcional à corrente que o gerou, e a razão entre ambas é chamada Resistência de Hall, sendo essa uma característica do material utilizado no Elemento de Hall. Os sensores de Efeito Hall são colocados externamente aos cabos elétricos, sem que precisem ser interrompidos. A Figura 4.19 mostra exemplos de sensores de Efeito Hall.

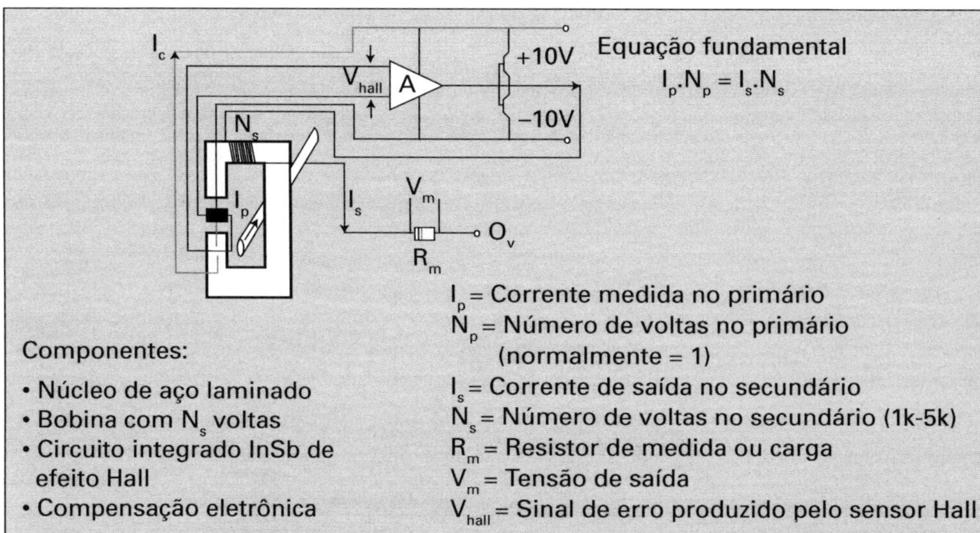

FIGURA 4.19 Exemplo de sensores de Efeito Hall usados para medir corrente elétrica (www.bbautomacao.com; www.honeywell.com/sensing).

Com a medição simultânea da corrente e da tensão, pode-se calcular a potência aparente, e usando-se um wattímetro, é possível medir a potência ativa. A estimativa da potência de usinagem por meio da potência elétrica pode ser realizada desde que se tenha um bom entendimento da teoria da eletricidade.

Deve-se ter em mente que apenas a potência ativa, ou efetiva, é usada pela máquina-ferramenta e, mesmo assim, se medida na entrada do motor, sofrerá um decréscimo devido ao rendimento mecânico desse motor. Adicionalmente, como foi mencionado, há o rendimento do sistema de transmissão dessa potência até o eixo-árvore e, consequentemente, até a ferramenta ou peça. Vale lembrar, ainda, que o valor de $cos\varphi$ varia muito ao longo da operação de um motor de indução. Por exemplo: para operação a plena carga ($cos\varphi \cong 0{,}90$), a cerca de metade da carga ($cos\varphi \cong 0{,}80$), e se estiver sem carga ($cos\varphi \cong 0{,}20$).

REFERÊNCIAS BIBLIOGRÁFICAS

BARROW, G. et al. Determination of rake face stress distribution in orthogonal machining. *Int. J. Mach. Tool Des. Res.*, v. 22, n. 1, p. 75-85, 1982.

CHILDS, T. H. C.; MAHADI, M. I. On the stress distribution between the chip and tool during metal cutting. *Annals of CIRP*, v. 38, n. 1, p. 55-58, 1989.

FERRARESI, D. *Fundamentos da usinagem dos metais.* São Paulo: Blucher, 1977.

HOFFMANN, K. An introduction to measurements using strain gauges. *Publ. Hottinger Baldwin Messtechnik GmbH*, 1989.

KALPAKJIAN, S. *Manufacturing engineering and technology*. 3. ed. New York: Addison-Wesley, 1995.

KATO, S. et al. Stress distribution at the interface between tool and chip in machining. *Trans. of ASME. J. Eng. Industry*, v. 94, p. 683-689, May 1972.

KISTLER. *Manual de operações do dinamômetro modelo 9272*, 2000.

LEE, E. H.; SHAFFER, B. W. The theory of plasticity applied to a problem of machining. *Journal of Applied Mechanics*, v. 18, n. 4, p. 405-413, 1943.

LIRANI, J. *Uma contribuição para novas formulações das forças de corte no torneamento.* Tese (Mestrado) – Escola de Engenharia de São Carlos (USP), São Carlos, 1975.

MERCHANT, M. E. Mechanics of the metal cutting process. I Othogonal cutting and type 2 chip. *J. Applied Physics*, v. 16, n. 5, p. 267-275, May 1954.

NISHIER, J.; MACINTYRE, A. J. *Instalações elétricas.* 3. ed. Rio e Janeiro: LTC – Livros Técnicos e Científicos Editora, 1996.

RUFFINO, R. T. *Algumas considerações sobre as forças de usinagem no torneamento de aço-carbono.* Tese (Doutorado) – Escola de Engenharia de São Carlos (USP), São Carlos, 1971.

SANDVIK, C. *Modern metal cutting*: a practical handbook. Suécia: Sandvik Coromant, Technical Editorial Dept., 1994.

SHAW, M. et al. The shear relationship in metal cutting. *Trans. of ASME*, n. 75, p. 273, 1953.

TOROPOV, A.; KO, S-L. Prediction of shear angle for continuous orthogonal cutting using thermo-mechanical constants of work material and cutting conditions. *Journal of Materials Processing Technology*, v. 182, p. 167-173, 2007.

ZOREV, N. M. Interrelantionship between shear processes occuring along tool face and on shear plane in metal cutting. *Proc. Int. Eng. Res. Conf.*, p. 42-49, set. 1963.

Sites

www.bbautomacao.com

www.honeywell.com/sensing

http://msl.mcmaster.ca/

5

A maior parte da potência consumida na usinagem dos metais é convertida em calor próximo à aresta cortante da ferramenta e muitos problemas técnicos e econômicos são causados direta ou indiretamente por conta desse aquecimento (TRENT, 1988a). O custo da usinagem depende da quantidade de remoção de metal e pode ser reduzido aumentando-se a velocidade de corte e/ou a velocidade de avanço, porém há limites para essas velocidades, acima dos quais a vida da ferramenta é drasticamente diminuída (e o custo, elevado). A maior parte da usinagem ocorre com aços e ferros fundidos, e, no corte destes e das ligas à base de níquel, surgem problemas técnicos e econômicos mais sérios. O corte desses metais gera um maior aquecimento da ferramenta, provocando seu colapso em curto tempo de usinagem.

Por esses motivos, é importante compreender quais fatores influenciam a geração de calor, bem como de que maneira os fluxos de calor e as temperaturas são distribuídos na ferramenta e na peça, próximo à aresta cortante. Nos últimos 80 anos, o progresso tem sido muito lento para identificar com precisão a distribuição das temperaturas na aresta cortante. Assim, hoje, são conhecidos os princípios gerais dos fenômenos térmicos que ocorrem nessa região e alguns casos particulares foram pesquisados.

Em 1798, foi apresentado pela primeira vez na Academia Real de Londres, pelo conde Rumford (Benjamim Thomson), o registro de experiências em usinagem, realçando o seu aspecto térmico (FERRARESI, 1977). Tais experiências foram feitas utilizando-se o método do calorímetro, no qual se mede a temperatura da água que envolve a peça em usinagem, bem como a ferramenta e o cavaco. Os resultados mostraram que, praticamente, toda a energia mecânica envolvida na usinagem se transforma em energia térmica. Do ponto de vista econômico, a vida de uma ferramenta é um item de grande importância, pois depende mais da temperatura atingida na interface ferramenta/cavaco que da quantidade total de calor liberada durante a operação. O calor liberado na interface ferramenta/cavaco que vai para a ferramenta provoca um aumento da temperatura nas vizinhanças da ponta. Com esse aumento, a dureza, ou resistência ao cisalhamento do material da ferramenta, decresce. Em casos extremos, a aresta cortante chega a fundir-se.

Em 1907, F. W. Taylor publicou um extenso trabalho sobre usinagem dos metais, no qual observou e mediu o efeito da temperatura de corte sobre o desgaste da ferramenta. Resulta desse fato o desenvolvimento dos novos aços rápidos (MICHELETTI, 1977).

Até 1925, pouco desenvolvimento ocorreu no sentido de fazer uma análise teórica do processo de usinagem dos metais. Nesse mesmo ano, H. Shore nos Estados Unidos, estudou problemas térmicos na usinagem dos metais e apresentou um método para medir temperaturas de corte por meio do par termoelétrico ferramenta/peça (MICHELETTI, 1977). Ainda em 1925, K. Gottwein, na Alemanha, analisou o problema da medição das temperaturas de corte também pelo par termoelétrico ferramenta/peça, tirando conclusões muito interessantes para a usinagem dos metais: por exemplo, a seguinte equação relacionando a temperatura à velocidade de corte (WEIL, 1971).

$$\theta = C \cdot v_c^n \qquad [K] \qquad (5.1)$$

Onde:

θ = temperatura de corte

v_c = velocidade de corte

C e n são valores característicos do par ferramenta/peça e das condições operacionais.

Em 1926, E. G. Herbert, na Inglaterra (ISNARD, 1955), também mediu as temperaturas de corte por meio do par termoelétrico ferramenta/peça e, a partir de seus experimentos, enunciou a primeira Lei do Desgaste da Ferramenta, lei que leva seu nome: “o desgaste da ferramenta é função da temperatura de corte”.

No início da década de 1930, F. Schwerd, na Alemanha, estudou a variação da temperatura no cavaco e na peça durante a usinagem de aço-carbono. A instrumentação usada consistia em dispor duas lentes convergentes de cloreto de sódio que, recebendo os raios térmicos provenientes do ponto cuja temperatura se desejava medir, concentravam tais raios sobre um par termoelétrico convenientemente instalado. Esse par termoelétrico transmitia o sinal para um oscilógrafo a raios catódicos no qual se fazia a leitura desejada, baseada em aferição previamente feita do sistema de medida. Esse sistema permitia a medição da temperatura em regiões minúsculas: de 0,1 mm a 0,25 mm de raio. Com esse sistema, foi possível detectar a variação de temperaturas superficiais de várias centenas de graus Celsius em uma faixa cuja largura era de apenas 1 mm do cavaco ou da peça.

Em 1936, W. Reichel também estudou a variação das temperaturas de usinagem, empregando instrumental diferente do proposto por Schwerd. A partir do princípio do par termoelétrico, constituído por um estilete metálico que entra em contato com o ponto onde se deseja medir a temperatura, Reichel mediu e analisou as temperaturas nas superfícies da peça e da ferramenta, bem como as temperaturas em camadas subjacentes das superfícies, até a profundidade aproximada de 1 mm. O inconveniente desse instrumental é a rápida oxidação no ponto de contato do estilete com a superfície em análise. Tal inconveniente foi minorado com um revestimento de prata nas superfícies em análise. Todavia, não foi possível fazer medições em pontos próximos da aresta cortante nem em altas velocidades de corte. De qualquer forma, algumas conclusões puderam ser tiradas desses experimentos:

- A máxima temperatura atingida na superfície da peça no instante da usinagem cai imediatamente após alguns centésimos de segundo da passagem da ferramenta de corte.
- Em profundidades de 0,24 mm a 0,96 mm, o fenômeno de queda da temperatura também ocorre, porém, partindo-se de temperaturas menores – quanto mais afastado da superfície, menor a temperatura.

Para medir a temperatura na aresta de corte, pode-se empregar o mesmo princípio do par termoelétrico utilizado por Shore, Gottwein e Herbert, isto é, a ferramenta de corte e a peça constituem o termopar. Nesse caso, é preciso aferir o sistema de medição toda vez que se muda o material da peça. No entanto, para evitar nova aferição a cada novo material, Gottwein e Reichel patentearam um novo sistema de medição, empregando ainda o par termoelétrico, mas também duas ferramentas de corte de mesma geometria e de materiais diferentes. O par, nesse caso, é constituído por essas duas ferramentas, que operarão simultaneamente no mesmo carro porta-ferramenta. A hipótese desses autores é de que os coeficientes de atrito do material da peça com as duas ferramentas sejam iguais. Assim, usinando-se nas mesmas condições e com as mesmas características de velocidade, avanço e profundidade de corte, ambas ferramentas terão a mesma temperatura – correspondente à leitura no microvoltímetro do par ferramenta I e ferramenta II. Dessa forma, é suficiente construir uma só curva de aferição, que valerá para qualquer material a ser usinado.

Em 1937, H. Schallbroch e H. Schaumann propuseram uma expressão matemática correlacionando temperatura e vida da ferramenta de aço rápido. Para tanto, empregaram o método do termopar ferramenta/peça em seus experimentos. Posteriormente, outros pesquisadores provaram que tal expressão também é válida para a ferramenta de metal duro.

$$T \cdot \theta^n = K \tag{5.2}$$

Onde:

T = vida da ferramenta (min)

θ = temperatura da ferramenta (°C)

n, K são constantes que dependem do material e das condições de corte.

Em 1943, H. Schallbroch e M. Lang publicaram seus estudos sobre a distribuição das temperaturas nas faces da ferramenta por meio do método dos vernizes térmicos, que mudam de cor conforme a temperatura atingida – com isso, é fácil observar as regiões que possuem temperaturas iguais. A camada de verniz aplicada tem espessura de alguns centésimos de milímetros e permite identificar variações de temperatura com aproximação de + ou –1%, em uma faixa de 40 °C a 650 °C. Além disso, o verniz térmico, por ser de fácil aplicação, permite efetuar medições na usinagem de materiais não metálicos. Naturalmente, não é possível utilizar esse recurso em regiões onde há atrito, como na superfície de saída onde o cavaco desliza e na parte da superfície de folga em que ocorre o contato com a peça.

A força de usinagem provoca diversas deformações no cavaco, na peça, na ferramenta de corte e na própria máquina. Igualmente, quando o cavaco se desloca na superfície de saída da ferramenta, ocorre atrito. O trabalho de todas essas forças (de deformação e de atrito) se converte em calor e, a partir desse calor e das massas, bem como da geometria e das propriedades térmicas dos materiais em jogo, criam-se diversos campos de temperatura com distribuições próprias.

Os fenômenos de geração e de dissipação de calor na operação de usinagem são complexos. As temperaturas atingidas provocam alterações nas propriedades físicas e mecânicas, as quais aceleram os desgastes. Estes, por sua vez, provocam mais atrito, o que gera mais calor, elevando, mais uma vez, a temperatura – e assim se define um círculo vicioso que limita o uso da ferramenta de corte (PANKINE, 1965; FERRARESI, 1977).

Com base no que foi colocado até aqui, é possível identificar as várias parcelas do trabalho total desenvolvido na operação de usinagem:

- O trabalho das forças que produzem deformações elásticas na ferramenta, na peça, no cavaco e na máquina se transforma em vibrações elásticas (que são rapidamente amortecidas e se convertem em calor).
- O trabalho das forças de dispersão responsáveis pela superação das energias superficiais da peça, pelo deslocamento dos grãos cristalinos para o cavaco e pelo esmagamento de alguns grãos, aumentando assim sua área superficial.
- O trabalho das forças para modificar a estrutura cristalina do metal sob pressão e aquecimento.
- O trabalho das forças que produzem as deformações plásticas, constituídas, principalmente, de um esmagamento e de uma tração parcial, acompanhados por um deslizamento cuja tensão atinge e supera o limite de escoamento. Essas deformações consistem em uma alteração da rede cristalina, em um esmagamento dos cristais e em uma modificação na estrutura do material. Essa deformação plástica é um processo dissipativo, no qual a energia mecânica em jogo se transforma em calor (apenas uma mínima parte fica armazenada no material).
- O trabalho das forças que produzem o cisalhamento e os consequentes deslizamentos no cavaco e sobre a superfície usinada (superfície formada pela ação da ferramenta que retira uma camada de material da peça).
- O trabalho das forças de atrito do cavaco com a superfície de saída e da peça com as superfícies de folga (principal e lateral) da ferramenta.

Pode-se, então, escrever que o trabalho total é:

$$W_{corte} = W_{elast.} + W_{dispers.} + W_{estr.} + W_{plast.} + W_{cisalh.} + W_{atrito} \tag{5.3}$$

Essas seis parcelas naturalmente têm valores bem diversos. As três primeiras são muito pequenas em face do total e, em decorrência disso, pode-se escrever para os metais (PANKINE, 1965; FERRARESI, 1977) a seguinte equação:

$$W_{corte} \cong W_{plast.} + W_{cisalh.} + W_{atrito} \tag{5.4}$$

O trabalho das forças que produzem as deformações plásticas de deslizamento é muito importante, no caso da usinagem de aços de baixo carbono, em razão dos valores das deformações. Também ocorre no caso da usinagem de aços de alto carbono, mais duros, por causa dos altos valores das forças de corte. No caso da usinagem de metais frágeis, como ferro fundido cinzento, as deformações plásticas são pequenas. Já no caso de aços com estruturas austeníticas (aços resistentes ao calor), as forças de corte são consideráveis e apresentam altas forças de atrito. Decorre, então, que, na usinagem desses aços, o trabalho das deformações plásticas e de atrito são particularmente grandes.

O trabalho das forças de cisalhamento é relativamente pequeno; no entanto, é muito maior no caso da usinagem de metais de alta dureza e quebradiços – o que não ocorre no caso da usinagem de metais macios.

O trabalho das forças de atrito pode ser considerável, sobretudo no caso da usinagem de aços de baixo carbono e com ferramentas desgastadas. Pode ser considerável ainda no caso em que a temperatura de corte seja alta, aumentando assim o atrito interno nas camadas amolecidas do metal usinado. Alguns resultados experimentais podem ser vistos na Tabela 5.1, na qual aparecem as proporções (em porcentagem) entre esses três trabalhos (PANKINE, 1965):

Tabela 5.1 Proporções de energia na usinagem de aço e de ferro fundido

	Aço (%)	Ferro fundido (%)
Trabalho das deformações plásticas (esmagamento)	60 – 85	40 – 65
Trabalho de cisalhamento (deslizamento)	10 – 25	25 – 45
Trabalho de atrito	10 – 15	10 – 15

Observa-se que o trabalho das deformações plásticas é 1,5 vez maior no caso da usinagem do aço em relação ao ferro fundido; observa-se também que o trabalho de cisalhamento, ao contrário, é quase duas vezes maior no caso da usinagem de ferro fundido em relação ao aço. Assim, de maneira simplificada, pode-se afirmar que o trabalho das deformações plásticas na usinagem de aços corresponde a, aproximadamente, 75% do trabalho total; e na usinagem do ferro fundido, a, aproximadamente, 50%. O trabalho das forças de cisalhamento em grandes seções de corte atinge 50%, no caso do ferro fundido, e 25%, no caso do aço, em relação ao trabalho total. Observa-se, ainda, que o trabalho das forças de atrito mantém as mesmas proporções no caso do aço ou do ferro fundido; todavia, essas proporções podem aumentar quando as velocidades de corte crescem.

Analisando-se, porém, os trabalhos realizados pelos componentes da força de usinagem (segundo a DIN 6584), tem-se a seguinte expressão do trabalho total:

$$W_{total} = W_{princ.} + W_{avanço} + W_{passiva} \tag{5.5}$$

Onde:

$W_{princ.}$ = trabalho realizado pelo componente força principal de corte atuante na direção da velocidade de corte

$W_{avanço}$ = trabalho realizado pelo componente força de avanço atuante na direção da velocidade de avanço

$W_{passiva}$ = trabalho realizado pelo componente força passiva (também conhecida como força de profundidade) atuante na direção perpendicular ao plano de trabalho (passando pelo ponto de referência da ferramenta)

As proporções relativas desses três componentes podem ser estabelecidas facilmente: o componente $W_{passiva}$ é sempre zero, porque a força passiva não realiza trabalho algum, uma vez que não há deslocamento na direção perpendicular ao plano de trabalho durante a operação de corte; o componente $W_{avanço}$ é sempre um valor muito pequeno (1% a 2%) em relação ao $W_{princ.}$, porque a velocidade de avanço é cerca de 200 a mil vezes menor que a velocidade de corte; o componente $W_{princ.}$ corresponde praticamente ao trabalho total desenvolvido na usinagem.

$$W_{total} \cong W_{princ.} \tag{5.6}$$

Pode-se constatar, experimentalmente, que mais de 90% de todo o trabalho mecânico na usinagem se converte em calor (PANKINE, 1965; FERRARESI, 1977). Assim, tem-se:

$$Q = \frac{F_c \cdot v_c}{60} \quad [W] \tag{5.7}$$

Onde:

Q = quantidade de calor gerada [W]

F_c = componente principal da força de corte [N]

v_c = velocidade de corte [m/min]

A quantidade de calor gerada na usinagem aumenta diretamente com a velocidade de corte e com o principal componente da força de corte. Considerando-se o mesmo par ferramenta/peça, a temperatura cresce na mesma proporção. Como a força de corte é proporcional ao avanço e à profundidade de corte, pode-se afirmar que, para uma maior produtividade na operação de usinagem, devem ser aumentados a velocidade, o avanço e a profundidade de corte. Todavia, esse aumento deve ser limitado, porque haverá, ao mesmo tempo, aumento da temperatura, e esta, por sua vez, altera as propriedades mecânicas da ferramenta, que se desgasta rapidamente, o que reduz de maneira drástica a sua produtividade. O usuário deve sempre fazer um estudo criterioso, a fim de realizar uma operação de usinagem economicamente viável.

A energia gasta no processo de formação de cavacos é percebida na forma de calor em três regiões distintas na área de formação de cavacos: na zona do plano de cisalhamento ou zona primária de cisalhamento (região A, na Figura 5.1), na interface entre o cavaco e a superfície de saída da ferramenta ou zona secundária de cisalhamento (regiões B e C, na Figura 5.1) e na interface de contato da peça com a superfície de folga da ferramenta ou zona terciária de cisalhamento (região D, na Figura 5.1). O calor, na zona primária, de cisalhamento provém do trabalho de cisalhamento interno do material, enquanto nas outras duas zonas o calor vem do atrito e do cisalhamento interno provocados pela aderência entre as superfícies. A Figura 5.1 ilustra as três regiões onde o calor é percebido durante a formação de cavacos.

Grande parte desse "calor gerado" é dissipada pelo cavaco, uma pequena porcentagem é dissipada pela peça e uma outra, para o meio ambiente. O restante vai para ferramenta de corte. Apesar de esse restante representar apenas pequenos percentuais (8% a 10%), o aumento da temperatura associado com esse calor é significativo, podendo chegar, em certos casos, a 1.100 °C, o que compromete, fortemente, a resistência da ferramenta.

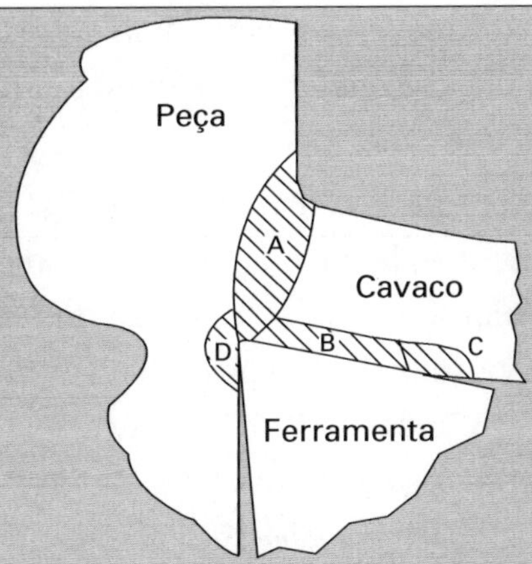

FIGURA 5.1 Regiões onde o calor é percebido durante a formação de cavacos.

A equação de balanço energético fica assim:

$$Qz + Qa_1 + Qa_2 = Qc + Qp + Qma + Qf \quad (5.8)$$

onde,

Qz = calor gerado na zona de cisalhamento primário

Qa_1 = calor gerado na zona de cisalhamento secundário

Qa_2 = calor gerado na zona de interface peça/superfície de folga da ferramenta

Qc = calor dissipado pelo cavaco

Qp = calor dissipado pela peça

Qma = calor dissipado pelo meio ambiente

Qf = calor dissipado pela ferramenta de corte.

O calor no plano de cisalhamento pode até ser benéfico para a usinagem, pois aumenta a temperatura nas zonas primária e secundária e diminui a resistência mecânica do material da peça para dar continuidade à deformação plástica (efeito de amolecimento). O calor gerado na zona secundária de cisalhamento tem maior influência sobre o desempenho da ferramenta e é praticamente fator limitante para a taxa de remoção de material, em especial por meio do aumento da velocidade de corte. O contato entre a superfície de folga da ferramenta e a peça (zona terciária) pode ocorrer, mesmo no caso de ferramentas sem desgaste de flanco, uma vez que é necessária uma deformação mínima para a formação de cavacos – além disso, também pode contribuir para o aumento da temperatura da peça e da ferramenta.

O trabalho realizado e, consequentemente, o calor gerado dependem das propriedades do material da peça e da ferramenta, da geometria da ferramenta e das condições de corte. O calor aumenta com a taxa de remoção de material, seja por meio do aumento da velocidade de corte, da profundidade de corte ou do avanço. Entre esses parâmetros, a velocidade de corte é a mais influente para velocidades moderadas. Há, no entanto, a possibilidade de formar cavacos com tanta rapidez que a transmissão de calor não se dá para a peça ou ferramenta, chegando ao que poderia ser chamado "corte adiabático". Para velocidades de corte baixas e moderadas, é importante entender os fatores que influenciam a geração de calor, seu fluxo e a distribuição de temperatura na ferramenta, no cavaco e na peça próxima à aresta de corte por dois motivos: a temperatura afeta as propriedades mecânicas do material da peça e, por conseguinte, a interação das forças entre ferramenta e peça; a temperatura tem uma considerável influência no desgaste da ferramenta, tanto na superfície de saída quanto na superfície de folga. Em muitos casos, componentes da ferramenta podem difundir-se para dentro do cavaco ou reagir quimicamente com a peça ou fluido de corte, por conta das altas temperaturas. Existem, portanto, limites para a velocidade de corte e para o avanço devido às elevadas temperaturas na ferramenta. O aumento da temperatura na região de corte também causa dilatação térmica na peça, afetando sua dimensão durante a usinagem. Esse fato pode prejudicar a precisão dimensional e, assim, inviabilizar o processo de usinagem – situação particularmente observada em operações de usinagem por abrasão ou quando altas velocidades de corte são usadas em processos de corte contínuo, como o torneamento.

A maior parte do calor gerado na zona primária é dissipada pelo cavaco e o aumento de temperatura neste não é muito influenciado pela velocidade de corte, embora a porção de calor dissipado pela peça diminua com o aumento da velocidade de corte. A temperatura no cavaco pode chegar a 1.000 °C durante a usinagem de aços endurecidos e de algumas ligas de níquel sob certas condições de corte, mas a faixa normal de temperatura do cavaco, quando da usinagem de aços e de outros materiais comuns, é de 500 °C a 650 °C. Um forte indicativo das temperaturas nos cavacos de aços é a sua coloração: normalmente marrom ou azul, provocada, poucos segundos após os cavacos serem produzidos, pela formação de uma fina camada de óxido, que ocorre a temperaturas entre 250 °C e 350 °C.

A temperatura do cavaco, entretanto, terá pouca influência na temperatura da ferramenta, porque o tempo que uma pequena porção do cavaco passa sobre a superfície de saída da ferramenta é muito pequeno (poucos milissegundos) para conduzir calor, a menos que ocorra a zona de fluxo na zona de cisalhamento secundário. Nesse caso, haverá tempo para a condução de calor para a ferramenta – essa é a principal fonte de calor responsável pelo aumento de temperatura na ferramenta de corte.

A temperatura da ferramenta pode não ser considerada o maior problema na usinagem de materiais macios e de baixo ponto de fusão, como o alumínio e o magnésio, mas torna-se fator de controle da taxa de remoção de material na usinagem de materiais duros e de alto ponto de fusão, como ferros fundidos, aços, ligas de níquel e de titânio.

A temperatura na zona terciária, especificamente na interface ferramenta/peça, aumenta com a velocidade de corte. Haverá, portanto, um limite prático na velocidade de corte para cada par ferramenta/peça. As altas temperaturas nas ferramentas de corte não só aceleram os mecanismos de desgaste termicamente ativados, como também reduzem o limite de escoamento do material da ferramenta. Na presença da zona de fluxo, as taxas de deformação são muito altas e complexas, dificultando a estimativa da temperatura com base no atual conhecimento dos fenômenos envolvidos. Altas deformações e altas taxas de deformação, sem encruamento do material na mesma proporção, só podem ocorrer com o amolecimento adiabático causado pelo aumento da temperatura. O processo é idêntico ao da formação de cavaco segmentado. A temperatura na zona de fluxo e, portanto, a temperatura da ferramenta dependem da quantidade de trabalho realizado para cisalhar o material, bem como da quantidade de material que passa pela zona de fluxo, e isso varia com o material da peça. Temperaturas da ordem de 1.100 °C na interface ferramenta/cavaco podem ser encontradas, por isso, as ferramentas de corte têm de estar preparadas para suportar tais condições durante o processo de formação de cavacos.

A Figura 5.2 mostra a temperatura máxima da interface ferramenta/cavaco (e, consequentemente, a temperatura máxima na superfície de saída da ferramenta) na usinagem de vários materiais com ferramentas de aço rápido e em função da velocidade de corte.

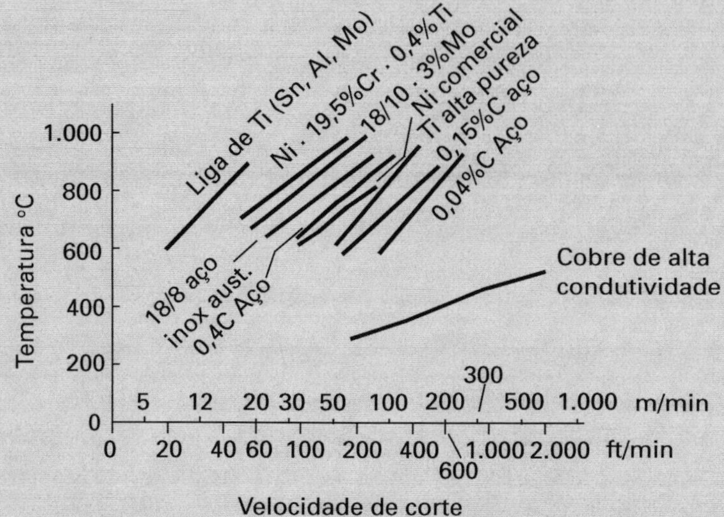

FIGURA 5.2 Temperaturas máximas da interface ferramenta/cavaco em função da velocidade de corte (TRENT, 1984).

Observam-se temperaturas elevadas para certos materiais, mesmo para baixas velocidades de corte. As condições da interface ferramenta/cavaco (aderência, escorregamento ou aresta postiça de corte) devem ser admitidas como os fatores mais importantes a ser considerados em relação à temperatura da aresta de corte. A zona de fluxo, portanto, é uma fonte efetiva de calor, e apesar de se conhecer muito pouco sobre a influência dos elementos de liga e das mudanças microestruturais nas bandas de cisalhamento termoplástico (zona de fluxo), pelo menos três parâmetros metalúrgicos devem influenciar a temperatura da ferramenta (TRENT; WRIGHT, 2000):

- O ponto de fusão do principal elemento químico do material da peça, pois quanto maior o ponto de fusão desse elemento, maior será a temperatura da interface ferramenta/cavaco para qualquer velocidade de corte.
- Elementos de liga que elevam a resistência do material da peça aumentam a temperatura da interface para qualquer taxa de remoção de material.
- A presença de fases de baixa resistência ao cisalhamento na interface (como MnS e grafita) pode reduzir a temperatura.

Se a usinagem ocorrer com ângulos de folga pequenos (<2°), ou se o desgaste de flanco atingir proporções consideráveis, a interface peça/superfície de folga da ferramenta se torna a terceira fonte importante de calor. Nesse caso, a análise é similar à da zona de cisalhamento secundário, com a presença da zona de fluxo, o que provoca altas temperaturas na superfície de folga, levando ao colapso da ferramenta.

5.1 TEMPERATURA NA FORMAÇÃO DE CAVACOS: MODELO DE TRIGGER & CHAO

O princípio da termodinâmica estabelece: "quando trabalho é transformado em calor, a quantidade de trabalho é equivalente ao calor produzido". Na formação de cavacos do tipo contínuo o calor é gerado principalmente no plano de cisalhamento e na interface cavaco/ferramenta na superfície de saída. As perdas de calor por convecção e por radiação são desprezadas por serem insignificantes, perante o total de energia transformada. No entanto, parte do calor gerado no plano de cisalhamento, devido ao trabalho mecânico, permanece no cavaco na forma de calor latente (Trigger; Chao, 1951) sendo essa porcentagem entre 10 e 15%, valores medidos em aços de baixo carbono deformados a frio e ferro puro. Assim, este modelo considera que 12,5% do calor gerado não se manifestam como aumento de temperatura nos corpos envolvidos, ou seja, peça e cavaco. Esse valor parece razoável para materiais com propriedades semelhantes àqueles testados. Assim, os restantes 87,5% (A = 0,875) do calor gerado nessas duas fontes e calor serão distribuídos entre o cavaco, a peça e a ferramenta.

5.1.1 Aumento médio da temperatura na região do plano de cisalhamento

Admitindo as condições acima descritas, pode-se determinar uma expressão para a temperatura média no cavaco devido ao calor na zona do plano de cisalhamento. Esta pode ser determinada pelas relações entre força e velocidade segundo o modelo proposto por Ernest e Merchant, mostrado na Figura 5.3.

O fluxo de calor correspondente ao cisalhamento pode ser calculado com base na conservação da energia sobre o calor que flui para o cavaco:

$$q_c = q_z + q_I \qquad [W] \qquad (5.9)$$

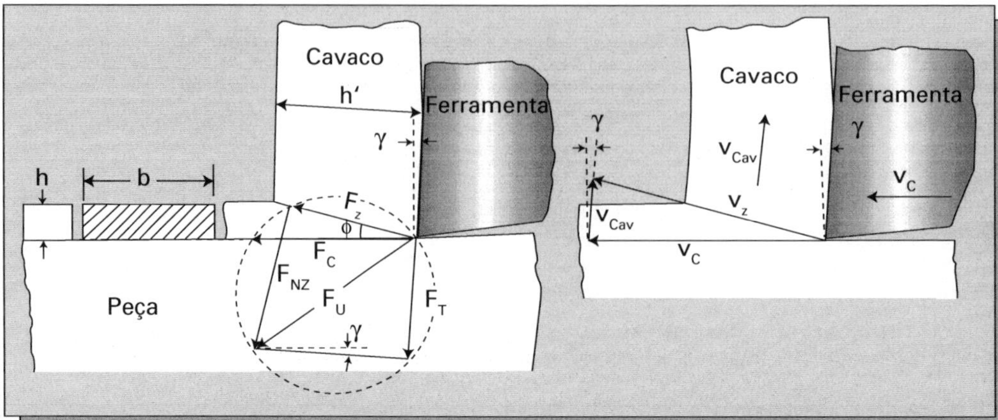

FIGURA 5.3 Modelo de forças proposto por Ernst e Merchant e diagrama de velocidades (TRIGGER; CHAO, 1951).

Sendo

q_c = fluxo de energia total no cavaco

q_Z = fluxo de energia no plano de cisalhamento

q_I = fluxo de energia na interface cavaco/ferramenta

Em termos de trabalho mecânico gerado tem-se:

$$F_c v_c = F_z v_z + F_T v_{cav} \quad \text{ou seja,} \quad F_z v_z = F_c v_c - F_T v_{cav} \tag{5.10}$$

A força tangencial na superfície de saída pode ser calculada pela Equação (4.8) como sendo:

$$F_T = F_c sen(\gamma) + F_f cos(\gamma)$$

A velocidade do cavaco pode ser calculada pela Equação (3.7) como sendo:

$$v_{cav} = \frac{v_c}{R_c}$$

Usando a equação da termodinâmica que expressa a variação da energia interna em um corpo tem-se que o aumento médio da temperatura no cavaco, devido ao cisalhamento ($\Delta\overline{T}_z$), pode ser calculado como:

$$\Delta\overline{T}_{zcav} = T_{zcav} - T_0 = \frac{q_z}{\rho c v_c b h} \tag{5.11}$$

Na qual, T_z é a temperatura média do cavaco nas imediações do plano de cisalhamento, T_o é a temperatura ambiente, ρ é a densidade do material do cavaco e c é a condutividade térmica do material do cavaco, b é a largura de usinagem e h é a espessura de usinagem. O calor gerado pelo cisalhamento será dividido por condução entre o corpo do cavaco e a peça. A proporção para cada um desses corpos dependerá da velocidade de corte, da velocidade de avanço, da proporção de massas entre ambos etc. Quanto mais alta a velocidade de corte e maior a espessura de usinagem, maior será a porcentagem do calor absorvido pelo cavaco. Uma análise detalhada dessa porcentagem é muito complexa e uma boa parte do calor que flui para a peça será removida na volta seguinte da peça em torneamento, por exemplo. Analisando o processo de furação, com base em trabalhos publicados por outros autores, Trigger & Chao assumiram que 10% da energia mecânica despendida em cisalhamento fluem para a peça ($B_1 = 0{,}1$). Substituindo-se a Equação (5.9) em (5.10) tem-se:

$$\Delta \overline{T}_{zcav} = A \frac{F_c \cdot v_c (1 - B_1) - F_T \cdot v_{cav}}{\rho \cdot c \cdot v_c \cdot b \cdot h} \tag{5.12}$$

Onde A é a proporção de energia mecânica que é sentida como aumento de temperatura, (segundo os autores, $A = 0{,}875$). Substituindo-se agora o valor de F_T dado pela Equação (4.8) e assumindo que o ângulo de saída seja muito pequeno, tem-se:

$$\Delta \overline{T}_{zcav} = A \frac{F_c \cdot v_c (1 - B_1) - F_f \cdot v_{cav}}{\rho \cdot c \cdot v_c \cdot b \cdot f} \tag{5.13}$$

Onde f é o avanço, o qual tem o mesmo valor que a espessura de usinagem (h) em operações de corte ortogonal. O aquecimento do cavaco assim que deixa a zona de cisalhamento, como resultado da deformação mecânica, é considerado acontecer em escala atômica e o aumento de temperatura se dá instantaneamente. Como a condutividade térmica varia com a temperatura do material do cavaco, usa-se a Equação (5.13) com um valor inicial de $\boldsymbol{c}$ e, iterativamente, vai-se calculando $\Delta \overline{T}_z$ até que esteja próximo à faixa de temperaturas da condutividade usada.

5.1.2 Aumento médio de temperatura na interface cavaco/ferramenta

O estudo da interação entre o cavaco e a ferramenta na sua superfície de saída é tratado como um problema de uma fonte móvel de calor em um contato deslizante sobre um corpo. O material deixa o plano de cisalhamento já aquecido e desliza pela superfície de saída da ferramenta. Nessas condições de contato muito boas o coeficiente de atrito pode variar entre 0,5 e 1,5, ou mais, dependendo dos materiais em contato e das condições de corte. A quantidade de calor liberado na interface por unidade de tempo, por área, pode ser expressa por $F_T v_{cav}/ml$ segundo a simbologia da Figura 5.3, e será dividida entre o cavaco e a ferramenta. Esse tipo de problema de aquecimento, particularmente envolvendo aquecimento entre superfícies deslizando foi investigada por Blok, Jaeger e outros citados em Trigger e Chao, 1951.

Para simplificação do problema, considera-se um caso onde a aresta de corte da ferramenta tem 90° de ângulo de cunha e com largura muito maior que a do cavaco, sendo as dimensões da área de contato cavaco-ferramenta muito menores do que a área da superfície do corpo. A Figura 5.4 mostra essa situação.

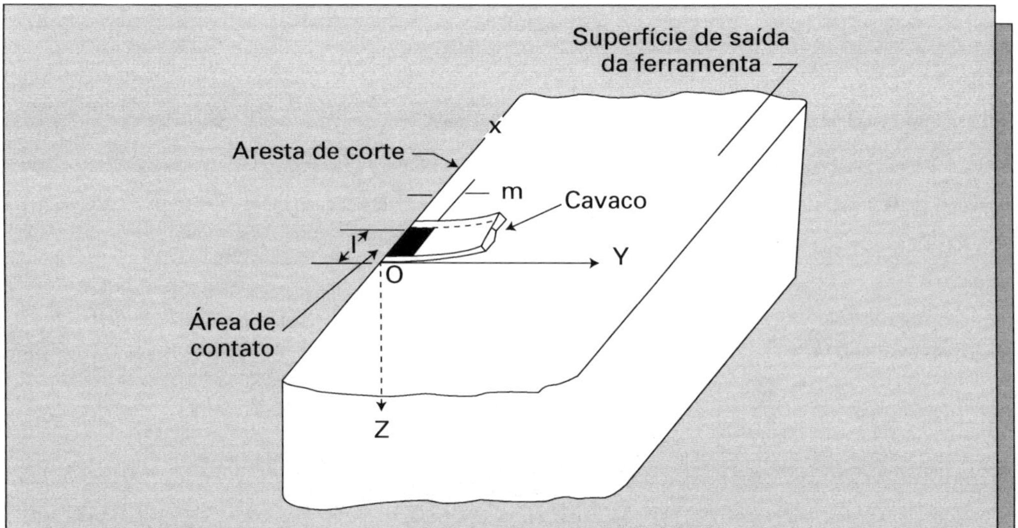

FIGURA 5.4 Diagrama usado para estudar o calor gerado na interface cavaco/ferramenta (TRIGGER; CHAO, 1951).

A área de contato é definida como sendo $l \ x \ m$, sendo l essencialmente igual á largura do cavaco. Em um sólido infinito à temperatura zero (ferramenta), o valor em um ponto (x, y, z) no tempo t devido a uma quantidade de calor Q instantaneamente liberada no ponto (x', y', z') no tempo zero, de acordo com Carslaw & Jaeger, 1957, será:

$$T(x,y,z) = \left[\frac{Qk'}{8K(\pi k't)^{3/2}} \right] e^{-r^2/4k't} \tag{5.14}$$

Sendo k' a difusividade térmica da ferramenta dada por $K_t/\rho c$ de onde K_t é a condutividade térmica da ferramenta, ρ a sua densidade e c o seu calor específico. O valor r é dado por:

$$r = (x - x')^2 + (y - y')^2 + (z - z')^2 \tag{5.15}$$

A aproximação do ângulo de cunha da ferramenta para 90° pode ser considerada boa para análises próximas à fonte de calor e se a temperatura nas faces livres não subir muito acima da ambiente. Para grande parte das condições de usinagem tais condições são razoavelmente verdadeiras e o calor gerado na superfície de folga deve ser desprezível.

Feitas essas considerações, a temperatura acima de zero no tempo t, no ponto (x, y, z) no corpo da ferramenta, devido a uma fonte que fornece calor a uma taxa q_1 por unidade de tempo por área sobre o retângulo de contato $(0 < x' < l, 0 < y' < m, z' = 0)$ se iniciando no tempo zero quando a ferramenta está a zero de temperatura, é:

$$T(x,y,z) = \frac{q_1 k'}{2k_t (\pi k')^{3/2}} \int_0^l dx' \int_0^m dy' \int_0^t \frac{dt'}{(t - t')^{3/2}} e^{-r^2/4k't} \tag{5.16}$$

Para facilitar a solução das integrais os autores propõem a introdução da variável $T^2 = 1/(t - t')$ para encontrar a temperatura em condições permanentes $t \to \infty$ obtendo-se a assim:

$$T(x,y,z) = \frac{q_1}{\pi K_t} \int_0^l dx' \int_0^m \frac{dy'}{\left[(x - x')^2 + (y - y')^2 + z^2 \right]^{1/2}} \tag{5.17}$$

Se inicialmente a ferramenta estiver à temperatura ambiente T_o e desde que a temperatura no plano $z = 0$ seja de interesse, a seguinte expressão para distribuição de temperatura na superfície de saída da ferramenta pode ser obtida por integração da equação anterior:

$$\frac{\pi K_t}{q_1}\left(T_{lfer}-T_0\right)_{x\text{-}y} = (l-x)csch^{-1}\frac{l-x}{m-y} + (m-y)senh^{-1}\frac{l-x}{m-y} - x\,csch^{-1}\frac{x}{m-y}$$
$$+(m-y)senh^{-1}\frac{x}{m-y} + (l-x)csch^{-1}\frac{l-x}{y} + y\,senh^{-1}\frac{l-x}{y} - x\,csch^{-1}\frac{x}{y} +$$
$$y\,senh^{-1}\frac{x}{y} \qquad (5.18)$$

Esta equação calcula o valor da temperatura na superfície de saída da ferramenta, dentro da área $l\ x\ m$ para qualquer ponto (x,y). A temperatura média pode ser calculada por:

$$\Delta\overline{T}_{lfer} = \left(T_{lfer}-T_0\right)_{med} = \frac{4q_1 l}{\pi K_t}\left\{\frac{1}{3}\left(\frac{m}{l}\right)^2 + \frac{1}{6}\frac{\left[(m/l)^2+1\right]^{3/2}}{(m/l)} + \right.$$
$$\left.\frac{1}{2}\left(\frac{m}{l}\right)senh^{-1}\left(\frac{l}{m}\right) - \frac{1}{6}\left(\frac{l}{m}\right) - \frac{1}{2}\left(\frac{m}{l}\right)\left[1+\left(\frac{m}{l}\right)^2\right]^{1/2}\right\} \qquad (5.19)$$

A parte dentro das chaves na Equação (5.19) depende apenas das grandezas l e m, e é chamada “fator de forma” da área de contato. A Figura 5.5 mostra como esse fator varia em função da razão l/m.

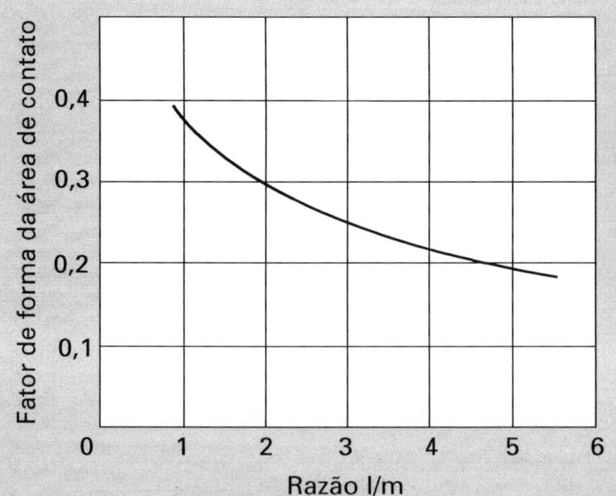

FIGURA 5.5 Variação do fator de forma da área de contato em função da razão *l/m*.

Se o corte for realizado em um canto do corpo semi-infinito da Figura 5.4, analogamente ao uso de uma ferramenta de corte sem raio de ponta, a Equação (5.19) será:

$$\Delta \overline{T}_{Ifer} = \frac{8q_1\, l}{\pi K_t}\{\text{fator de forma}\} \qquad (5.20)$$

Se a taxa de calor liberado na interface for de q unidades por tempo por área sobre a superfície de contato, q_1' na Equação (5.20) pode ser substituído por $(1 - B_2)q$ de forma que B_2 seja a proporção de calor na interface cavaco/ferramenta que flui para o cavaco. B_2 pode ser calculado pela análise do calor que flui para o cavaco.

Para análise do calor que flui para o cavaco considera-se que a fonte de calor se move sobre o corpo do cavaco com a velocidade v_{cav} a distribuição de temperatura no plano da fonte, assim como a penetração perpendicular a esse plano foi extensivamente discutida por Jaeger. Ambas as quantidades dependem do fator unidimensional $v_{cav}m/k$. Com base em velocidades e avanços convencionalmente usados em operações comuns de usinagem, a penetração do calor na interface cavaco/ferramenta no corpo do cavaco é extremamente rasa, segundo Trigger e Chao, 1957. Assim, considerando o caso de uma fonte de calor se movendo sobre o corpo do cavaco, o aumento médio de temperatura sobre uma área de largura b se movendo com velocidade v_{cav} em virtude de uma fonte de intensidade B_2q_{int} por unidade de tempo por área, em regime permanente, será:

$$\Delta \overline{T}_{Icav} = \frac{8}{3(2\pi)^{1/2}} \frac{B_2 q_I}{K}\left[\frac{km}{2v_{cav}}\right]^{1/2} = \frac{4}{3(\pi)^{1/2}} \frac{B_2 q_I}{K}\left[\frac{km}{v_{cav}}\right]^{1/2} \qquad (5.21)$$

Desde que $(v_{cav}m)/(4k) > 5$, o corpo do cavaco, o qual desliza sobre a superfície da ferramenta já foi aquecido pelo calor que flui do plano de cisalhamento, segundo a Equação (5.13). Portanto, próximo à interface, o aumento médio de temperatura no cavaco será a soma das duas parcelas, ou seja:

$$\Delta \overline{T}_{cav} = \Delta \overline{T}_{Zcav} + \frac{4}{3(\pi)^{1/2}} \frac{B_2 q_I}{K}\left[\frac{km}{v_{cav}}\right]^{1/2} \qquad (5.22)$$

De acordo com a interpretação anterior, o aumento médio de temperatura (em regime permanente) sobre a área de contato calculada para uma fonte de calor móvel de intensidade B_2q_{int} na superfície inferior do cavaco é a mesma que aquela calculada para uma fonte estacionária de intensidade $(1 - B_2)q_{int}$ na superfície de saída da ferramenta. Como consequência, a seguinte igualdade pode ser escrita, usando as Equações (5.20) e (5.22):

$$\Delta\overline{T}_{cav} = \Delta\overline{T}_{Zcav} + \frac{4}{3(\pi)^{1/2}}\frac{B_2q_I}{K}\left[\frac{km}{v_{cav}}\right]^{1/2} = \frac{C(1-B_2)q_Il}{\pi K_t}\{\text{fator de forma}\} \tag{5.23}$$

Na qual $C = 8$ quando o corte é feito no canto da ferramenta e $C = 4$ quando o corte é feito por uma aresta mais larga do que a largura do cavaco. A proporção B_2 pode ser calculada pela Equação (5.23). O aumento médio de temperatura no cavaco pode então ser calculado como:

$$\Delta\overline{T}_{cav} = \Delta\overline{T}_{Zcav} + \frac{4}{3(\pi)^{1/2}}\frac{B_2q_I}{K}\left[\frac{km}{v_{cav}}\right]^{1/2} \tag{5.24}$$

Substituindo os valores de q_I segundo a Equação (5.9), com as variáveis do processo de usinagem, tem-se:

$$\Delta\overline{T}_{cav} = \Delta\overline{T}_{Zcav} + \frac{B_2}{9(5\pi)^{1/2}}\frac{F_T}{Kl_c}\left[\frac{kv_{cav}}{b}\right]^{1/2} \tag{5.25}$$

Onde l_c é o comprimento de contato na interface cavaco/ferramenta. Este valor pode ser calculado como sendo $l_c = 2h'$ para Al, Cu, Zn e suas ligas, assim como para aços de baixo carbono (IQBAL et al., 2009).

5.2 TEMPERATURA NA FORMAÇÃO DE CAVACOS: MODELO DE LOEWEN E SHAW

No modelo desenvolvido por Loewen e Shaw, consideram-se duas fontes de geração de calor usando-se uma ferramenta completamente afiada: a fonte primária, na região do plano de cisalhamento e a fonte secundária, na interface cavaco/ferramenta, como mostrado na Figura 5.6. Como hipóteses iniciais, admite-se (Loewen, 1954):

- Todo o calor gerado nas fontes primária e secundária é transformado em calor, sendo a energia total conservada;
- As fontes de geração de calor se concentram em planos;

- O fluxo de calor nestas regiões é constante e uniforme.
- Não há perda de calor para o ambiente.

Mesmo considerando essas aproximações, ressalta-se que a determinação da temperatura média no plano de cisalhamento ($\overline{T}_z$) e na interface cavaco/ferramenta ($\overline{T}_l$) é bastante complexa e mais aproximações deverão ser feitas para que o problema tenha uma solução analítica. Isto porque parte do calor gerado no plano de cisalhamento é levada pelo cavaco e parte é conduzida para a peça. De forma semelhante, do calor gerado na interface, parte é conduzida para o cavaco e parte para a ferramenta.

A primeira lei da termodinâmica estabelece que a variação entre o calor recebido por um sistema (ou uma quantidade fixa de matéria) menos o trabalho que este realiza equivale à variação da energia interna, ou matematicamente:

$$dQ - dW = dE \qquad [\mathrm{W}] \tag{5.26}$$

Sendo:

dQ = quantidade de calor recebido

dW = quantidade de Trabalho

dE = quantidade de energia interna.

Por outro lado, Fourier estabeleceu uma lei experimental que governa a condução de calor em sólidos, a qual pode ser escrita como:

$$dQ = KdA\frac{dT}{dx} \tag{5.27}$$

sendo:

K = condutividade térmica do material condutor;

dA = área da seção transversal ao fluxo de calor, do condutor;

dT = Variação de temperatura entre as extremidades do condutor;

dx = comprimento do condutor na direção do fluxo de calor;

A Equação (5.27) estabelece que o fluxo de calor é proporcional ao gradiente de temperatura na direção do fluxo e à área da seção transversal desse condutor de calor. A constante de proporcionalidade é a condutividade térmica.

A variação da energia interna em um sólido pode ser convenientemente expressa por:

$$dE = c.dT.\rho.dV \tag{5.28}$$

Onde:

ρ = densidade do sólido;

c = calor específico do material;

dV = volume do sólido.

Quando estas equações são aplicadas a um diferencial de volume, no qual não há trabalho sendo executado por forças externas, tem-se que:

$$\frac{dT}{dt} = \frac{q}{\rho c} + \frac{K}{\rho c}\left(\frac{\partial^2 T}{\partial x^2} + \frac{\partial^2 T}{\partial y^2} + \frac{\partial^2 T}{\partial z^2}\right) \tag{5.29}$$

Onde:

q = é a taxa de calor adicionado ao sistema por unidade de volume no tempo, por exemplo, por atrito, ou deformação plástica, etc.; $\frac{K}{\rho c}$ = é a difusividade térmica, normalmente representada por κ.

No modelo de Loewen e Shaw as duas fontes de energia envolvidas no processo de formação de cavacos são: a zona primária de cisalhamento ao longo do plano de cisalhamento, (1) na Figura 5.6 e a zona secundária de cisalhamento na interface cavaco/ferramenta, (2) na Figura 5.6.

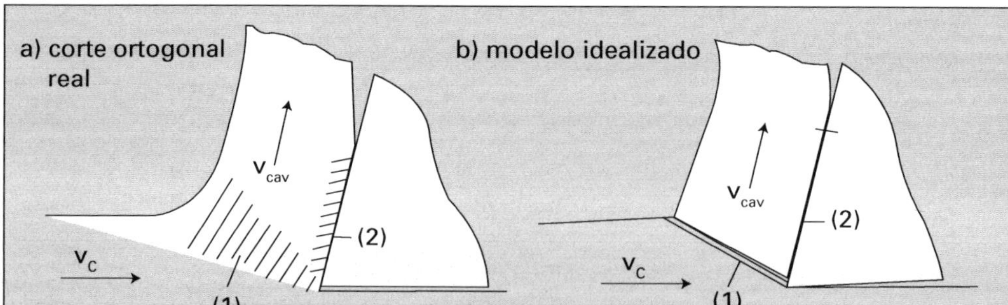

FIGURA 5.6 Fontes de calor admitidas no Modelo de Shaw para o corte ortogonal (SHAW, 1986).

Da energia produzida na fonte primária, região (1), R_1q flui para o cavaco, e $(1 - R_1)q$ flui para a peça, onde q é energia por unidade de área por tempo. Da mesma forma, na região (2) a energia produzida é dividida entre o cavaco, R_2q, e a ferramenta, $(1 - R2)q$. A determinação dessas proporções que expressam como a energia térmica e dividida entre esses três corpos em contato, peça, ferramenta e cavaco, foi proposta por Blok, 1938, citado por Shaw, 1986. Para o caso geral de uma fonte de calor de forma retangular, de dimensões $2l$ x $2m$, e potência q (energia por unidade de área por tempo), se deslocando com velocidade V sobre um corpo semi-infinito (Figura 5.7), integra-se a Equação (5.29), com as devidas condições iniciais e de contorno.

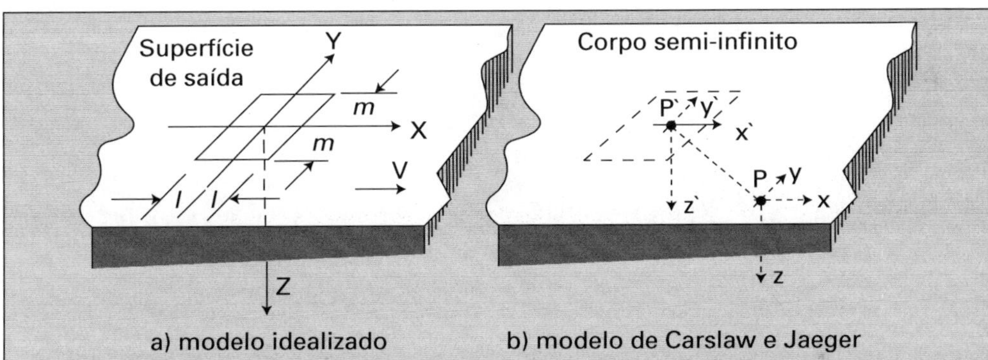

FIGURA 5.7 Modelo de uma fonte de calor retangular sobre um corpo semi-infinito.

Uma solução geral, proposta por Carslaw e Jaeger em 1957, e adequada ao problema em questão, calcula a distribuição de temperatura dentro do corpo semi-infinito em qualquer ponto (x, y, z), após um tempo t, devido a uma fonte de calor Q no ponto (x', y', z') que libera calor instantaneamente, como sendo:

$$T(x,y,z,t) = \left[\frac{Qk}{8K(\pi kt)^{3/2}} \right] e^{-r^2/4kt} \tag{5.30}$$

Onde K é a condutividade térmica, k é difusividade térmica e r^2 é a distância do ponto P ao P' da Figura 5.7, dada por.

$$r^2 = (x - x')^2 + (y - y')^2 + (z - z')^2 \tag{5.31}$$

Desta forma, integra-se sobre a área finita delimitada pela fonte de calor. Se a integração no tempo for realizada primeiro, para o corpo semi-infinito e se o interesse for concentrado na solução em estado permanente (isto é, $t \to \infty$), então a equação para o aumento da temperatura no estado permanente em qualquer lugar no corpo semi-infinito com uma fonte de calor uniforme q [J/m^oC], atuando sobre a área delimitada por $-l < x' < l$ e $-m < y' < m$ é dada por:

$$\Delta T = \frac{q}{2\pi K}\int_{-l}^{l} dx' \int_{-m}^{m} \frac{dy'}{\left[(x-x')^2 + (y-y')^2 + z^2\right]^{1/2}} \tag{5.32}$$

O principal interesse está no aumento de temperatura sobre o plano contendo a fonte. Então, integrando a Equação (5.31) com $z = 0$, tem-se:

$$\begin{aligned}\Delta T = \frac{q}{2\pi K}\Bigg[& |x+l|\left\{senh^{-1}\left(\frac{y+m}{x+l}\right) - senh^{-1}\left(\frac{y-m}{x+l}\right)\right\} \\ & +|x-l|\left\{senh^{-1}\left(\frac{y-m}{x-l}\right) - senh^{-1}\left(\frac{y+m}{x-l}\right)\right\} \\ & +|y+m|\left\{senh^{-1}\left(\frac{x+l}{y+m}\right) - senh^{-1}\left(\frac{x-l}{y+m}\right)\right\} \\ & +|y-m|\left\{senh^{-1}\left(\frac{x-l}{y-m}\right) - senh^{-1}\left(\frac{x+l}{y-m}\right)\right\}\end{aligned} \tag{5.33}$$

O aumento médio da temperatura sobre a área da fonte pode ser obtido pela integração da Equação (5.32) sobre a área da fonte e dividindo-se o resultado por sua área, portanto:

$$\Delta \bar{T} = \frac{\int_{-l}^{l}\int_{-m}^{m} (\Delta T)\, dx\, dy}{4lm} \tag{5.34}$$

Resolvendo tem-se:

$$\begin{aligned}\Delta \bar{T} = \frac{2ql}{\pi K}\Bigg[& senh^{-1}\left(\frac{m}{l}\right) + \left(\frac{m}{l}\right) senh^{-1}\left(\frac{l}{m}\right) - \frac{1}{3}\left(\frac{m}{l}\right)^2 + \\ & \frac{1}{3}\left(\frac{l}{m}\right) - \frac{1}{3}\left\{\left(\frac{l}{m}\right) + \left(\frac{m}{l}\right)\right\}\left\{1 + \left(\frac{m}{l}\right)^2\right\}^{\frac{1}{2}}\Bigg]\end{aligned} \tag{5.35}$$

Para tornar essa equação mais conveniente para as aplicações separam-se os temos referentes à área da fonte de calor:

$$\text{D}\overline{T} = \frac{ql}{K}\overline{A} \tag{5.36}$$

Sendo e $\overline{A}$ é o "fator de forma da fonte", uma função somente da razão (m/l), cuja variação é mostrada na Figura 5.8.

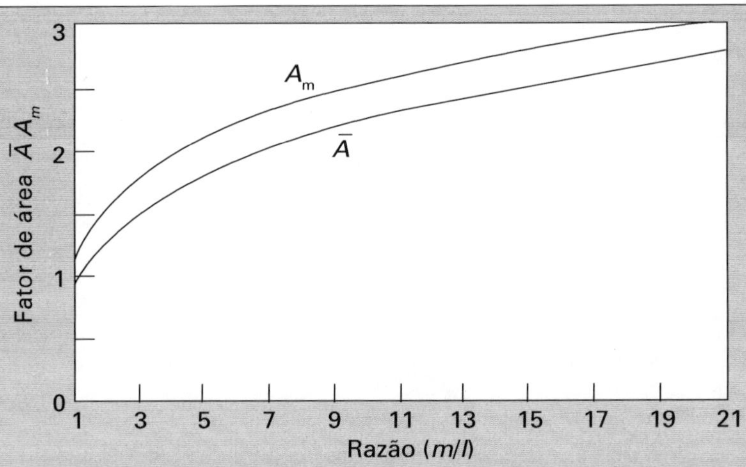

FIGURA 5.8 Variação dos fatores de forma da fonte em função da razão (m/l).

O fator A_m é também mostrado na Figura 5.8 e tem um significado semelhante, para calcular a máxima variação de temperatura na superfície do corpo, dada por:

$$\Delta T_{máx} = \frac{ql}{K}A_m \tag{5.37}$$

Se a razão (m/l) for maior que 20, pode-se calcular $\overline{A}$ e A_m usando-se as seguintes equações aproximadas:

$$\overline{A} = \frac{2}{\pi}\left[\ln\left(\frac{2m}{l}\right) + \frac{1}{3}\left(\frac{l}{m}\right) + \frac{1}{2}\right] \tag{5.38}$$

$$A_m = \frac{2}{\pi}\left[\ln\left(\frac{2m}{l}\right) + 1\right] \tag{5.39}$$

A Figura 5.9 mostra as formas das curvas de distribuição de temperatura sobre cada um dos eixos cartesianos, dentro dos limites da fonte de calor retangular.

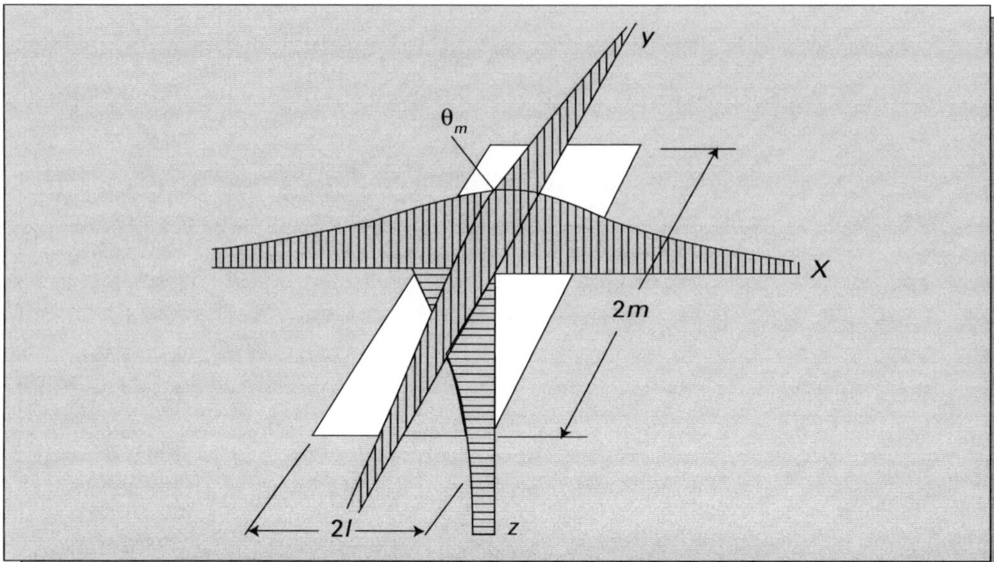

FIGURA 5.9 Formas das curvas de distribuição de temperatura sobre os eixos cartesianos dentro dos limites da fonte estacionária de calor.

Quando a razão $(m/l) > 2$ a influência de mudanças em m será desprezível, na faixa de velocidades normalmente usadas em usinagem, e os resultados estarão envolvidos com um parâmetro adimensional L em função da velocidade V da fonte, definido como:

$$L = \frac{Vl}{2k} \tag{5.40}$$

Desde que $L > 5$ o aumento médio de temperatura $(\Delta\overline{T})$ e o aumento máximo (ΔT_m) na superfície do corpo serão dados por:

$$\text{D}\overline{T} = 0{,}754\frac{ql}{K\sqrt{L}} \tag{5.41}$$

$$\Delta T_{máx} = 1{,}130\frac{ql}{K\sqrt{L}} \tag{5.42}$$

Onde q é o calor gerado na interface, em energia por área, por tempo. A forma como esse calor se propaga pela superfície do corpo nas imediações da fonte e no seu interior é mostrado na Figura 5.10

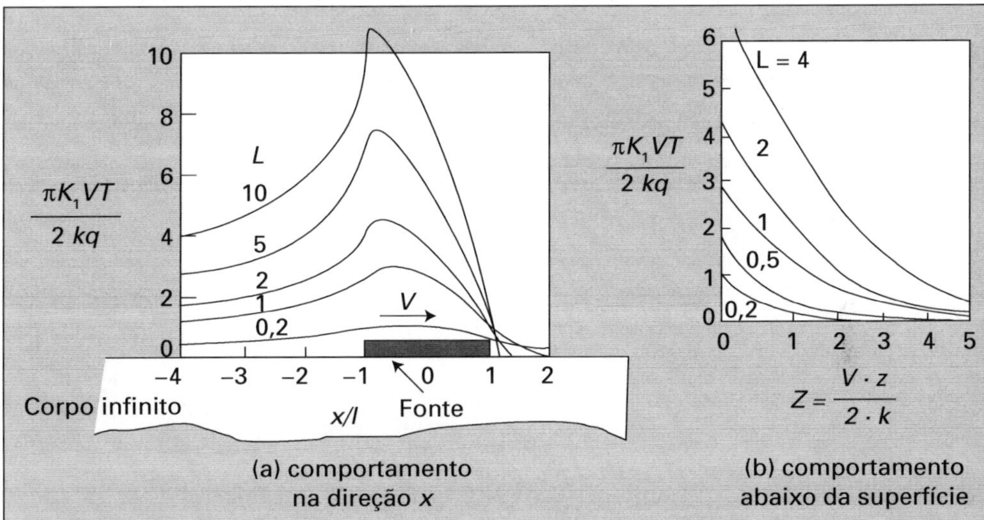

FIGURA 5.10 Comportamento da temperatura na superfície e abaixo dela, no corpo infinito.

Nota-se, pela Figura 5.10(a), que com o aumento da velocidade V, ou de L, a forma da curva de temperatura se modifica e o ponto de máximo se move para perto da borda da fonte do lado negativo de x, ou seja, na parte traseira da fonte. Na Figura 5.10(b) mostra-se como a temperatura diminui com a profundidade abaixo do corpo estacionário. Do calor gerado na interface parte fluirá para o corpo semi-infinito, ou seja, Rq e a outra parte $(1 - R)q$ fluirá para a fonte com velocidade. Essa proporção poderá ser calculada igualando-se as Equações (5.36) e (5.41), o que resulta em:

$$R = \frac{1}{1 + \dfrac{0{,}754\,(K_F / K_c)}{\bar{A}\sqrt{L}}} \tag{5.43}$$

Onde K_c e K_F são a condutividade térmica do material do corpo semi-infinito e do material da fonte deslizante, respectivamente. A proporção R é então função de três parâmetros adimensionais:

- O fator geométrico $\overline{A}$;
- A razão entre a condutividade térmica dos dois materiais em contato e
- O fator difusividade/velocidade (L).

Uma vez conhecido o valor de R o aumento médio de temperatura na interface entre os corpos interagindo no deslizamento pode ser calculado por uma das equações abaixo:

$$\Delta\overline{T}_c = 0{,}754\frac{Rql}{K_c\sqrt{L}} \tag{5.44}$$

$$\Delta\overline{T}_F = \frac{(1-R)ql}{K_F}\overline{A} \tag{5.45}$$

Os valores $\Delta\overline{T}_{c,F}$ são aumentos médios de temperatura acima da ambiente (T_0). As distribuições de temperatura para os dois corpos em contato de deslizamento são diferentes, como se observa pelas Figuras 5.9 e 5.10, e igualando-se ambas não se obtém uma solução exata, mas a aproximação de uma solução muito complexa. Contudo, resultados experimentais indicaram erros aceitáveis atestando a utilidade desse modelo. Por exemplo, pode-se calcular o aumento médio de temperatura na interface quando se desliza um corpo de aço inoxidável sobre uma superfície infinita de aço-carbono. Dados:

$l = 1{,}27 \times 10^{-3}$ m	$m = 0{,}5$ (Coeficiente de atrito)
$m = 6{,}35 \times 10^{-3}$ m	$K_C = 51{,}9$ W/m °C (ABNT 1045)
$V = 0{,}508$ m/s	$K_F = 17{,}5$ W/m °C (AISI 314)
$F_N = 445$ N	$k_C = 1{,}356 \times 10^{-5}$ m²/s

$$q = \frac{\mu F_N V}{4\,lm} = \frac{0{,}5\cdot 445\cdot 0{,}508}{4\cdot 1{,}27\times 10^{-3}\cdot 6{,}35\times 10^{-3}} = 3.503.937\ W/m^2$$

Da Figura 5.8: $\overline{A} = 1{,}8$ usando $m/l = 5$

Da Equação (5.40): $L = 25$

Da Equação (5.43): $R = 0{,}972$

Da Equação (5.44): $\Delta\overline{T} = 12{,}6$ °C

Usando esse modelo de fonte de calor móvel sobre superfícies em deslizamento pode-se calcular o aumento médio de temperatura no plano de cisalhamento e na interface cavaco/ferramenta, assim como no cavaco, na peça e na ferramenta.

5.2.1 Aumento médio de temperatura na região do plano de cisalhamento

Quando toda a energia de cisalhamento é transformada em calor o valor resultante é:

$$q_z = \frac{F_Z \cdot v_Z}{h \cdot b \cdot csc\, \phi} \quad [\text{W/m}^2] \tag{5.46}$$

Também pode-se calcular a energia específica para o cisalhamento como:

$$u_Z = \frac{F_Z \times v_Z}{h \times b \times v_C} \quad [\text{J/m}^3] \tag{5.47}$$

Combinando-se as Equações (5.45) e (5.46) tem-se:

$$q_z = \frac{u_Z \cdot v_C}{csc\, \phi} \quad [\text{W/m}^2] \tag{5.48}$$

Dessa energia total convenientemente equacionada, uma fração $q_z R_1$ irá fluir para o cavaco (corpo estacionário) enquanto a outra parte $(1 - R_1)q_z$ fluirá para a peça (fonte de calor deslizando). Considere-se, inicialmente, a fração fluindo para o cavaco. Partindo-se da Equação (5.28) a temperatura no cavaco pode ser calculada como:

$$\Delta \overline{T}_{Zcav} = \frac{R_1 q_z csc\, \phi}{c_1 \rho_1 v_c} = \frac{R_1 u_z}{c_1 \rho_1} \tag{5.49}$$

Para calcular o valor de R_1, usa-se a Figura 5.11.

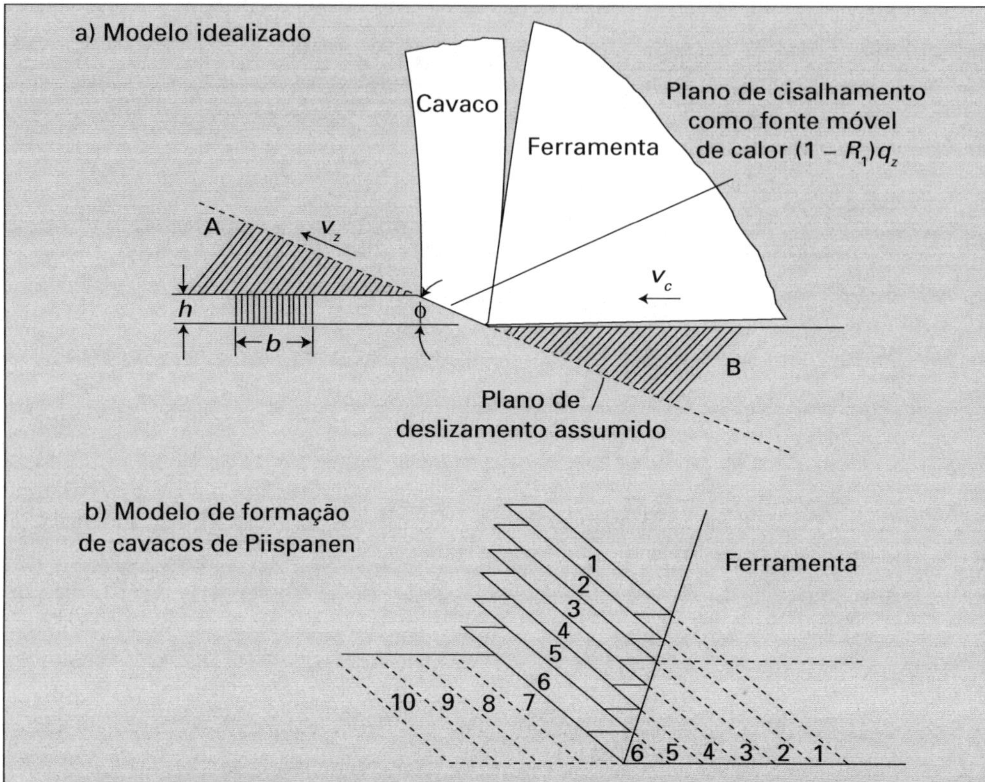

FIGURA 5.11 Idealização de uma fonte de calor se movendo no plano de cisalhamento.

Na idealização feita por Shaw supõe-se que haja material em A (Figura 5.11a), como se as lamelas de cavaco deslizassem no plano de cisalhamento sob a extremidade inferior do cavaco com velocidade v_z. Assim o plano de cisalhamento pode ser considerado como uma fonte calor que se move sob a região inferior do cavaco, o que caracterizaria a situação da fonte móvel finita (plano de cisalhamento) sobre um corpo semi-infinito (cavaco). A temperatura média no plano de cisalhamento, pelo lado da peça, pode então ser calculada com base na Equação (5.33) com a adoção da fração de calor que flui para a peça

$(l - R_1)q_z$ e $l = \frac{h}{2} \cdot csc\,\phi$:

$$\Delta \overline{T}_{Zp} = 0{,}754 \frac{(1 - R_1)q_z \left(\frac{h \cdot csc\,\phi}{2} \right)}{K_1 \cdot \sqrt{L_1}} \tag{5.50}$$

Onde K_1 é a condutividade do material da peça na temperatura T_z e L_1 é definido conforme a Equação (5.40), como sendo:

$$L_1 = \frac{v_Z h \csc \phi}{4k_1} \tag{5.51}$$

Onde k_1 é a difusividade térmica do material da peça na temperatura T_z e γ é a deformação por cisalhamento do cavaco. Considerando-se que a temperatura média na interface (plano de cisalhamento) seja a mesma, igualam-se as Equações (5.49) e (5.50) e tem-se que:

$$R_1 = \frac{1}{1 + 2{,}652\dfrac{k_1\sqrt{L_1}}{hv_c}} \tag{5.52}$$

Com essas equações podem-se determinar as temperaturas médias no cavaco, próximo ao plano de cisalhamento e na peça na mesma região, usando-se a Equação (5.49) ou (5.50).

5.2.2 Aumento médio de temperatura na interface cavaco/ferramenta

A interface cavaco/ferramenta foi modelada por Shaw como sendo uma fonte de calor retangular sobre um semi-infinito em contato. Para a ferramenta a fonte é estacionária e para o cavaco a fonte é móvel. Ambas dividem o calor em determinadas proporções, as quais são encontradas admitindo-se temperaturas médias iguais na interface. A fração que flui para o cavaco é $R_2 q_F$ (corpo com a fonte móvel sobre si) e para a ferramenta é $(1 - R_2)q_F$ (corpo semi-infinito).

A energia total produzida pelo atrito entre a superfície do cavaco e da ferramenta é dada por:

$$q_I = \frac{F_T \times v_{CAV}}{l_c \times b} \quad [\text{W/m}^2] \tag{5.53}$$

Tomando a fração de calor que vai para o cavaco, o qual tem sobre si uma fonte móvel de calor, usa-se então a Equação (5.41) para calcular o aumento médio de temperatura neste:

$$\Delta\bar{T}_{Icav} = 0{,}754\frac{R_2 \times q_I \, {}^{l_c}\!/_2}{K_2\sqrt{L_2}} \tag{5.54}$$

Onde:

K_2 = Condutividade térmica do material do cavaco na temperatura T_f.

L_2 = dado por:

$$L_2 = \frac{v_{CAV} \, {}^{l_c}\!/_{2}}{2k_2} \tag{5.55}$$

E k_2 é a difusividade térmica do material do cavaco na temperatura T_{Icav}. A temperatura média na interface do cavaco em contato com a ferramenta será obtida por duas parcelas: aquela devida ao cisalhamento no plano de cisalhamento e aquela devida ao atrito com a superfície de saída da ferramenta:

$$\Delta\bar{T}_{cav} = \Delta\bar{T}_{Zcav} + \Delta\bar{T}_{Icav} = \Delta\bar{T}_{Zcav} + 0{,}377\frac{R_2 q_I l_c}{K_2\sqrt{L_2}} \tag{5.56}$$

Para encontrar R_2 a solução da fonte estacionária deve ser aplicada sobre a ferramenta. A área sombreada na Figura 5.12 representa a área de contato entre o cavaco e a ferramenta, estando a aresta de corte sobre o eixo y e a superfície de saída sobre o plano x-y.

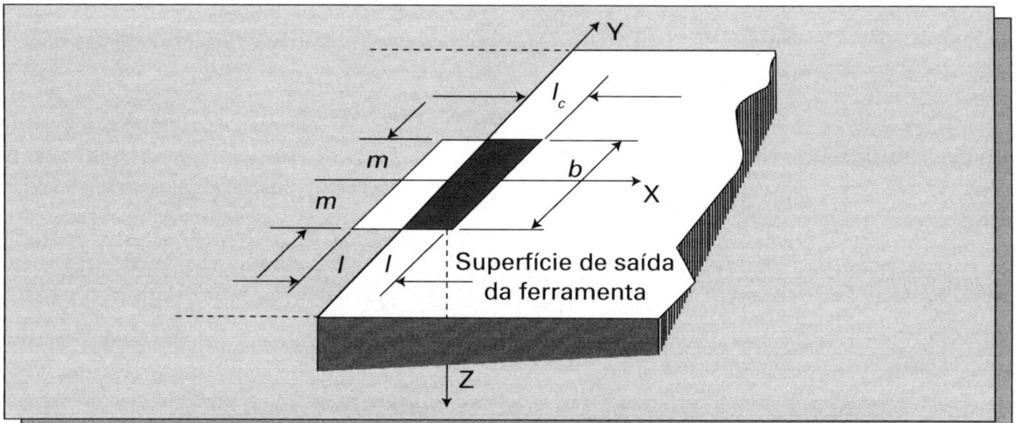

FIGURA 5.12 Modelo usado para equacionar o calor que flui para a ferramenta devido ao atrito na interface cavaco/ferramenta.

A representação da aresta de corte dessa forma parece ser uma boa aproximação para o corte ortogonal com ângulo de saída pequeno. Sendo assim, a razão de forma m/l será adotada como:

$$\frac{m}{l} = \frac{b/2}{l_c} \tag{5.57}$$

Para corte ortogonal, ou

$$\frac{m}{l} = \frac{b}{l_c} \tag{5.58}$$

Quando o cavaco for formado em um dos cantos da ferramenta. Usando essa analogia o fator de forma $\bar{A}$ poderá ser determinado pela Figura 5.8, ou calculado pela Equação (5.38), e a temperatura $\Delta \bar{T}_{I fer}$ encontrada como sendo um ponto na ferramenta pela Equação (5.36):

$$\Delta \bar{T}_{Ifer} = \frac{(1 - R_2) q_I l_c}{K_3} \bar{A} \tag{5.59}$$

Onde K_3 é a condutividade térmica do material da ferramenta na temperatura T_{fer}. Para encontrar o valor de R_2 igualam-se as temperaturas na interface, usando-se as Equações (5.56) e (5.59), obtendo-se:

$$R_2 = \frac{1 - \dfrac{\Delta \bar{T}_{Zcav} K_3}{q_I l_c} \bar{A}}{1 + 0{,}377 \dfrac{(K_3 / K_2)}{\bar{A}\sqrt{L_2}}} \tag{5.60}$$

Desta forma, determina-se o valor de R_2 e usando-se a Equação (5.56) ou a (5.59) pode-se calcular o aumento médio de temperatura na interface cavaco/ferramenta. Dependendo do tipo de corte que estiver sendo efetuado (ortogonal ou não) deve-se adaptar o fator de forma, usando-se a Equação (5.57) ou (5.58). Depois de realizados os cálculos com valores das constantes térmicas referentes aos materiais da peça e da ferramenta, deve-se verificar se correspondem aos valores próximos àqueles na faixa de temperatura encontrada para a região do plano de cisalhamento e da interface cavaco/ferramenta.

Experimentalmente foram encontrados pelos autores resultados com boa aproximação a esse modelo, como pode ser observado nas Figuras 5.13 e 5.14.

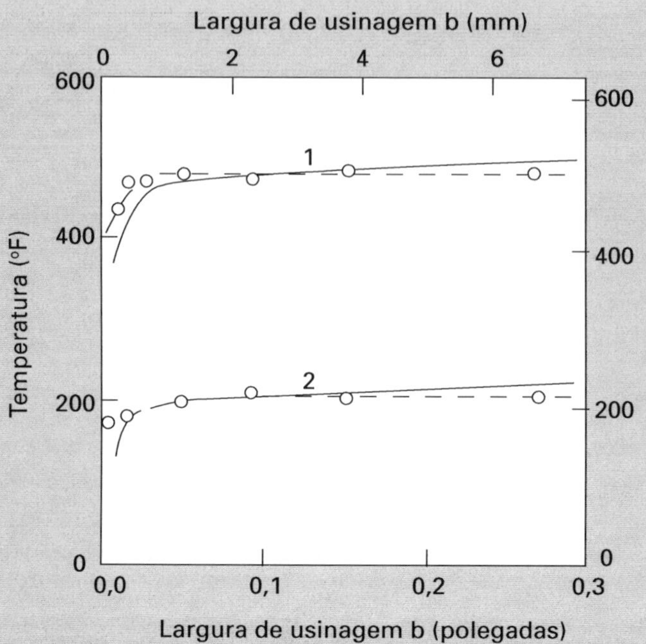

FIGURA 5.13 Variação da temperatura na ferramenta em função da largura de usinagem para duas velocidades de corte. Peça de aço ABNT1113, ferramenta de metal duro K2S, $\gamma = 20°$, $a_p = 0{,}6$ mm. Dados "1" $v_c = 69$ m/min e "2" $v_c = 4{,}5$ m/min. Linha contínua obtida pelo modelo e linha pontilhada mostra valores experimentais.

Como se pode observar, a temperatura na região de formação de cavacos sofre a influência de diversos fatores, sendo o principal a velocidade de corte, seguida pelo avanço e pela profundidade de usinagem – além disso, as propriedades físicas dos materiais envolvidos, tais como a condutividade térmica e a sua capacidade térmica (produto da massa pelo calor específico). A presença de fluidos de corte na região de formação de cavacos também afeta a temperatura na região, embora tenha pouco efeito no plano de cisalhamento e na interface ferramenta/cavacos. De maneira qualitativa, para baixas velocidades de corte o fluido consegue ter algum efeito baixando a temperatura na região de formação de cavaco, mas esse efeito diminui à medida que a velocidade de corte é aumentada.

Como a energia despendida na formação de cavacos é, praticamente, toda transformada em calor, essa energia é distribuída entre a peça, a ferramenta e o cavaco, em proporções que dependem dos diversos fatores já citados. No entanto, algumas estimativas podem ser feitas com base nos modelos analíticos e nas medições experimentais. A Figura 5.15 mostra um exemplo típico dessa distribuição na usinagem de aços com ferramentas de metal duro.

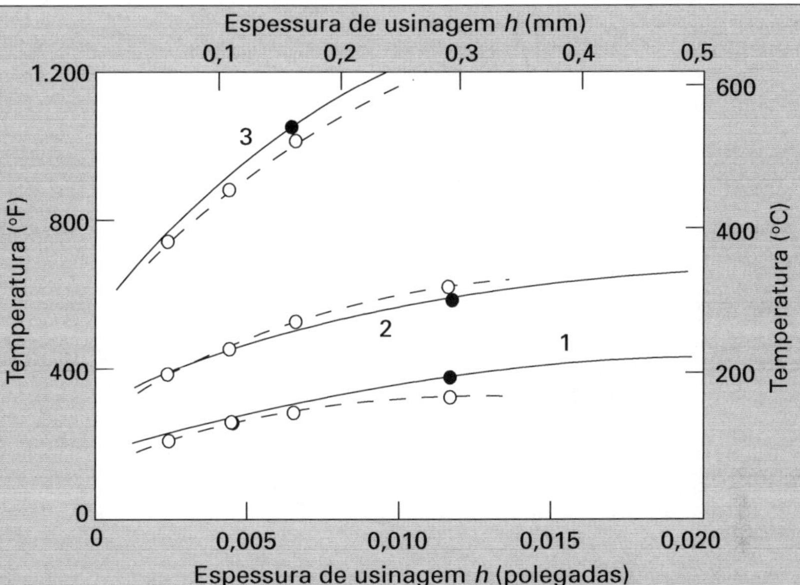

FIGURA 5.14 Variação da temperatura na ferramenta em função da espessura de usinagem para três velocidades de corte. Peça de aço ABNT1113, ferramenta de metal duro K2S, $\gamma = 20°$, $h = 0,6$ mm. Dados "1" $v_c = 3$ m/min, "2" $v_c = 18$ m/min e "3" $v_c = 137$ m/min. Linha contínua obtida pelo modelo e linha pontilhada mostra valores experimentais.

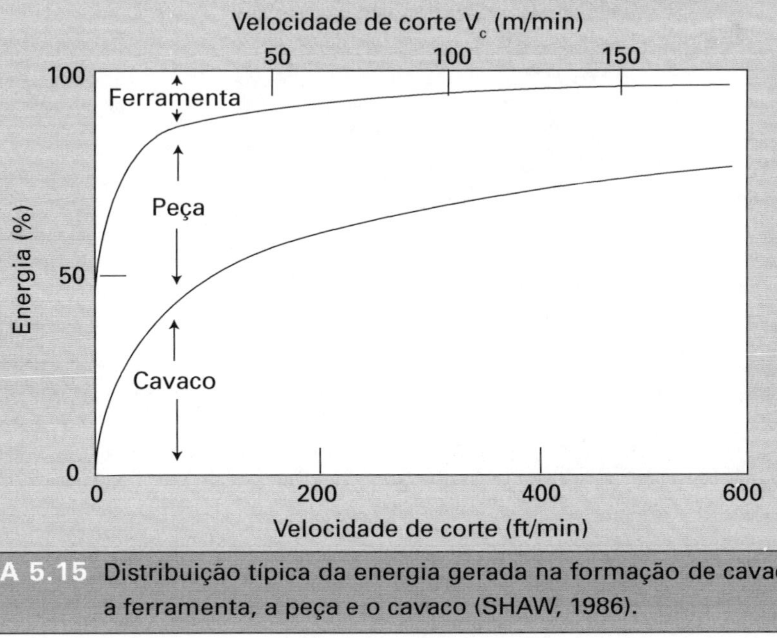

FIGURA 5.15 Distribuição típica da energia gerada na formação de cavacos entre a ferramenta, a peça e o cavaco (SHAW, 1986).

5.3 TEMPERATURA NA FORMAÇÃO DE CAVACOS: FEM (MÉTODO DOS ELEMENTOS FINITOS)

Outra técnica usada para estimar a temperatura na região de formação de cavacos é a FEM (Método dos Elementos Finitos, do inglês *Finite Element Method*) (MURAKA et al., 1979). Há duas maneiras de usar esse método para a estimativa da temperatura na região de formação de cavacos. Uma delas é usando-se modelos inversos, nos quais se estima a potência da fonte de calor segundo alguns critérios prévios, como uma porcentagem da potência total calculada ou medida pela força de corte. Em seguida, ajusta-se o modelo com base em valores de temperatura medidos experimentalmente. A Figura 5.16 mostra o resultado da distribuição de temperatura, usando-se como base 2% do valor da potência total sendo transferida para a ferramenta.

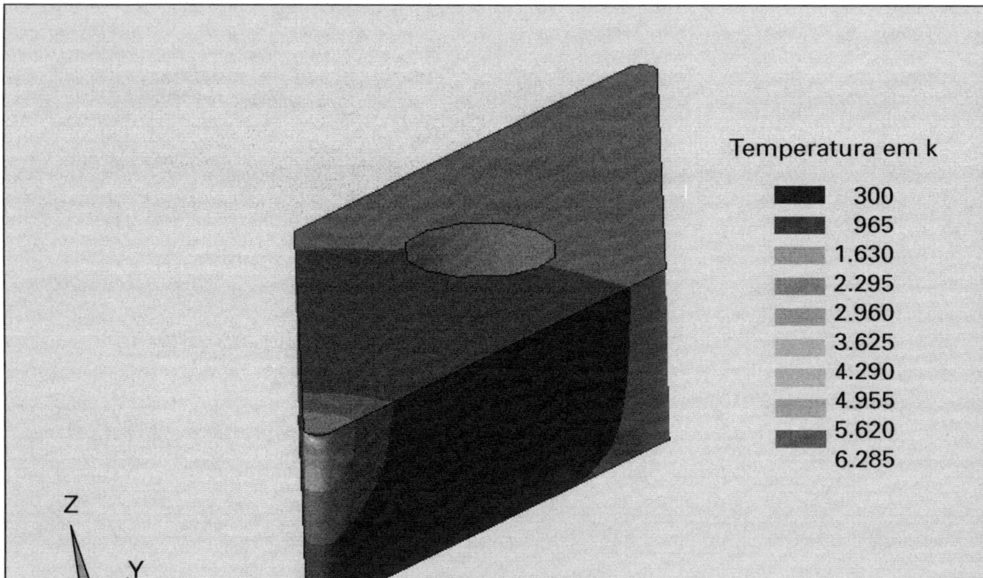

FIGURA 5.16 Estimativa de temperatura para um inserto torneando aço 52.100 com 60 HR_C a v_c = 250 m/min, f = 0,15 mm/rev e a_p = 0,5 mm. E usando-se 2% da potência total de usinagem sendo transferida para o inserto.

Em outra técnica, a ferramenta, o material da peça, as condições de corte, as propriedades físicas e o comportamento mecânico dos materiais são as variáveis de entrada, bem como a configuração geométrica da operação de corte. Por esse método, a interação entre a ferramenta e a peça é equacionada e desenvolvida com base nesses parâmetros de entrada, solucionando-se as equações que regem o comportamento do material e suas condições de contorno. Nesse modelo, a ferramenta realmente produz cavacos mediante a deformação e ruptura do material da peça, desde que esses dados sejam fornecidos nas condições de trabalho de usinagem. A Figura 5.17 ilustra os resultados desse modelo.

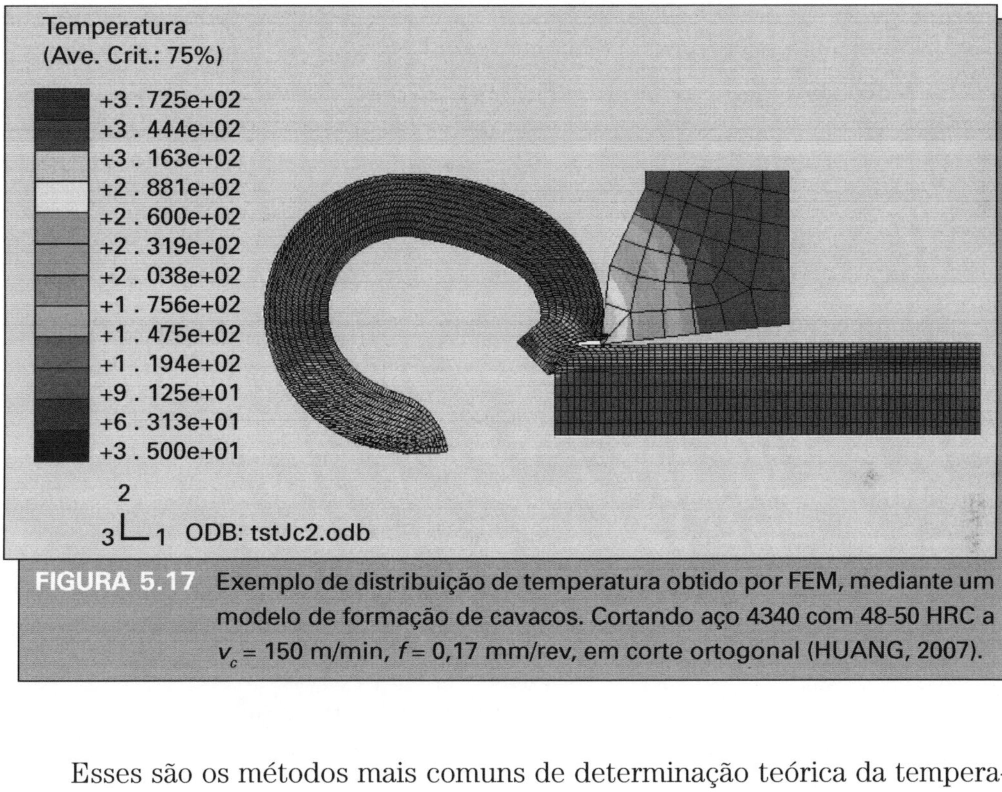

FIGURA 5.17 Exemplo de distribuição de temperatura obtido por FEM, mediante um modelo de formação de cavacos. Cortando aço 4340 com 48-50 HRC a v_c = 150 m/min, f = 0,17 mm/rev, em corte ortogonal (HUANG, 2007).

Esses são os métodos mais comuns de determinação teórica da temperatura na região de formação de cavacos, partindo-se apenas de dados de entrada, sem, necessariamente, ter de se realizar a operação de usinagem. Há, no entanto, métodos de medição, ou de estimativa, experimentais da temperatura em processo, os quais serão abordados a seguir.

5.4 TEMPERATURA NA FORMAÇÃO DE CAVACOS: ESTIMATIVAS EXPERIMENTAIS

Para avaliar o aumento de temperatura nas zonas de corte, várias técnicas foram desenvolvidas (BYRNE, 1987), e a maioria delas é empregada para medir a temperatura da ferramenta. Os métodos práticos mais utilizados para a medição da temperatura na região de formação de cavacos são:

- Medição por termopares inseridos.
- Medição da força termoelétrica entre a ferramenta e a peça (método do termopar ferramenta/peça).
- Medição por radiação de calor com sensores infravermelhos.
- Medição utilizando vernizes termossensíveis.
- Medição por propriedades metalográficas.
- Medição usando pós de sais químicos.
- Medição usando o método do filme PVD.

5.4.1 Termopares inseridos na ferramenta

Thomas Johann Seebeck, nascido em 1770, foi o físico responsável pela descoberta, em 1821, do efeito termoelétrico. Seebeck observou que uma junção de metais distintos produz uma tensão elétrica cujo valor depende dos materiais que compõem tal junção e da temperatura a que esta é submetida. Esse efeito é o princípio no qual se baseia o funcionamento do termopar. O físico notou que em um circuito fechado, formado por dois condutores diferentes, ocorre circulação de corrente enquanto existir uma diferença de temperatura entre as junções. Denominamos a junção mais quente "junção de teste", e a outra, "junção de referência". A existência de uma F.E.M. (força eletromotriz) térmica no circuito é conhecida também como Efeito Seebeck. Quando a temperatura da junção de referência é mantida constante, verifica-se que a F.E.M. térmica é uma função da temperatura da junção de teste, o que permite utilizar um par termoelétrico como um termômetro – nesse caso, chamado "termopar".

O Efeito Seebeck se produz pelo fato de a densidade dos transportadores de carga (elétrons em um metal) diferir de um condutor para outro e depender da temperatura. Quando dois condutores diferentes são conectados para formar duas junções e estas são mantidas a diferentes temperaturas, a difusão dos transportadores de carga nas junções se produz a ritmos também diferentes. Tem origem, então, um movimento dos transportadores de carga como se fossem impulsionados por um campo não eletrostático. A integral curvilínea desse campo ao longo do par termoelétrico é a F.E.M. de Seebeck.

Um termopar pode ser definido por formar dois condutores metálicos, de naturezas distintas, A e B, na forma de metais puros ou de ligas homogêneas. Os fios são soldados em um extremo ao qual se dá o nome de "junta quente", "junta de teste" ou "junta de medição". A outra extremidade dos fios é levada ao instrumento de medição de F.E.M., fechando um circuito elétrico por onde flui a corrente. O ponto onde os fios que formam o termopar se conecta ao instrumento de medição é chamado "junta fria ou de referência". A Figura 5.18 mostra esquematicamente um termopar com seu sistema de medição de F.E.M.

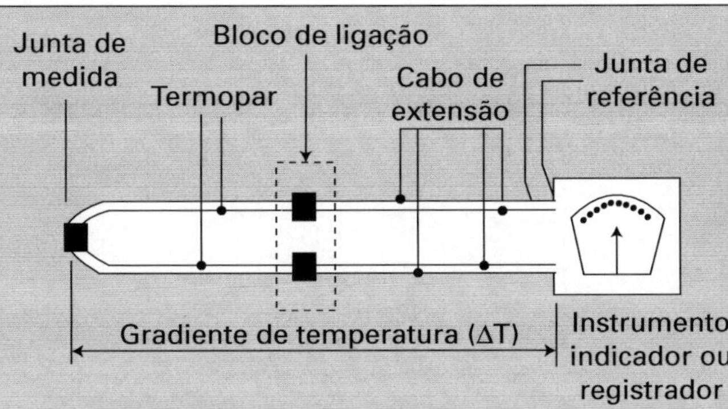

FIGURA 5.18 Esquema de medição de temperatura usando termopar.

Para a aplicação em medição de temperatura na região de formação de cavacos, os termopares têm sido muito empregados, inserindo-se junta quente nas peças ou, mais comumente, nas ferramentas. Para isso, usam-se fios de reduzido diâmetro inseridos em furos que causem a menor perturbação possível no campo de temperatura local. A inserção se dá nas mais diversas posições da ferramenta de corte: por exemplo, em processo de torneamento. Para tanto, são feitos microfuros, geralmente por eletroerosão. A Figura 5.19 mostra um exemplo desse tipo de aplicação.

Medidas de temperatura com termopares inseridos foram capazes de medir a temperatura a 0,6 mm abaixo da superfície de saída e a 1 mm da aresta de corte para três diferentes materiais de inserto. O primeiro material é uma ferramenta com alta porcentagem de PcBN; o segundo, com 50%; e o terceiro material é uma cerâmica mista à base de alumina com TiC. As Figuras 5.20 e 5.21 mostram os efeitos das velocidades de corte e de avanço, respectivamente, na temperatura para o torneamento de Aço AISI52100 endurecido para 62 HR_C.

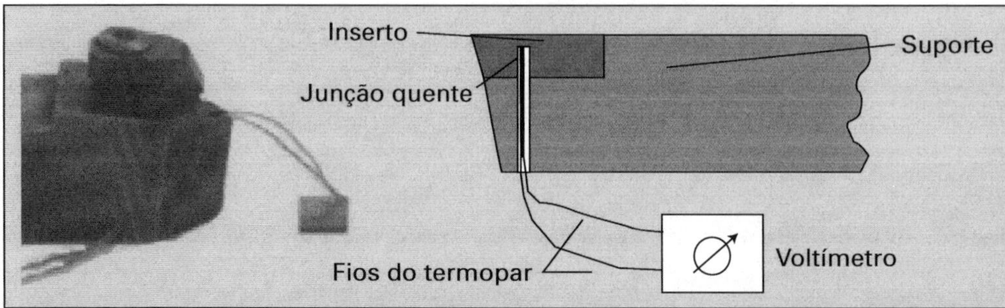

FIGURA 5.19 Exemplo de termopar inserido em um inserto de metal duro (ABRÃO; REIS, 2004).

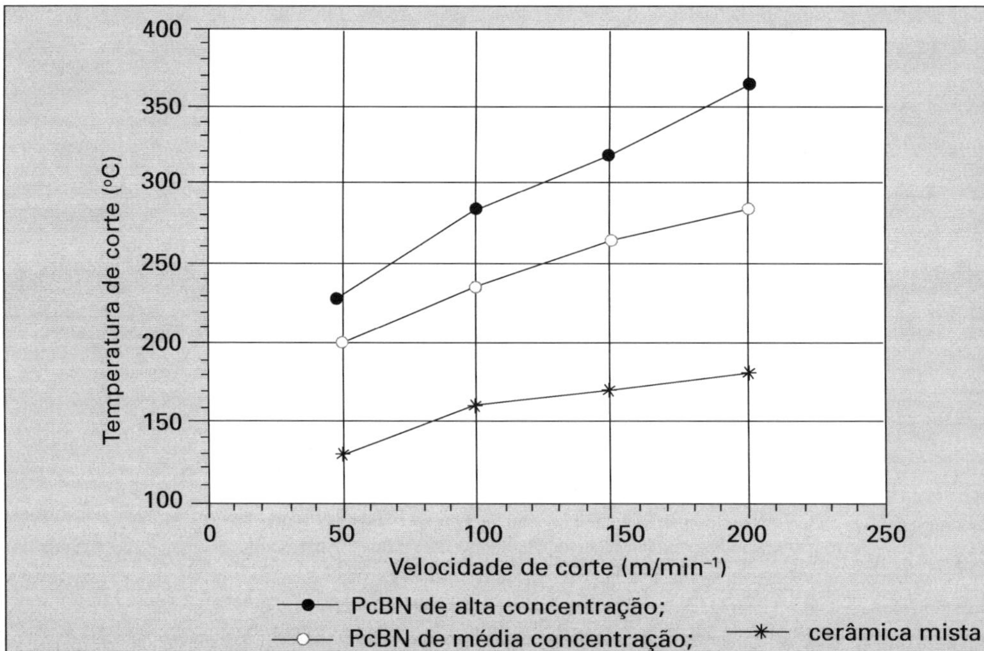

FIGURA 5.20 Efeito da velocidade de corte na temperatura para diferentes materiais de insertos usando termopares inseridos. (Usando-se f = 0,06 mm/rev e a_p = 0,5 mm.)

Embora os dados mostrem a temperatura próxima à zona de formação de cavacos, a tendência de aumento com a velocidade e com o avanço fica evidente para os três materiais de ferramenta. Além disso, as medições fornecem uma boa aproximação dos valores de temperatura no plano de cisalhamento e na interface ferramenta/cavaco sobre a superfície de saída.

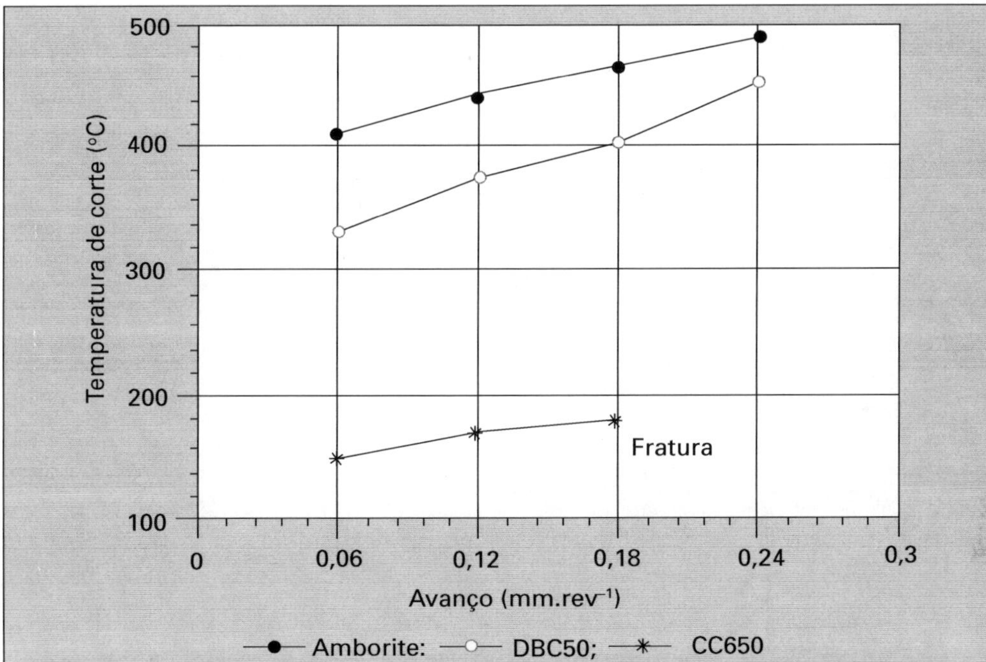

FIGURA 5.21 Efeito do avanço na temperatura para diferentes materiais de insertos usando termopares inseridos. (Usando-se $v_c = 70$ m/min e $a_p = 2$ mm.)

5.4.2 Termopar ferramenta/peça

A técnica de termopar colocado no inserto não permite a medição de temperatura muito próxima à interface entre a ferramenta e o cavaco, ou entre a ferramenta e a peça, uma vez que o furo usado enfraquece a aresta de corte. Para vencer essa dificuldade, usa-se a técnica do termopar ferramenta/peça, pois tal interface é bastante íntima e os materiais são, em geral, muito diferentes em suas propriedades – e essa interface pode ser tratada como uma junta de teste ou junta quente. A Figura 5.22 mostra um esquema de como seria a medição de temperatura usando a ferramenta e a peça como um termopar.

O ponto Q de contato da ferramenta/peça representa a junta quente. Os pontos $F1$, $F2$, $F3$ e $F4$ representam as juntas frias. A cuba é preenchida com mercúrio até que seja estabelecido o contato elétrico do disco com o elemento E, garantindo, dessa forma, o fechamento do circuito. Os fios $A1$ e $A2$ fazem a conexão do sistema com o milivoltímetro V, que indica o valor da F.E.M. gerada. O sistema deve ser calibrado para fornecer valores de temperatura como função da tensão elétrica.

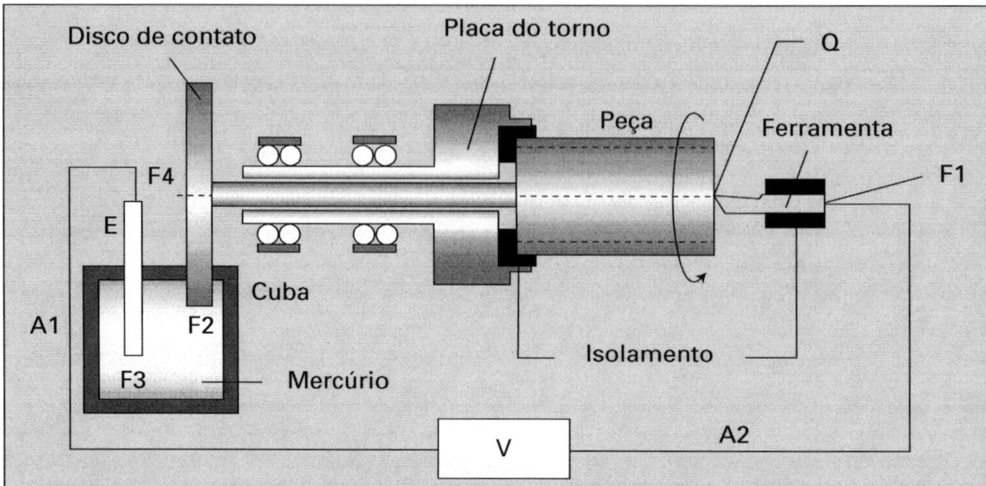

FIGURA 5.22 Esquema para medição da temperatura de corte pelo método do termopar ferramenta/peça (DE MELO, 1998).

A Figura 5.23 mostra um método bastante adequado para a calibração do termopar ferramenta/peça.

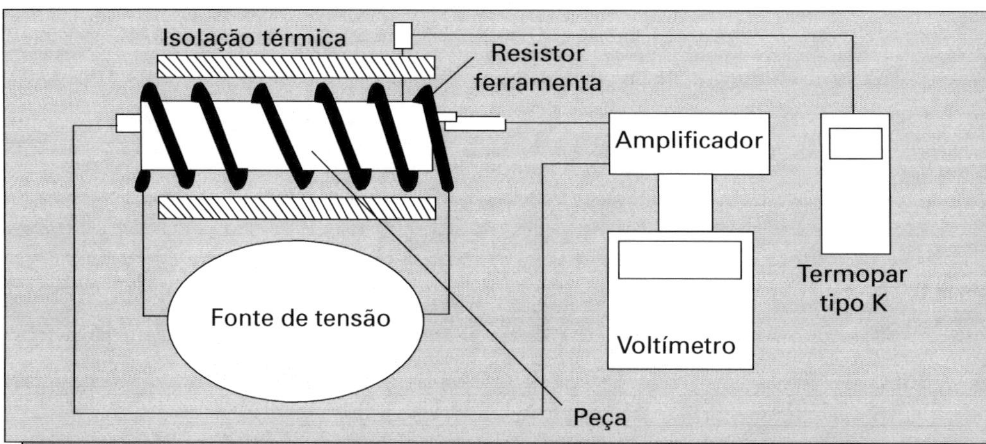

FIGURA 5.23 Método de calibração do termopar ferramenta/peça (ABRÃO; REIS 2004).

Esse método consiste em colocar em contato, sob pressão, a aresta da ferramenta e o material a ser usinado, e submeter a peça a aquecimento. Nesse arranjo, mostrado na Figura 5.23, o aquecimento é obtido por meio de uma resistência elétrica envolvendo a peça. Um termopar calibrado previamente é inserido na peça próximo ao ponto de contato ferramenta/peça, que servirá de padrão de temperatura. Todo o sistema é isolado termicamente para evitar diferença de temperatura entre o ponto de medição e a região de contato do termopar.

Por meio dessa técnica, mediu-se a temperatura na usinagem de liga de Al 6351-T6 (Al–Mg–Si), usinando com ferramenta de PCD (*Polycristalline Diamond*), encontrando os resultados apresentados na Figura 5.24.

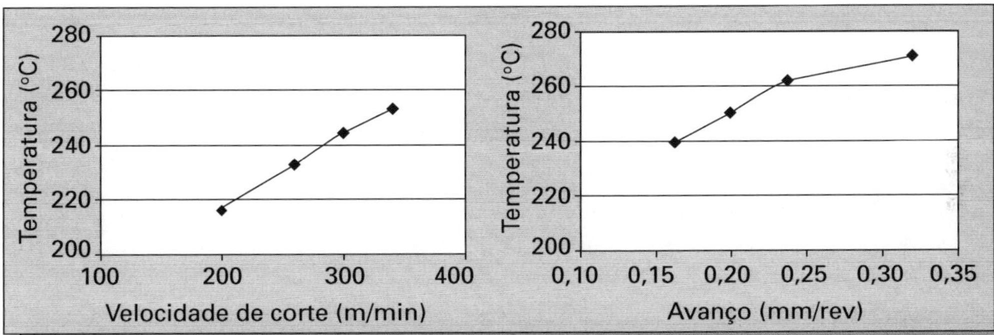

FIGURA 5.24 Temperatura na interface ferramenta/cavaco usando a técnica do termopar ferramenta/peça. Usinando a liga de Al com a ferramenta de PCD, efeito da velocidade de corte e de avanço na temperatura.

5.4.3 Radiação infravermelha

A medição de temperatura por meio de radiação utilizando sensores infravermelhos, ou pirômetros, é bastante utilizada para obtenção da temperatura da superfície da peça, do cavaco ou da ferramenta. Baseia-se na emissão de radiação infravermelha, que faz parte da radiação eletromagnética cujo comprimento de onda é maior que o da luz visível ao olho humano, porém menor que o das micro-ondas, assim, consequentemente, tem menor frequência que a da luz visível e maior que a das micro-ondas. O vermelho é a cor de comprimento de onda mais larga da luz visível, compreendida entre 1 milímetro e 700 nanômetros. Os raios infravermelhos estão associados ao calor dos corpos, pois todos emitem radiação térmica no campo dos infravermelhos. O infravermelho foi descoberto, em 1800, por William Herschel, que colocou um termômetro de mercúrio no espectro obtido por um prisma de cristal para medir o calor emitido por cada cor. Herschel descobriu que o calor era mais forte do lado vermelho do espectro, ao observar que ali não havia luz. Essa foi a primeira experiência que demonstrou que o calor pode ser captado em forma de imagem, como acontece com a luz visível.

Esse método de medição de temperatura em usinagem, no entanto, só permite a medição em superfícies expostas durante a operação, e sua principal vantagem está no fato de não necessitar ter contato com a superfície que está sendo medida, o que implica uma medição sem interferência ou perturbação no campo original de temperaturas que estão sendo avaliadas. No entanto, a presença de fluidos de corte altera a emissão dos raios infravermelhos e a temperatura nas interfaces não pode ser avaliada por esse método. A Figura 5.25 mostra o resultado da medição de temperatura usando a técnica de radiação infravermelha no processo de fresamento.

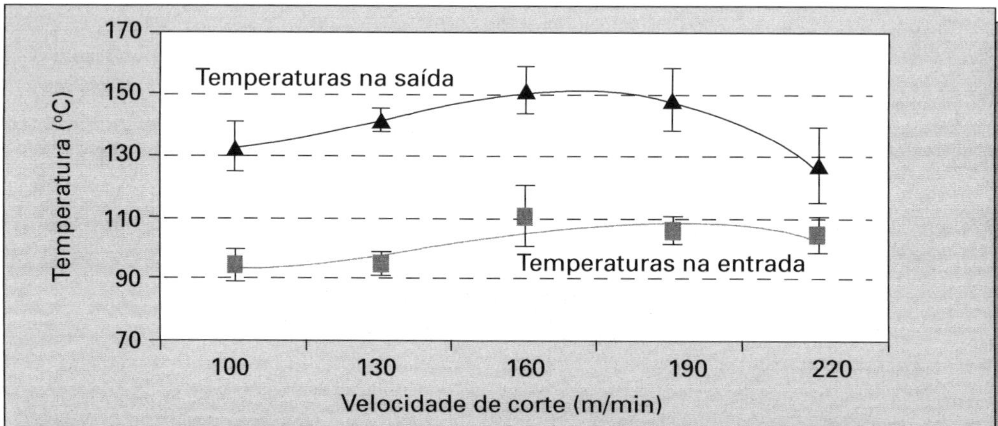

FIGURA 5.25 Resultado da temperatura em fresamento medida pela técnica de radiação infravermelha. (Fresamento de aço ABNT S12L14 com ferramenta de aço rápido usando a_p = 1 mm e f_z = 0,05 mm/dente.) (DE MELO et al., 2008).

A técnica de medição por radiação infravermelha é a mais indicada para a medição de temperatura na ferramenta de fresamento, justamente pela vantagem do não contato, uma vez que a fresa trabalha em rotação.

5.4.4 Vernizes termossensíveis

Consiste na utilização de vernizes com capacidade de mudança de cor a determinadas temperaturas por conta de propriedades específicas das substâncias, ou em decorrência de reações químicas iniciadas pela temperatura.

São aplicáveis somente em superfícies expostas, não em interfaces durante a usinagem. Dispõe-se de vernizes sensíveis a um único nível, ou faixa, de temperaturas, ou a múltiplas faixas dentro de uma faixa entre 442 °C e 1.270 °C (THERMAX, 2007). O tempo necessário de exposição à temperatura de reação também pode ser uma limitação em alguns produtos, pois o tempo de início de reação é de alguns milissegundos, enquanto o tempo para completar a reação pode chegar a dez minutos.

5.4.5 Propriedades metalográficas

A distribuição da temperatura na ferramenta de corte durante o trabalho pode ser estimada pela inspeção metalográfica da ferramenta após a operação. A dureza, à temperatura ambiente, do aço-carbono endurecido, bem como a do aço rápido, decresce após seu reaquecimento, e a redução na dureza depende da temperatura e do tempo de reaquecimento. As ferramentas de aço-carbono endurecidas começam a perder sua dureza a partir de 250 °C, e essa propriedade é rapidamente reduzida após um aquecimento a 600 °C. Já as ferramentas de aço rápido não sofrem amolecimento apreciável até 600 °C (WRIGHT; TRENT, 1973). Entre 600 °C e 850 °C, a dureza cai rapidamente, mas pode voltar a subir e chegar a temperaturas de reaquecimento maiores, se forem rapidamente resfriadas. Calibrando-se a dureza *versus* a temperatura e o tempo de aquecimento, uma família de curvas pode ser obtida para cada material de ferramenta. Para as ferramentas de metal duro, foi desenvolvida uma técnica que permite avaliar a distribuição de temperatura em insertos de metal duro (DEARNLEY, 1983). Tal técnica consiste na substituição do elemento ligante normalmente utilizado nesses insertos, o Co, por ferro e ferro-silício, com diferentes teores. Cada ligante utilizado possui uma temperatura específica de transformação de fase, o que permite determinar as isotérmicas nas ferramentas. Por meio desse método, a distribuição de temperatura foi determinada em uma seção transversal à aresta principal de corte da ferramenta, após usinar um aço baixo carbono sob diversas velocidades de corte (SMART; TRENT, 1975). Os resultados são apresentados na Figura 5.26. Observa-se que nessa aplicação a máxima temperatura acontece a determinada distância da aresta principal de corte e que ambas crescem com o aumento da velocidade de corte.

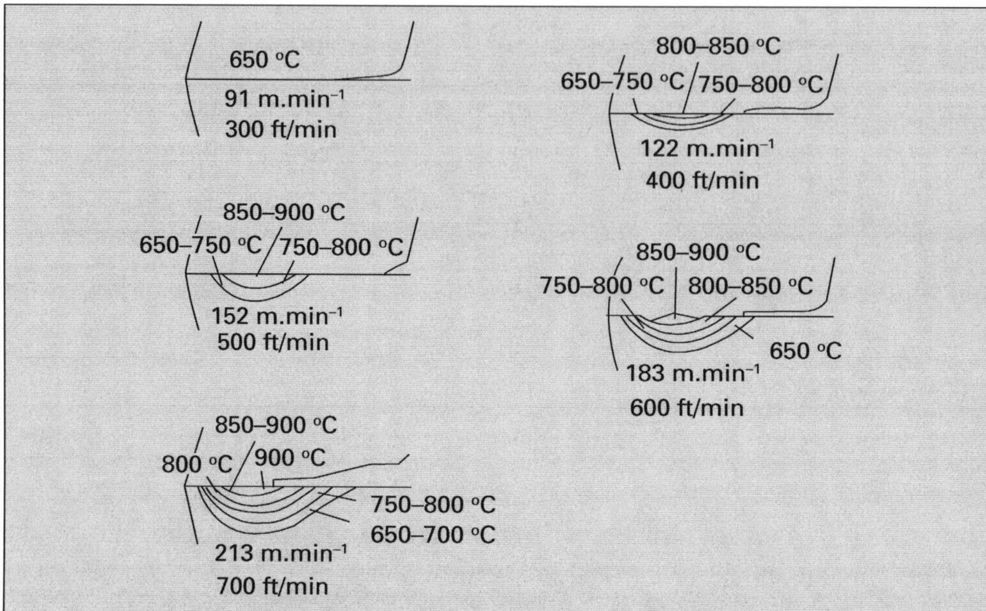

FIGURA 5.26 Distribuição de temperatura na ferramenta de corte após usinar aço baixo carbono por 30 segundos, com avanço de 0,25 mm/rev e várias velocidades de corte (SMART; TRENT, 1975).

A Figura 5.27 apresenta a distribuição de temperatura para avanços crescentes, obtida pela técnica metalográfica. Verifica-se o constante aumento da temperatura e da zona afetada pelo calor com o aumento desse parâmetro.

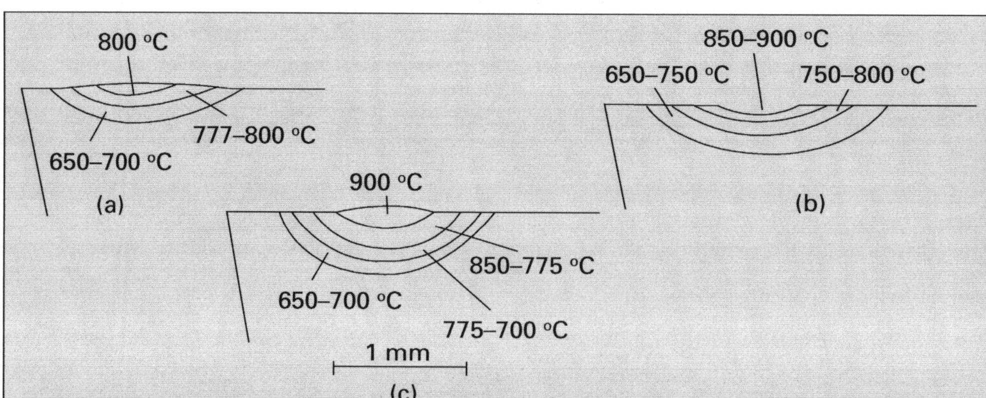

FIGURA 5.27 Influência do avanço nas temperaturas das ferramentas usadas para cortar aço com avanços de a) $f = 0{,}125$ mm/rev; b) $f = 0{,}250$ mm/rev; c) $f = 0{,}500$ mm/rev (TRENT, 1984).

5.4.6 Sais com diferentes temperaturas de fusão

Essa técnica consiste na utilização de sais com pontos de fusão bem definidos, como NaCl, KCl, CdCl, $PbCl_2$, AgCl, KNO_3, para determinar a distribuição da temperatura no corpo da ferramenta de corte. A Tablela 5.2 mostra alguns sais e suas temperaturas de fusão.

Tabela 5.2 Temperaturas de fusão do NaCl e de alguns elementos selecionados

Composto/elemento	Temperatura de fusão (°C)
NaCl	800
Sb	531
Zn	419
Pb	327
Bi	272
In	156

Em primeiro lugar, procede-se à divisão do inserto em duas partes de iguais dimensões. Geralmente, essa etapa é realizada por processo de abrasão (retificação) dos insertos, até que estes alcancem a metade do tamanho original. Dois deles são montados de maneira a formar um bipartido. Com a ferramenta bipartida em mãos, a próxima etapa consiste em umedecer as superfícies retificadas com uma solução de silicato de sódio, para melhorar a adesão do sal, que será posteriormente espalhado sobre essas superfícies. Terminadas essas etapas, as partes são unidas e processa-se a usinagem durante tempo suficiente, até que o sistema entre em regime. Após o corte, a ferramenta é novamente separada e a isotérmica gerada pela fusão do sal é observada. Essa isotérmica pode ser identificada pela linha gerada entre o sal que sofreu fusão e o que permaneceu sem transformação. Se esse processo for repetido com vários tipos de sais (com pontos de fusão diferentes) e com ferramentas de um mesmo material, pode-se determinar a distribuição de temperatura no plano ortogonal à aresta da ferramenta de corte.

Determinou-se a distribuição de temperatura em uma superfície perpendicular ao plano de trabalho em ferramentas de metal duro (classe P20), cermets e cerâmicas durante o corte ortogonal de tubos do material STKM 13A, utilizando sais com pontos de fusão constantes, conforme esquematizado na Figura 5.28 (KATO et al., 1976).

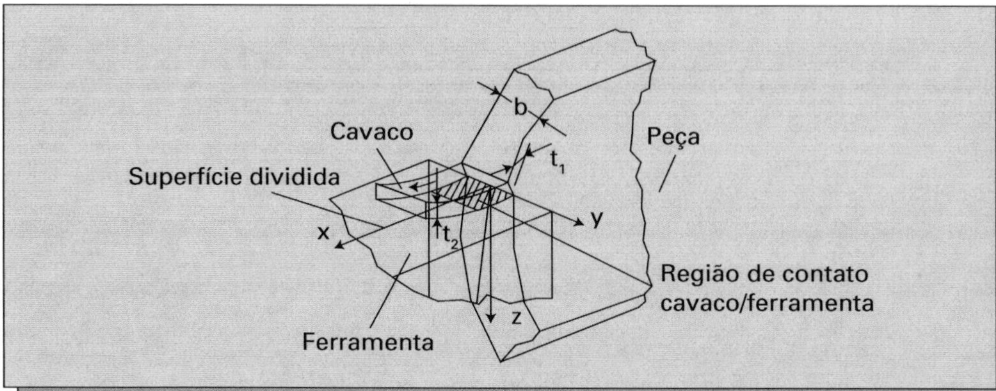

FIGURA 5.28 Experimento utilizado para a determinação da distribuição de temperatura no plano ortogonal de insertos.

5.4.7 Filmes depositados por PVD

Esse método consiste na deposição de finas camadas de diversos materiais com pontos de fusão específicos em uma superfície perpendicular à superfície de saída de insertos de metal duro. Após a deposição do filme de um determinado material, as partes da ferramenta são unidas e postas para usinar um disco em um processo de corte ortogonal como mostra a Figura 5.29.

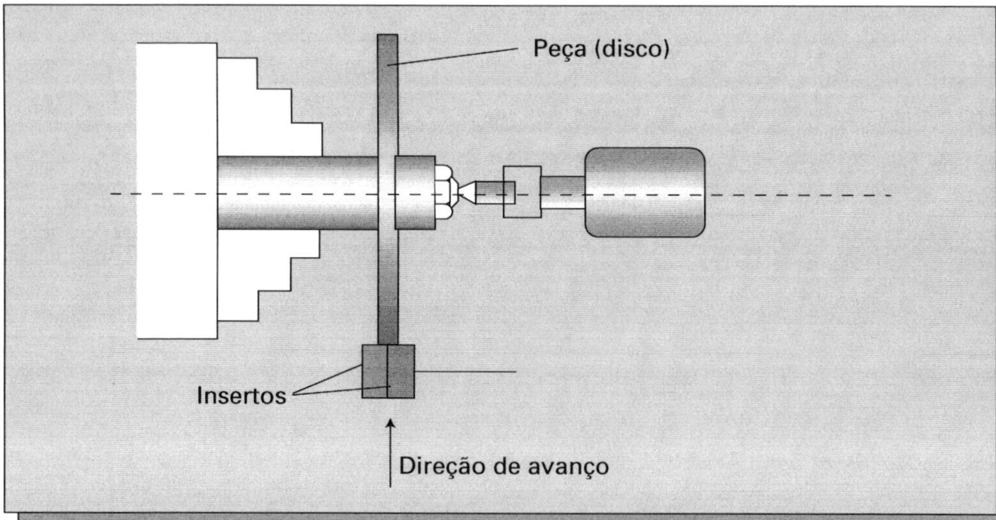

FIGURA 5.29 Montagem experimental para medir a distribuição de temperatura pelo método PVD (CASTO et al., 1994).

REFERÊNCIAS BIBLIOGRÁFICAS

ABRÃO, A. M.; REIS, D. D. The machining of aluminium alloy 6351. Proc. IMechE v. 219 part B. *J. Engineering Manufacture*, 2004.

BOOTHROOYD, G. Fundamentals of metal machining and machine tools. 5. ed. *International student edition*. New York: McGraw-Hill, 1981.

BYRNE G. Thermoelectric signal characteristics and average interfacial temperatures in the machining of metals under geometrically defined conditions. *Int. J. Mach. Tools Manuf.*, v. 27, n. 2, p. 215-224, 1987.

CARSLAW, H. S.; JAEGER, J. C. *Conduction of heat in solids*. 2. ed. London: Oxford University Press, 1957.

CASTO, S. L. et al. Cutting temperatures evaluation in ceramic tools: experimental tests, numerical analysis and SEM observations. *Annals of the CIRP*, v. 43, p. 73-76, 1994.

DE MELO, A. C. A. *Estimação da temperatura de corte utilizando problemas inversos em condução de calor*. Dissertação (Mestrado) – Universidade Federal de Uberlândia (UFU), Uberlândia, 1998.

DEARNLEY, P. A. New technique for determining temperature distribution in cemented carbide cutting tools. *Metals Technology*, v. 10, p. 205-214, 1983.

FERRARESI, D. *Fundamentos da usinagem dos metais*. São Paulo: Blucher, 1977.

HUANG, H. H. *Estudo teórico-experimental da distribuição de temperatura na região de formação de cavacos usando FEM (Finite Element Method)*. Dissertação (Mestrado) – Escola de Engenharia de São Carlos (USP), São Carlos, 2007.

IQBAL, S. A.; MATIVENGA, P. T.; SHEIKH, M. A. A comparative study of the tool-chip contact length in turning of two engineering alloys for a wide range of cutting speeds. *Int. J. adv. Manuf. Technol.*, v. 42, p. 30-40, 2009.

ISNARD, A. *Formazione del truciolo metallico*. Milão: Ulrico Hoepli, 1955.

KATO, S. et al. Measurement of temperature distribution within tool using powders of constant melting point. *Trans. of ASME. Journal of Engineering for Industry*, p. 607-613, 1976.

LOEWEN, E. G.; SHAW, M. C. On the analysis of cutting tool temperatures. *Trans. of ASME*, n. 76, p. 217-221, 1954.

MELO, A. C. A. et al. Flutuação da temperatura de usinagem durante o fresamento de topo. Encarte Científico da *Revista O Mundo da Usinagem*, v. IV, n. 45, p. 6-11, mar. 2008. Publicação da Divisão Coromant da Sandvik do Brasil.

MICHELETTI, G. F. *Il taglio dei metalli*. 2. ed. Unione Tipográfico, Editrige Torinese, 1977.

MURAKA, P. D. et al. Influence of the process variables on the temperature distribution in orthogonal machining using the finite element method. *Int. J. Mech. Sci.*, n. 21, p. 445-456, 1979.

PANKINE, A. V. *Usinage des metaux par la coupe*. Moscou: Ed. Ec., 1965.

SHAW, M. C. *Metal cutting principles*. Oxford Scientific, 1986.

SMART, E. F.; TRENT, E. M. Temperature distribution in tools used to cutting iron, titanium and neckel. *Int. J. Prod. Res.*, v. 13, n. 3, p. 265-290, 1975.

TAY, A. O. et al. Using the finite element method to determine temperature distribution in orthogonal machining. *Proc. Inst. Mech. Engrs.*, v. 188, n. 55, p. 627-638, 1974.

THERMOGRAPHIC MEASUREMENTS LTD. *THERMAX Product literature*, 2007.

TRENT, E. M. *Metal cutting*. 2. ed. London: Butterworths & Co., 1984.

__________. Metal cutting and the tribology of seizure: III temperature in metal cutting. *Wear*, v. 128, p. 65-81, 1988a.

TRENT, E. M. Metal cutting and the tribology of seizure: I seizure in metal cutting. *Wear*, v. 128, p. 29-45, 1988b.

TRIGGER, K. J.; CHAO, B. T. An analytical evaluation of metal-cutting temperatures. *Trans. of ASME*, n. 53, p. 57-68, 1951.

WEIL, R. *Techniques d'usinage*. Duod, 1971.

WRIGHT, P. K.; TRENT, E. M. Metallographic method of determining temperature gradients in cutting tools. *Journal of the Iron and Steel Institute*, p. 364-368, May. 1973.

6 Fluidos de Corte

Tratando-se de sistemas de manufatura, qualquer esforço para aumentar a produtividade e/ou reduzir custos deve ser considerado. Na usinagem, o uso de fluidos de corte, quando escolhidos e aplicados apropriadamente, traz benefícios. A seleção adequada de um fluido de corte deve recair sobre aquele que possuir composição química e propriedades corretas para lidar com as adversidades de um processo de corte específico. Ele deve ser aplicado usando-se um método que permita sua chegada o mais próximo possível da aresta de corte dentro da interface ferramenta/cavaco, a fim de assegurar que suas funções sejam exercidas adequadamente.

Em 1894, Frederick Winslow Taylor observou que aplicando grande quantidade de água na região de corte, era possível aumentar a velocidade de corte em 33%, sem prejuízo para a vida da ferramenta (RUFFINO, 1977). Desde então, grandes avanços tecnológicos foram obtidos, tanto no que diz respeito aos materiais quanto no que se refere às máquinas-ferramentas, fazendo a demanda por fluidos de corte crescer consideravelmente. Alta demanda estimula a competitividade, o que, por sua vez, provoca uma melhoria na qualidade dos produtos disponíveis no mercado. Outro fator que também contribui para o aumento da qualidade dos fluidos de corte é a pressão exercida por Agências de Proteção Ambiental e de Saúde para que os produtos sejam comercializados com segurança e sejam menos nocivos ao meio ambiente (NELSON; SCHAIBLE, 1988). O atual sucesso dos fluidos de corte também se deve a avanços obtidos durante a sua fabricação, particularmente no que se refere ao desenvolvimento de novos aditivos. Com isso, os fluidos de corte hoje utilizados apresentam melhores propriedades refrigerantes e lubrificantes, oferecem menos riscos ao operador e duram consideravelmente mais, além de apresentarem menos problemas de armazenagem que os fluidos de corte de gerações passadas.

6.1 FUNÇÕES DOS FLUIDOS DE CORTE

As principais funções dos fluidos de corte são:

- Lubrificação a baixas velocidades de corte.
- Refrigeração a altas velocidades de corte.
- Remoção dos cavacos da zona de corte.
- Proteção da máquina-ferramenta e da peça contra a oxidação.

Embora as primeiras duas funções sejam normalmente consideradas prioritárias, há situações em que a remoção de cavacos se torna crítica, como na furação profunda e no serramento, processos nos quais a aplicação deficiente de fluido de corte pode resultar no engripamento dos cavacos, o que causa a quebra prematura da ferramenta de corte. A capacidade do fluido de corte em remover os cavacos da zona de corte depende da sua viscosidade e vazão, além, é claro, da natureza da operação de usinagem e do tipo de cavaco que está sendo formado.

Sob baixas velocidades de corte, caso em que as temperaturas são mais baixas, a refrigeração é relativamente sem importância, enquanto a lubrificação é fundamental para reduzir o atrito e evitar a formação da aresta postiça de corte. Sob altas velocidades de corte, a temperatura de usinagem é mais elevada; além disso, as condições não são favoráveis para a penetração do fluido de corte na interface para que ele exerça suas funções.

Agindo como lubrificante, o fluido de corte contribui para reduzir o atrito e a área de contato ferramenta/cavaco, e sua eficiência vai depender da habilidade de penetrar na interface ferramenta/cavaco no curto período de tempo disponível e de formar um filme (seja por ataque químico, seja por absorção física) com resistência ao cisalhamento menor que a resistência do material da peça. Porém, como refrigerante, o fluido de corte favorece a transferência de calor da região de corte, reduzindo, assim, a temperatura da ferramenta e da peça, ainda que a temperatura na interface ferramenta/cavaco não seja significativamente alterada. Além disso, mesmo que a concentração de óleo seja mínima, haverá redução do coeficiente de atrito e, portanto, da temperatura. Demonstrou-se, de maneira experimental, que a eficiência do fluido de corte em reduzir a temperatura diminui com o aumento da velocidade de corte e da profundidade de corte (SHAW et al., 1951).

Ainda não está completamente claro como o fluido de corte ganha acesso à interface, nem até onde ele pode chegar. Algumas experiências relatam que o lubrificante não consegue acesso à zona de aderência, mas que na zona de escorregamento pode ser possível a presença de fluido (TRENT, 1967 e 1991; CHILDS; ROWE, 1973). Há outras experiências relatadas por vários pesquisadores que observaram o fluido penetrando contra o fluxo do cavaco, chegando à ponta da ferramenta por ação capilar, desde que o contato na interface não seja completo, isto é, sob condição de escorregamento (POSTINIKOV, 1967; WILLIAMS, 1977). Há relatos, ainda, de casos em que o fluido de corte ganha acesso à interface pelos lados, em vez de se movimentar contra o fluxo de saída do cavaco em ensaios com ferramentas transparentes de safira (HORNE et al., 1978). Entretanto, essa situação particular difere muito da usinagem tradicional. Qualquer que seja o método de penetração do fluido de corte, uma vez na interface, ele deve formar um filme com resistência ao cisalhamento menor que a resistência do material da peça. Ele também pode restringir o caldeamento (união) do cavaco com a superfície de saída da ferramenta se aditivos apropriados forem acrescentados. A eficiência da lubrificação dependerá das propriedades do fluido, como características de molhabilidade, viscosidade, oleosidade e resistência do filme. Essas propriedades podem ser conseguidas com uma mistura adequada de aditivos.

O poder lubrificante dos fluidos pode ser avaliado por uma técnica de esclerometria pendular utilizada para produzir riscos em superfícies imersas em fluido de corte. Determina-se, assim, a energia específica para riscar os corpos de prova (Figura 6.1).

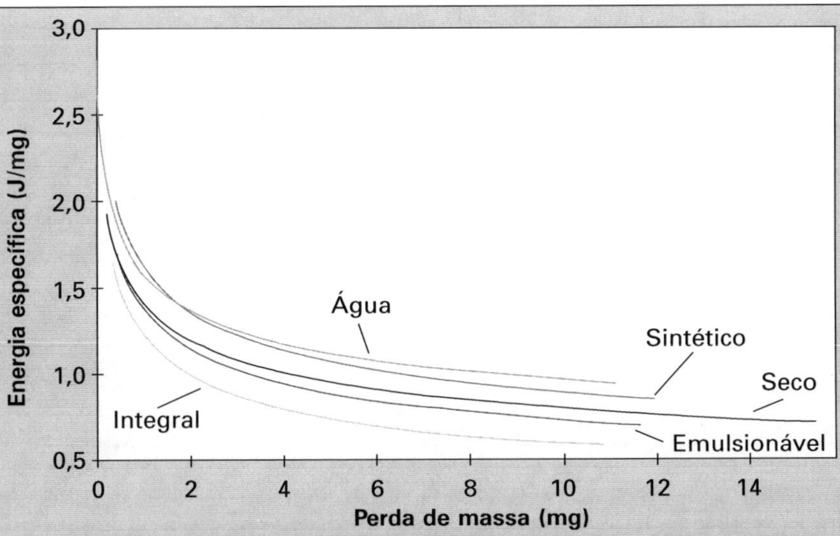

FIGURA 6.1 Resultados dos testes de esclerometria pendular utilizando diversos fluidos de corte (SALES, 1999).

Observa-se que os fluidos dos tipos integral e emulsionável apresentaram menores valores de energia específica, enquanto os maiores valores foram encontrados em um dos fluidos sintéticos e na água. A condição a seco ocupou uma posição intermediária. Esses resultados mostram que a classificação depende não só das propriedades lubrificantes, mas também das características refrigerantes dos fluidos.

A capacidade refrigerante dos fluidos de corte também pode ser avaliada por meio de um ensaio no qual um corpo de prova padronizado é aquecido e fixado à placa do torno e depois colocado para girar a uma velocidade de 150 rpm, enquanto o fluido de corte é aplicado. Quando a temperatura (monitorada por meio de um sensor infravermelho) atinge 300 °C, inicia-se a aquisição dos dados até que seja atingida a temperatura ambiente. A Figura 6.2 apresenta resultados de um teste comparativo entre diversos meios refrigerantes. A classificação dos fluidos (em ordem crescente) quanto à capacidade de resfriamento foi a seguinte: corte a seco, óleo integral, fluido emulsionável, fluido sintético 2, água e fluido sintético 1. O fato de o fluido sintético 1 apresentar uma taxa de resfriamento maior que a da água, que teoricamente tem maior poder convectivo, é inesperado.

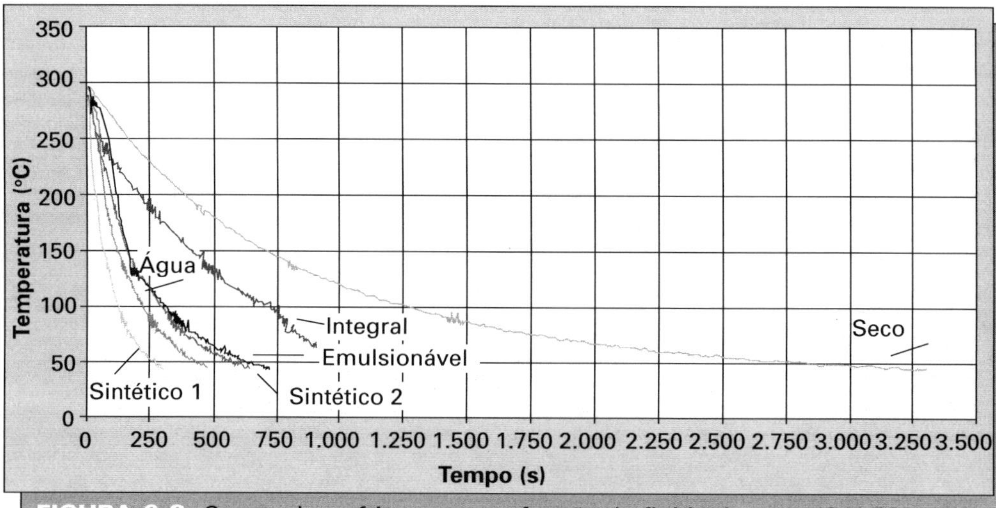

FIGURA 6.2 Curvas de resfriamento em função do fluido de corte (SALES, 1999).

Com base nas curvas de resfriamento, pôde-se calcular o coeficiente convectivo dos fluidos, como apresentado na Figura 6.3. Nesse caso, além dos diversos fluidos de corte, também foram testadas concentrações distintas.

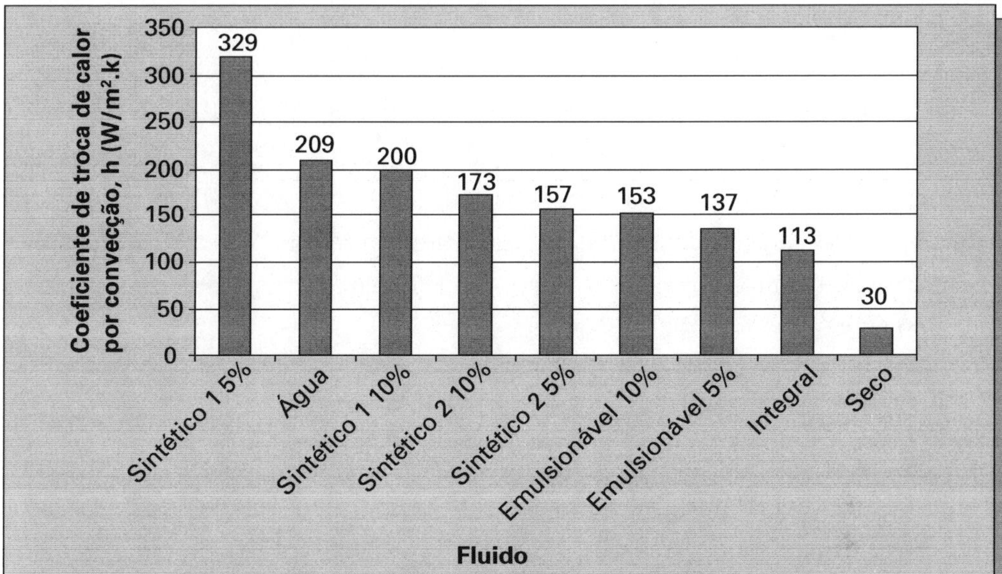

FIGURA 6.3 Coeficiente convectivo de fluidos de corte (SALES, 1999).

6.2 CLASSIFICAÇÃO DOS FLUIDOS DE CORTE

Existem diversas formas de classificar os fluidos de corte; entretanto, não há uma padronização. Embora a utilização de fluidos de corte gasosos e sólidos seja eventualmente descrita na literatura técnica, os fluidos de corte líquidos representam a maioria nas aplicações em operações de usinagem. O fluido de corte gasoso mais comum é o ar comprimido, cuja função restringe-se à expulsão dos cavacos da região de corte, visto que, à temperatura ambiente, o ar possui capacidades refrigerante e lubrificante mínimas. A utilização de fluidos gasosos resfriados a temperaturas negativas e sob pressão (ar, CO_2 e N_2) é descrita por Shaw (1982), que relata aumentos substanciais de vida da ferramenta. Entretanto, o uso industrial de fluidos de corte gasosos ainda não é viável economicamente. Os lubrificantes sólidos, como a grafita e o bissulfeto de molibdênio, são aplicados sobre a superfície de saída da ferramenta com o único objetivo de reduzir o coeficiente de atrito ferramenta/cavaco. Como é necessária a interrupção da operação para a reaplicação do produto, seu uso tem sido muito restrito.

Sendo os fluidos líquidos os mais comuns, eles são agrupados nas seguintes categorias, de acordo com a sua classificação: óleos, emulsões e soluções.

6.2.1 Óleos

Os óleos de origens vegetal e animal foram os primeiros lubrificantes empregados como óleos integrais na usinagem dos metais. Sua utilização se tornou inviável em virtude do alto custo e da rápida deterioração, porém são empregados como aditivos, nos fluidos minerais, com o objetivo de melhorar suas propriedades lubrificantes. Embora sejam eficientes na redução do atrito, sua baixa condutividade térmica e seu baixo calor específico os tornam ineficazes na condução do calor para fora da região de corte.

Os óleos minerais são hidrocarbonetos obtidos a partir do refino do petróleo. Suas propriedades dependem do comprimento da cadeia, da estrutura molecular e do grau de refino. Os óleos integrais são, basicamente, óleos minerais puros ou com aditivos, em geral agentes EP (aditivos de extrema pressão). O emprego desses óleos, nos últimos anos, tem perdido espaço para os óleos emulsionáveis em virtude do alto custo, do baixo ponto de fulgor (risco de incêndios), da ineficiência a altas velocidades de corte, do baixo poder refrigerante e da formação de fumos, além de oferecer riscos à saúde do operador. Os aditivos podem ser à base de cloro e/ou enxofre, o que lhes confere características de extrema pressão ao fluido. O fósforo e matérias graxas também são utilizados e atuam como elementos antidesgaste.

A base dos óleos minerais pode ser parafínica, naftênica ou aromática, entretanto os últimos não são empregados na fabricação de fluidos de corte. Os fluidos de base parafínica derivam do refino do petróleo com alto teor de parafinas (ceras), o que resulta em excelentes fluidos lubrificantes. Como esses óleos são encontrados em maior abundância, apresentam um custo menor. Além disso, possuem elevada resistência à oxidação e mantêm sua viscosidade constante em uma ampla faixa de temperaturas. São menos prejudiciais à pele e ainda menos agressivos à borracha e ao plástico. Já os óleos de base naftênica são derivados do refino do petróleo naftênico. O uso desses óleos como bases para fluidos de corte tem diminuído em função dos problemas causados à saúde humana, entretanto são mais estáveis que os óleos parafínicos e suportam cargas mais elevadas.

6.2.2 Emulsões

Nessa categoria estão os fluidos emulsionáveis e semissintéticos. Os fluidos emulsionáveis (erroneamente chamados "óleos solúveis") são compostos bifásicos de óleos minerais ou vegetais adicionados à água na proporção de 1:10 a 1:100, mais agentes emulsificantes ou surfactantes que garantem a uniformidade da mistura. Os emulsificantes são tensoativos polares que reduzem a tensão superficial, formando uma película monomolecular relativamente estável na interface óleo/água. Assim, os emulsificantes promovem a formação de glóbulos de óleo menores, o que resulta em emulsões translúcidas.

A estabilidade das emulsões se deve ao desenvolvimento de uma camada elétrica na interface óleo/água. Forças repulsivas entre glóbulos de mesma carga evitam a coalescência destes. Para evitar os efeitos nocivos da água presente na emulsão, empregam-se aditivos anticorrosivos, como nitrito de sódio, que ainda é utilizado na fabricação de óleos de corte emulsionáveis. Usam-se, ainda, biocidas, que inibem o crescimento de bactérias e fungos; porém, estes devem ser compatíveis com a pele humana e atóxicos. Os aditivos EP e antidesgaste usados para aumentar as propriedades de lubrificação são os mesmos empregados para óleos puros. No entanto, o uso de cloro como aditivo para fluidos de corte vem encontrando restrições em todo o mundo, em razão dos danos que esse produto causa ao meio ambiente e à saúde humana. Por essa razão, procura-se substituir o cloro por aditivos à base de enxofre e cálcio. Usam-se ainda gordura e óleos animal e vegetal para melhorar as propriedades de lubrificação.

Os fluidos semissintéticos também são formadores de emulsões e se caracterizam por apresentar entre 5% e 50% de óleo mineral ou vegetal no fluido concentrado, além de aditivos e compostos químicos que de fato se dissolvem na água e formam moléculas individuais. A presença de uma grande quantidade de emulsificantes propicia ao fluido uma coloração menos leitosa e mais transparente. A menor quantidade de óleo mineral e a presença de biocidas aumentam a vida do fluido de corte e reduzem os riscos à saúde humana. Aditivos EP, anticorrosivos e agentes umectantes também são utilizados. Além disso, corantes são acrescentados para proporcionar uma cor mais viva e aceitável pelo operador da máquina.

6.2.3 Soluções

As soluções são compostos monofásicos de óleos que se dissolvem completamente na água. Nesse caso não há necessidade de adição de agentes emulsificantes, pois os compostos reagem quimicamente, formando fases únicas. As soluções, também chamadas "fluidos sintéticos", caracterizam-se por ser isentas de óleo mineral ou vegetal. Consistem em sais orgânicos e inorgânicos, aditivos de lubricidade, biocidas, inibidores de corrosão, entre outros, quando adicionados à água. Apresentam vida mais longa, uma vez que são menos atacáveis por bactérias e reduzem o número de trocas da máquina. Formam soluções transparentes, resultando em boa visibilidade durante a operação de corte. Possuem agentes umectantes que melhoram bastante as propriedades refrigerantes da solução e são estáveis, mesmo em água dura.

Os fluidos sintéticos mais comuns oferecem boa proteção anticorrosiva e refrigerante. Os mais complexos são de uso geral, com boas propriedades lubrificantes e refrigerantes. Faz-se uma distinção quando os fluidos sintéticos contêm apenas inibidores de corrosão e as propriedades EP não são necessárias.

6.3 ADITIVOS

A fim de cumprir satisfatoriamente as funções já destacadas, os fluidos de corte devem possuir as seguintes propriedades: ser antiespumantes, anticorrosivos, antioxidante, antidesgaste e antissolda (EP), ter boa umectação, capacidade de absorção de calor e transparência, ser inodoros; não provocar irritações na pele, ser compatíveis com o meio ambiente, ter baixa variação de viscosidade quando utilizados (índice de viscosidade compatível com a sua aplicação). A maioria dessas propriedades é conferida aos fluidos de corte por meio de aditivos. Os principais são:

- *Antiespumantes*: evitam a formação de espumas que poderiam impedir a visibilidade da região de corte e comprometer o efeito de refrigeração do fluido. Esses aditivos reduzem a tensão interfacial do óleo de tal maneira que bolhas menores passam a se agrupar formando bolhas maiores e instáveis. No controle das espumas, geralmente, usam-se ceras especiais ou óleos à base de silicone.
- *Anticorrosivos*: protegem a peça, ferramenta e máquina-ferramenta da corrosão. São produtos à base de nitrito de sódio ou que reagem com ele, bem como óleos sulfurados ou sulfonados. É recomendável usar o nitrito de sódio moderadamente e com precaução, pois é suspeito de ser cancerígeno.
- *Detergentes*: reduzem a deposição de lodo, lamas e borras. São compostos organometálicos contendo magnésio, bário, cálcio, entre outros, ou ainda alcoóis.

- *Emulsificantes*: são responsáveis pela formação de emulsões de óleo na água e vice-versa. Reduzem a tensão superficial e formam uma película monomolecular semiestável na interface óleo/água. Os principais tipos são sabões de ácidos graxos, gorduras sulfatadas, sulfonatos de petróleo e emulsificantes não iônicos.
- *Surfactantes*: de forma análoga aos emulsificantes, têm a função de garantir a uniformidade das emulsões, porém agem de forma diferente: quando um surfactante é acrescentado a dois fluidos imiscíveis, ele será absorvido na interface entre os dois líquidos. Assim, a parte hidrófila da molécula (solúvel em água) se orienta para se tornar parte da fase água, enquanto a parte lipofílica (miscível em óleo) se orienta para se tornar parte da fase óleo. Normalmente, ésteres fosfatos, sulfonatos e alcoóis etoxilados são empregados como agentes surfactantes.
- *Biocidas*: são substâncias ou misturas químicas que inibem o desenvolvimento de microrganismos, especialmente fungos e bactérias que, em geral, reagem com o enxofre presente no fluido de corte.
- *Aditivos de extrema pressão (EP)*: em operações mais severas, em que uma lubricidade adicional é necessária, podem-se utilizar aditivos de extrema pressão, que conferem aos fluidos de corte a capacidade de suportar as elevadas temperaturas e pressões do corte, reduzindo o contato ferramenta/cavaco. São compostos que variam na estrutura e composição. São suficientemente reativos com a superfície usinada, formando compostos relativamente fracos na interface, geralmente sais (fosfato de ferro, cloreto de ferro, sulfeto de ferro etc.) que se fundem a altas temperaturas e são facilmente cisalháveis. Os principais aditivos EP são compostos de enxofre, fósforo ou cloro. Apesar de sua importância, esses aditivos podem atacar o cobalto, presente em ferramentas de metal duro.

6.4 CONSIDERAÇÕES A RESPEITO DA UTILIZAÇÃO DE FLUIDOS DE CORTE

O objetivo final ao usar fluidos de corte é reduzir o custo total de fabricação ou aumentar a taxa de produção. Além disso, o fluido de corte pode evitar alterações microestruturais na peça decorrentes de elevadas temperaturas de usinagem. Outros benefícios do emprego de fluidos de corte são:

- Aumento da vida da ferramenta.
- Redução das forças de usinagem e, portanto, da potência de usinagem.
- Melhoria do acabamento da peça.
- Facilidade de remoção dos cavacos da região de corte.
- Redução do risco de distorção da peça.

Porém, a utilização de fluidos de corte acarreta custos associados à sua aquisição, armazenamento, preparo, controle em serviço e, finalmente, descarte. De acordo com Kopac (1998), a utilização de fluidos de corte representa 16% do custo total de fabricação da peça. Além disso, deve-se levar em consideração o fato de que, ao aplicar um fluido de corte, este pode tanto proporcionar vantagens quanto ser inócuo ou mesmo prejudicial ao processo, dependendo da operação, das condições de corte, do material da peça e da ferramenta.

Embora seja, praticamente, muito difícil eliminar por completo o emprego de fluidos de corte, Batzer e Sutherland (1998) e Graham (2000) recomendam que, nos casos em que sua aplicação é questionável (ou quando as perdas são passíveis de amortização), a questão ambiental seja colocada em primeiro plano. Diante dessa situação, uma alternativa que tem sido apresentada por alguns fabricantes de fluidos de corte é o retorno dos produtos de base vegetal (biodegradáveis), uma vez que tais produtos apresentam maior compatibilidade com a pele humana e reduzida tendência à formação de vapor, fumaça e névoa, contribuindo assim para uma melhor qualidade do ar e limpeza do ambiente de trabalho. Além disso, possuem ponto de fulgor superior ao de óleos minerais de mesma viscosidade, o que reduz o risco de incêndios. Da mesma forma que os óleos minerais, os óleos vegetais também podem ser descartados por meio de queima, mas são menos poluentes ao meio ambiente e apresentam matéria-prima renovável (KURODA, 2006).

Os óleos vegetais também possuem propriedades lubrificantes superiores aos óleos de base mineral. Sua estrutura, composta de moléculas polares, produz um filme lubrificante com capacidade para suportar elevadas tensões, prolongando a vida das ferramentas de corte. Testes realizados por Kuroda (2006) mostraram que a substituição do óleo mineral pelo vegetal promoveu um aumento de quase 93% na vida de fresas geradoras de engrenagens em aço 1.060.

Dessa forma, o custo de aquisição mais elevado do produto vegetal é compensado pela redução nos custos de fabricação.

O controle de fluidos de corte em operação é padronizado por normas técnicas e normalmente compreende o monitoramento das seguintes propriedades/características (NACHTMAN, 1995): viscosidade, concentração, potencial corrosivo, pH, estabilidade, condutividade elétrica, concentração de contaminantes, presença de microrganismos e qualidade da água.

A reciclagem ou descarte de fluidos de corte é outro aspecto relevante a ser considerado, pois envolve as seguintes etapas (NACHTMAN, 1995):

- Decantação para remoção de material particulado grosseiro, como cavacos.
- Flotação para remoção de particulado fino.
- Uso de hidrociclones ou centrífugas para remoção de contaminantes muito finos.
- Filtração por gravidade, pressão ou a vácuo.
- Tratamento da água (correção de dureza, deionização e destilação).
- Controle biológico.

O descarte de fluidos de corte é mais frequente que sua reciclagem, uma vez que esta tem custo elevado. Entretanto, antes de ser despejado na rede de esgoto, o fluido de corte deve sofrer o seguinte tratamento (NACHTMAN, 1995):

- Separação do óleo proveniente do sistema de lubrificação da máquina-ferramenta e de contaminantes sólidos.
- Adição de ácido sulfúrico até que o pH = 3,5 seja atingido.
- Adição de sulfato de alumínio para provocar a precipitação de hidróxido de alumínio.
- Adição de hidróxido de sódio até que o pH = 7 seja atingido.
- Estabilização com a formação de flocos de hidróxido de alumínio.
- Remoção dos flocos de hidróxido de alumínio.
- Despejo da água isenta de óleo na rede de esgoto.

6.5 DIREÇÕES DE APLICAÇÃO DO FLUIDO DE CORTE

Existem três direções de aplicação dos fluidos de corte, como mostra a Figura 6.4.

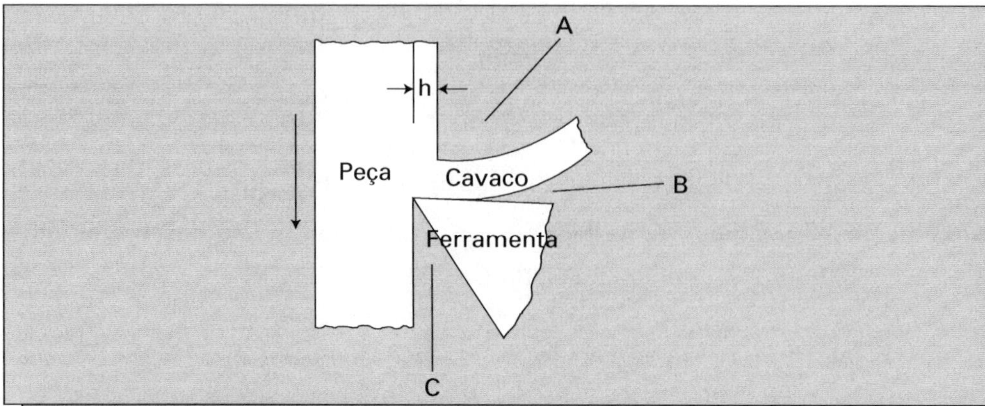

FIGURA 6.4 Direções possíveis de aplicação do fluido de corte.

Não há um consenso em relação à melhor direção de aplicação do fluido de corte. A direção A (sobrecavaco) é a mais tradicional, provavelmente pelo fato de os primeiros sistemas de aplicação serem rígidos e possuírem poucos graus de liberdade, dificultando, assim, a aplicação em outras direções. Entretanto, a direção A mostra-se inadequada quando cavacos emaranhados são produzidos, pois estes impedem o acesso do fluido à interface ferramenta/cavaco.

A direção B apresenta a desvantagem de aplicação do fluido no sentido contrário ao do movimento do cavaco, sendo recomendada quando o fluido é aplicado sob elevada pressão. Machado (1990) obteve bons resultados utilizando a direção B (superiores à direção A) no torneamento da liga de titânio Ti6V4Al, quando aplicou o fluido de corte a alta pressão (aproximadamente 145 atm). Entretanto, essa direção de aplicação não apresentou os mesmos resultados no torneamento de uma liga de níquel (Inconel 901).

A direção C de aplicação do fluido de corte apresenta a vantagem de atingir diretamente a interface ferramenta/peça, reduzindo, assim, o desgaste de flanco e contribuindo para a qualidade da superfície usinada. Além disso, essa posição está relativamente protegida dos cavacos.

6.6 MÉTODOS DE APLICAÇÃO DOS FLUIDOS DE CORTE

Existem basicamente três métodos de aplicação do fluido:

- Jorro a baixa pressão.
- Sistema a alta pressão (até 163 bar).
- Atomização (de 1 a 5 bar).

O primeiro sistema é o mais utilizado pela sua simplicidade. O segundo método exige equipamento mais complexo (bomba de múltiplos estágios, reservatório com elevada capacidade e encapsulamento da máquina-ferramenta). O terceiro método oferece vantagens sobre o primeiro por causa do maior poder de penetração e velocidade do fluido. No sistema a alta pressão, o fluido é bombeado através do porta-ferramentas (Figura 6.5) e aplicado na direção B, promovendo também a quebra do cavaco, como já mencionado no Capítulo 3.

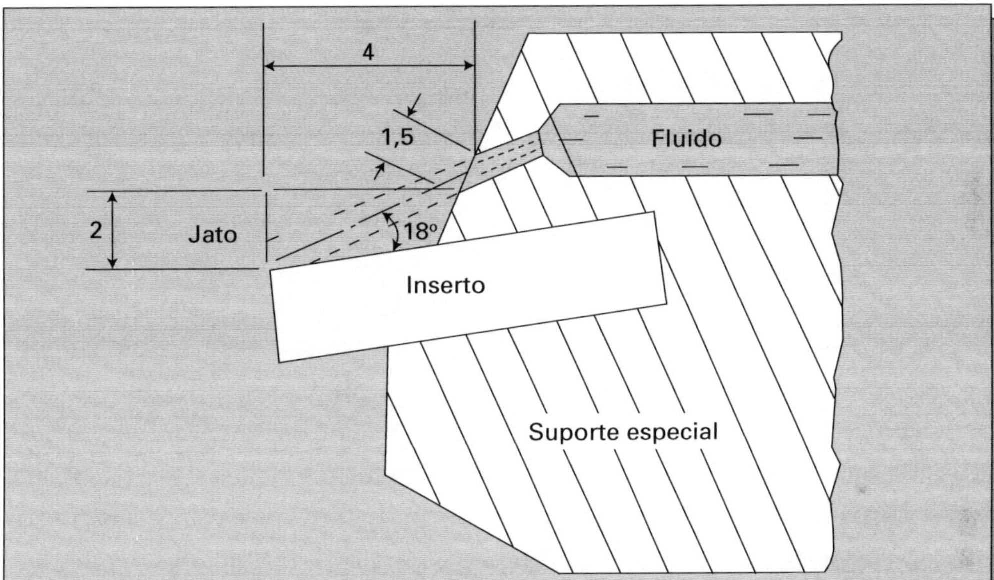

FIGURA 6.5 Esquema de aplicação do fluido de corte sob alta pressão.

Nos últimos tempos, tem-se observado um esforço no sentido de reduzir o consumo de fluidos de corte, tanto pelo fator econômico quanto pela preocupação ambiental. Nesse cenário, a aplicação de fluido de corte pelo método da atomização (também chamado névoa ou MQF – mínima quantidade de fluido) tem sido intensamente investigada (MACHADO; WALLBANK, 1997; MACHADO et al., 1997, 1998; HEISEL et al., 1998; WEINGAERTNER et al., 2000, entre outros). Nessa técnica, o fluido é aplicado em vazões muito baixas, na faixa de 10 ml/h a 200 ml/h, normalmente nas direções de aplicação B e C. Embora os resultados encontrados sejam promissores (redução das forças de usinagem e da rugosidade da peça), não são consistentes, ou seja, apresentam variações de desempenho (em comparação com o método do jorro a baixa pressão) de acordo com as condições de corte.

A elevada razão entre a área e o volume das gotículas permite a rápida evaporação do fluido, provocando refrigeração (SHAW, 1982). Portanto, fluidos com baixo ponto de fulgor e alto calor latente de vaporização (ou seja, com elevada concentração de água) devem apresentar melhores resultados. Os aspectos negativos associados ao método de aplicação por atomização dizem respeito à necessidade de controle das emissões (por meio do encapsulamento da máquina-ferramenta e de um sistema de exaustão eficiente) e do ruído produzido pela linha de ar comprimido em funcionamento contínuo.

6.7 SELEÇÃO DO FLUIDO DE CORTE

A seleção do fluido de corte ideal é difícil em razão da grande variedade de produtos disponíveis em um mercado altamente competitivo. O custo é alto e a utilização de um fluido de corte tem de ser justificada economicamente, isto é, os benefícios devem superar o investimento. Existem várias operações em que o corte é realizado sem a aplicação de nenhum fluido, pois não se justifica economicamente o seu emprego. O torneamento e o fresamento de ferro fundido cinzento são exemplos de operações realizadas nessas condições. Em contrapartida, existem muitas operações nas quais o emprego do fluido de corte é vital, como na retificação ou no roscamento. Em termos de consumo industrial, os óleos emulsionáveis estão bem à frente dos demais, porém os novos produtos, principalmente os sintéticos, estão cada vez mais conquistando o mercado consumidor.

Pesquisas de laboratório devem ser usadas como critério para a seleção correta do fluido de corte e dos aditivos, apesar de a maioria dos produtores fornecer tabelas e diagramas que ajudam na seleção do produto. É comum encontrar na literatura informações detalhadas com a descrição do produto, concentração recomendada e material a usinar. Essas informações são úteis e devem ser utilizadas como ponto de partida, entretanto, pelo menos três aspectos relevantes também devem ser considerados antes de se decidir por um determinado fluido de corte: o material da peça, o material da ferramenta e a operação.

6.7.1 Recomendações quanto ao material da peça

O ferro fundido cinzento produz cavacos de ruptura e normalmente é usinado a seco. O ar comprimido pode, entretanto, ser útil na remoção do cavaco, particularmente no caso do fresamento de cavidades. Na usinagem de ferro fundido maleável, se for usado fluido de corte, deve ser um óleo integral ou algum tipo especial de emulsão (deve-se tomar cuidado para que os cavacos não reajam quimicamente com emulsões). A usinagem de ferro fundido branco é considerada difícil e geralmente requer aditivos EP nas emulsões.

Os aços representam o maior volume de material usado industrialmente e existe uma variedade muito grande de composições disponíveis. Assim, todos os tipos de fluidos de corte podem ser usados e a escolha depende da severidade da operação e da resistência do material da peça. Em geral, os aços de corte fácil (contendo chumbo, enxofre ou bismuto) apresentam boa usinabilidade, sendo recomendado o uso de emulsões ou soluções preferencialmente com enxofre na forma de aditivo EP (aditivos à base de cloro não produzem bons resultados). Para os aços baixo carbono, emulsões e óleos com baixa viscosidade são indicados. Já para aços com médio e alto teor de carbono e aços-liga com a mesma concentração de carbono, recomendam-se emulsões ou soluções (estas para altas taxas de remoção de material). Os aços inoxidáveis devem ser usinados com a aplicação de óleos com aditivos EP à base de cloro e enxofre. Para altas velocidades de corte, emulsões contendo esses mesmos aditivos devem ser empregadas (NACHTMAN, 1995).

As ligas de alumínio podem, muitas vezes, ser usinadas a seco. Porém, as ligas conformadas (com alto teor de cobre) requerem um fluido de corte com alta capacidade refrigerante. Quando cavacos longos são formados, a área de contato é grande e exige-se lubrificação adequada (óleos leves). As ligas de alumínio-silício também exigem boa lubrificação. Se a qualidade dimensional da peça for importante, deve-se usar um fluido refrigerante por conta do alto coeficiente de expansão térmica do alumínio. As ligas de alumínio não exigem aditivos EP e o enxofre livre ataca o metal instantaneamente.

As ligas de magnésio são normalmente usinadas a seco. Sob altíssimas velocidades de corte, entretanto, um fluido refrigerante pode ser utilizado. Emulsões são proibidas, porque a água reage com o cavaco para liberar hidrogênio, que apresenta risco de ignição. Geralmente, usa-se óleo mineral ou misturas de óleo mineral com gorduras, e, como no caso do alumínio, o enxofre ataca o metal.

As ligas de cobre são agrupadas de acordo com a sua usinabilidade. As ligas de fácil usinagem incluem a maioria dos latões e alguns bronzes ao fósforo fundido, pois estes possuem resistência à tração adequada e baixa ductilidade e geralmente adições de elementos de corte fácil (chumbo, selênio e telúrio). Isso significa que eles são usinados mais facilmente que as ligas de outros grupos. Uma emulsão é suficiente para praticamente todas as situações. Já as ligas de usinabilidade moderada (latões sem chumbo, alguns bronzes ao fósforo e bronzes ao silício) têm alta ductilidade, o que causa alto consumo de potência e dificulta a obtenção de um bom acabamento superficial. Geralmente uma emulsão com gordura atende às exigências. Finalmente, as ligas de difícil usinagem, como as de chumbo, níquel-prata e bronzes ao fósforo, têm baixa resistência e grande tendência ao arrancamento e, em geral, produzem cavacos longos. Nesse caso, uma mistura concentrada de óleo mineral com gordura deve ser usada. Ressalva-se que todos os metais amarelos são manchados por qualquer óleo contendo enxofre livre.

As ligas à base de níquel, titânio e cobalto são consideradas resistentes ao calor e, muitas vezes, chamadas de superligas. São difíceis de usinar e têm alta tendência de encruar, principalmente as de níquel. A escolha do fluido de corte dependerá da operação de corte e da tenacidade da liga. Óleos leves contendo cloro como aditivo EP normalmente são eficientes. O enxofre livre, entretanto, pode causar a descoloração da peça.

6.7.2 Recomendações quanto ao material da ferramenta

A escolha de um material de ferramenta para determinada aplicação indicará o potencial da taxa de remoção de material. Essa taxa de remoção, por sua vez, indicará as temperaturas de corte e as tensões na ferramenta que provavelmente serão encontradas. Como as ferramentas de aço-carbono e de aço-liga devem ser usadas a baixas temperaturas, é essencial que se use uma refrigeração adequada. Os aços rápidos também requerem uma refrigeração eficiente, e na usinagem de materiais tenazes, aditivos antissolda devem ser usados.

Ligas fundidas, metais duros e cermets possuem dureza a quente mais elevada que as ferramentas de aço, portanto suportam trabalhar a temperaturas mais elevadas. Como a taxa de remoção de material é alta para essas ferramentas, a aplicação de um fluido refrigerante se torna necessária para prolongar a vida da ferramenta. Os fluidos emulsionáveis são usados com frequência, mas a escolha correta deve variar de acordo com a severidade da operação.

O uso de ferramentas cerâmicas tem aumentado consideravelmente nos últimos tempos. Em virtude da baixa condutividade térmica e do alto coeficiente de expansão térmica, deve-se tomar cuidado ao aplicar um refrigerante, porque choques térmicos podem causar trincas superficiais. As cerâmicas à base de nitreto de silício são menos suscetíveis a esse tipo de problema. Se um fluido de corte for capaz de reduzir a temperatura sem causar trincas, ele será sempre recomendado para prolongar a vida da ferramenta. Em certas aplicações, entretanto, principalmente na usinagem das superligas, o desgaste de entalhe vai predominar, e, nesse caso, o fluido de corte deve ser usado com alguma reserva, pois a atmosfera pode alterar o mecanismo de desgaste.

As ferramentas à base de diamante e de PcBN são duras e resistentes o suficiente para suportar choques térmicos. Nesses casos, o fluido de corte não tem nenhum efeito sobre a vida da ferramenta, sendo recomendado apenas para garantir a qualidade da superfície usinada.

6.7.3 Recomendações quanto à operação de usinagem

A severidade das operações de usinagem varia desde a retificação mais leve até os mais pesados cortes de brochamento. A seleção do fluido de corte pode, portanto, variar desde as emulsões de baixa concentração (altamente refrigerantes) até os mais ativos tipos de óleo integral (predominantemente lubrificantes). A Tabela 6.1 apresenta uma classificação das principais operações de usinagem em relação à sua severidade (FERRARESI, 1977).

Tabela 6.1 Classificação das principais operações de usinagem quanto à sua severidade

Operação	
Retificação	
Serramento	
Torneamento	
Aplainamento	Severidade ↓
Furação	
Fresamento	
Roscamento com ferramenta de perfil	
Mandrilamento	
Furação profunda	
Geração de dentes de engrenagens	
Roscamento externo com cossinete	
Roscamento interno com macho	
Brochamento externo	
Brochamento interno	

Para o torneamento, sugere-se que, por causa do contato contínuo entre ferramenta e peça e, consequentemente, do acesso restrito à interface, soluções e emulsões de baixo peso molecular são mais indicadas (NACHTMAN, 1995). Nas operações de fresamento, a ação lubrificante é prioritária e o acesso do fluido é facilitado pela intermitência da operação, assim, óleos e emulsões concentrados são indicados; entretanto, corre-se o risco de acentuar o gradiente térmico e promover trincas de origem térmica na ferramenta de corte. Finalmente, no caso da furação, há o contato contínuo entre ferramenta e peça aliado à dificuldade de acesso do fluido de corte, o que requer, sempre que possível, o uso de ferramentas com canais internos para a aplicação de fluido. Emulsões e soluções com aditivos à base de enxofre e cloro normalmente são eficientes.

Algumas vezes, a seleção do fluido de corte mais indicado é realmente problemática, como no caso de células flexíveis de manufatura. Nessas células, várias operações de usinagem podem ser feitas em uma variedade de materiais. É difícil, portanto, satisfazer a todas as situações. O fluido de corte deve suportar a severidade oferecida pelas mais exigentes operações de corte em materiais de difícil usinagem, o que representa, inevitavelmente, o desperdício de potencialidades no caso de materiais de corte fácil e operações mais leves (NELSON; SHAIBLE, 1988).

REFERÊNCIAS BIBLIOGRÁFICAS

BATZER, S.; SUTHERLAND, J. The dry cure for coolants ills. *Cutting Tool Engineering*, June 1998, p. 34-44.

CHILDS, T. H. C.; ROWE, G. W. Physics in metal cutting. *Rep. Prog.*, 1973.

FERRARESI, D. *Fundamentos da usinagem dos metais*. São Paulo: Blucher, 1977.

GRAHAM, D. Dry out. *Cutting Tool Engineering*, mar. 2000, p. 56-65.

HEISEL, U. et al. A técnica da quantidade mínima de fluidos e sua aplicação nos processos de corte. *Máquinas e Metais*, fevereiro 1998, p. 22-38.

HORNE, J. G. et al. Direct observation of contact and lubrication at a chip-tool interface. *Proc. Inst. Int. Conf. on Lubrication Challenges in Metal Working and Processing.* Chicago: III Research Institute, 1978.

KOPAC, J. Influence of cutting material and coating on tool quality and tool life. *Journal of Materials Processing Technology*, n. 78, p. 95-103, 1988.

KURODA, M. Aumentando a lucratividade com óleos vegetais. *O mundo da usinagem*. São Paulo, v. 3, n. 27, p. 14-15, 2006.

MACHADO, A. R. *Machining of Ti6Al4V and Inconel 901 with a high pressure coolant system*. Tese (Ph.D.). University of Warwick, 1990.

__________.; WALLBANK, J. The effect of extremely low lubricant volumes in machining. *Wear*, v. 210, p. 76-82, 1997.

__________. et al. Performance of synthetic and mineral soluble oil when turning AISI 8640 Steel. *Trans of ASME. Journal of Manufacturing Science and Engineering*, v. 119, n. 4(A), p. 580-586, 1997.

__________. et al. Tool performance and chip control when machining titanium (Ti6Al4V) and nickel (Inconel 901) based superalloys using high pressure coolant supply. *Machining Science and Technology. An International Journal*, v. 2, n. 1, p. 1-12, 1998.

NACHTMAN, E. S. Metal cutting and grinding fluids. *Metals handbook: machining*. 9. ed. New York: ASM International, 1995.

NELSON, D.; SCHAIBLE, J. Update: cutting fluids and related products. *Cutting Tool Engineering*, Oct. 1988, p. 31-35.

POSTINIKOV, S. N. Penetrating ability of cutting fluids. *Wear*, v. 10, p. 142-150, 1967.

RUFFINO, R. T. Fluidos de corte. In: *Fundamentos da usinagem dos metais*. São Paulo: Blucher, 1977.

SALES, W. F. *Influência das características refrigerantes e lubrificantes de fluidos de corte*. Tese (Doutorado em Engenharia Mecânica) – Universidade Federal de Uberlândia (UFU), Uberlândia, 1999.

SHAW, M. C. *Metal cutting principles*. London: Oxford University Press, 1982.

SHAW, M. C. et al. The effect of the cutting fluid upon chip-tool interface temperature. *Trans. of ASME*, v. 73, n. 1, p. 45-56, 1951.

TRENT, E. M. Conditions of seizure at the tool work interface. *ISI Special Report 94*. London: Iron and Steel Institute, 1967.

__________. *Metal cutting*. 3. ed. London: Butterworths & Co., 1991.

WEINGAERTNER, W. et al. A influência da minimização do fluido de corte. *Máquinas e Metais*, p. 52-59, janeiro 2000.

WILLIAMS, J. A. The action of lubricants in metal cutting. *Journal Mechanical Engineering Science*, v. 19, n. 5, p. 202-212, 1977.

7 Materiais para ferramentas de corte

O processo de usinagem baseia-se na remoção de material, utilizando como ferramenta um material mais duro e mecanicamente mais resistente que a peça. Partindo-se do princípio da dureza relativa, o surgimento de novos materiais e ligas estruturais com excelentes propriedades de resistência mecânica e elevada dureza contribuiu para o aparecimento de novos materiais para a confecção de ferramentas mais resistentes para as operações de usinagem. Porém, a usinagem de materiais frágeis ou em operações de cortes interrompidos (como no caso de fresamento, por exemplo) requer materiais que componham ferramentas com suficiente tenacidade para suportar os choques e impactos inerentes ao processo de usinagem. Como, em geral, dureza e tenacidade são duas propriedades distintas (normalmente alta dureza se associa a baixa tenacidade e vice-versa), o balanço dessas propriedades nos materiais de ferramenta de corte se tornou um desafio para os fabricantes. A conciliação dessas propriedades foi conseguida com a produção de ferramentas com diferentes composições químicas, refinamento de grãos, controle dos processos de fabricação e do tratamento térmico, o que lhes confere graus compatíveis de pureza e qualidade.

As principais propriedades desejáveis em um material para ferramenta de corte podem ser assim listadas:

- Alta dureza.
- Tenacidade suficiente para evitar falha por fratura.
- Alta resistência ao desgaste abrasivo.
- Alta resistência à compressão.
- Alta resistência ao cisalhamento.
- Boas propriedades mecânicas e térmicas em temperaturas elevadas.
- Alta resistência ao choque térmico.
- Alta resistência ao impacto.
- Ser inerte quimicamente.

Essas propriedades não se reúnem necessariamente em um só material, mas, dependendo da aplicação, priorizam-se algumas delas, que possam ser reunidas. Desde as primeiras aplicações de processos de usinagem surgiram diversos materiais aplicados a ferramentas de corte. Os principais grupos de materiais de ferramentas são apresentados a seguir. Eles são listados em uma ordem cronológica aproximada de surgimento e também seguem uma ordem de aumento de resistência ao desgaste (ou dureza), o que significa uma ordem inversa de aumento de tenacidade.

<table>
<tr><td>1. Aço-carbono
• Comum
• Com elementos de liga (V, Cr)</td><td rowspan="10">↓ Aumento de dureza e resistência ao desgaste</td><td rowspan="10">↑ Aumento de tenacidade</td></tr>
<tr><td>2. Aço semirrápido (baixo W)</td></tr>
<tr><td>3. Aço rápido (pode ser fundido ou fabricado pela metalurgia do pó)
• Sem revestimento
• Com revestimento</td></tr>
<tr><td>4. Aço super-rápido (elevado teor de V)</td></tr>
<tr><td>5. Ligas fundidas</td></tr>
<tr><td>6. Metal duro (pode ser com ou sem revestimento)
Classes:
• P
• M
• K
• N
• S
• H</td></tr>
<tr><td>7. Cermets (podem ser com ou sem revestimento)</td></tr>
<tr><td>8. Cerâmicas
• Com e sem revestimento
• À base de Si_3N_4 } SIALON
• À base de Al_2O_3 } SIALON
• Pura
  • Com adições
  • ZrO_2 (branca)
  • TiC (preta ou mista)
  • SiC (whiskers)</td></tr>
<tr><td>9. Ultraduros
• CBN – PCBN
• PCD</td></tr>
<tr><td>10. Diamante natural</td></tr>
</table>

A seguir, detalham-se os mais importantes, com informações de características, propriedades, limitações e aplicações.

7.1 AÇOS-CARBONO E AÇOS LIGADOS

No final do século XVIII e início do século XIX, os aços-carbono eram os principais materiais empregados como ferramentas de corte nos primórdios dos processos de usinagem. Mais tarde, já ao final do século XIX, as baixas e médias ligas de aço, introduzidas por Müshet, em 1868, já representavam as primeiras inovações em ferramentas de corte (JEANS, 2005). Com o aparecimento de materiais mais resistentes para as peças, esses aços foram logo substituídos, embora ainda hoje sejam utilizados como ferramentas para usinagem a baixas velocidades de corte e em ferramentas de conformação. A maior limitação dos aços com estrutura martensítica é que eles perdem dureza quando aquecidos a temperaturas na faixa de revenido (300 °C a 600 °C). A Tabela 7.1 mostra a classificação do AISI (American Iron and Steel Institute) para os aços mais comuns para ferramentas de corte.

Tabela 7.1 Classificação do AISI dos aços mais comuns para ferramentas de corte

Tipo	Designação AISI	C	Mn	Si	Cr	V
Classe 110 (Ao carbono)						
110	W1	0,60/1,40	0,25	0,25	–	–
Classe 120 (Ao carbono-vanádio)						
120	W2	0,60/1,40	0,25	0,25	–	0,25
121	–	1,00	0,25	0,25	–	0,50
122	W2	0,90	0,25	0,25	–	0,10
Classe 130 (Ao carbono-cromo)						
130	W4	1,00	0,25	0,25	0,10	–
131	W4	1,00	0,25	0,25	0,25	–
132	W4	1,00	0,25	0,25	0,50	–
133	W4	1,00	0,70	0,25	0,25	–
Classe 140 (Ao carbono-cromo-vanádio)						
140	–	1,00	0,25	0,25	0,35	0,20

Entre os tipos de aço citados na tabela, os mais utilizados são o AISI W1 tipo 110 e o AISI W2 tipo 120. Esses aços apresentam custos menores e são, em geral, tratados termicamente em água, tendo o carbono como o principal elemento de liga e o responsável por regular o balanço entre dureza e tenacidade.

Quanto à composição química, os principais elementos presentes nos aços empregados, como ferramentas de corte, são (CHIAVERINI, 1979):

- *Carbono*: possui a função de formar carbonetos. Está presente na concentração de 0,6% a 1,3%. Em casos especiais, esse teor pode atingir 2%. Teores mais elevados garantem superior dureza e resistência ao desgaste, enquanto teores menores apresentam melhores características de ductilidade e tenacidade.
- *Silício*: desoxidante. Está presente em baixos teores (0,10% a 0,30%). Dissolve-se na ferrita e tende a decompor carbonetos.
- *Manganês*: desoxidante e dessulfurante até 0,5%. Em teores mais elevados, melhora consideravelmente a temperabilidade.
- *Cromo*: aumenta a temperabilidade, a dureza e a resistência ao desgaste. Os teores são os mais variados, podendo chegar a 14%, com C também elevado (>1,5%).
- *Vanádio*: desoxidante e controlador do tamanho de grão, aumenta a temperabilidade, forma carbonetos estáveis e melhora a dureza a quente. Os teores são normalmente 0,25% a 0,35% (chegando ao máximo de 0,5%).
- *Tungstênio*: formador de carbonetos. Pode ser encontrado em teores de até 4% (com C em torno de 1,3%).
- *Molibdênio*: dissolve-se na ferrita e tende a formar carbonetos. Melhora a dureza a quente, a resistência, a ductilidade e a temperabilidade.

O principal tratamento térmico empregado nos aços-ferramenta se constitui de têmpera seguida de revenido.

A Figura 7.1 apresenta o diagrama de equilíbrio Fe–C, mostrando a faixa aproximada de teores de C normalmente encontrados nos aços-carbono para ferramentas, bem como as temperaturas de tratamentos térmicos normalmente usadas. Observa-se que os mais usados estão na faixa de C de 0,8% a 1,1% e que os tratamentos térmicos de têmpera ocorrem com aquecimento acima das linhas A_3 e A_1, dependendo do teor de carbono. Nota-se que não é necessário austenitizar a cementita (carboneto de ferro), pois esta já é um constituinte duro e resistente para compor os aços-ferramenta.

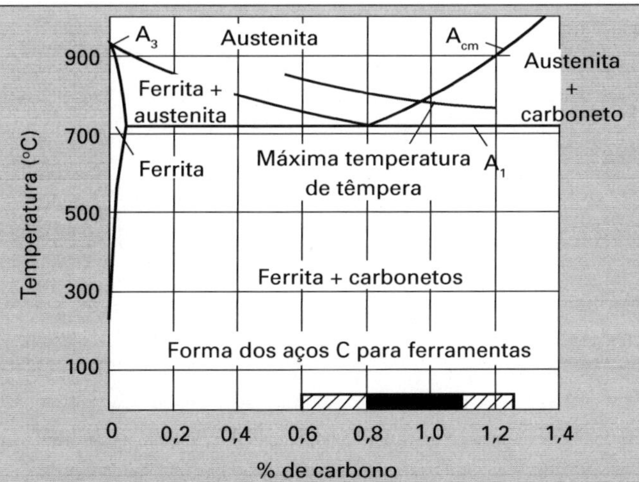

FIGURA 7.1 Diagrama de equilíbrio Fe–C dos aços-carbono para ferramentas (FERRARESI, 1977).

7.2 AÇOS RÁPIDOS

O primeiro impacto significativo causado nos materiais para ferramentas aconteceu na virada do século XIX, quando Taylor e White desenvolveram o primeiro aço rápido contendo 0,67% de C, 18,91% de W, 5,47% de Cr, 0,11% de Mn e 0,29% de V, além do tratamento térmico apropriado. Inicialmente, detalhes dessa descoberta foram mantidos em segredo e, posteriormente, foram solenemente anunciados no *Journal of Polictical Economy* (n. 4, v. 8, p. 538 – 539, 1900), destacando sua importância. Essa descoberta revolucionou a prática de usinagem na época, resultando em um grande aumento da produtividade. As velocidades de corte puderam ser aumentadas em cerca de 10 vezes, passando de 3 a 5 m/min com as ferramentas de aço-carbono, para 30 a 35 m/min com as de aço rápido. Exatamente por isso, esses aços receberam o nome de "rápidos" (ou HSS, do inglês *High Speed Steel*). Hoje, comparados com os dos materiais das ferramentas atuais, esses valores são relativamente baixos. Apesar disso, esse grupo de materiais ainda resiste, pois, mais de um século depois de descobertos, ainda são largamente empregados. As principais aplicações dos aços rápidos são em brocas, fresas inteiriças, cossinetes, brochas e até em ferramentas de barra para aplicações em torneamento de peças de diâmetros reduzidos, cuja velocidade de corte conseguida é inferior à velocidade econômica de corte dos materiais mais resistentes.

Pode-se encontrar no mercado um variado grupo de aços rápidos, cada um tendo uma aplicação específica. O AISI classifica os aços rápidos conforme apresentado na Tabela 7.2.

Tabela 7.2 Classificação dos aços rápidos segundo o AISI

Classe	AISI	C	Mn	Si	Cr	V	W	Mo	Co	Outros
Classe 610 (tipos ao W)										
610	T1	0,70/0,75	0,10/0,40	0,10/0,40	4,00/4,10	1,00/1,20	18,00/18,25	0,70 (opc.)	–	–
611	T2 (tipo 1)	0,80/0,85	0,10/0,40	0,10/0,40	4,00/4,25	2,00/2,15	18,00/18,50	0,50/0,75 (opc.)	–	–
612	T2 (tipo 2)	0,95/0,98	0,10/0,40	0,10/0,40	4,00/4,25	2,00/2,15	18,00/18,50	0,50/0,75 (opc.)	–	–
613	–	0,97/1,03	0,10/0,40	0,10/0,40	3,75/4,25	2,80/3,20	13,50/14,50	0,65/0,85	–	–
614	–	1,08/1,13	0,10/0,40	0,10/0,40	4,00/4,25	2,90/3,35	18,00/18,50	0,70/0,90	–	–
615	T9	1,22/1,28	0,10/0,40	0,10/0,40	3,75/4,25	3,75/4,25	18,00/18,50	0,71 (opc.)	–	–
616	T7	0,70/0,75	0,10/0,40	0,10/0,40	4,50/5,00	1,50/1,80	13,50/14,50	–	–	–
Classe 620 (tipos ao W - Co)										
620	T4	0,70/0,75	0,10/0,40	0,10/0,40	4,00/4,50	1,00/1,25	18,00/19,00	0,60/0,70 (opc.)	4,75/5,25	–
621	T5	0,77/0,85	0,10/0,40	0,10/0,40	4,00/4,50	1,85/2,00	18,50/19,00	0,65/1,00 (opc.)	7,60/9,00	–
622	T6	0,75/0,85	0,10/0,40	0,10/0,40	4,00/4,50	1,60/2,00	18,75/20,50	0,60/0,80 (opc.)	11,50/12,25	–
623	T15	1,50/1,60	0,10/0,40	0,10/0,40	4,50/4,75	4,75/5,00	12,50/13,50	0,50 (opc.)	4,75/5,25	–
624	T8	0,75/0,80	0,10/0,40	0,10/0,40	3,75/4,25	2,00/2,25	13,75/14,00	0,75	5,00/5,25	–
Classe 630 (tipos ao Mo)										
630	M1	0,78/0,85	0,10/0,40	0,10/0,40	3,75/4,00	1,00/1,25	1,50/1,65	8,00/9,00	–	–
631	M10	0,85/0,90	0,10/0,40	0,10/0,40	4,00/4,25	1,90/2,10	–	8,00/8,50	–	–
632	M7	0,97/1,03	0,10/0,40	0,10/0,40	3,75/4,00	1,90/2,10	1,50/1,75	8,50/8,75	–	–

(continua)

Tabela 7.2 Classificação dos aços rápidos segundo o AISI (*continuação*)

Classe	AISI	C	Mn	Si	Cr	V	W	Mo	Co	Outros
Classe 640 (tipos ao Mo - Co)										
640	M30	0,80/0,85	0,10/0,40	0,10/0,40	3,75/4,25	1,10/1,40	1,50/1,80	8,25/8,50	4,75/5,25	–
641	M34	0,87/0,93	0,10/0,40	0,10/0,40	3,50/4,00	1,85/2,25	1,30/1,60	8,45/8,95	8,00/8,50	–
642	–	0,56/0,62	0,10/0,40	0,10/0,40	4,75/5,25	1,10/1,40	–	7,75/8,25	2,30/2,70	0,25 B
643	–	0,55/0,60	0,10/0,40	0,10/0,40	4,00/4,50	160/1,90	1,65/1,75	8,15/8,50	8,00/8,50	0,50 B
644	M33	0,85/0,95	0,10/0,40	0,10/0,40	3,50/4,00	1,00/1,30	1,30/1,70	9,25/9,75	7,75/8,25	–
645	M33	1,05/1,10	0,10/0,40	0,10/0,40	3,50/4,00	1,05/1,25	1,30/1,70	9,25/9,75	7,75/8,25	–
Classe 650 (tipos ao W - Mo)										
650	M2	0,80/0,85	0,10/0,40	0,10/0,40	4,00/4,25	1,70/2,10	6,00/6,50	4,75/5,25	–	–
651	M3 (tipo 1)	1,00/1,10	0,10/0,40	0,10/0,40	4,00/4,25	2,40/2,55	6,00/6,25	5,70/6,25	–	–
652	M3 (tipo 2)	1,10/1,20	0,10/0,40	0,10/0,40	4,00/4,25	3,00/3,30	5,60/6,25	5,00/6,25	–	–
653	M4	1,25/1,30	0,10/0,40	0,10/0,40	4,25/4,50	3,75/4,25	5,50/6,00	4,50/4,75	–	–
654	–	0,80/0,85	0,10/0,40	0,10/0,40	4,00/4,50	1,35/1,65	5,25/5,75	4,30/4,70	–	1,10/1,40 Nb
Classe 660 (tipos ao W - Mo - Co)										
660	M35	0,80/0,85	0,10/0,40	0,10/0,40	3,90/4,40	1,75/2,15	6,15/6,65	4,75/5,25	4,75/5,25	–
661	M36	0,80/0,90	0,10/0,40	0,10/0,40	3,75/4,25	1,65/2,00	5,50/6,00	4,25/5,25	7,75/9,00	–
662	M6	0,75/0,80	0,10/0,40	0,10/0,40	3,75/4,25	1,25/1,55	3,75/4,25	4,75/5,25	11,50/12,50	–
663	M15	1,50/1,60	0,10/0,40	0,10/0,40	4,00/4,75	4,75/5,25	6,25/6,75	3,00/5,00	4,75/5,25	–
664	–	1,20/1,30	0,10/0,40	0,10/0,40	4,00/4,50	4,00/4,50	9,50/10,50	2,30/2,70	5,25/5,75	–

As ferramentas de aço rápido são divididas em dois grandes grupos: aços ao tungstênio (W), identificados pela letra "T", e aços ao molibdênio (Mo), identificados pela letra "M".

Assim, os principais elementos das ligas de aços rápidos são (CHIAVERINI, 1979):

- *Carbono*: com teores variando de 0,7% a 1,6%. Teores mais baixos representam menores durezas no estado revenido. O aumento do teor de C aumenta a formação de carbonetos complexos, o que representa maior dureza e resistência ao desgaste. O maior teor de carbono também levará à maior retenção de austenita na têmpera, exigindo maiores tempos e temperaturas de revenido.
- *Tungstênio*: formador de carboneto, é responsável pela elevada resistência ao desgaste do aço rápido. Está presente em teores que podem chegar a 20%. Forma um carboneto complexo com o Fe do tipo M_6C, que se dissolve apenas parcialmente na austenita em temperaturas superiores a 980 °C. Quando dissolvido, é muito renitente a se precipitar, ocorrendo apenas no revenido em temperaturas em torno de 510 °C a 595 °C, na forma de W_2C. Essa precipitação é um dos elementos responsáveis pelo endurecimento secundário dos aços rápidos.
- *Molibdênio*: esse elemento é um substituto parcial do tungstênio, formando também carboneto duplo com o Fe. Como o peso atômico do molibdênio (10,20 g/cm^3) é cerca da metade do peso atômico do tungstênio (19,12 g/cm^3), a mesma porcentagem em peso produz aproximadamente o dobro de átomos para ligar-se no aço. Assim, para substituir 18% de W, necessita-se apenas de aproximadamente 9% em peso de Mo. Em razão do menor ponto de fusão, os aços ao Mo são temperados em temperaturas inferiores às dos aços ao W. Nos aços ao Mo, a austenita residual é menos estável que nos aços ao W, resultando em temperaturas de revenido inferiores. Do mesmo modo, as durezas a quente também são inferiores.
- *Vanádio*: aparece em teores que variam de 1% a 5%. É desoxidante, mas forte formador de carboneto. Esse carboneto é o mais duro encontrado nos aços rápidos (aproximadamente 84,2 HR_C para o VC em aço rápido de alto C e alto V, contra 82,5 HR_C para o WC nos metais duros e

75,2 HR_C do carboneto de Fe–W–Mo nos aços rápidos). Toda vez que se eleva o teor de vanádio nos aços rápidos, deve-se elevar também o teor de carbono, caso contrário o vanádio promove a ferritização do aço, diminuindo consideravelmente a dureza deste. O vanádio aumenta a dureza a quente dos aços, aumentando a eficiência no corte. Os carbonetos se alojam nos contornos de grãos, impedindo o crescimento destes durante o tratamento térmico, produzindo, portanto, aços mais tenazes. Os aços rápidos de alto teor de carbono e alto teor de vanádio são conhecidos como aços super-rápidos, pois possuem maior resistência ao desgaste e, portanto, maior eficiência no corte.

- *Cromo*: aparece em teores sempre em torno de 4%. Com o carbono, é responsável pela elevada temperabilidade dos aços rápidos. Também diminui a oxidação do aço durante o tratamento térmico.
- *Cobalto:* aumenta significativamente a dureza a quente, aumentando também a eficiência das ferramentas em operações de altas temperaturas, como é o caso de corte de desbaste e a altas velocidades. O Co se dissolve grandemente na matriz, proporcionando, por conseguinte, uma dureza média mais elevada (endurecimento por solução sólida) tanto a temperatura ambiente como a altas temperaturas. O ponto de fusão da liga é aumentado e ele proporciona uma queda na taxa de difusão dos elementos da liga (W, Mo, V etc.), inibindo, consequentemente, a coalescência de carbonetos secundários. Isso permite temperaturas de têmpera mais elevadas sem o risco de sérios problemas de crescimento de grão. Maiores temperaturas de têmpera permitem que uma maior quantidade de elementos de liga entre em solução e, assim, aumente a dureza a quente. O cobalto aumenta, ainda, a condutividade térmica do aço rápido. Os aços com Co produzem grandes quantidades de austenita retida na têmpera, resultando em maiores endurecimentos secundários no revenido.
- *Outros*: o enxofre, em teores de 0,05% a 0,2%, pode ser adicionado para melhorar a usinabilidade dos aços rápidos, inclusive quando se trata de acabamento superficial. A tenacidade, entretanto, é afetada negativamente. O titânio pode substituir o vanádio em parte ou completamente. Outros elementos, como o boro e o nióbio, também podem, eventualmente, ser encontrados nos aços rápidos.

Diferentemente do que acontece com os aços convencionais, que são temperados e revenidos, e cuja dureza exibe uma queda contínua com o aumento da temperatura de revenido, os aços rápidos apresentam uma elevação de dureza quando revenidos em temperaturas na faixa de 480 °C a 565 °C, dependendo da composição química. A Figura 7.2 ilustra esse fato.

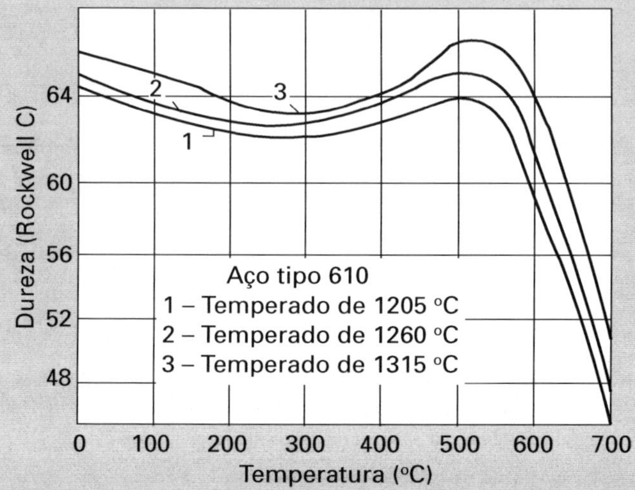

FIGURA 7.2 Efeito da temperatura de revenido na dureza do aço rápido temperado em diferentes temperaturas (FERRARESI, 1977).

Observa-se que o comportamento da curva e, portanto, o valor de dureza final dependem não só da temperatura de revenido, mas também da temperatura de têmpera. A Tabela 7.3 apresenta os valores indicativos de temperaturas de tratamento de várias classes de aços rápidos, embora os produtores desses materiais possam fornecer informações mais específicas.

Tabela 7.3 Temperaturas de têmpera e de revenido de vários aços rápidos (FERRARESI, 1977)

Temperaturas de tratamentos térmicos para diversos aços rápidos			
Tipos	Temperatura de têmpera (°C)	Temperatura de revenido (°C)	Dureza Rockwell C
610	1.276	565	64
611	1.276	565	64
620	1.287	565	64
621	1.287	565	65

(*continua*)

Tabela 7.3 Temperaturas de têmpera e de revenido de vários aços rápidos (FERRARESI, 1977) (*continuação*)

Temperaturas de tratamentos térmicos para diversos aços rápidos			
Tipos	Temperatura de têmpera (°C)	Temperatura de revenido (°C)	Dureza R.C
622	1.296	565	64
623	1.300	538	67
630	1.193	552	64
630	1.193	552	64
650	1.210	554	64
651	1.215	554	65
652	1.215	554	65
653	1.218	554	65

Quando da seleção de um aço rápido, deve-se considerar as principais características necessárias ao desempenho da função. A Tabela 7.4 mostra algumas dessas características e suas relações com os elementos de liga presentes.

Tabela 7.4 Principais características dos aços rápidos e suas relações com os elementos de ligas presentes (FERRARESI, 1977)

Características	Elementos de liga
Dureza a quente	W, Mo, Co (com W ou Mo), V, Cr, Mn
Resistência ao desgaste abrasivo	V, W, Mo, Cr, Mn
Profundidade de endurecimento	B, V, Mo, Cr, Mn, Si, Ni
Empenamento mínimo	Mo (com Cr), Cr, Mn
Aumento da tenacidade pelo refino do grão	V, W, Mo, Mn, Cr

Para processos em que é necessária alta dureza a elevadas temperaturas, o principal elemento de liga do aço rápido deve ser o tungstênio. Isso porque o carboneto de tungstênio é o mais estável, garantindo a manutenção nessa forma (carboneto) a temperaturas mais elevadas que os demais. Na sequência, o segundo elemento de liga do aço rápido mais importante é o molibdênio; o terceiro, o Co, e assim por diante. Os aços rápidos com teores de Co que variam até um valor máximo de aproximadamente 12% são normalmente os mais requisitados, justamente por permitir velocidades de corte da ordem de 25% a 30% maiores que seus similares sem esse elemento.

No entanto, quando a resistência ao desgaste abrasivo for a principal exigência do processo, o principal elemento de liga do aço rápido deve ser o vanádio, depois o tungstênio, o molibdênio etc. Nesse caso, a principal propriedade a ser considerada é a dureza do carboneto presente. Portanto, é possível concluir que a dureza dos carbonetos de vanádio é superior à dureza dos carbonetos de tungstênio, que, por sua vez, é superior à dureza do carboneto de molibdênio, e assim sucessivamente. Algumas das principais propriedades mecânicas e térmicas importantes para materiais usados em ferramentas de corte e de vários componentes normalmente encontrados nessas ligas são mostradas na Tabela 7.5.

Tabela 7.5 Algumas das principais propriedades mecânicas e térmicas importantes para materiais usados em ferramentas de corte e de vários componentes (GURLAND, 1988)

Propriedades mecânicas e térmicas de alguns elementos duros e compostos					
Material	Módulo de Young, GN m^{-2}	Coeficiente de expansão térmicas 10^{-6} K^{-1}	Densidades g cm^{-3}	Temperatura de fusão, °C	Dureza, GN m^{-2}
TiC	450	7,4	4,94	3.100	30 HV (50 g)
TaC	285	5,5	14,50	3.800	18 HV (50 g)
Cr_3C_2	373	9,9	6,66	1.800*	14 HV (50 g)
Mo_2C (hex.)	533	6,7	9,18	2.500	15 HV (50 g)
WC (hex.)	696	5,2	15,70	2.800*	13-22 HV (50 g)
ZrC	348	6,7	6,56	3.400	27 HV (50 g)
HfC	352	6,6	12,76	3.900	26 HV (50 g)
VC	422	7,2	5,71	2.700	29 HV (50 g)
NbC	388	6,7	7,80	3.600	20 HV (50 g)
Diamante	1,141	1,5 – 4,8	3,52	Transforma	~80 HV
BN (cúbico)	680	4,8	3,48	3.200*	~50 HV
TiN	250	9,4	5,40	2.950	25 HV
Bl_2N_2	210	3,0	3,11	1.900	22 HV
Al_2O_3	400	8,4	3,88	204	25 HV
TiH_2	480	8,0	4,50	2.900	34 HV

* Temperatura de dissociação.

Nota: observa-se que a dureza em (GNm^{-2}) do VC é de 29 HV contra 13 HV a 22 HV para o WC, e de 15 HV para o Mo_2C.

Dois grandes avanços em relação à utilização de aços rápidos em usinagem foram conseguidos nos anos 1970 e merecem destaque: ferramentas revestidas e produzidas pela metalurgia do pó.

7.2.1 Aço rápido revestido

Em relação às coberturas, cada vez mais se desenvolvem novos revestimentos ou novas técnicas de deposição que garantem o oferecimento de ferramentas mais produtivas. As elevadas temperaturas de deposição são empecilhos críticos para os revestimentos em estruturas martensíticas. Para esses casos, tem-se usado o processo de revestimento conhecido como PVD (*Physical Vapour Deposition* ou Deposição Física de Vapor). Este consiste em submeter as ferramentas a ambiente em vácuo e a gases que se vaporizam e se depositam em temperaturas da ordem de até 500 °C, conforme Figura 7.3. Hoje, a aplicação de ferramentas de aço rápido revestidas por PVD garante tempo de vida mais longo e velocidades de corte superiores às possíveis em ferramentas sem revestimento. É comum encontrar brocas, fresas, fresas caracol e segmentos de brochas de aço rápido revestido. O revestimento tem sido intensamente pesquisado, assim como o domínio do processo PVD.

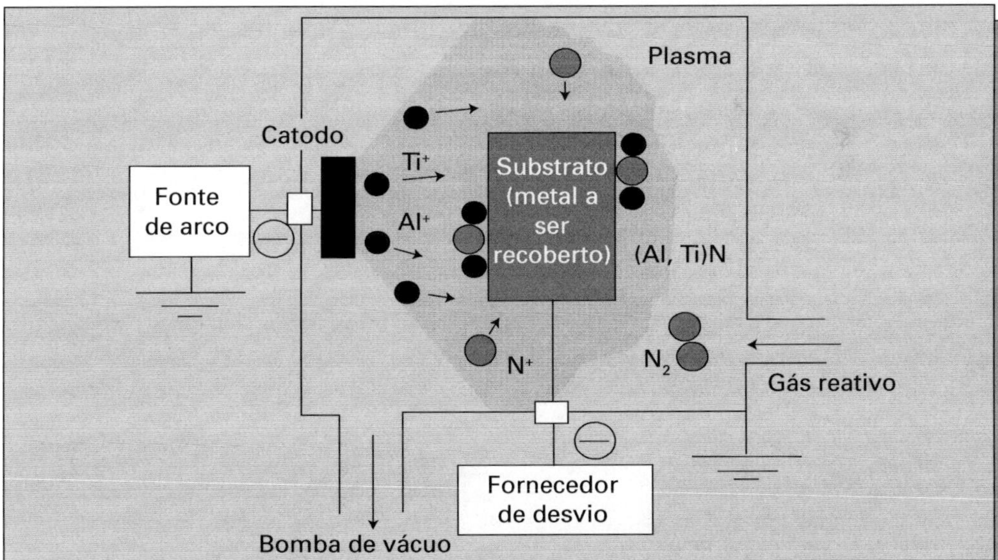

FIGURA 7.3 Ilustração do processo de PVD por implantação iônica (MITSUBISHI, 2005).

As ferramentas de aço rápido são normalmente reafiadas após o desgaste atingir determinados níveis, o que implica a necessidade de novo recobrimento, uma vez que a reafiação é feita pela retificação da zona desgastada. No caso de brocas e fresas, as ferramentas são normalmente reafiadas pela retificação da superfície de folga, ficando a superfície de saída sempre com a camada revestida. No caso de fresas caracol, a ferramenta é reafiada pela retificação da superfície de saída, nesse caso, quem fica sempre com o revestimento são as superfícies de folgas.

7.2.2 Aço rápido produzido pela metalurgia do pó

São aços rápidos fabricados pela metalurgia do pó, ou HSS-PM (PM, do inglês *Powder Metalurgy*), muitas vezes chamados também "aços rápidos sinterizados" (embora sinterização seja o nome do tratamento térmico que os produtos fabricados pela metalurgia do pó sofrem). Atualmente são encontradas no mercado fresas, brocas e outras ferramentas de aço rápido fabricadas por esse processo. A fabricação de ferramentas em HSS-PM depende muito da complexidade da forma desejada, pois esse processo necessita de uma matriz para a compactação do pó que deve possuir a forma negativa da ferramenta que se pretende produzir.

O HSS-PM possui partículas de carbonetos mais finas e uma dispersão mais uniforme na matriz. Além disso, os pós podem ser obtidos de aços previamente ligados pelo processo de atomização, o que garante partículas contendo carbonetos bem finos e uniformemente distribuídos. Os pós são compactados e sinterizados para formar o produto que vai ser conformado e usinado para a obtenção da ferramenta. O tamanho dos carbonetos do HSS-PM é da ordem de 1 μm a 3 μm, enquanto no HSS convencional, mesmo após a conformação a quente, esses valores são da ordem de 3 μm a 16 μm. A Figura 7.4 mostra uma comparação da microestrutura entre esses dois tipos de HSS.

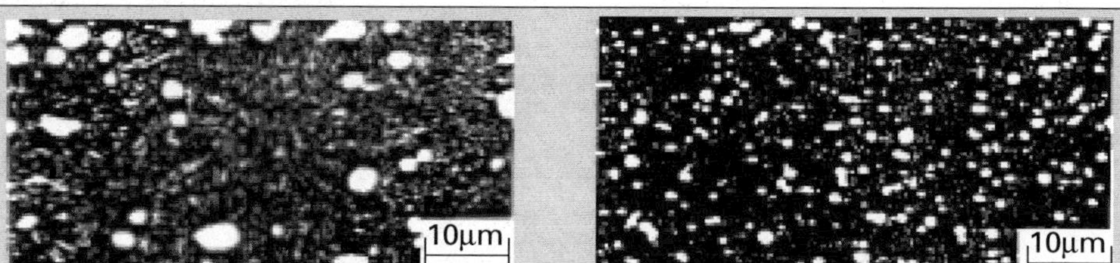

a) HSS AISI M42 convencional b) HSS – PM

FIGURA 7.4 Micrografias comparativas entre dois tipos de aços rápidos (KOMANDURI, 1997). Os pontos brancos são os carbonetos dispersos em uma matriz martensítica predominantemente de cor preta.

A granulometria fina confere ao HSS-PM uma maior tenacidade, embora este possa apresentar porosidade, o que diminui a resistência à tração, mas melhora a resistência à compressão. Hoje, os processos de prensagem isostática a quente (HIP, do inglês *Hot Isostatic Press*) garantem praticamente ausência de porosidade. Quanto à usinabilidade, o HSS-PM é melhor para a retificação que o HSS convencional devido à granulação mais fina. O tratamento térmico do HSS-PM é equivalente ao do HSS convencional, consistindo em têmpera e revenimento, nos quais ocorre o endurecimento secundário. Entretanto, em virtude da obtenção de microestrutura mais fina, no HSS-PM há menor risco de distorções e empenamentos.

7.3 LIGAS FUNDIDAS

As ligas fundidas formam outro grupo de materiais de ferramentas de corte que surgiram na mesma época que os aços rápidos, mas tiveram grandes aplicações somente mais tarde, durante a Segunda Guerra Mundial. São ferramentas à base de Co, contendo W e Cr em solução sólida, e, às vezes, alguns carbonetos. Essas ligas são mais duras que os aços rápidos e mantêm essa dureza a temperaturas mais elevadas. Em decorrência disso, as velocidades de corte empregadas podem ser em torno de 25% maiores. A Figura 7.5 apresenta as curvas características de dureza contra a temperatura de uma liga fundida e de dois tipos de aços rápidos, enquanto a Tabela 7.6 apresenta quatro tipos de ligas fundidas com suas respectivas composições e propriedades.

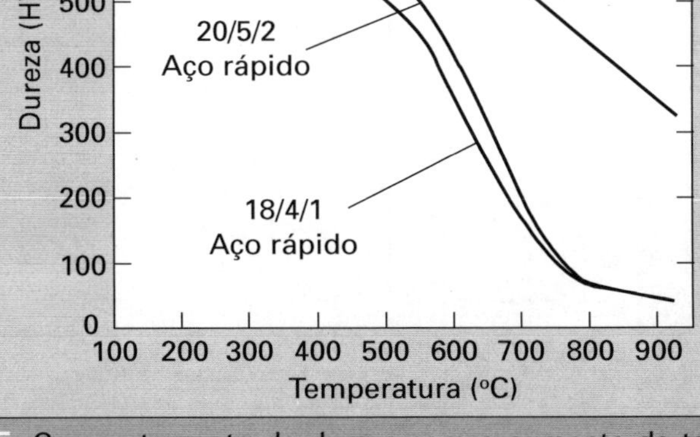

FIGURA 7.5 Comportamento da dureza com o aumento de temperatura de uma liga fundida (Stellite 100®) e de dois aços rápidos (RIDHOUGH, 1970).

Tabela 7.6 Composição e propriedades das ligas fundidas (FERRARESI, 1977)

	Composição química (%)																			
	Co	Cr	W	C	Outros	Co	Cr	W	C	Outros	Co	Cr	W	C	Outros	Co	Cr	W	C	Outros
	53	31	10	1,5	4	52	30	11	2,5	4	41	32	17	2,5	4	38	20	18	2,0	12
Densidade (g/cm³)	8,36					8,38					8,76					8,63				
Faixa de fusão (°C)	1256 – 1298					1235 – 1320					1166 – 1332					1139 – 1314				
Limite de resistência à tração (kgf/mm²)	77					59,5					52,5					52,5				
Limite de escoamento	Próximo ao limite de resistência à tração																			
Alongamento (%)	0 – 1					0					0					0				
Dureza Rockwell A	80,0					81,5					82,0					82,5				
Dureza Rockwell C	58,0					60,5					61,5					62,5				
Resistência à compressão (kgf/mm²)	210					224					238					259				
Resistência ao choque Izod (kgm)	1,6					0,9					0,6					0,4				
Módulo de elasticidade (kgf/mm²)	27,720					23,730					25,900					27,865				

Observa-se que um maior teor de cobalto garante uma maior tenacidade ou resistência ao choque, dada pela absorção de energia no teste Izod. Porém, uma maior porcentagem de tungstênio e carbono garante maior dureza e, consequentemente, maior resistência ao desgaste. Com excessão de aplicações muito especiais, as ligas fundidas estão caindo em desuso, tanto pela escassez de matéria-prima (e aumento do preço) como por haver no mercado materiais que as superam a custos menores. Quando a principal propriedade requerida for tenacidade, os aços rápidos as superam. Quando for resistência ao desgaste, os metais duros são muito superiores.

Para fins de comparação de desempenho em usinagem, a Figura 7.6 apresenta curvas de vida de ferramentas de aço rápido, liga fundida e metal duro no torneamento de um aço-liga, enquanto a Figura 7.7 apresenta as faixas de velocidades de máximo rendimento para o torneamento de uma liga de alumínio com essas ferramentas.

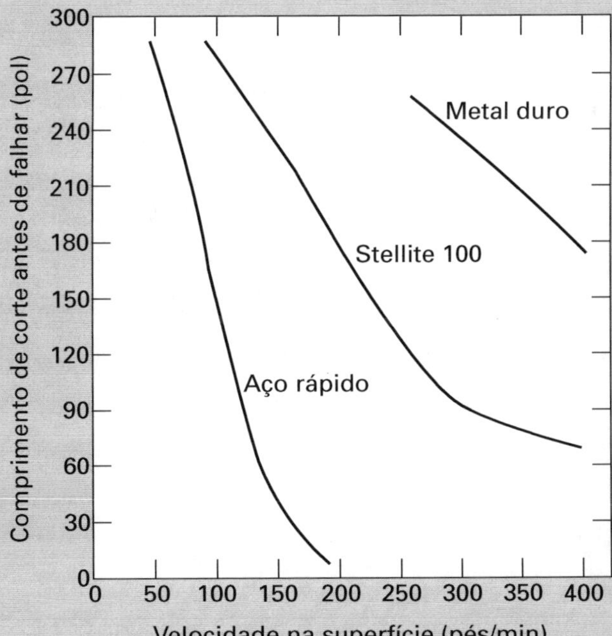

FIGURA 7.6 Vidas das ferramentas no torneamento de um aço-liga (RIDHOUGH, 1970).

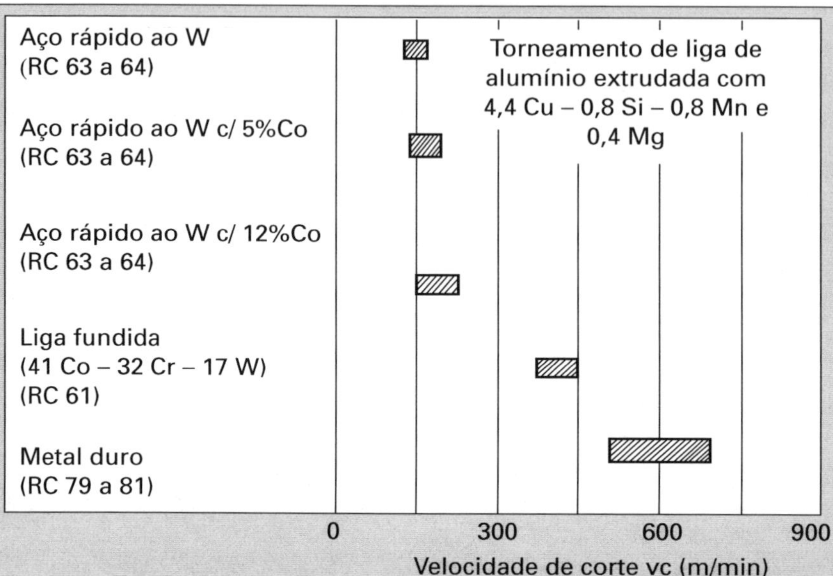

FIGURA 7.7 Faixas de velocidades de máximo rendimento no torneamento de uma liga de alumínio (FERRARESI, 1977).

7.4 METAL DURO

O primeiro grande impulso na área dos materiais para ferramentas de corte aconteceu com a descoberta do aço rápido, o segundo com metal duro, pois com este, novamente, as velocidades de corte puderam ser aumentadas em praticamente dez vezes (de 35 m/min para 250 m/min a 300 m/min). A descoberta dessa classe aconteceu por volta de 1920, na Alemanha, quando Schröter conseguiu produzir em laboratório o carboneto de tungstênio (WC) em pó pela primeira vez, e foi patenteada, na Alemanha, em 1925 (Schröter, 1925). A mistura desse pó principalmente com cobalto, também em pó (admite-se ainda o níquel ou o ferro, mas com resultados inferiores), trouxe ao mercado, em 1928, esse que é um dos mais revolucionários grupos de materiais para ferramentas de corte. Quando foram verificadas as excelentes propriedades de dureza e resistência ao desgaste desse material, ele foi chamado "*widia*" (do alemão ***wi****e* ***dia****mant* = como o diamante), uma referência à semelhança das propriedades desse material com as do diamante. Denominado "metal duro", o carboneto de tungstênio, fabricado pelo processo de metalurgia do pó, possui uma excelente combinação de resistência ao desgaste, resistência mecânica e tenacidade.

O material originalmente desenvolvido, na Alemanha, continha WC + Co e se mostrou muito eficiente na usinagem de ferros fundidos cinzentos, mas com baixa resistência ao desgaste na superfície de saída usinando aços (craterização). Para superar essa deficiência, pesquisas logo se iniciaram, pois os aços sempre foram os mais importantes materiais de uso geral em engenharia. Adicionaram-se, então, TiC, TaC e/ou NbC aos WC + Co, verificando-se significativa redução no problema de craterização durante a usinagem dos aços. As razões para essa diminuição do desgaste na superfície de saída são:

- Os carbonetos adicionados têm maiores durezas que o WC, portanto apresentam maior resistência ao desgaste abrasivo.
- A solubilidade dos carbonetos adicionados é muito menor que o WC, o que inibe a difusão, um dos mecanismos de desgaste mais importantes a altas temperaturas, característica da superfície de saída.
- A estabilidade química dos carbonetos adicionados é maior que a do WC, o que implica maiores dificuldades de dissolução e de difusão desses elementos.

A Norma ISO padronizou a classificação dos metais duros e designou como classe K os que contêm WC + Co. Essa classe também é conhecida como "classe dos ferros fundidos" ou "classe aplicada a materiais que produzem cavacos curtos". Em um sistema de cores de especificação internacional, coube a esse grupo a coloração vermelha. Quando se adicionam TiC, TaC e/ou NbC, a ISO os designa de classe P. Essa classe também ficou conhecida como "classe dos aços ou dos materiais que produzem cavacos longos" e tem o azul como cor de referência nos catálogos. A classe M é uma classe intermediária quando o WC + Co possui adições de TiC, TaC e/ou NbC, mas em menores quantidades que as apresentadas pela classe P. A classe M também é conhecida como a "classe dos aços inoxidáveis", tendo em vista a sua maior aplicação na usinagem dos aços inoxidáveis austeníticos. A coloração-padrão dessa classe é o amarelo.

A classe K também é conhecida como a "classe dos metais não ferrosos" e é sempre indicada para a usinagem de materiais não ferrosos, em virtude do fato de os carbonetos adicionados às classes P e M terem maiores afinidades químicas com os metais não ferrosos que os carbonetos de tungstênio da classe K. Nesse caso, a designação de classe dos cavacos curtos não se refere aos materiais não ferrosos, pois a maioria deles forma cavacos longos (alumínio, cobre, titânio, níquel etc.).

Mais recentemente, entretanto, a Norma ISO 513 (2004) apresenta uma nova classificação de grupos de ferramentas que não é exclusividade dos metais duros, abrangendo, também, as cerâmicas e os materiais ultraduros: a classe N, para os metais e ligas não ferrosos (principalmente cobre e alumínio), cuja coloração-padrão é o verde; a classe S, para as superligas ou ligas resistentes ao calor (como ferro, titânio, níquel e cobalto), cuja coloração-padrão é o marrom; e a classe H, para os aços endurecidos (aços fundidos e ferros fundidos temperados), que tem o cinza como coloração-padrão. Essa nova classificação retirou da classe K o antigo rótulo de classe dos materiais não ferrosos.

A letra de designação dos metais duros é sempre acompanhada de um número que representa a tenacidade e a resistência ao desgaste da ferramenta. Quanto maior o número, que normalmente varia entre 01 e 50, maior a tenacidade e menor a resistência ao desgaste. São comuns tabelas detalhadas na literatura e nos catálogos dos fabricantes de ferramentas de metal duro, indicando o campo de aplicação de cada grupo e subgrupo. A Figura 7.8 mostra essa designação.

A subdivisão dentro de cada classe depende principalmente de:

- Composição química do material da ferramenta, incluindo qualidade e quantidade de carbonetos. A presença de carbonetos de titânio (TiC), por exemplo, garante maior resistência ao desgaste. Uma maior quantidade de cobalto, porém, garante maior tenacidade.
- Tamanho dos grãos de carboneto. Quanto mais finos os carbonetos, maior a tenacidade da ferramenta, aliada a uma maior dureza média.

As variações da porcentagem de cobalto e seus efeitos nas propriedades mecânicas são ilustrados na Figura 7.9. Nos quatro gráficos dessa figura, nos eixos das abscissas, tem-se a variação da porcentagem de Co na liga.

Principais classes			Classes de aplicação			
Letra de identificação	Cor de identificação	Materiais a serem usinados	Metais duros			
P	Azul	**Aços:** Todos os tipos de aços e aços fundidos, exceto aços inoxidáveis com estrutura austenítica	P01 P10 P20 P30 P40 P50	P05 P15 P25 P35 P45	a	b
M	Amarelo	**Aço inoxidável:** Aço inoxidável austenítico e aço duplex (austenítico/ ferrítico) e aço fundido	M01 M10 M20 M30 M40	M05 M15 M25 M35	a	b
K	Vermelho	**Ferro fundido:** Ferro fundido cinzento, ferro fundido com grafita esferoidal, ferro fundido maleável	K01 K10 K20 K30 K40	K05 K15 K25 K35	a	b
N	Verde	**Metais não ferrosos:** Alumínio e outros metais não ferrosos, materiais não metálicos	N01 N10 N20 N30	N05 N15 N25	a	b
S	Marrom	**Superligas e titânio:** Ligas especiais resistentes ao calor à base de ferro, níquel e cobalto, titânio e ligas de titânio	S01 S10 S20 S30	S05 S15 S25	a	b
H	Cinza	**Materiais duros:** Aços endurecidos, ferros fundidos endurecidos, ferros fundidos resfriados	H01 H10 H20 H30	H05 H15 H25	a	b

a – Aumento da velocidade de corte, aumento da resistência ao desgaste do material da ferramenta.

b – Aumento do avanço, aumento da tenacidade do material da ferramenta.

FIGURA 7.8 Classificação dos metais duros segundo a Norma ISO 513 (2004).

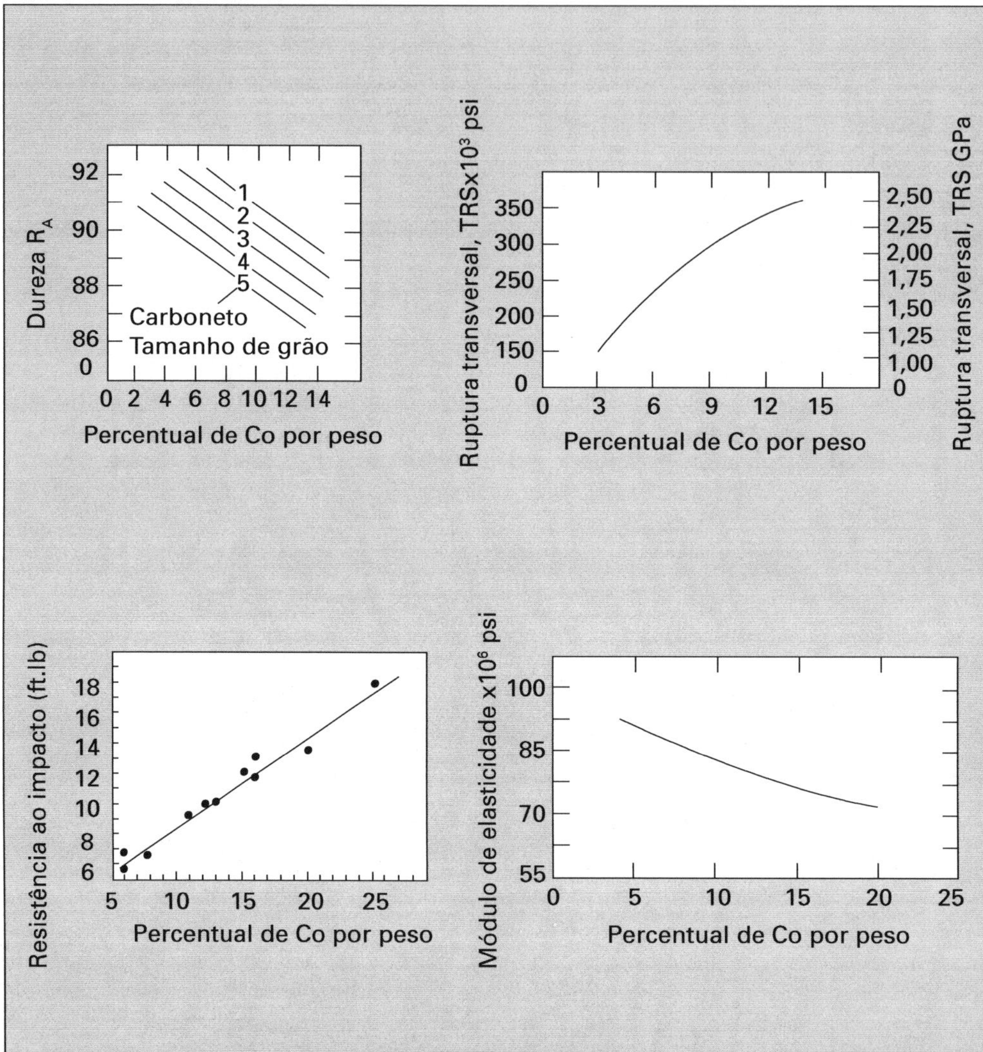

FIGURA 7.9 Variações da porcentagem de cobalto e seus efeitos nas propriedades mecânicas (KOMANDURI; DESAI, 1982).

Nota-se que o aumento de Co implica menor dureza, maior resistência à ruptura transversal (TRS) e, portanto, maior resistência ao impacto (ou tenacidade), menor módulo de elasticidade e, consequentemente, menor rigidez. O metal duro classe THR tem alto teor de Co. Nota-se também que o refino de grão melhora a tenacidade em aproximadamente 50%, aumentando assim a dureza média, embora piorando as propriedades térmicas. A influência do tamanho de grão é ilustrada pela Tabela 7.7.

Tabela 7.7 Comparação das propriedades de metal duro com tamanho de grão convencional (THM e THR) e com tamanho de grãos ultrafinos (THM-F e THR-F)

	THM	THM-F	THR	THR-F
Densidade (g/cm^3)	14,9	14,8	14,6	14,4
Dureza (HV30)	1.600	1.800	1.450	1.500
Resistência à ruptura transversal (N/mm^2)	2.000	3.000	2.350	3.200
Resistência à compressão (N/mm^2)	5.400	6.000	5.000	5.300
Tenacidade à fratura K_h (Mpa K^{-1})	9,6	10,8	12,0	13,8
Condutividade térmica (W m^{-1} K^{-1})	80	46	70	42
Coeficiente de expansão térmica (K^{-1})	$5,5 \times 10^{-6}$	$6,2 \times 10^{-6}$	$5,6 \times 10^{-6}$	$6,7 \times 10^{-6}$

A classificação ISO, que considera principalmente a composição química e as propriedades de dureza (ou resistência ao desgaste) e tenacidade, é, muitas vezes, substituída pela classificação específica de um fabricante de ferramentas de metal duro. Assim, um determinado produto pode cobrir uma vasta faixa da classificação ISO com resultados muito próximos. Às vezes, um mesmo produto pode ser indicado como pertencente simultaneamente a mais de uma classe. Nesse caso, os fabricantes estão enfatizando mais a aplicabilidade da ferramenta que propriamente o sentido da classificação original.

7.4.1 Fabricação do metal duro

O tungstênio, na forma original, existe na natureza nos minérios denominados *scheelita* e *wolframita*, que podem ser encontrados no Nordeste brasileiro. Após uma série de reações em meio ácido (ácido clorídrico), ele é transformado em trióxido de tungstênio (WO_3). Por meio de reações de desoxidação em atmosfera rica em hidrogênio é obtido o tungstênio puro, que é misturado com o carbono também puro e levado a um forno para formar o WC a temperaturas elevadas (1.375 °C a 1.650 °C) (MARCONDES, 1990). O tamanho de grão do carboneto de tungstênio assim obtido é da ordem de 0,4 μm a 7 μm (JACK, 1987). O controle e o refino maior dos grãos de carboneto são obtidos na etapa seguinte, de moagem. Os carbonetos são moídos em meio líquido e depois secados com *spray*. Essa moagem pode ser feita após a mistura com o cobalto, na proporção ideal para produzir cada uma das classes de metal duro. Opcionalmente, a mistura com o cobalto (na forma de um pó fino) pode ser feita após a moagem individual dos constituintes.

A mistura é comprimida a frio em matrizes, geralmente usando uma adição de cera lubrificante para facilitar essa etapa. Essa cera é extraída do produto durante o tratamento térmico de sinterização. Após a prensagem, o produto já ganha o formato final desejado, apresentando uma porosidade que pode chegar à ordem de 50% em volume e que pode ser manipulado. A sinterização segue imediatamente essa etapa e é realizada a vácuo, em temperaturas próximas ao ponto de fusão do ligante, com a porosidade sendo reduzida para menos de 0,01% (JACK, 1987). Após a sinterização, o produto sofre uma redução de tamanho, que pode chegar a 18%. Antes de ser comercializado, normalmente o produto é submetido à operação de retificação para confecção do raio de ponta e melhoria da exatidão dimensional. A Figura 7.10 ilustra as etapas desse processo.

Quando se trata de ferramentas das classes P, M ou H, há também a adição de TiC, TaC e/ou NbC, além dos constituintes já mencionados. O processo de metalurgia do pó muitas vezes é denominado "sinterização", porém, conforme observado na Figura 7.10, sinterização é apenas uma etapa do processo. É durante esse tratamento que os grãos adjacentes do pó do constituinte são unidos e tal união pode ser realizada por meio de dois mecanismos distintos: transporte de material na fase sólida ou transporte de material na fase líquida. No primeiro, a união é garantida pela difusão na fase sólida dos constituintes, enquanto no segundo a união é garantida pela fusão do elemento ligante. A Figura 7.11 ilustra esses dois métodos.

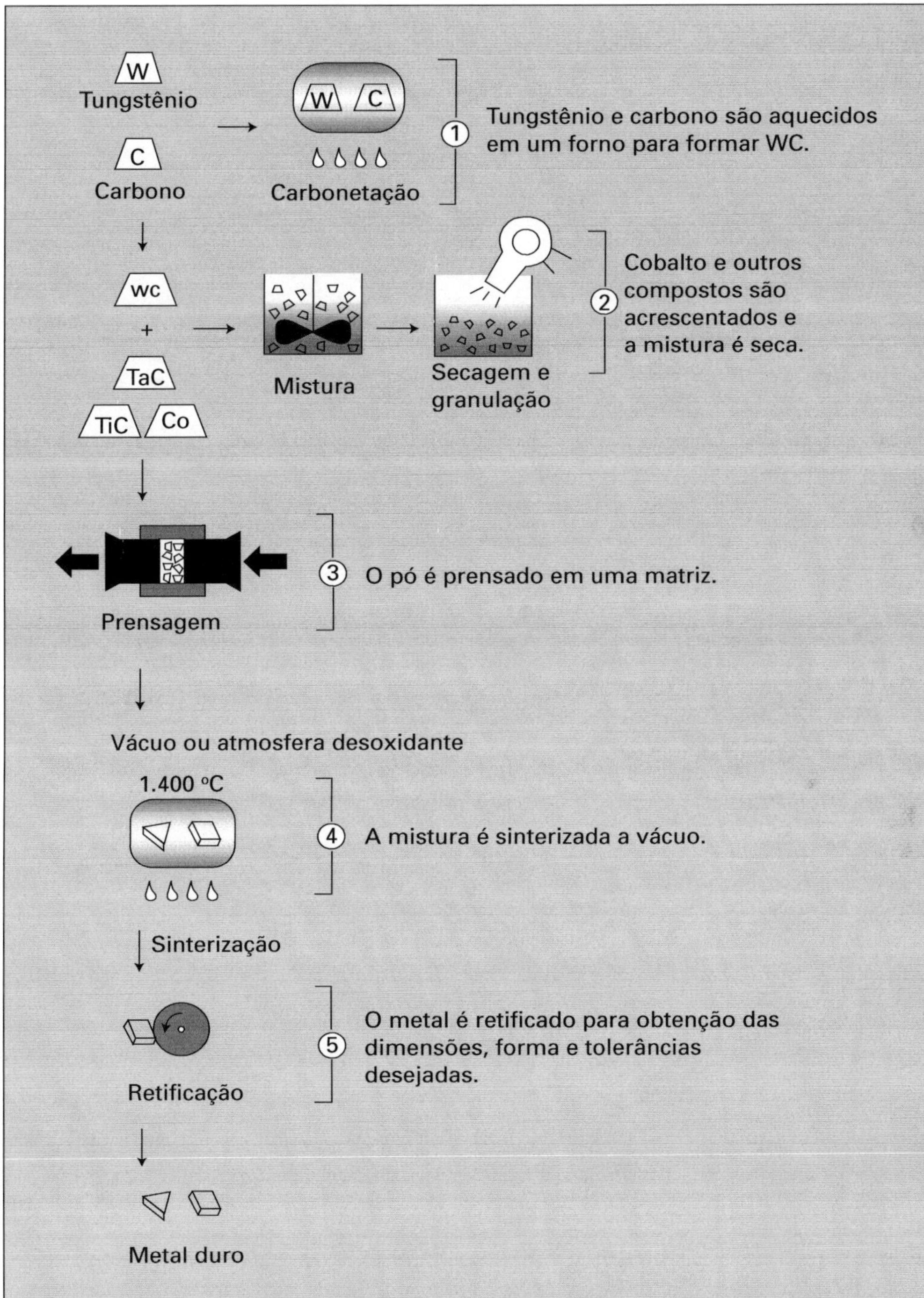

FIGURA 7.10 Esquema ilustrativo do processo de metalurgia do pó para obtenção dos metais duros (MITSUBISHI, 2005).

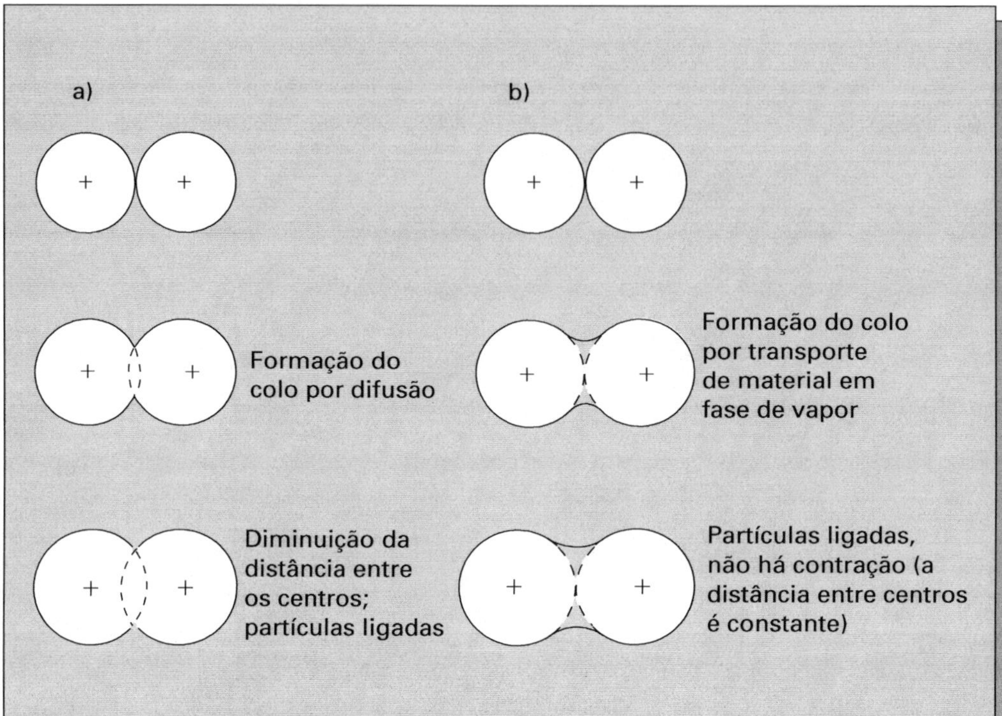

FIGURA 7.11 Esquema ilustrativo dos dois mecanismos de união dos pós durante o processo de sinterização: (a) transporte de material no estado sólido; (b) transporte de material no estado líquido (KALPAKAJIAN, 1984).

7.4.2 Metal duro revestido

O revestimento de ferramentas de metal duro ganhou uma importância muito grande, pois tal revestimento pode garantir um desempenho bem superior à ferramenta sem revestimento na usinagem de materiais ferrosos, sendo estes os materiais mais utilizados na indústria mecânica. Entre todo o metal duro utilizado na indústria, os revestidos representam, atualmente, mais de 95%, com tendência a crescimento contínuo. Outro fator que contribui muito para o crescimento da aplicação de metal duro revestido é o maior domínio das técnicas de revestimento, bem como um custo mais acessível. Os revestimentos são aplicados em substratos de quaisquer classes de metal duro.

Ao contrário das ferramentas de aço rápido revestido, que usam apenas o processo PVD, os metais duros podem receber tanto esse processo como o CVD (Deposição Química de Vapor, do inglês *Chemical Vapour Deposition*). Nesse caso, a utilização de temperaturas elevadas (aproximadamente 1.000 °C) não implica problemas de alterações metalúrgicas para o metal duro. A Figura 7.12 apresenta o diagrama esquemático do processo CVD, no qual gases são fornecidos em uma câmara onde ocorre a reação química que resulta na formação do revestimento sobre a superfície da ferramenta.

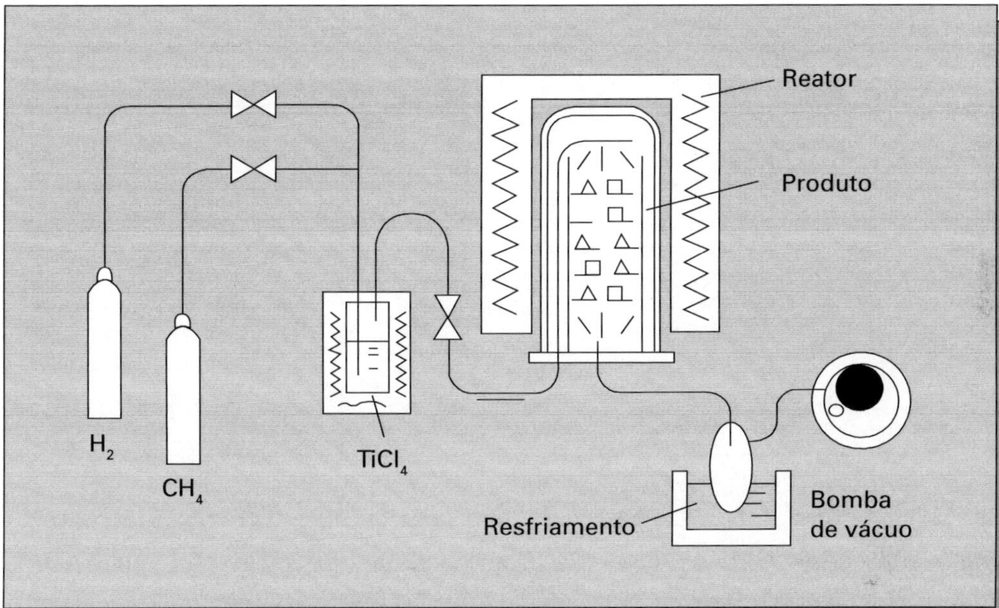

FIGURA 7.12 Processo de deposição química de vapor (MITSUBISHI, 2005).

Além dos revestimentos de TiC e TiN, normalmente produzidos por meio dessa técnica, como mostram as Equações 7.1, 7.2 e 7.3, também é possível a deposição de filmes de diamante e de Al_2O_3:

$$TiCl_4 + CH_4 \rightarrow TiC + 4HCl \quad (7.1)$$

$$2TiCl_4 + 4H_2 + N_2 \rightarrow 2TiN + 8HCl \quad (7.2)$$

$$2AlCl_3 + 3CO_2 + 3H_2 \rightarrow Al_2O_3 + 6HCl + 3CO \quad (7.3)$$

Diante das alternativas disponíveis, os fabricantes de ferramentas oferecem produtos revestidos por meio de ambos os processos. A Tabela 7.8 apresenta uma comparação entre ferramentas de metal duro revestidas pelos dois processos.

Tabela 7.8 Comparação de ferramentas revestidas pelos processos CVD e PVD

	CVD – Deposição química de vapor	PVD – Deposição física de vapor
Temperatura de revestimento	Aproximadamente 1.000 °C	Aproximadamente 500 °C
Tenacidade	Reduzida	Não é afetada
Aresta de corte	Arredondamento requerido	Pode ser quina viva
Espessura do revestimento	Até 12 μm	Até 4 μm
Camadas	Multicamadas TiC - TiN, TiN – TiCN – TiN, TiC – Al_2O_3	TiN, TiCN, TiNAl
Principais aplicações	Torneamento e mandrilamento	Fresamento, roscamento e furação
Vantagens	Maior resistência ao desgaste Maior resistência à craterização Grande vida da ferramenta	Substitui ferramentas sem revestimento: com mesma tenacidade, mesma configuração de aresta e mesma precisão Reduz APC Maior vida na ferramenta

Nota-se que o processo PVD garante a mesma tenacidade do substrato, enquanto o processo CVD diminui essa propriedade, o que causa problemas para a aplicação de ferramentas revestidas pelo processo CVD em cortes interrompidos. A causa dessa redução de tenacidade está na tensão residual de tração deixada pelo método CVD, enquanto, no método PVD, a tensão residual é de compressão, igual à conseguida no substrato após a retificação (QUINTO et al., 1988). Portanto, é a tensão residual de tração que reduz a resistência ao lascamento da aresta de corte.

Outra variável na seleção de uma ferramenta de metal duro revestido é a do número de camadas. O revestimento pode ser uma única camada de TiC ou, mais comumente, um triplo revestimento de TiC, TiCN e TiN, e de TiC, Al_2O_3 e TiN, mas existem registros (QUINTO et al., 1988) de ferramentas com até 12 camadas de diferentes revestimentos. Cada camada tem uma função específica e a sua associação permite oferecer um material com todas as vantagens possíveis de se obter com a técnica. Normalmente, o TiC ou o TiCN são revestimentos muito utilizados como a primeira camada, pois garantem uma coesão muito boa com o substrato. Além disso, o TiC é um dos mais duros revestimentos utilizados (Tabela 7.5), o que garante alta resistência ao desgaste.

O Al_2O_3 é outro revestimento muito empregado nas ferramentas de metal duro utilizando a técnica CVD e que apresenta várias vantagens. As principais são inércia química e dureza, e, portanto, resistência ao desgaste. Outra característica importante é a redução de sua condutividade térmica com o aumento da temperatura, o que garante uma barreira térmica interessante para a superfície da ferramenta. Salienta-se que no revestimento, ao contrário do substrato, quanto menor a condutividade térmica, melhor, pois menor será a quantidade de calor que chegará ao substrato. Já para o substrato, quanto maior a condutividade térmica, melhor, pois o calor que chega será mais rapidamente dissipado. A condutividade térmica do TiC e do TiN apresenta comportamentos inversos do Al_2O_3, como mostra a Figura 7.13.

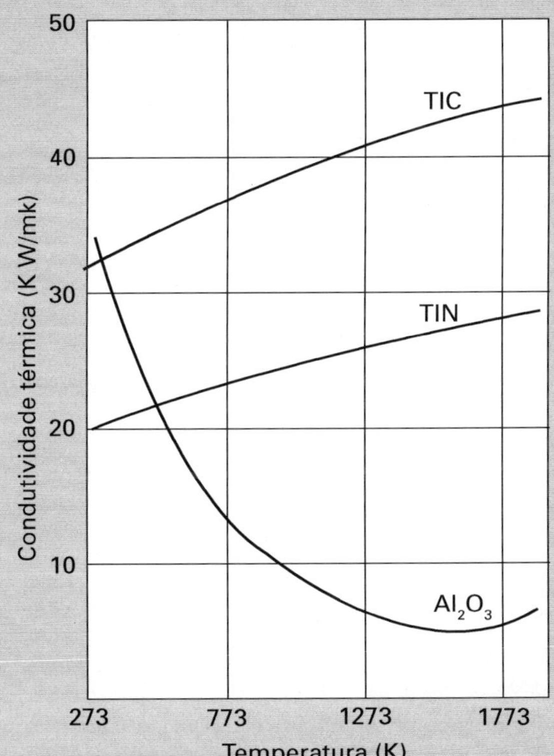

FIGURA 7.13 Influência da temperatura na condutividade térmica dos principais revestimentos utilizados nas ferramentas de corte (WERTHEIM et al., 1982).

O TiN se apresenta, normalmente, como a camada externa, pois proporciona baixos coeficientes de atrito entre a ferramenta e o cavaco. Esse material garante menores comprimentos de contato ferramenta/cavaco em virtude da menor tendência de adesão dos materiais ferrosos. A Figura 7.14 apresenta diversas classes de metal duro revestidas e comumente utilizadas na indústria.

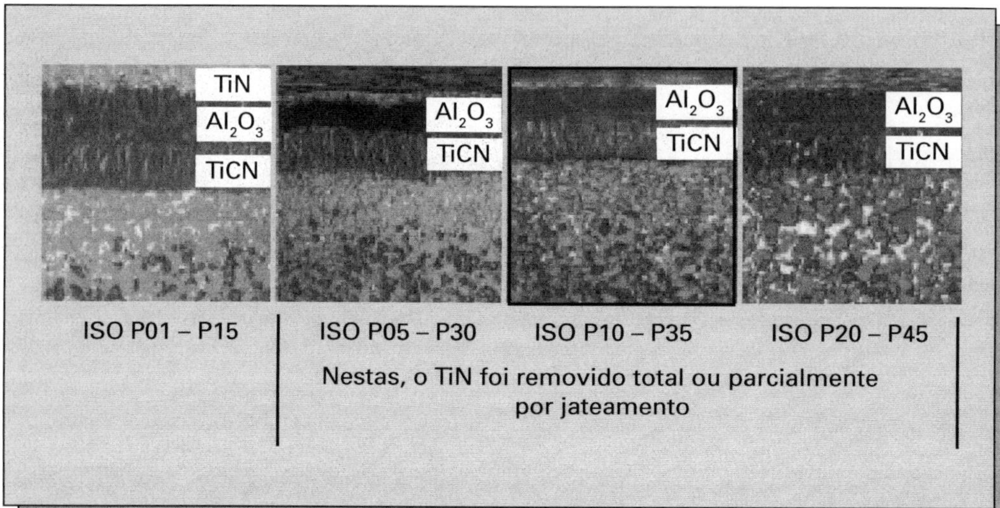

FIGURA 7.14 Exemplos de ferramentas de metal duro revestidas (SANDVIK, 2007).

O TiCN é normalmente o mais requisitado como primeira camada justamente por garantir maior aderência do revestimento no substrato e de novos revestimentos sobre ele. Para garantir uma tensão residual de compressão, é comum aplicar uma operação de jateamento para remoção da última camada revestida na superfície de saída das ferramentas. Isso garante maior resistência à propagação de trincas.

Outro revestimento que confere bom desempenho em operações de usinagem é o TiNAl ou (TiAl)N, um nitreto à base de Ti e Al. A estequiometria desses compostos pode variar em uma larga margem, permitindo diferentes produtos para diversas aplicações (ÁVILA, 2003). Esse revestimento tem se mostrado excelente para a usinagem de ferros fundidos, tanto em insertos intercambiáveis como em brocas de metal duro. Tal revestimento também pode ser aplicado à usinagem das superligas de níquel. Ensaios de furação mostraram que ferramentas de metal duro revestidas com TiNAl podem produzir até três vezes o número de furos conseguidos com as brocas sem revestimento.

Normalmente, a espessura total das camadas de revestimento pode variar entre 4 μm e 12 μm. Camadas muito espessas podem fragilizar a aresta, portanto um número excessivo de camadas pode ter esse efeito nocivo. Quando se utilizam várias camadas finas intercaladas entre si, a resistência da aresta é consideravelmente maior se comparada com uma camada única de mesma espessura (WERTHEIM et al., 1982). Nesse caso, uma possível trinca que se forma na superfície por fadiga, por exemplo, se propagará apenas até a interface da primeira camada e, posteriormente, paralela a esta. Assim, quanto mais fina a camada, mais difícil é para a trinca atingir o substrato.

Para que se possa mostrar a eficiência das multicamadas em inibir a propagação de trincas, utilizam-se os testes de endentação.

Existem hoje no mercado ferramentas de metal duro revestidas com diamante policristalino (PCD) obtidas pelo processo CVD (CLARK; SEM, 1998). Nesse caso, a camada de revestimento é única, a espessura é maior que a normal, mas inferior a 30 μm. Esse revestimento é aplicado em aresta com ângulo de saída positivo para desbaste de materiais não ferrosos, como alumínio, plásticos e compósitos. Com o aparecimento das ferramentas revestidas de PCD pelo processo CVD, as expectativas para os revestimentos de cBN para aplicações em materiais ferrosos aumentaram. Mas isso ainda não é uma realidade comercial, pois o revestimento de cBN ainda não apresenta desempenho satisfatório para a ferramenta. O cBN possui dois elementos (o nitrogênio e o boro), diferentemente do PCD, que possui apenas um elemento (o carbono), fazendo o processo de crescimento da camada se tornar mais complicado por vários motivos, incluindo problemas estequiométricos.

A Figura 7.15 apresenta algumas técnicas de revestimento disponíveis atualmente e suas respectivas temperaturas de deposição. P3e™ é um desenvolvimento chamado *pulse enhanced electron emission*, no qual camadas de óxidos, inclusive Al_2O_3, são depositadas em substratos com temperaturas inferiores a 600 °C.

Observa-se que hoje há deposições até para aços aplicados em moldes e matrizes a temperaturas em torno de 200 °C, com possibilidade de camadas de TiN, CrN e TiAlN. O conceito de revestimento é para garantir uma ferramenta com características tenazes no núcleo e duras, resistentes ao desgaste, e quimicamente inertes na superfície. Nos aços rápidos, os revestimentos comumente utilizados são à base de TiN, TiCN e TiAlN. Novos revestimentos vêm sendo lançados, como o AlCrN (2005) e o AlCr (2006) [NN(a), 2007].

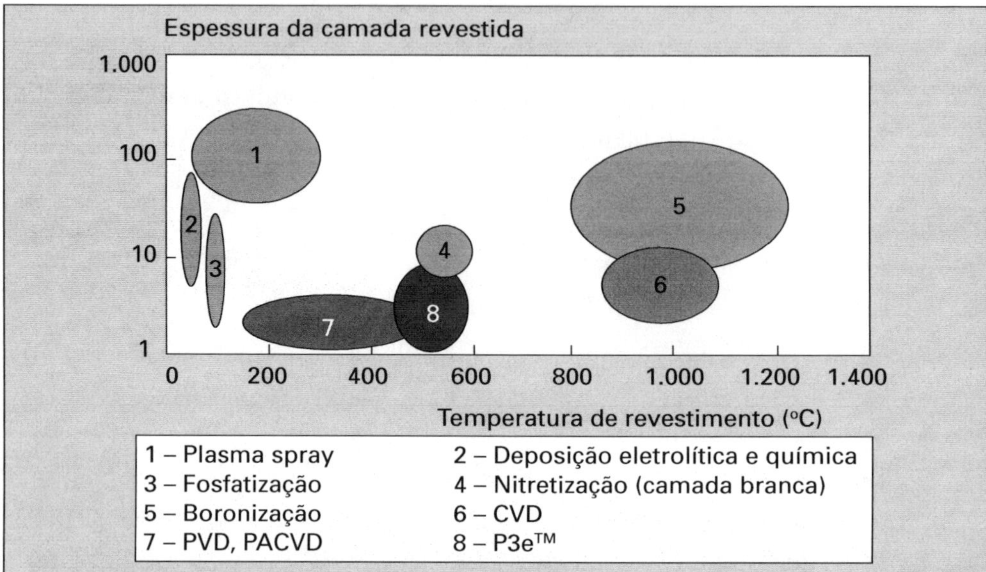

FIGURA 7.15 Técnicas de revestimentos e faixas de temperaturas utilizadas no processo (OERLIKON-BALZERS, 2007).

7.5 CERMETS

Dois fatores contribuíram para o aparecimento das ferramentas de cermet. O primeiro foi a constatação de que a adição de TiC aumentava muito a resistência ao desgaste, principalmente na superfície de saída, dos metais duros, quando usinando aços. O segundo foi a escassez de tungstênio, durante a Segunda Guerra Mundial, que levou várias equipes de pesquisas a concentrar esforços no desenvolvimento de um material similar com as características do metal duro. Assim, apesar de se ter registro de patente de cermet datada em 1931 (KOLASKA; DREYER, 1990), foi a partir da década de 1970 que o cermet entrou realmente no mercado, para hoje ser uma ferramenta competitiva. Esse grupo é constituído por TiC, TiN e, geralmente, tem o Ni como elemento de ligação. Pode contar também com a presença de outros elementos, como Al, Co, Mo ou compostos de Mo_2C, TaC, NbC, WC, AlN, TaN e outros. Trata-se de um grupo considerado intermediário entre os metais duros e as cerâmicas. As ferramentas são aplicadas principalmente no acabamento dos aços, com altas velocidades e baixos avanços. Suas principais características são a alta dureza a elevadas temperaturas e a grande estabilidade química, com pouca tendência à difusão. Hoje, são ferramentas com grandes aplicações nas indústrias. A Tabela 7.9 mostra as principais propriedades físicas do cermet à base de TiC em comparação com o metal duro, à base de WC.

Tabela 7.9 Comparação das propriedades físicas do cermet (TiC) com o metal duro (WC)

Propriedades físicas	Cermet	Metal duro
Dureza (HV)	3.200	2.100
Energia livre de formação (kcal/g – atm 1.000 °C)	–35	–10
Solubilidade no ferro (wt% a 1.250 °C)	0,5	7
Temperatura de oxidação (°C)	1.100	700
Condutividade térmica (cal/cm s °C)	0,052	0,42
Coeficiente de dilatação térmica (10^{-6}/°C)	7,2	5,2
Coeficiente de choque térmico*	1,9	27,1

$$\text{* Coeficiente de choque térmico} = \frac{\text{condutividade térmica x resistência à tração}}{\text{coeficiente de dilatação x módulo de elasticidade}}$$

Nota-se uma maior dureza apresentada pelo cermet, garantida pela maior dureza do TiC em relação ao WC, o que garante uma maior resistência ao desgaste ou maiores velocidades de corte para os cermets. Outro fator importante dos TiC é a baixíssima solubilidade no ferro a temperaturas elevadas (0,5% para o TiC contra 7% para o WC), o que inibe a dissolução do TiC e, portanto, reduz a difusão. O cermet apresenta ainda temperatura mais alta de oxidação que o metal duro. A oxidação pode ser um forte acelerador de desgaste, principalmente se o desgaste de entalhe for predominante. Os pontos fracos dos cermets são as propriedades térmicas: devido à baixa condutividade térmica e ao alto coeficiente de dilatação, o cermet tem um baixo coeficiente de resistência ao choque térmico, bem inferior ao do metal duro, daí a explicação de o cermet só ser eficiente em baixos avanços, a pequenas profundidades de corte e a altas velocidades (operações de acabamento) na usinagem de materiais ferrosos. Por conta da grande afinidade química do titânio com a maioria dos materiais não ferrosos, a aplicação dos cermets se restringe, basicamente, à usinagem de materiais ferrosos. O problema da baixa tenacidade vem sendo investigado e soluções práticas estão aparecendo no cenário industrial. A adição de 12% em peso de nanogrãos de Al_2O_3 à matriz de micrograõs de cermets, por exemplo, garante o aumento da tenacidade e a manutenção de durezas elevadas na ferramenta (HUANG et al., 2006). Bons resultados foram encontrados utilizando o refino de grãos dos constituintes duros dos cermets, ampliando o campo de aplicação desse grupo de ferramentas (ZELINSKI, 2007). A Figura 7.16 ilustra esses resultados.

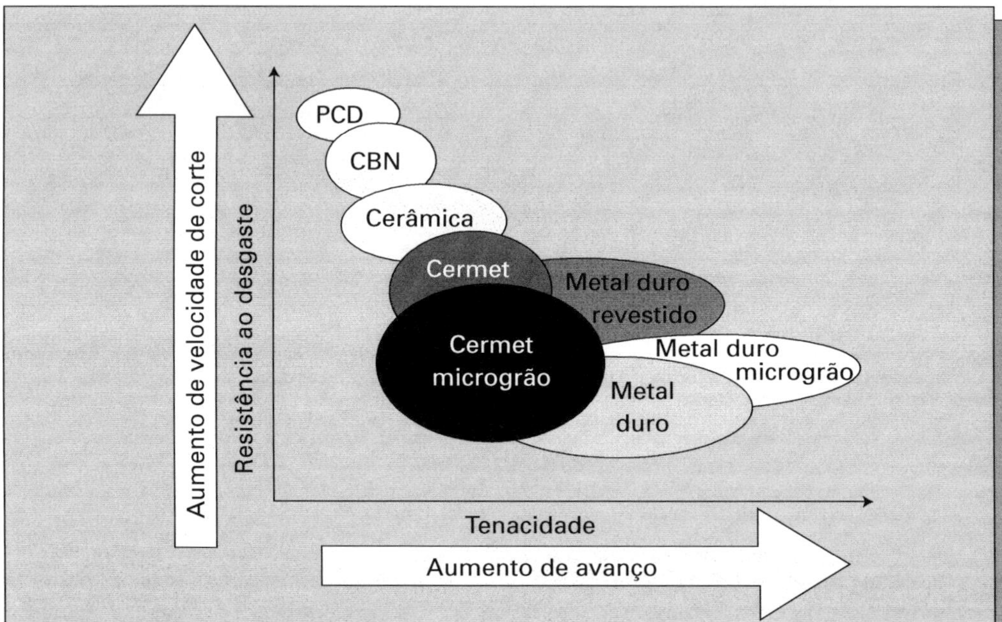

FIGURA 7.16 Ilustração demonstrando o aumento do campo de aplicação dos cermets pelo refino de grãos de seus constituintes (adaptada de ZELINSKI, 2007).

7.6 CERÂMICAS

Não existe na literatura uma definição clássica para os materiais cerâmicos que possa identificar prontamente esse grupo. As cerâmicas, às vezes, são muito mais conhecidas pelas suas propriedades do que propriamente por uma definição clássica. A definição a seguir trata da união de pontos que identificam as cerâmicas oferecidos por diversos autores ou livros (KALPAKAJIAN, 1984; DE GARMO et al., 1988; ASM HANDBOOK, 1990):

As cerâmicas são compostas de elementos metálicos e não metálicos, geralmente, na forma de óxidos, carbonetos ou nitretos. A maioria tem estrutura cristalina, mas, em contraste com os metais, as ligações entre os elementos são iônicas ou covalentes.

Em geral, as cerâmicas possuem as seguintes propriedades que ajudam a identificá-las:

- São materiais refratários, capazes de suportar altas temperaturas sem perder resistência mecânica.
- Possuem alta resistência ao desgaste em operações de usinagem.
- São materiais frágeis.
- Têm baixa condutividade térmica.
- Apresentam boa estabilidade química e térmica.
- Possuem boa resistência à fluência.
- Apresentam alta resistência à compressão e baixa resistência à tração.

Apesar de a literatura citar o emprego das cerâmicas como ferramentas de corte desde o princípio do século XX, somente em fins dos anos 1950, insertos à base de alumina (Al_2O_3) entraram no mercado, sendo atualmente um grupo bastante competitivo, em especial na usinagem de materiais endurecidos e de superligas. Normalmente, as cerâmicas são usadas onde se requerem alta dureza e resistência ao desgaste. As cerâmicas à base de alumina apresentam excelente inércia química ao usinar materiais ferrosos. Entretanto, por não apresentarem tenacidades suficientes, os quebra-cavacos integrais tornam-se proibitivos, o que prejudica sua aplicação aos aços-carbono e de baixa liga. Porém, quando se trata de aços de alta dureza, acima de 45 HR_C, as cerâmicas são sempre empregadas, principalmente, no corte contínuo. No corte interrompido, ainda existem grandes limitações, exceto no fresamento de ferro fundido cinzento, no qual as cerâmicas à base de nitreto de silício têm se mostrado eficientes.

No passado, o que limitava a aplicação das cerâmicas era a fragilidade que apresentavam. Com a introdução no mercado das cerâmicas mistas, das cerâmicas reforçadas com SiC (*whiskers*) e das cerâmicas à base de nitreto de silício, elas podem ter aplicações até em cortes interrompidos, como no fresamento dos ferros fundidos cinzentos a altíssimas velocidades de corte e com altos valores de avanço. Isso é possível, porque o grau de tenacidade conseguido nessas pastilhas é significativo em relação aos materiais puros. É com o surgimento de tais materiais, bem como dos metais duros revestidos e dos materiais de ferramentas ultraduros (PCD e PcBN), que os anos 1980 podem ser considerados a época do terceiro grande impulso das ferramentas de corte (após os aços rápidos como primeiro e os metais duros como segundo).

As cerâmicas, de modo geral, possuem algumas propriedades melhores e outras piores que os cermets e os metais duros. A Figura 7.17 apresenta esquematicamente a comparação entre as principais propriedades dessas ferramentas de corte.

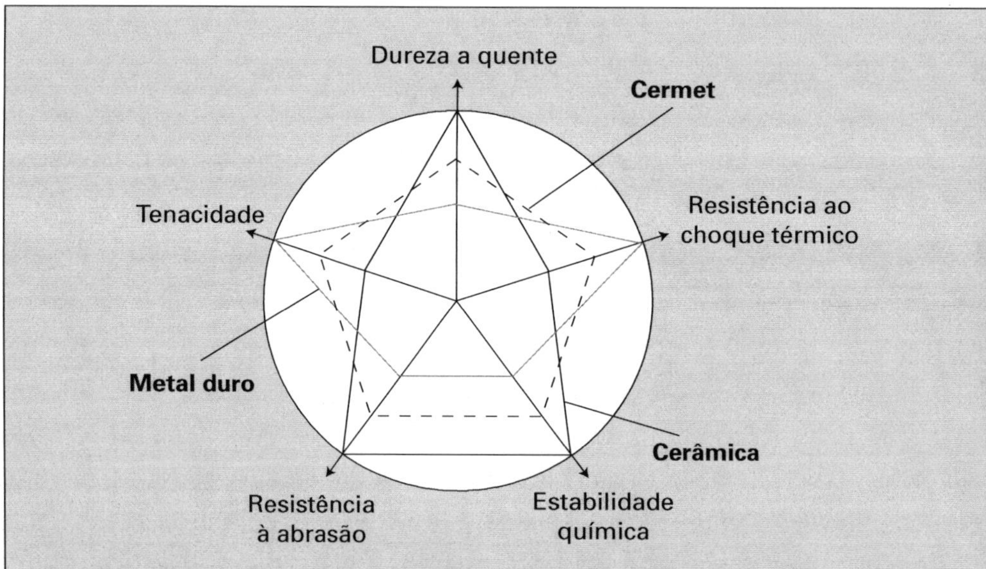

FIGURA 7.17 Esquema comparativo das propriedades das cerâmicas, dos cermets e dos metais duros (SMITH, 1989).

Observa-se que as cerâmicas possuem maior dureza a quente, maior resistência à oxidação e menor afinidade química com o material da peça, enquanto o metal duro possui maior tenacidade e maior resistência ao choque térmico. O cermet, considerando qualquer uma dessas propriedades, sempre ocupa uma posição intermediária entre o metal duro e a cerâmica.

A Tabela 7.10 apresenta as propriedades mais importantes das principais ferramentas cerâmicas. Essas propriedades são comumente encontradas na literatura (NORTH; BAKER, 1984; EZUGWU; WALLBANK, 1987; MOMPER, 1987; TÖNSHOFF; BARTSCH, 1988; DROZDA, 1985).

Tabela 7.10 Propriedades das principais ferramentas cerâmicas

Material	Módulo de elasticidade (GPa)	Dureza (GPa)	Tenacidade K_{1C} (MPa $m^{1/2}$)	Coeficiente de dilatação térmica (10^{-6} K^{-1})	Condutividade térmica (Wm^{-1} K^{-1})
Al_2O_3	400	17,2	4,3	8,0	10,5
Al_2O_3 + TiC	420	20,6	4,5	8,5	13,0
Al_2O_3 + ZrO_2	390	16,5	6,5	8,5	8,0
Si_3N_4/ SIALON	300	15,6	6,5	3,1	9,7
SiC/ WHISKER	390	18,5	8,0	6,4	32,0

As cerâmicas podem ser divididas em dois grandes grupos: cerâmica à base de Al_2O_3 e à base de Si_3N_4.

7.6.1 Cerâmica à base de Al_2O_3

As cerâmicas puras são ferramentas constituídas basicamente de finos grãos de Al_2O_3 obtidos por metalurgia do pó com adição de MgO para inibir o crescimento dos grãos. Outros constituintes, como óxido de cromo, titânio e níquel, às vezes, são adicionados para aumentar a resistência mecânica. Essas ferramentas possuem um alto grau de dureza, resistência ao desgaste e excelente estabilidade química, embora com baixa tenacidade. Quando usadas na usinagem são, geralmente, no acabamento de materiais fundidos e em aços tratados superficial ou totalmente temperados. Exigem, na maioria das vezes, máquinas com alta rigidez e isentas de vibrações.

As primeiras ferramentas com adições apareceram nos anos 1970 e possuíam altos porcentuais (podendo chegar a 30%) de ZrO_2 e/ou TiC principalmente, podendo ainda conter TiN, TiO_2 e WC. Essas adições conferem à matriz de AI_2O_3 uma maior tenacidade e, às vezes, melhores propriedades térmicas para suportar maiores impactos mecânicos e choques térmicos, situações inerentes a certos processos de corte. Uma ferramenta de AI_2O_3 pura tem coeficiente de tenacidade à fratura K_{ic} de 180 N/mm$^{3/2}$, assim, a adição de zircônia (ZrO_2) pode elevar esse valor a 300 N/mm$^{3/2}$ com 17% de ZrO_2, como mostra a Figura 7.18.

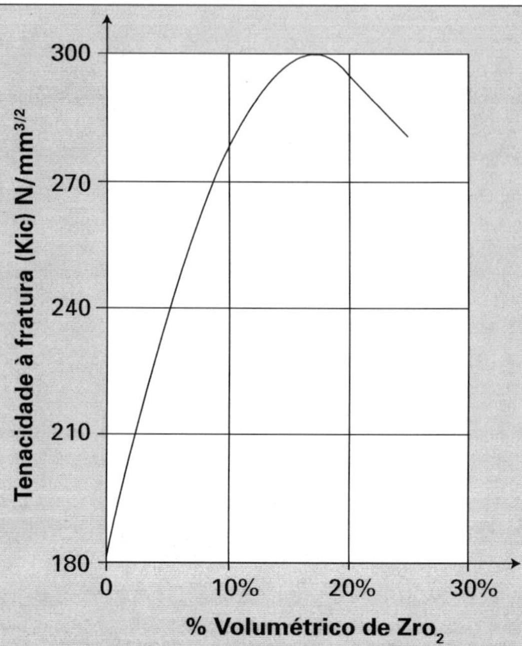

FIGURA 7.18 Tenacidade da cerâmica à base de Al_2O_3 em função do teor de ZrO_2 (ABEL, apud GRUSS, 1987).

A adição de TiC (cerâmica mista ou preta), além de melhorar ligeiramente a tenacidade e a condutividade térmica, aumenta consideravelmente a dureza e a resistência ao desgaste da ferramenta. Com esses insertos, têm-se conseguido excelentes resultados no desbaste e acabamento de aços laminados (velocidade de três a seis vezes maior que a do metal duro), bem como ótimos resultados em acabamento e superacabamento na operação de fresamento de materiais fundidos e no torneamento de aços duros.

Outra introdução no mercado, na década de 1980, que teve grande receptividade é a ferramenta cerâmica, também à base de Al_2O_3, reforçada com SiC (*whiskers*). Esses carbonetos são adicionados em até 20% na alumina, na forma de cilindros de 0,5 μm a 6 μm de diâmetro, e de 10 μm a 80 μm de comprimento (KOMANDURI, 1989). A mecânica do processo de aumento da tenacidade com a adição de *whiskers* pode ser entendida da seguinte maneira: durante a propagação de uma trinca, apesar de os SiC permanecerem íntegros, sem se quebrarem, há a separação deles da matriz de Al_2O_3, e esse processo absorve grande quantidade de energia de quebra e inibe a propagação da trinca. Por conta da grande resistência dos *whiskers*, a trinca não atravessa sua estrutura, tendo, portanto, de se desviar, o que também consome energia. Tudo isso aumenta a tenacidade do material. Essas ferramentas possuem, também, maior resistência ao choque térmico por causa da maior condutividade térmica do SiC em relação à alumina. As propriedades desse grupo de material são consideradas excepcionais, com aplicação na usinagem de aços duros, aços inoxidáveis e, principalmente, nas superligas de níquel (SMITH, 1986). A Figura 7.19 mostra o melhor comportamento de uma ferramenta de Al_2O_3 contendo ZrO_2 com a adição de SiC contra a mesma ferramenta sem SiC. Tal adição também aumenta a dureza e a resistência ao desgaste, como mostra a Figura 7.20.

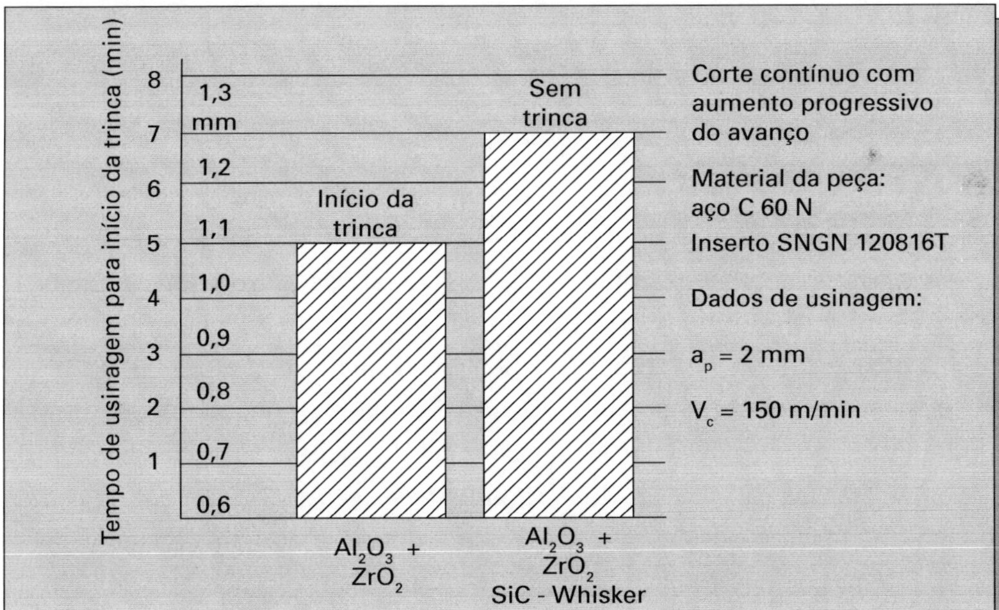

FIGURA 7.19 Tempo de usinagem e aumento do avanço para iniciar uma trinca em duas ferramentas cerâmicas: uma com, outra sem adição de *whisker*, no corte contínuo de aço C 60 N (v_c = 150 m/min e a_p = 2 mm). (KRUPP WIDIA – Tech. Inf. HVT 78.521.)

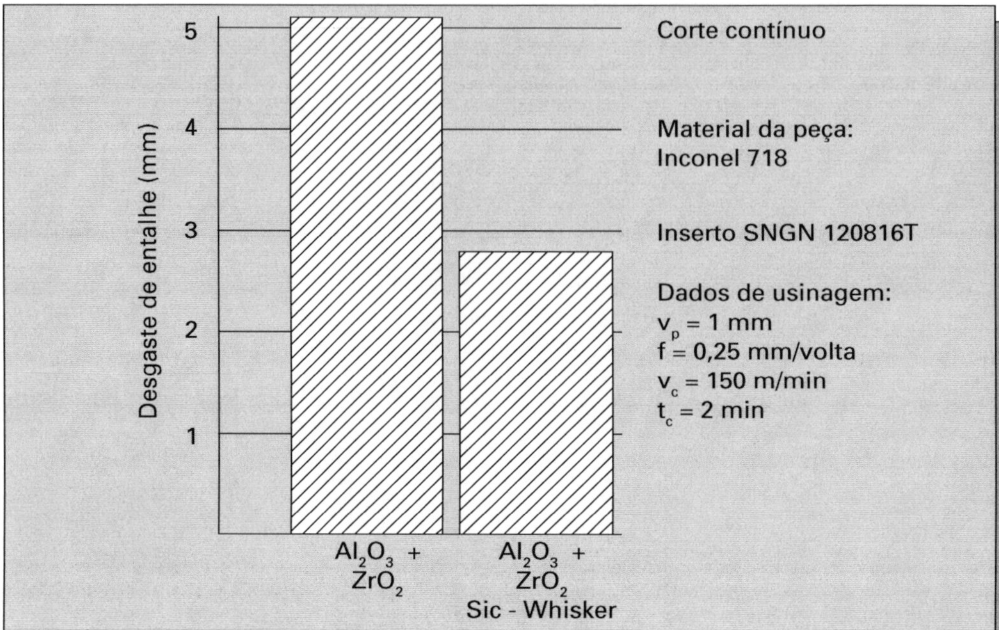

FIGURA 7.20 Desgaste nas ferramentas à base de alumina com e sem adição de *whisker* no corte contínuo de Inconel 718 (v_c = 150 m/min, f = 0,25 mm/volta, a_p = 1 mm e tempo de corte = 2 min.) (KRUPP WIDIA – Tech. Inf. HVT 78.521.)

7.6.2 Cerâmica à base de Si_3N_4

Esse grupo apareceu no mercado nos anos 1980, tratando de cristais de Si_3N_4, com uma fase intergranular de SiO_2 (cristais de vidro) que são sinterizados na presença de Al_2O_3, Y_2O_3, MgO e outros. Com esses materiais, têm-se conseguido excelentes resultados na usinagem de ligas de níquel e ferros fundidos. Entretanto, em razão da grande interação química com o ferro a elevadas temperaturas, esse grupo de material não tem tido sucesso na usinagem de aços (BULJAN; SARIN, 1985). Um dos produtos desse grupo, que é comercializado com a marca registrada SIALON® (nome que tem origem no símbolo dos elementos que ele contém: Si, AI, O e N), tem mostrado bons resultados na usinagem de aços e excelentes aplicações nas superligas de níquel. A adição de Al e O às ferramentas desse grupo diminui as interações com o ferro e permite aplicações em aços (BULJAN; SARIN, 1985). O baixo coeficiente de dilatação também diminui a possibilidade de trinca térmica durante a usinagem. As cerâmicas à base de nitreto de silício possuem boa resistência ao desgaste, com tenacidade superior às das cerâmicas à base de Al_2O_3. Isso fez a aplicação desses materiais chegar ao fresamento, o que pouco tempo atrás era inadmissível para as cerâmicas.

Para compensar a deficiência de menor dureza, essas cerâmicas podem ser revestidas tanto com Al_2O_3 quanto com TiC, o que garante maior resistência ao desgaste a essas ferramentas. A Figura 7.21 mostra a redução de desgaste conseguida com o revestimento de Al_2O_3 de uma cerâmica à base de Si_3N_4.

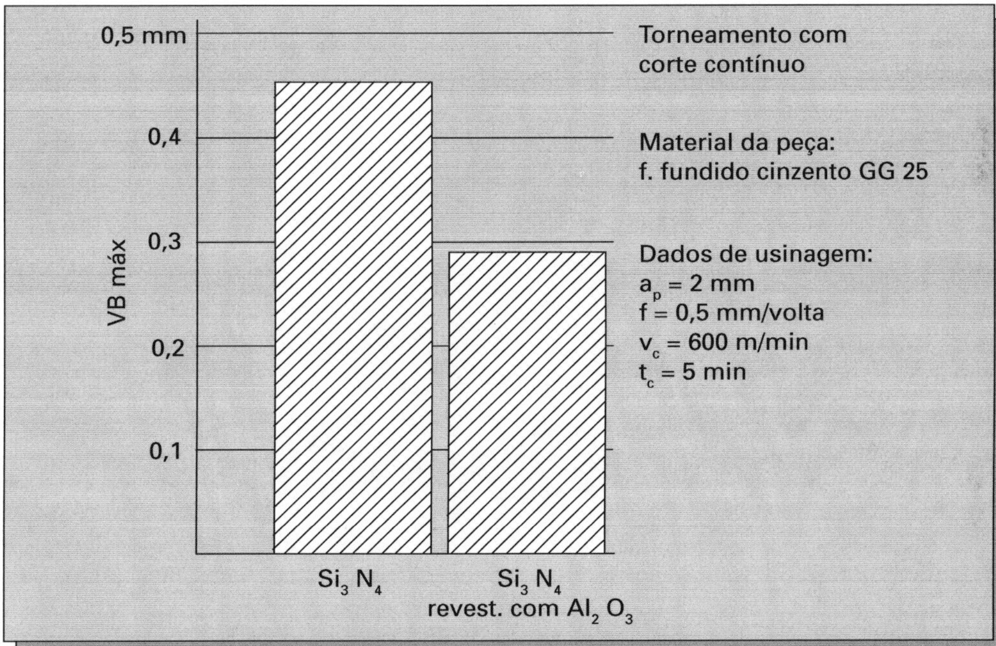

FIGURA 7.21 Influência do revestimento de Al_2O_3 em uma ferramenta à base de Si_3N_4 no torneamento do ferro fundido cinzento (v_c = 600 m/min, f = 0,5 mm/volta, a_p = 2 mm, t_c = 5 min). (KRUPP WIDIA – Tech. Inf. HVT 78.521.)

No fresamento de ferro fundido cinzento, já há uma aplicação usual de cerâmicas mistas e de SIALON®, inclusive com uso de fluidos de corte. Na usinagem dos aços, grande parte das aplicações fica por conta das cerâmicas mistas e óxidas (normalmente com adição de ZrO_2), com pouca aplicação de SIALON®. A usinagem de superligas e de aços endurecidos é dividida entre a cerâmica mista, o SIALON® e o PcBN, mas apenas no torneamento.

A aplicação de ferramentas cerâmicas exige alguns cuidados especiais:

- Usar chanfros e evitar corte interrompido antes de iniciar a operação.
- O uso do fluido de corte deve ser evitado; se requerido, entretanto, deve-se usar o fluido em abundância na aresta de corte.
- Não usar aresta cortante afiada sem chanfro ou arredondamento.
- Usar arestas com raio de ponta.
- Preferir os maiores valores de v_c e de f possíveis.
- Usar um rígido sistema de fixação do inserto e um bom assentamento da pastilha no suporte.
- Usar em máquinas-ferramentas rígidas, livre de vibrações.

A resistência mecânica de um inserto para operações de usinagem depende fortemente do ângulo de ponta e o seu aumento segue a ordem apresentada na Figura 7.22.

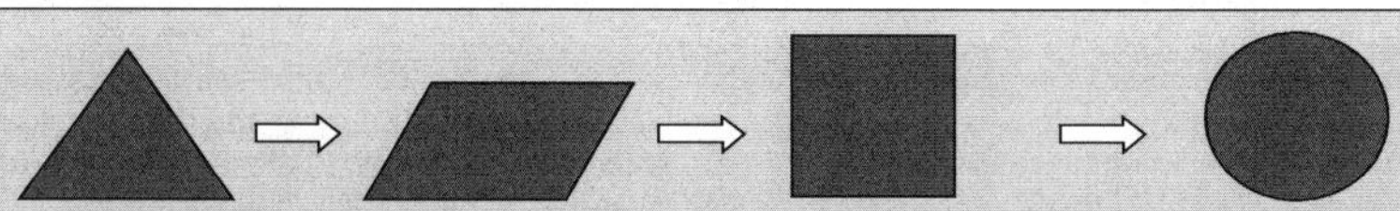

FIGURA 7.22 Sequência de formas de insertos que apresentam ângulo de ponta (ε_r) crescente, com consequente aumento da resistência mecânica.

Esse conceito deve ser aplicado na seleção da forma para os insertos em geral, mas, principalmente, se o material da ferramenta for cerâmica.

7.7 DIAMANTE E NITRETO CÚBICO DE BORO

Normalmente, materiais com dureza superior a 3.000 HV são denominados ultraduros. Como ferramentas de corte, os materiais ultraduros são:

- Diamantes naturais mono e policristalino.
- Diamante sintético monocristalino.
- Diamante sintético policristalino (PCD, do inglês *Polycrytalline Diamond*).
- Nitreto cúbico de boro (cBN, do inglês *Cubic Boron Nitride*) monocristalino.
- Nitreto cúbico de boro policristalino (PcBN, do inglês *Poly crystaline Cubic Boron Nitride*).

O diamante natural foi usado como ferramenta de corte por centenas de anos, pois trata-se do material de maior dureza e resistência ao desgaste da natureza. Além disso, possui excelente condutividade térmica. As ferramentas de diamante natural são usadas principalmente quando se requer superacabamentos nos componentes usinados. Acabamentos superficiais da ordem de Ra = 25 nm podem ser obtidos com essas ferramentas se a máquina-ferramenta possuir rigidez (CLARK e SEM, 1998). Entretanto, por causa da sua fragilidade e risco de falha sob impacto, e também por conta do seu alto custo, tem sua aplicação limitada como ferramentas de corte, principalmente após o surgimento dos diamantes e dos cBNs sintéticos, que podem substituí-lo com bastante eficiência.

Os diamantes sintéticos foram produzidos pela primeira vez nos anos 1950, mas apenas no final da década de 1970 entraram no mercado como ferramentas de corte. Tanto o PCD como o PcBN podem ser encontrados como uma camada de 0,5 mm a 1,0 mm, de espessura sinterizada, em uma placa de metal duro, que são cortadas e brasadas geralmente em insertos de metal duro, ou então, mais raramente, usadas como insertos inteiriços.

O diamante sintético é obtido sujeitando o carbono, na forma de grafite, a temperaturas e pressões extremamente altas (da ordem de 2.000 °C e 7 GPa). Como grafite, os átomos de carbono estão arranjados na forma hexagonal, mas após a sinterização, ele se transforma em diamante, possuindo uma estrutura cúbica de face centrada (CFC). A Figura 7.23 ilustra a estrutura cristalina do grafite e a do diamante e apresenta o diagrama de equilíbrio de ambos.

Para ser mais econômico, o processo é realizado na presença de um catalizador da reação de transformação, normalmente o cobalto.

De maneira similar e pouco tempo depois de o diamante sintético ser obtido, o hBN (nitreto hexagonal de boro) também foi transformado em cBN (nitreto cúbico de boro). Assim como o grafite, o hBN é frágil e escorregadio, enquanto o cBN é duro e resistente ao desgaste em menor escala que o diamante, mas superior às cerâmicas. A Figura 7.24 apresenta a estrutura cristalina do hBN e do cBN, bem como o diagrama de equilíbrio entre ambos, muito parecido com o da figura anterior. Para acelerar as reações, o catalisador nesse caso é um nitreto metálico, que reduz tanto a temperatura quanto a pressão de síntese para aproximadamente 1.500 ºC e 6 GPa, respectivamente (HEATH, 1986). Com o andamento da transformação, os cristais, sejam de diamante ou de cBN, crescem.

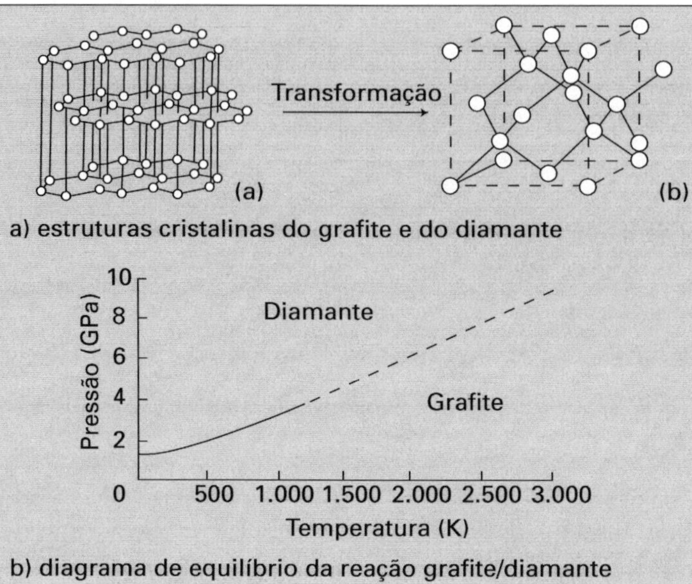

FIGURA 7.23 Estruturas do grafite, do diamante e diagrama de equilíbrio grafite/diamante (HEATH, 1986).

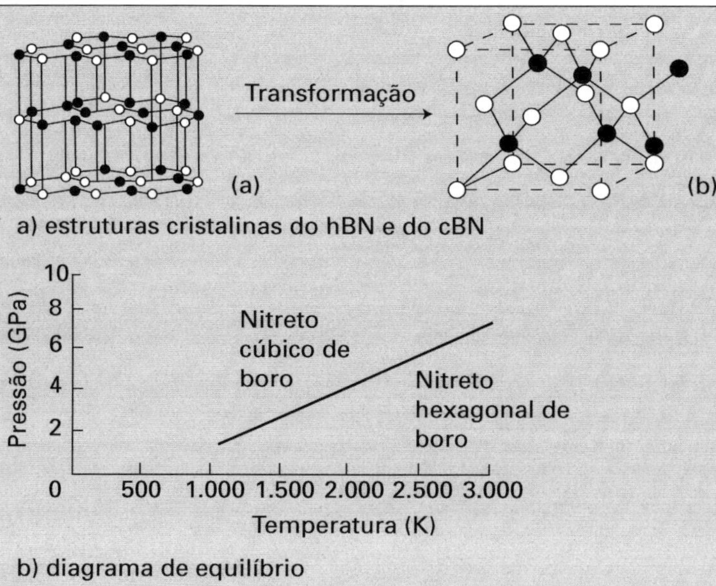

FIGURA 7.24 Estruturas do hBN, do cBN e diagrama de equilíbrio hBN/cBN (HEATH, 1986).

O desenvolvimento do processo de obtenção do diamante e do cBN a altas temperaturas e pressão permite a produção de monocristais sintéticos da ordem de 8 mm. Assim, é possível encontrar no mercado ferramentas de monocristais de diamantes com arestas de 8 mm de comprimento e 2 mm de espessura. Esse produto sintético tem a vantagem de possuir consistência no tamanho, na forma e no desempenho, consistência não encontrada nos diamantes naturais.

As ferramentas policristalinas de diamante e de cBN (PCD e PcBN, respectivamente) são obtidas pelo processo de metalurgia do pó usando monocristais de diamante e cBN, respectivamente. Mais uma vez, devem-se adicionar catalisadores para acelerar a sinterização. Naturalmente, durante o tratamento térmico, toda a massa do produto deve estar contida dentro da fase cúbica do respectivo diagrama de equilíbrio para evitar a reversão da fase cúbica em hexagonal. Nesse processo, pode-se obter uma variedade imensa nas propriedades finais dos produtos, dependendo do tamanho dos grãos dos monocristais (estes dependem do tempo de permanência na câmara de transformação), do solvente/catalisador empregado (em razão de problemas de instabilidade térmica no produto final de PCD, a variação dos solventes utilizados é restrita, mas nos PcBNs é muita), do grau de sinterização etc., sendo, portanto, possível desenvolver produtos para aplicações específicas (HEATH, 1986).

A tenacidade desses policristalinos é bem superior à dos monocristais, portanto o campo de aplicação é maior, apesar da maior dureza e resistência ao desgaste dos monocristais. Essa propriedade pode ser aumentada ao elevar-se o tamanho dos grãos dos policristais, pois inversamente ao que acontece com o metal duro, aqui a resistência ao desgaste cresce com o aumento do tamanho dos grãos (CLARK; SEM, 1998). Entretanto, apenas quando se exigem maiores integridade e precisão da aresta, como no caso da usinagem de superacabamento, o monocristal pode superar o policristal.

O revestimento de diamante conseguido pelo processo CVD, similarmente ao revestimento de metal duro, é obtido à baixa pressão. Uma mistura de gases à base de carbono e de hidrogênio é dissociada e depositada a altas temperaturas (aproximadamente 2.000 °C) e a pressões abaixo da atmosférica.

Nessas condições, uma camada de diamante policristalino cresce e pode apresentar uma grande variação no tamanho dos grãos e na textura. Uma vantagem em relação ao diamante sintético obtido a alta pressão, pelo processo convencional, é a ausência de catalisador e, consequentemente, a estabilidade térmica é maior nesse produto desenvolvido pelo processo CVD (CLARK; SEM, 1998). A Figura 7.25 apresenta a micrografia de uma camada de aproximadamente 30 μm.

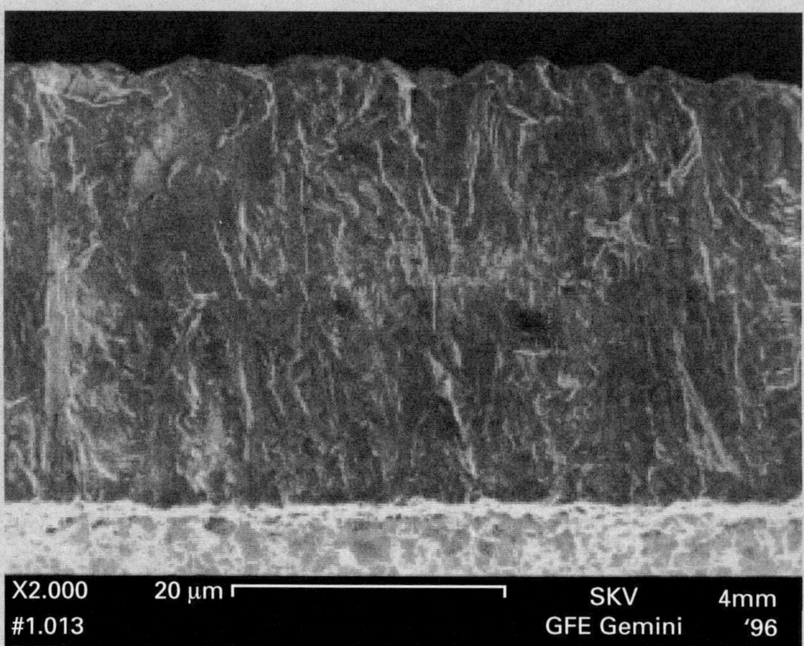

FIGURA 7.25 Camada de diamante desenvolvida em substrato de metal duro pelo processo CVD.

O diamante sintético tem a limitação de não poder ser utilizado na usinagem de aços ou de qualquer outro material ferroso, pois está sujeito a voltar ao estado de grafite quando as temperaturas ultrapassam cerca de 780 °C na presença de oxigênio. Mas as ligas de alumínio, cobre puro, metais duros e materiais compostos, principalmente os compósitos de matrizes metálicas, têm se beneficiado do uso do diamante.

Ao contrário, o PcBN tem se mostrado excelente na usinagem de aços, ligas de níquel e ferros fundidos. O PcBN é termicamente mais estável até temperaturas da ordem de 1.200 °C, apresentando uma resistência ao ataque químico bem maior que o diamante. Dessa forma, ferramentas à base de cBN são aplicadas à usinagem de materiais ferrosos de elevada dureza e sem maiores problemas. A Tabela 7.11 apresenta as propriedades dos ultraduros em comparação com outros materiais de ferramentas de corte.

Tabela 7.11 Propriedades dos ultraduros (BROOKES, 1986)

Propriedades dos ultraduros						
Propriedade	Material do inserto					
	94WC 5Co metal duro	Alumina cerâmica	Alumina TiC cerâmica	Nitreto de silício cerâmica	Diamante policristalino	PcBN sólido
Densidade, g/cm^3	14,7	3,9	4,3	3,2	3,4	3,1
Resist. à compressão, kN/mm^2	4,5	4,0	4,5	3,5	4,7	3,8
Dureza Knoop HK, kN/mm^2	13	16	17	13	50	28
Módulo de Young, kN/mm^2	620	380	370	300	925	680
Módulo de rigidez, kN/mm^2	250	150	160	120	430	280
Coeficiente de Poisson	0,22	0,24	0,22	0,28	0,09	0,22
Coef. de exp. térmica, $10^{-4}/K$	5,0	8,5	7,8	3,2	3,8	4,9
Condutividade térmica, W m/K	100	23	17	22	120	100
Tenacidade à fratura K_{1C}, MN $m^{3/2}$	11	2,3	3,3	5,0	6,9	10

Observa-se que a limitação da tenacidade apresentada por algumas cerâmicas não se verifica no PcBN, cuja tenacidade chega bem próxima à do metal duro. Por essa razão, e pela neutralidade química e propriedades de dureza e resistência ao desgaste desse material, ele pode ser aplicado à usinagem de praticamente todos os materiais de uso comum em engenharia, embora possa não ser economicamente viável para a usinagem de certos materiais. O que mais limita a aplicação dos ultraduros ainda é o seu alto custo. Com o maior domínio da técnica de obtenção, esse custo deverá baixar, tornando esse grupo de materiais ainda mais competitivo. Mas enquanto a técnica de obtenção continua sendo um empecilho para baixar custos, os fabricantes estão buscando alternativas para tentar reduzi-los. Em razão do alto custo do produto, as ferramentas de metal duro contêm arestas de PCD ou de PcBN em uma ou duas arestas por inserto. A Figura 7.26 ilustra dois exemplos citados de redução de custos.

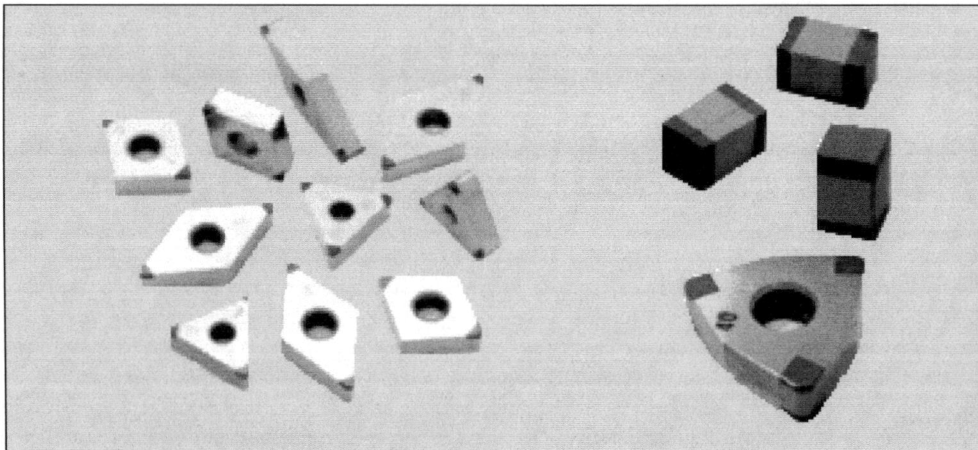

a) várias pontas de insertos b) pontas nos dois lados

FIGURA 7.26 Alternativas para redução de custos de ultraduros [NN(d), 2007].

7.8 SELEÇÃO DE MATERIAIS PARA FERRAMENTAS DE USINAGEM

Sendo a dureza a primeira propriedade importante para uma ferramenta de corte, a Figura 7.27 mostra a dureza dos principais grupos de materiais em função da temperatura. Nota-se que até mesmo o metal duro e as cerâmicas têm suas propriedades reduzidas com a temperatura, mas acima da apresentada pelos aços rápidos, por exemplo. Isso garante a aplicação dessas ferramentas em condições de corte bem mais severas que as que podem se submeter os aços rápidos.

As propriedades de dureza e resistência ao desgaste estão, também, diretamente relacionadas com a capacidade de imprimir altas velocidades aos processos, uma vez que esse parâmetro é o principal responsável pelo aumento de temperatura. Tal relação é ilustrada na Figura 7.28, na qual se observa a evolução das velocidades de corte ao longo dos anos em relação ao aparecimento dos diversos grupos de ferramentas de corte. Apesar de não estarem indicados, os materiais ultraduros, surgidos na década de 1980, podem apresentar velocidades ainda superiores às indicadas no diagrama, em algumas aplicações.

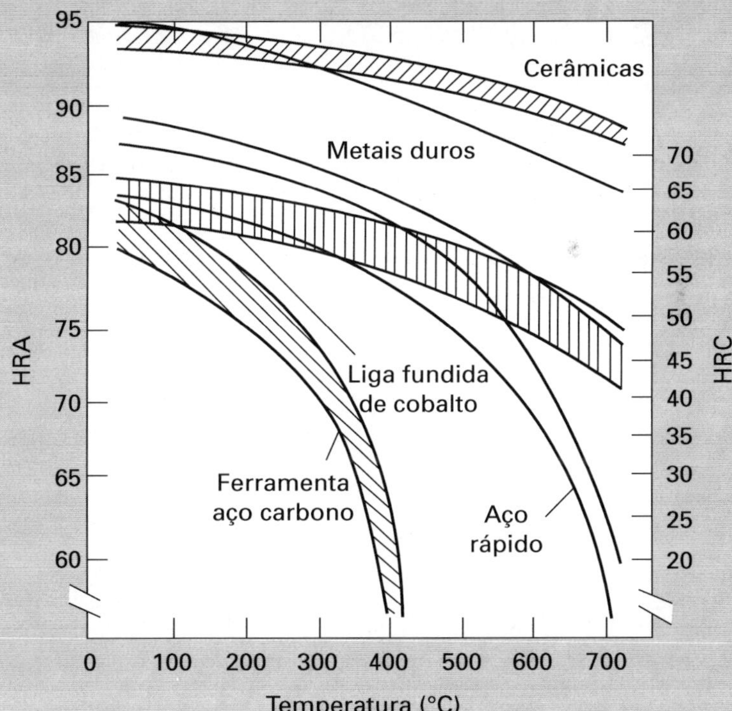

FIGURA 7.27 Variação da dureza de alguns materiais de ferramentas de corte em relação à temperatura (KOMANDURI, 1997).

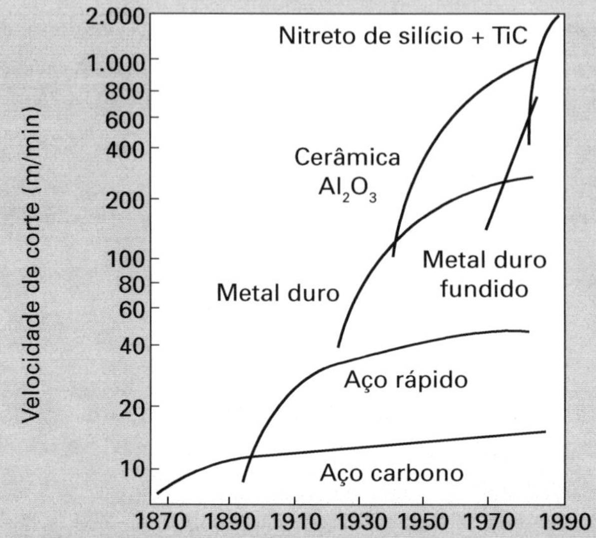

FIGURA 7.28 Aumento das velocidades de corte conseguido no último século (PASTOR, 1987).

A Tabela 7.12 apresenta algumas das principais propriedades de ferramentas de corte selecionadas. Em uma seleção, é de extrema importância conhecer essas propriedades, mas deve-se conhecer, também, quando e onde essas propriedades são requeridas. Na seleção do material de ferramenta de corte para uma aplicação específica, o grande número de ferramentas existentes no mercado dificulta a decisão e torna a tarefa relativamente complexa. Todas as propriedades requeridas, listadas anteriormente, devem ser consideradas, mas o engenheiro deve ter conhecimento suficiente para destacar as mais importantes em função da aplicação a que se destina o material.

O material de ferramenta ideal deveria ter a dureza do diamante natural, a tenacidade do aço rápido e a inércia química da alumina, porém tal material ainda não existe. Deve-se considerar também que nem sempre o melhor material é o que garante uma maior vida à ferramenta de corte. Às vezes, a confiabilidade e a previsibilidade de desempenho são mais importantes, e isso é tanto mais relevante quanto maior for o custo do material da peça. No processo de seleção, é importante que o engenheiro entenda o tipo de dano que a ferramenta sofrerá (avaria, deformação plástica ou desgaste) e os mecanismos envolvidos, para ser capaz de recomendar a ferramenta de corte mais apropriada a cada situação.

Tabela 7.12 Dados quantitativos das principais propriedades das ferramentas de corte (ABRÃO, 1995)

Propriedades do material da ferramenta	Aço rápido (M2)	Carboneto de tungstênio (M20)	Alumina branca	Alumina mista	Alumina reforçada com *whisker*	Cerâmica à base de nitreto de silício	PcBN	Diamante natural	PCD
Composição básica*	0,85% pC 4% pCr 5% pMo 6,5% pW 2% pV	80,5% pWC 10% pCo 9,5% pOutros	90-95% Al_3O_3 5–10% ZrO_2	Al_2O_3 30% TiC 5–10% ZrO_2	75% Al_2O_3 25% SiC	77% Si_3N_4 13% Al_2O_3 10% Y_2O_3	98% CBN 2% $AIB_{2/}$ AIN		PCD 2-8% Co
Densidade (g/cm_3)	7,85	14,5	3,8–4,0	4,3	3,7	3,2	3,1	3,5	3,4
Dureza à TA (HV)	850	1.600	1.700	1.900	2.000	1.600	4.000	10.0000	8.000–10.000
Dureza a 1.000 °C (HV)	n.a.	~400	650	800	900	900	~1.800	n.a.	n.a.
Resistência à fratura (MPa $m^{1/2}$)	17	13	1,9	2	8	6	10	3,4	7,9
Condutividade térmica (W/m °C)	37	85	8–10	12-18	32	23	100	900	560
Módulo de Young (kN/mm_2)	250	580	380	420	390	300	680	964	841
Coeficiente de expansão térmica ($x10^6/K$)	12	5,5	8,5	8	6,4	3,2	4,9	1,5–4,8	3,8
Custo aproximado por barra** (US$)	72,54 (barra 25 x 25 x 200 mm)	0,61	0,83	1,08	4,5	2,25	72–108	225–252	54-90

* Por volume a menos que indicado.

** Custo referente à ISO SNGN 120416

A Figura 7.29 mostra uma metodologia que pode ser empregada para selecionar a ferramenta de corte, sua geometria e as condições de corte para uma determinada aplicação. Observa-se que o número de fatores a se considerar é grande e que a decisão final deve recair na ferramenta e na condição de corte que apresentarem o melhor desempenho, confirmadas pelos testes experimentais realizados em laboratórios de pesquisas.

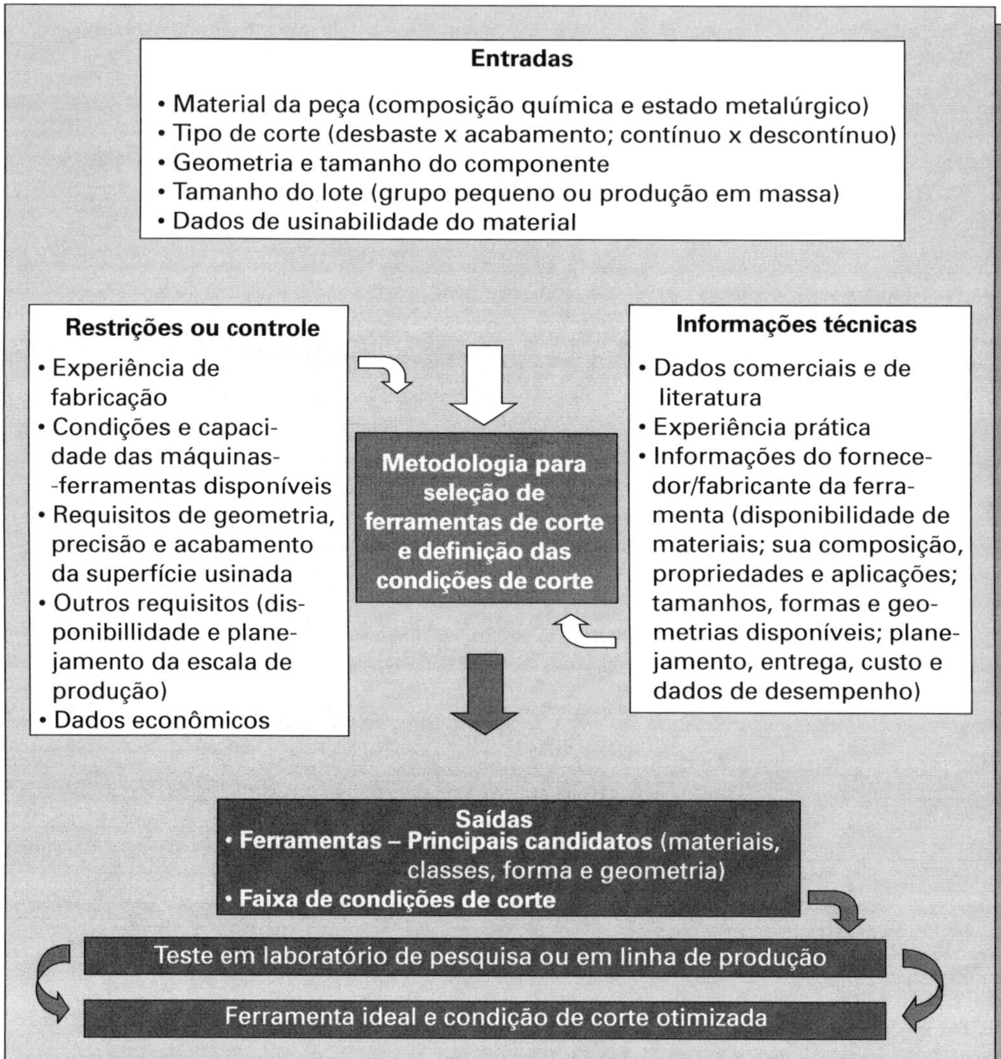

FIGURA 7.29 Metodologia para a seleção da ferramenta de corte, sua geometria e condições de corte para uma dada aplicação (adaptado de KOMANDURI, 1997).

É importante analisar essas propriedades e interpretar corretamente os requisitos dos materiais para ferramentas de corte para cada aplicação individual, a fim de então selecionar a ferramenta corretamente. O módulo de elasticidade deve ser considerado na definição da rigidez elástica da ferramenta: quanto maior, menor será a variação elástica durante o carregamento da ferramenta. A dureza está ligada à resistência ao desgaste abrasivo, enquanto a tenacidade significa a capacidade do material de absorver energia antes de se romper, ou seja, possuir resistência ao impacto. O coeficiente de dilatação térmica e a condutividade térmica indicam a resistência ao choque térmico. Quanto menor o coeficiente de dilatação e maior a condutividade térmica, maior será a resistência ao choque térmico.

A variedade de ferramentas de corte disponível no mercado cresceu muito durante os anos 1980, principalmente em decorrência da exigência de avanços tecnológicos ou para suprir as necessidades dos mais diversos grupos de materiais a usinar, visando sempre ao aumento da produtividade e à economia no corte. Com a disponibilidade de uma maior variedade de materiais de ferramentas no mercado, a escolha correta torna-se uma tarefa cada vez mais engenhosa. Conhecer o processo e entender os mecanismos de desgaste das ferramentas é fundamental para que se chegue a uma ótima escolha, melhorando a economia e a produtividade da usinagem. Por conta da complexidade do processo de usinagem, é muito difícil uma teoria preditiva. Uma solução prática fundamentada em muitas experiências deve ser adotada.

A atual qualidade das ferramentas de corte permite a aplicação de altíssimas velocidades de corte e de avanço em diferentes processos de usinagem. Na atualidade, HSM (do inglês *High Speed Machining*) e UHSM (do inglês *Ultra High Speed Machining*, ou HSC, *High Speed Cutting*) são termos comuns nos meios de fabricação. Além de vantagens diretas, a aplicação desses processos elimina a operação de acabamento, o que significa grandes ganhos. Toda essa evolução é um processo que depende do crescimento de todo o sistema. Não se pode falar em HSM ou UHSM sem falar em ferramentas resistentes e na evolução das máquinas-ferramentas. Aliás, esse é outro ponto importante que deve ser colocado para todos os que querem evoluir nas técnicas de usinagem: cada vez mais se exigem máquinas-ferramentas mais potentes, precisas e rígidas.

REFERÊNCIAS BIBLIOGRÁFICAS

ABRÃO, A. M. *The machining of annealed and hardened steels using advanced ceramic cutting tools*. Tese (Ph.D.). University of Birmingham, 1995.

ASM HANDBOOK. *Properties and selection*: nonferrous alloys and special purpose materials. 10. ed. New York: ASM International, 1990.

ÁVILA, R. F. *Desempenho de ferramentas de metal duro revestidas com TiN, TiCN e TiAlN (PAPVD) no torneamento do Aço BNT 4340 temperado e revenido*. Tese (Doutorado em Engenharia Metalúrgica e de Minas) – Universidade Federal de Minas Gerais (UFMG), Belo Horizonte, 2003.

BROOKES, K. J. Hard and superhard tools are a cut above the rest. *Metal Working Production*, p. 92-104, Oct. 1986.

BULJAN, S. T.; SARIN, V. K. The future of silicon nitride cutting tools. *The Carbide and Tool Journal*, p. 4-7, May/June 1985.

CHIAVERINI, V. *Aços e ferros fundidos*. 4. ed. São Paulo: ABM, 1979.

CLARK, I. E.; SEM, P. K. Advances in the development of ultrahard cutting tool material. *Industrial Diamond Review*, n. 2, p. 40-44, 1998.

DE GARMO, E. P. et al. *Material and processes in manufacturing*. 7. ed. New York: MacMillan, 1988.

DROZDA, T. J. Ceramic tools find new applications. *Manufacturing Engineering*, p. 34-39, May 1985.

EZUGWU, E. O.; WALLBANK, J. Manufacture and properties of ceramic cutting tools: a review. *Materials Science and Technology*, v. 3, p. 881-887, novembro 1987.

FERRARESI, D. *Fundamentos da usinagem dos metais*. São Paulo: Blucher, 1977.

GRUSS, W. W. Turning of steel with ceramic cutting tools. *Tool Materials for HKH-Speed Machining*, ASM International, p. 105-115, 1987.

GURLAND, J. New scientific approaches to development of tool materials. *International Materials Review*, v. 33, n. 3, p. 151-166, 1988.

HEATH, P. J. Properties and uses of amborite. *Industrial Diamond Review*, n. 3, p. 120-127, 1986.

HUANG, C. et al. Microstructure and mechanical properties of nano-scale Al_2O_3 toughned Ti(C,N) matrix cermet tool material. *Materials Science Forum*, v. 532-533, p. 37-40, 2006.

ISCAR(a). *Sistema de Identificação de Porta-Ferramenta Iscar*. Disponível em: <http://www.iscardobrasil.com.br/ProductLines/PDF/SistemaDeIdentificacao4_468.pdf>. Acesso em: 4 nov. 2007.

ISCAR(b). *Sistema de identificação de pastilha*. Disponível em: <http://www.iscardobrasil.com.br/ProductLines/PDF/SistemadePastilhas4_469.pdf>. Acesso em: 4 nov. 2007.

ISO Standard n. 513(E). *Classification and application of hard cutting materials for metal removal with defined cutting edges* – Designation of Main Groups and Groups of Application, 2004.

ISO Standard n. 1832. *Indexable inserts for cutting tools* – Designation, 2004.

JACK, D. H. Hard materials for metal cutting. *Metals and Materials*, p. 516-520, Sept. 1987.

JEANS, W. T. *Creators of the age of steels*. Kessinger, 2005.

KALPAKAJIAN, S. *Manufacturing processes for engineering materials*. Nova York: Addison-Wesley Publishing Co., 1984.

KOLASKA, H.; DREYER, K. Metal duro, cermets e cerâmica. *Metal Mecânica*, p. 62-70, set./out. 1990.

KOMANDURI, R. Advanced ceramic tool materials for machining. *Int. J. of Refractory Materials & Hard Metals*, p. 125-132, June 1989.

KOMANDURI, R. Tool materials. *Kirk-Othmer Encyclopedia of Chemical Technology*. 4. ed. New York: John Wiley & Sons, 1997.

KRUPP WIDIA. Advanded machine tools call for advanced cutting materials. *Technical Information, Tool Engineering* HVT 78.521, sem data, p. 1-14.

MARCONDES, F. C. *A história do metal duro*. São Paulo: Sandvik Coromant, Consultoria de Projetos e Arte, 1990.

MITSUBISHI. *Mitsubishi Tooling Technology Level 1*, 2005.

MOMPER, I. F. Flexible production with ceramics. *Production Engineer*, p. 18-19, May 1987.

NN(a). Disponível em: <http://www.oerlikon.com/ecomaXL/index.php?site=BALZERS_EN_balinit_coatings>. Acesso em: 2 nov. 2007.

NN(b). Disponível em: <http://www.oerlikon.com/ecomaXL/index.php?site=COATING_SERVICES_EN_INNOVA>. Acesso em: 2 nov. 2007.

NN(c). *Cutting Tool Engineeting Magazine*, v. 59, n. 1, Jan. 2007.

NN(d) *Cutting Tool Engineeting Magazine*, v. 59, n. 8, Aug. 2007.

NORTH, B.; BAKER, R. D. Silicon nitride-based (sialon) metalcutting tools? Properties and applications. *R & HM*, p. 46-51, Mar. 1984.

OERLIKON-BALZERS. Disponível em: <http://www.oerlikon.com/balzers>. Acesso em: mar. 2007.

PASTOR, H. Present status and development of tool materials. Part 1 – Cutting tools. *International Journal of Refractory and Metals*, v. 6, n. 4, p. 196-209, dezembro 1987.

QUINTO, D. T. et al. Mechanical properties, structure and performance of chemically vapor-deposited and phisically vapor deposited coated carbide tools. *Materials Science and Engineering*, n. A105/106, p. 443-452, 1988.

RIDHOUGH, M. Cast cobalt alloy cutting metal. *Materials for Metal Cutting. Proc. Conf. of BIRSA*, p. 119-121, 14-16 abril 1970.

SANDVIK. *CIMM – Centro de Informação Metal Mecânica*. Disponível em: <http://www.cimm.com.br/cimm/geral/jsps/frame_univers.jsp?pagina=http://construtor.cimm.com.br/cgi-win/construt.cgi?configuradorresultado&id=920&construt=true>. Acesso em: 3 nov. 2007.

SCHRÖTER, K. German Patent n. 420689. Treuhand – gasellsshft für elektrische glühlampen, depositada em 30 de março de 1923, aprovada em 30 de outubro de 1925.

SMITH, G. T. *Advanced machining – The handbook of cutting technology*. Kempston: IFS Publications, 1989.

SMITH, K. H. Whisker reinforced ceramic composite cutting tools. *Carbide and Tool Journal*, p. 8-11, set./out. 1986.

TÖNSHOFF, H. K.; BARTSCH, S. Performance of ceramic cutting tool materials in dependence on their specific properties. *Intersociety Symp on Machining of Advanced Ceramic Materials and Components. Winter Annual Meeting of ASME*, 27/11 a 2/12 1988, p. 229-241.

WERTHEIM, R. et al. Characterization of CVD coated carbide layers and their thermal properties. *Annals of CIRP*, v. 31, n. 1, p. 7-11, 1982.

ZELINSKI, P. *Cermets get Assertive. Modern Machine Shop On Line*. Disponível em: <http://www.mmsonline.com/articles/010603.html>. Acesso em: 4 nov. 2007.

8 Avarias, desgastes e mecanismos de desgaste das ferramentas de corte

Por maiores que sejam a dureza e a resistência ao desgaste das ferramentas de corte, e por menor que seja a resistência mecânica da peça de trabalho, a ferramenta de corte sofrerá um processo de desgaste que, mais cedo ou mais tarde, exigirá a sua substituição. Estudar e entender o processo pelo qual as ferramentas se desgastam é muito importante, pois pode permitir ações coerentes e efetivas para reduzir a taxa desse processo, prolongando a vida da aresta de corte. Embora os custos com ferramentas de corte representem apenas uma pequena fração do custo de fabricação, desgastes acelerados e/ou avarias frequentes levam a paradas da máquina para troca, o que significa custos adicionais e perda de produtividade. Além disso, o conhecimento do processo de desgaste da aresta fornecerá subsídios para que haja evolução dos materiais das ferramentas, tornando-as mais resistentes aos fenômenos negativos que ocorrem durante o processo de usinagem.

Podem-se distinguir três fenômenos pelos quais uma ferramenta de corte perde sua eficácia na usinagem: *avaria*, *desgaste* e *deformação plástica*, apesar de alguns autores (TRENT; WRIGHT, 2000) considerarem a deformação plástica apenas um mecanismo de desgaste. Esses três fenômenos causam a mudança na geometria da aresta de corte. Os dois primeiros, geralmente, promovem a perda de material, enquanto o último promove somente o seu deslocamento. Para que se possa, desde o início, distinguir esses fenômenos que conduzem à perda e à consequente substituição das arestas, suas definições são apresentadas a seguir.

- *Avaria*: fenômeno que ocorre de maneira repentina e inesperada, causado pela quebra, lascamento ou trinca da aresta de corte. A quebra e o lascamento levam à destruição total ou à perda de uma quantidade considerável de material da aresta de forma repentina e imprevisível. A quebra é mais comum em ferramentas com baixa tenacidade, como as cerâmicas e os ultraduros. Já o lascamento depende também da tenacidade da ferramenta, mas pode ocorrer até mesmo em ferramentas de aço rápido (SANTOS, 2004). A trinca promove a abertura de uma fenda no corpo da ferramenta de corte. No caso da trinca, não existe a perda imediata de material, mas sua presença pode comprometer a continuidade do processo de corte pela sua transformação em sulco (no caso de trincas de origem térmica) ou pela promoção de um lascamento ou mesmo pela quebra da aresta. O lascamento também pode ocorrer quando a trinca é mais superficial, enquanto a quebra ocorrerá se a trinca for mais profunda. As trincas são comumente observadas em ferramentas de metal duro e cermets, podendo aparecer também em ultraduros e aço rápido, enquanto as cerâmicas, na maioria das vezes, são frágeis demais, e a propagação da trinca é imediata, praticamente sem deformação. Assim, em geral, uma trinca na ferramenta cerâmica promove instantaneamente seu lascamento ou quebra.

- *Desgaste*: a Norma ISO 3685 (1993) define desgaste em ferramentas como a "mudança de sua forma original durante o corte, resultante da perda gradual de material". Em tribologia, define-se desgaste como sendo a destruição de uma ou de ambas as superfícies que compõem um sistema tribológico, geralmente envolvendo perda progressiva de material (HUTCHINGS, 1992). À destruição relacionam-se alterações geométricas, e ao desgaste em usinagem, a mudança da geometria da ferramenta de corte por perda de massa. No desgaste, ao contrário da avaria, essa perda acontece de maneira contínua e progressiva, e em proporções pequenas, às vezes no nível atômico, às vezes no nível dos grãos do material. O desgaste pode ocorrer segundo vários mecanismos e a deformação plástica pode fazer parte desses mecanismos. Nesse processo, a temperatura desenvolvida durante o corte tem um papel decisivo e atinge ferramentas de corte de qualquer material.
- *Deformação plástica*: mudança da geometria da aresta de corte pelo deslocamento de material. Ela ocorre por cisalhamento devido às altas tensões atuantes nas superfícies das ferramentas de corte. Em casos extremos, vai levar à total destruição da cunha cortante. É mais comum ocorrer em ferramentas com resistência relativamente baixa ao cisalhamento e com maior tenacidade, como o aço rápido, as ligas fundidas e o metal duro. A ocorrência nas cerâmicas é difícil, porque a grande fragi-

lidade desse grupo de materiais não apresenta campo plástico suficiente para permitir o deslocamento de material, promovendo, antes, a quebra ou fratura. É comum encontrar na literatura (TRENT; WRIGHT, 2000) o tratamento da deformação plástica como desgaste, o que é perfeitamente aceitável, uma vez que ambos promovem a mudança da geometria da ferramenta, o que pode culminar na destruição total da aresta de corte.

Assim, em um processo de usinagem, existem duas causas fortes para a substituição da ferramenta de corte, encerrando sua vida:

- Ocorrência de uma avaria (trinca, lascamento ou quebra). Isso é muito raro de ocorrer no corte contínuo (torneamento), a não ser que as condições de corte usadas estejam acima das máximas recomendadas para cada tipo de ferramenta; ou a geometria da ferramenta seja inapropriada; ou, mais raro ainda, quando a ferramenta de corte já possuir algum defeito de fabricação. As avarias são mais comuns no corte interrompido (fresamento) devido aos choques mecânicos e térmicos inerentes a tais processos de usinagem.
- O desgaste ou a deformação atinge proporções elevadas que podem comprometer a usinagem dentro das especificações. O desgaste e a deformação acontecem tanto nas superfícies de folga como na superfície de saída das ferramentas, em cortes contínuos ou interrompidos.

8.1 AVARIAS NAS FERRAMENTAS DE CORTE

As arestas das ferramentas de corte usadas no corte interrompido (fresamento, por exemplo) são frequentemente substituídas em virtude de trincas, lascamentos ou quebras. Nesse tipo de operação, o desenvolvimento do desgaste uniforme, na superfície de folga, ou de saída, é dominante quando a ferramenta de corte possui tenacidade suficiente para resistir aos choques mecânicos e térmicos. As condições térmicas das ferramentas de corte utilizadas em cortes interrompidos têm sido investigadas por vários pesquisadores (BHATIA et al., 1986; CHAKRAVERTI et al., 1984a; WANG et al., 1969; PALMAI, 1987; MELO, 2001), sendo bem conhecido o papel desenvolvido pela temperatura no fenômeno de desgaste. No corte interrompido, uma aresta pode sofrer avarias devidas aos choques mecânicos originados na entrada ou saída do corte, ou pelo choque de origem térmica, causado pela flutuação da temperatura durante um ciclo (ou revolução) da ferramenta. Essa flutuação da temperatura ocorre porque a ferramenta se aquece durante a parte ativa do ciclo (de retirada do cavaco) e se resfria durante a parte inativa do ciclo (sem retirada de cavaco). A Figura 8.1 apresenta o desenho esquemático de um fresamento frontal (ou fresamento de aplainamento) no qual os ciclos ativos (de corte) e inativos (sem corte) durante uma revolução da ferramenta são destacados.

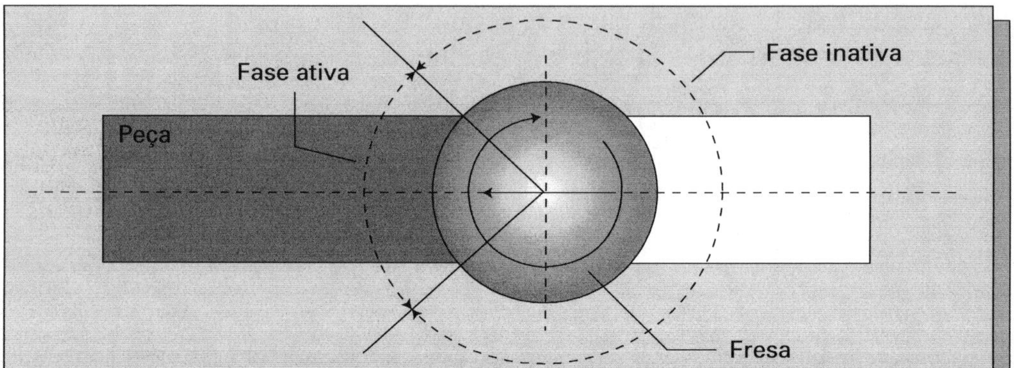

FIGURA 8.1 Representação esquemática das fases ativa e inativa da aresta de corte em um processo de fresamento frontal (MELO et al., 2006).

8.1.1 Avaria de origem térmica

Durante uma operação de corte interrompido, como o fresamento de faceamento, ilustrado na Figura 8.1, cada aresta da ferramenta experimenta uma fase ativa, período em que há formação do cavaco e, portanto, aquecimento da ferramenta; e uma fase inativa, sem corte, período em que ocorre o resfriamento. Consequentemente, as temperaturas em um corte interrompido flutuam ciclicamente, aumentando durante o tempo ativo da aresta de corte e diminuindo durante o tempo inativo. A variação cíclica dessa temperatura é ilustrada na Figura 8.2.

A curva "a" da figura representa o aquecimento da aresta em um corte contínuo, no qual a temperatura tende a se estabilizar em um valor constante, equilibrando a geração do calor na formação de cavacos com as perdas por condução para a peça, para a ferramenta, para o cavaco e, por convecção, para o fluido de corte ou ambiente (corte a seco). O valor de estabilidade vai se alterar conforme combinações ferramenta/peça, parâmetros de corte, fluido refrigerante etc., bem como com os efeitos do desgaste da aresta. A curva "b" representa o resfriamento contínuo da aresta, desde o valor constante de temperatura atingido durante o corte até a temperatura ambiente. No corte interrompido, durante o tempo ativo t_1, a aresta se aquece até a temperatura T_1. Nesse momento, inicia-se o tempo inativo t_2, quando a aresta começa a se resfriar, atingindo a temperatura T_1' ao final do tempo $t_1 + t_2$. Nesse momento, a aresta entra novamente em corte (tempo ativo) e o ciclo se repete.

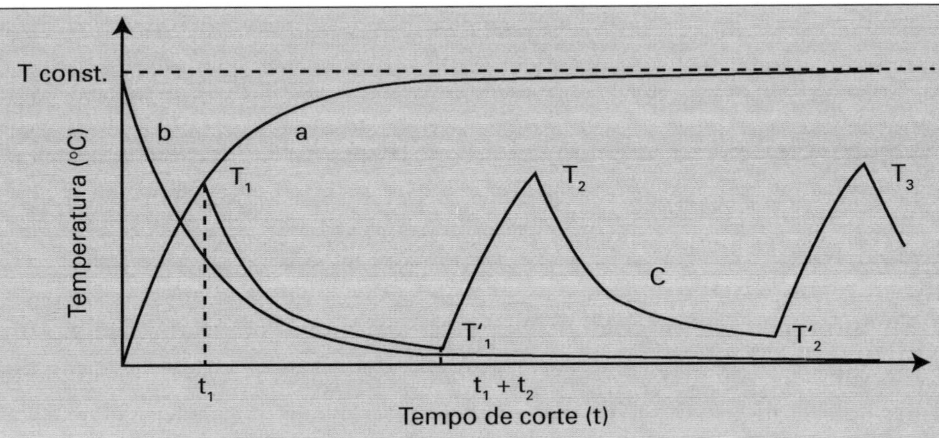

FIGURA 8.2 Variação cíclica da temperatura de corte no processo de corte interrompido (PALMAI, 1987).

A distribuição de temperatura durante o ciclo depende das condições de corte (principalmente da velocidade de corte, do avanço e da relação entre o tempo ativo e inativo de um ciclo), do material da ferramenta de corte e do material da peça. A flutuação cíclica da temperatura na interface ferramenta/cavaco leva a uma modificação, também cíclica, da distribuição de tensão na região de corte da ferramenta, o que pode provocar a formação de trincas térmicas. A Figura 8.3 mostra a curva de distribuição da temperatura em relação à profundidade "x", a partir da interface de contato ferramenta/cavaco.

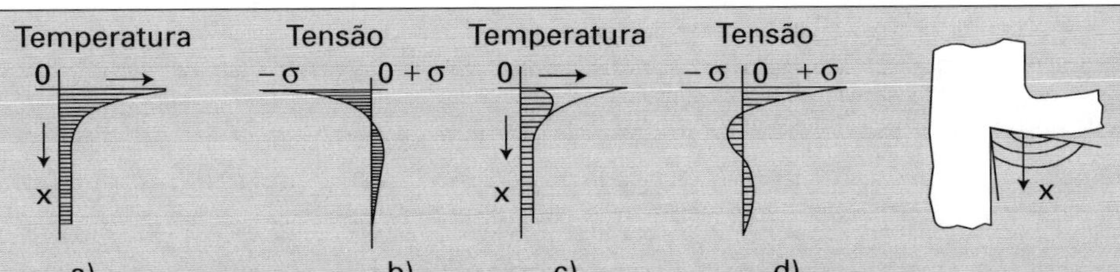

FIGURA 8.3 Distribuição da temperatura e de tensões em pastilhas de metal duro no corte interrompido (FERRARESI, 1977).

A camada superficial, a uma temperatura bastante alta, se dilata. Porém, as camadas subsequentes a temperaturas inferiores terão uma dilatação bem menor. Como consequência, tais camadas impedirão o processamento de uma dilatação maior na camada superficial. Dessa forma, origina-se na camada superficial tensões de compressão (Figura 8.3b). Em consequência disso, haverá, a determinada distância “x” das superfícies de contato, tensões de tração. Em seguida, com a variação da temperatura de corte, isto é, com o resfriamento da camada de contato (devido ao tempo inativo), essa camada estará submetida à tração (processo inverso ao do tempo ativo), enquanto as camadas subsequentes passarão a ser solicitadas à compressão, e, em função do perfil da temperatura interna, passarão novamente à tensão de tração a partir de uma determinada distância da superfície de saída (Figuras 8.3c e d).

As flutuações cíclicas da tensão, cujas taxas dependem da rotação, que pode chegar a valores elevadíssimos (50.000 rpm), promoverão o aparecimento de trincas por fadiga, principalmente nas ferramentas de metal duro. É raríssimo encontrar citações na literatura de trincas de origem térmica em ferramentas que não sejam de metal duro. As ferramentas de aço rápido costumam ter tenacidade suficiente para suportar as variações nas tensões sem nucleação de trincas, e as ferramentas cerâmicas são frágeis e se lascam ou quebram antes que trincas sejam observadas em suas superfícies. Entretanto, recentemente, Santos (2004), fabricando dentes de engrenagens com fresas caracóis de aço rápido, observou trincas de origem térmica na superfície dessas ferramentas, que eram fabricadas pelo processo de metalurgia do pó. Essas trincas, em geral, correm perpendicularmente à aresta de corte pelas superfícies de saída e de folga das ferramentas, como ilustrado na Figura 8.4. Tais trincas, que são, portanto, de origem térmica, se transformam, por um processo de erosão, em sulcos conhecidos como “sulcos desenvolvidos em forma de pentes” (*combcracks*).

Nesse processo, é importante ressaltar que a formação dos sulcos desenvolvidos em forma de pente, ou simplesmente sulcos de origem térmica, acontece em duas etapas distintas. A primeira compreende o período de abertura da trinca térmica; a segunda, o período de transformação da trinca em sulco. O número de sulcos está relacionado ao número de trincas térmicas, que é função da variação da temperatura durante o ciclo (ou giro) de cada dente da ferramenta e do número de ciclos térmicos. Quanto maior a variação de temperatura e o número de ciclos térmicos, maior o número de sulcos. A velocidade de corte, o avanço e a tenacidade das ferramentas de corte são parâmetros influentes no processo, conforme mostram as Figuras 8.5 a 8.7, respectivamente (LEHEWALD, apud FERRARESI, 1977).

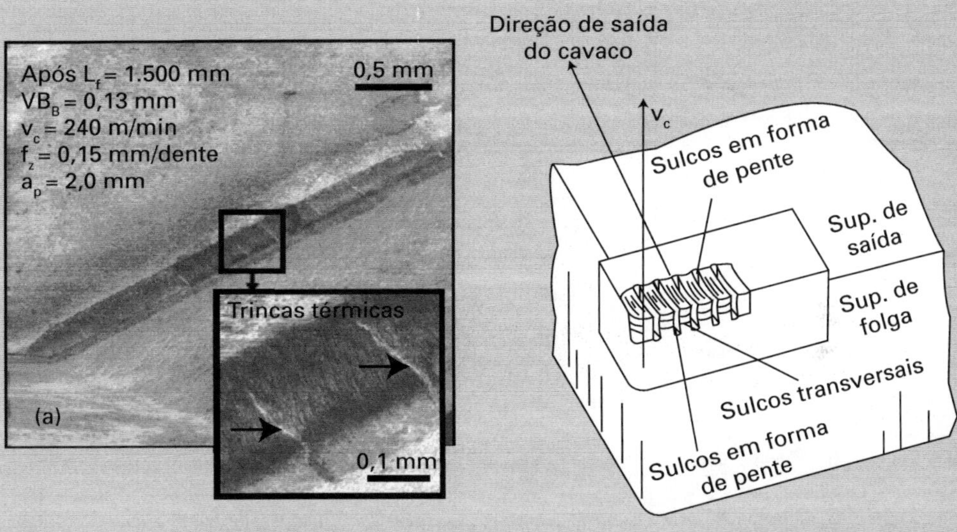

FIGURA 8.4 Trincas de origem térmica observadas em uma ferramenta de metal duro (MELO, 2001).

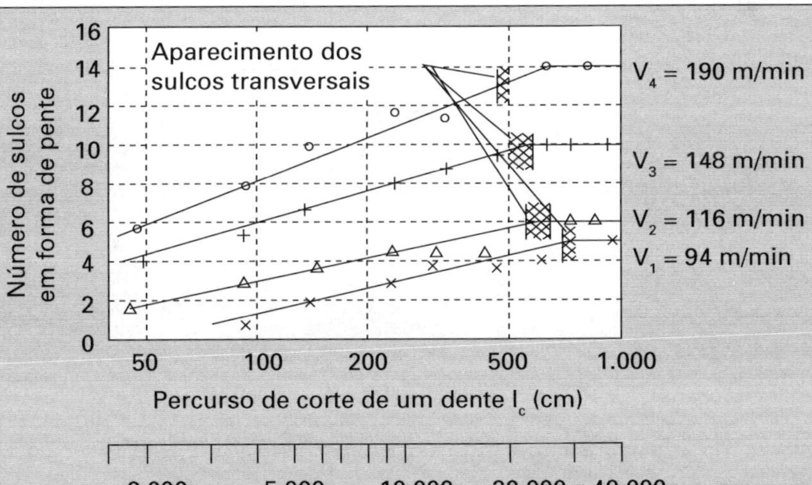

FIGURA 8.5 Influência da velocidade de corte sobre a formação de sulcos no fresamento.

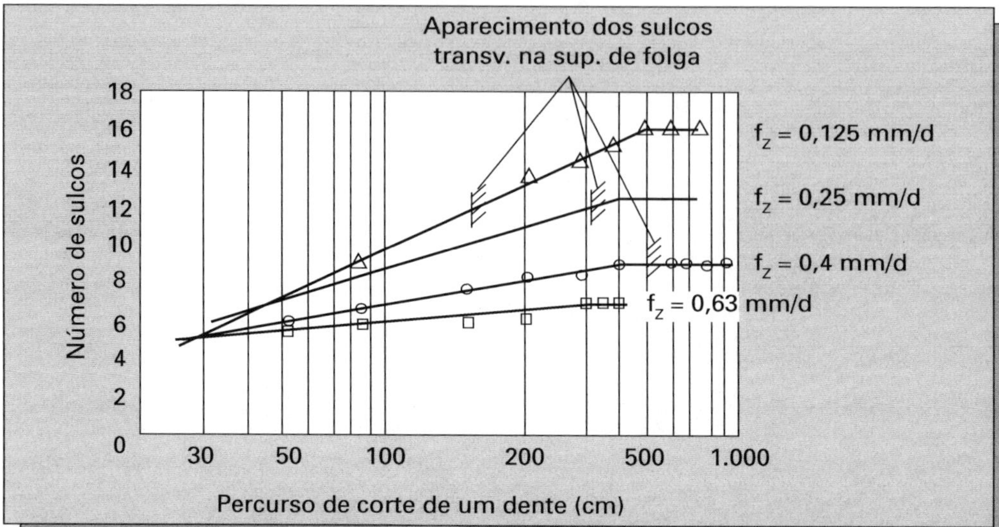

FIGURA 8.6 Números de sulcos em forma de pente em função do percurso de corte por dente para o fresamento com diversos avanços por dente.

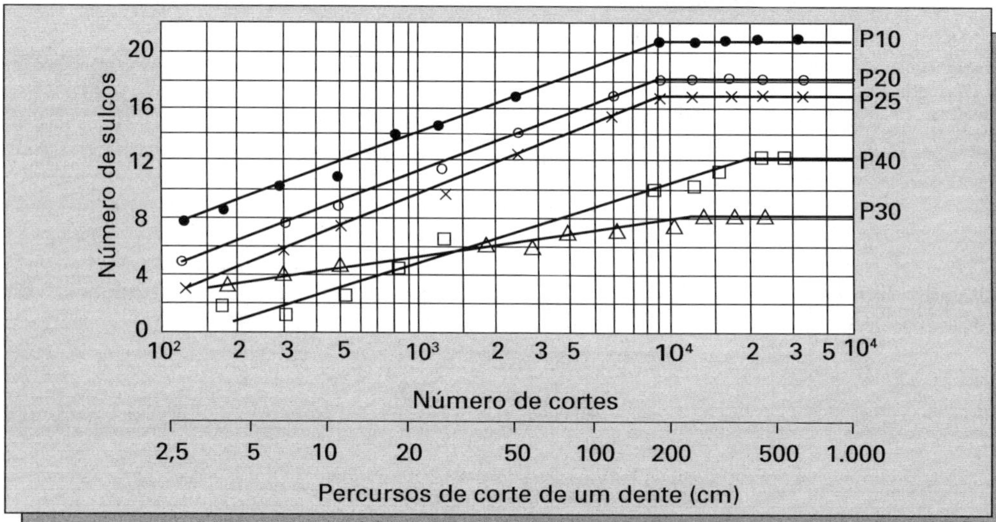

FIGURA 8.7 Números de sulcos em forma de pente em função do percurso de corte por dente para o fresamento com diversos materiais de ferramenta.

Observa-se, na Figura 8.5, que o aumento da velocidade de corte eleva o número de sulcos em forma de pente. Isso ocorre porque a variação de temperatura (ΔT) é aumentada com o incremento desse parâmetro. Em seu trabalho de doutorado, Melo (2001) obteve resultados parecidos com os de

Lehewald. Na Figura 8.6, observa-se que o aumento do avanço diminui o número de sulcos desenvolvidos em forma de pente. Segundo Ferraresi (1977), o aumento do avanço, apesar de elevar a temperatura média, tende a reduzir a variação de temperatura (ΔT), o que promove uma redução no número de sulcos desenvolvidos em forma de pente. Esse resultado, entretanto, não está de acordo com os resultados obtidos por Bhatia et al. (1979), que verificaram que o aumento do avanço no corte interrompido provoca um aumento na variação de temperatura (ΔT). Melo (2001) também observou um aumento discreto na quantidade de trincas térmicas com o aumento do avanço por dente, contrariando assim as conclusões de Lehewald. A Figura 8.7 mostra que quanto maior a tenacidade das ferramentas de corte, maiores serão as resistências aos choques térmicos e, por conseguinte, menores serão os números de sulcos. Nesse gráfico, o número de sulcos aparece em função do número de cortes. Observe que, de início, o número de sulcos cresce exponencialmente e, após um determinado valor, se estabiliza. Quanto mais tenaz for a ferramenta, menor será o número de trincas na estabilização. Ferraresi (1977) denominou o número de trincas na estabilização "número limite de sulcos", o que foi observado, também, por Ekemar et al. (1970). O número de trincas se estabiliza porque o processo de fadiga é aliviado pela abertura dessas trincas. As cavidades das trincas absorvem o processo de dilatação e retração das superfícies da ferramenta de tal forma que as tensões geradas não são suficientes para promover abertura de uma nova fissura. A distribuição uniforme e equidistante dessas trincas ao longo da largura de corte "b" é uma evidência forte de que essa explicação faz bastante sentido.

O gráfico da Figura 8.8 mostra os resultados obtidos para uma ferramenta da classe ISO P25, sem revestimento, usinando aço ABNT 1045 (MELO, 2001). Nota-se pouca variação na densidade das trincas térmicas (número de trincas dividido pela largura de corte "b"), com a variação da profundidade de corte dentro da faixa estudada (de 1 mm a 2,5 mm). O aumento da profundidade de corte aumenta também a área da seção de corte e, por conseguinte, a potência e o calor gerados durante a fase ativa, mas essa maior quantidade de calor é distribuída em uma área também maior. Como resultado, a variação de temperatura (ΔT) não sofre grandes alterações.

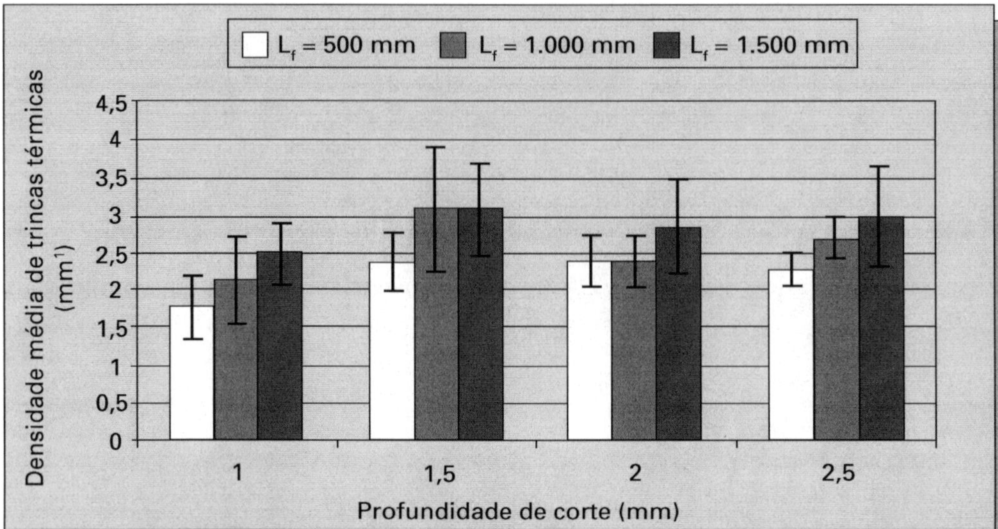

FIGURA 8.8 Densidade média de trincas térmicas em função da profundidade de corte (f_z = 0,15 mm/dente, v_c = 240 m/min) (MELO, 2001).

Outro parâmetro de corte que influencia a formação das trincas térmicas é a penetração de trabalho (a_e). A Figura 8.9 mostra como esse parâmetro pode variar entre 80 mm, 55 mm e 30 mm no processo de fresamento frontal com ferramentas da classe ISO P40 na usinagem de aço ABNT 1045 (MELO, 2001). A penetração de trabalho é importante porque altera diretamente a relação do tempo ativo (aquecimento) t_1 pelo tempo inativo (resfriamento) t_2.

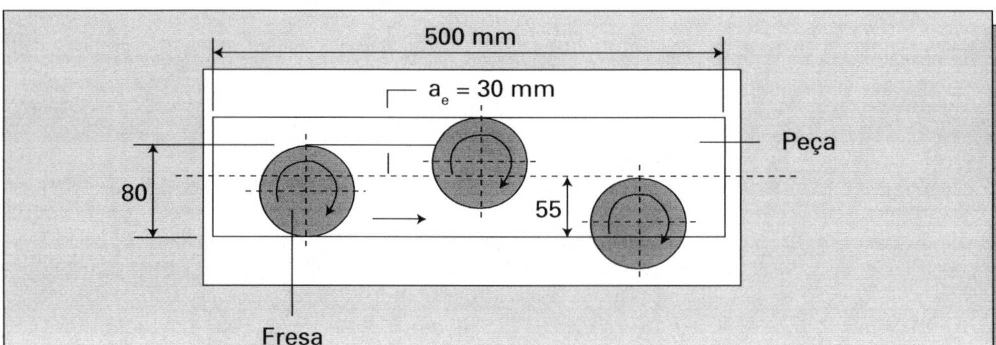

FIGURA 8.9 Penetrações de trabalho utilizadas nos testes (MELO, 2001).

A Figura 8.10 mostra que não é verificada variação significativa na quantidade de trincas térmicas, comparando-se os resultados para a_e de 30 mm e de 55 mm.

Porém, o número de trincas cai quando a penetração de trabalho é de 80 mm. Atribuiu-se esse comportamento novamente à variável ΔT. Nesse caso, o aumento da penetração de trabalho provoca o incremento do tempo ativo e a redução do tempo inativo. Assim, a ferramenta de corte passa a sofrer menor variação de temperatura a cada ciclo, reduzindo ΔT e, consequentemente, as tensões térmicas sobre a aresta de corte, diminuindo, dessa forma, a quantidade de trincas térmicas.

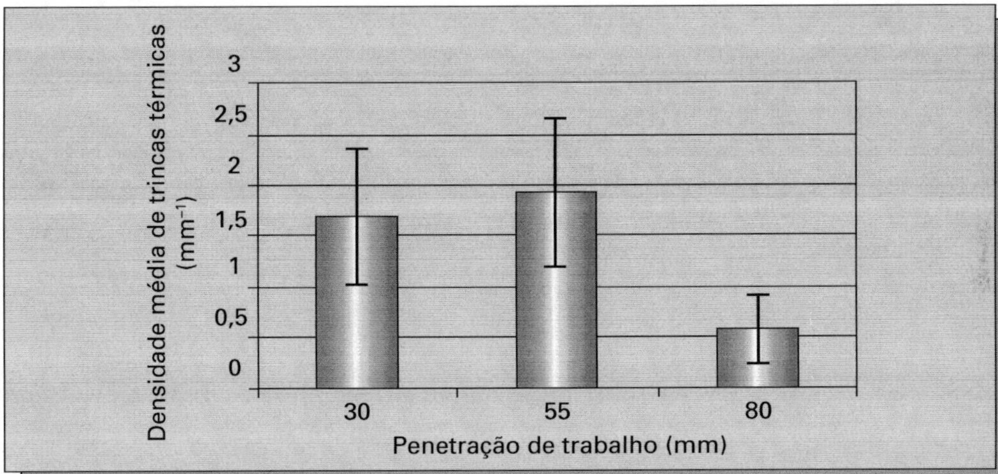

FIGURA 8.10 Densidade média de trincas térmicas em função da penetração de trabalho (a_e) (v_c = 240 m/min, f_z = 0,15 mm/dente e a_p = 2 mm) (MELO, 2001).

Outra variável importante no processo de formação de trincas de origem térmica é o fluido de corte. Seu uso de forma intermitente pode levar ao aparecimento desse tipo de desgaste.

As trincas térmicas, além de evoluírem para sulcos, muitas vezes podem interagir com trincas de origem mecânica, levando ao lascamento (*spalling*) das superfícies das ferramentas de corte. Sabe-se que as trincas térmicas nas superfícies de folga e de saída da ferramenta sempre se apresentam perpendiculares à aresta de corte. Trincas de origem mecânica, como se verá adiante, apresentam-se, normalmente, paralelas à aresta de corte. Assim, uma aresta que desenvolveu trincas de origem térmica, quando sofre muitos choques mecânicos (devidos, por exemplo, ao desgaste excessivo), também desenvolve trincas paralelas, e o encontro e interações entre essas trincas são inevitáveis. A consequência é o *spalling*, como ilustrado na Figura 8.11. A continuidade da usinagem com essa ferramenta vai aumentar as áreas lascadas, com consequente substituição da aresta de corte.

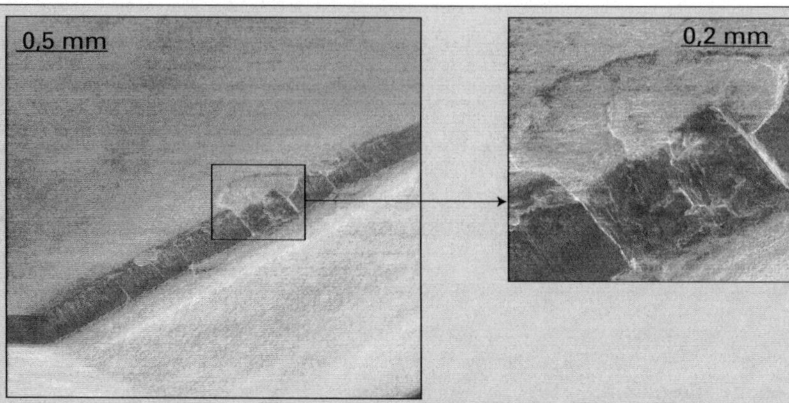

FIGURA 8.11 Ilustração da formação de lascamentos (*spallings*) na presença de trincas térmicas e no fresamento de aço com ferramenta revestida de metal duro (MELLO et al., 2006).

Vários pesquisadores (KAKINO et al., 1984; CHAKRAVERTI et al., 1984b; BHATIA et al., 1978; YELLOWLEY; BARROW, 1976; CHANDRASERKARAM, 1985) têm se dedicado ao estudo da origem dessas trincas e a conclusão a que chegaram é de que elas se tornam a maior causa de falhas das ferramentas em elevadas velocidades de corte. Já, a baixas velocidades de corte, as trincas de origem mecânica são as principais responsáveis pelas falhas das ferramentas de corte.

8.1.2 Avarias de origem mecânica

As trincas de origem mecânica podem surgir devido aos "choques mecânicos" ocorridos durante a entrada da aresta de corte na peça (THE, 1977) ou durante a saída dela da peça (PEKELHARING, 1978, 1984; VAN LUTTERVELT; WILLEMSE, 1984; GHANDI; BARROW, 1985). Normalmente, elas correm paralelas à aresta de corte, tanto na superfície de saída como na superfície de folga da ferramenta, culminando em lascamentos que podem condenar a ferramenta de corte.

No fresamento, por exemplo, a cada ciclo ou giro da fresa, cada inserto ou aresta sofre um impacto violento na entrada do corte. Esse impacto é causado pela mudança súbita de carga zero, no ciclo inativo, para carga total de natureza compressiva. Quando uma ferramenta gira em alta rotação, às vezes, acima de 1.000 rpm, podendo, em casos especiais, chegar a 50.000 rpm em máquinas modernas de HSC (*High Speed Cutting*), a ferramenta vai experimentar um número muito elevado de impactos por minuto. Quando a situação é desfavorável, a ferramenta pode sofrer lascamento ou mesmo quebrar-se no primeiro ciclo, em virtude de condições abusivas ou inadequadas. Entretanto, mesmo trabalhando adequadamente, a aresta estará sujeita a um carregamento repetitivo a cada entrada na peça, que pode levar ao aparecimento de trincas por fadiga, por exemplo.

Uma característica importante dessas trincas de origem mecânica é que elas correm paralelas à aresta de corte, ao contrário das de origem térmica, que se propagam perpendicularmente à aresta de corte. Elas irão se propagar e podem interagir com outras trincas, inclusive com as de origem térmica, e levar ao aparecimento de lascamentos, como mostrado na Figura 8.11. É evidente que quanto maior for esse carregamento, mais rápido a avaria ocorrerá. Portanto, grandes profundidades de corte, grandes avanços, alta resistência da peça de trabalho, entre outros fatores, aceleram o processo de fadiga e de avaria da ferramenta de corte.

A Figura 8.12 apresenta avarias de origem mecânica em ferramentas de metal duro revestidas de AlCrN, utilizadas no fresamento de ferro fundido vermicular (CGI) classe 450. Observam-se lascas, trincas térmicas e desgastes que ocorrem simultaneamente. As lascas são típicas de avarias na entrada da ferramenta na peça.

FIGURA 8.12 Avarias de origem mecânica em ferramentas de metal duro (VIANA, 2009).

Os problemas de choques mecânicos na entrada ainda podem ser agravados pela tendência de adesão do cavaco à superfície de saída (KABALDIN, 1980). Certos materiais, como titânio e aços inoxidáveis, têm essa tendência de promover a adesão completa dos elementos de cavacos na superfície de saída da ferramenta, que permanecem ali durante todo o tempo inativo de um ciclo. Quando a aresta entra novamente na peça, a presença de um elemento de cavaco promove problemas extras de entrada.

Quando a aresta de corte se aproxima da saída da peça, promove uma rotação no plano de cisalhamento primário, tornando-o negativo e resultando na ocorrência de um fenômeno conhecido como "formação do pé" (*foot forming*), pela semelhança deste com o pé humano (PEKELHARING, 1978). A Figura 8.13 mostra a sequência de formação desse fenômeno, peculiar a determinadas geometrias de saída da peça.

Observa-se que, à medida que a aresta se aproxima da borda de saída da peça, o plano de cisalhamento, que inicialmente tinha um ângulo com a direção da velocidade de corte positivo, vai diminuindo, passando para valores negativos. Isso acontece porque, ao se aproximar da borda de saída da peça, a aresta, com seu esforço de corte, não tem a restrição da resistência do material à frente. Em virtude da falta de apoio, a borda se deforma no sentido de cisalhamento negativo até a ruptura, antes de atingir a borda, promovendo a formação do pé. A separação dessa forma de cavaco no exemplo da figura anterior acontece quando ainda faltava 0,21 mm para a ferramenta atingir a borda final da peça.

Usando técnicas de elementos finitos, demonstra-se que, por conta da rotação do plano de cisalhamento primário, a ponta da ferramenta passa de um estado fortemente compressivo para um estado de tração (PEKELHARING, 1984). Assim, dependendo das dimensões do cavaco, do material da peça e do material da ferramenta, tal inversão do estado de tensão pode promover a quebra da ponta da ferramenta. Obviamente, esse tipo de falha pode ser evitado se a ferramenta de corte possuir a necessária tenacidade para evitar a ruptura quando da inversão das tensões. Deve-se observar, também, que quanto maiores os valores de profundidade, de avanço e da resistência mecânica do material da peça, mais crítico será o carregamento e mais suscetível estará a ferramenta de sofrer uma ruptura. Se a ferramenta não resistir, a formação do pé no cavaco será acompanhada de uma quebra da ponta da ferramenta, comprometendo assim, seriamente, a sua integridade.

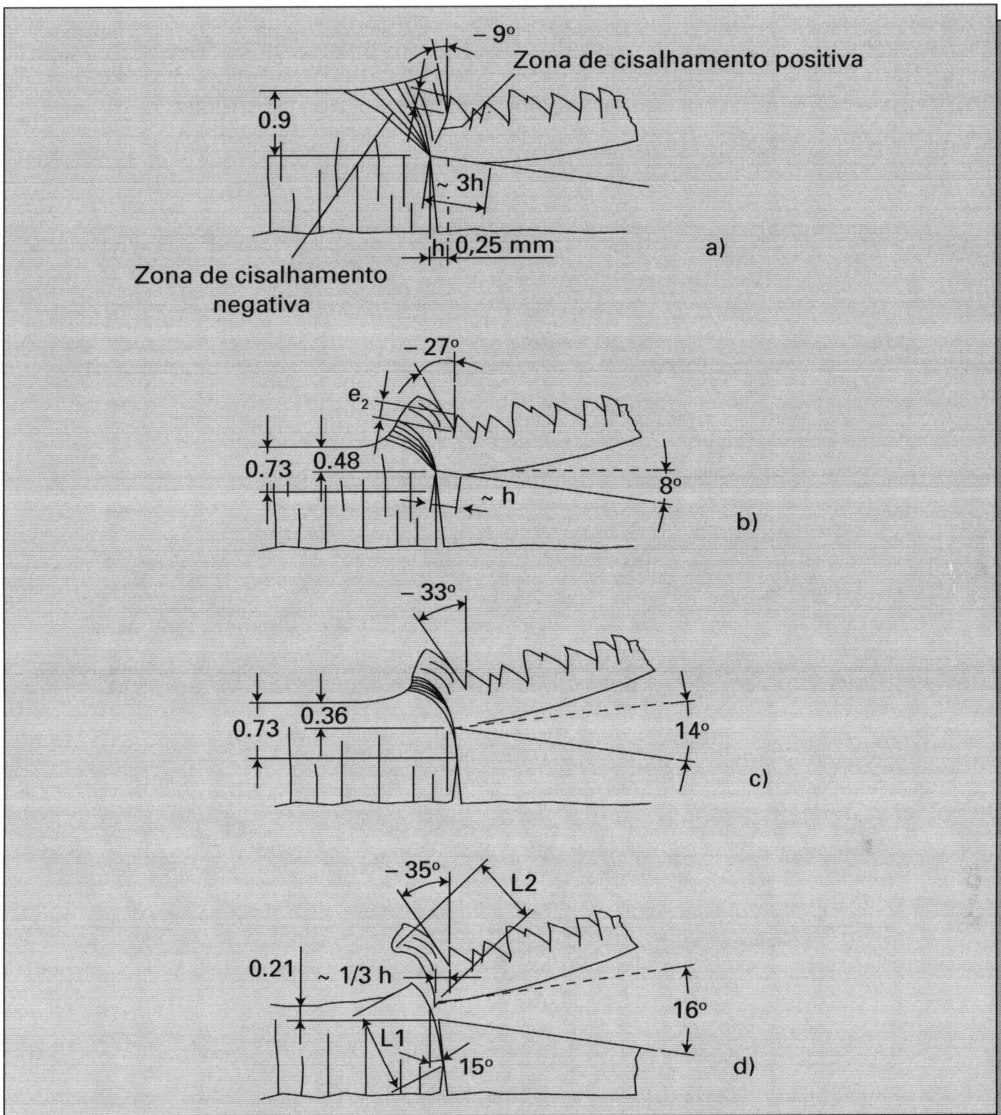

FIGURA 8.13 Formação do pé.

Outro parâmetro importante no processo é o ângulo de saída da ferramenta da peça (ε), como pode ser visto na Figura 8.14. No fresamento, a espessura de corte (h) aumenta da entrada na peça até o centro, atingindo o valor máximo, e reduz à medida que se afasta do centro no movimento de saída da peça. Quando o ângulo de saída (ε) é zero, tem-se o maior valor de espessura de corte (h) na saída da peça. Isso torna crítico o processo de formação do pé. À medida que o ângulo de saída da peça se afasta do zero (para negativo ou positivo), o processo de carregamento na saída da ferramenta da peça vai se aliviando, podendo até evitar a formação do fenômeno. Quando o ângulo ε é maior que 20° ou menor que –45°, como mostrado na Figura 8.14, ocorre a supressão da formação do pé (PEKELHARING, 1978).

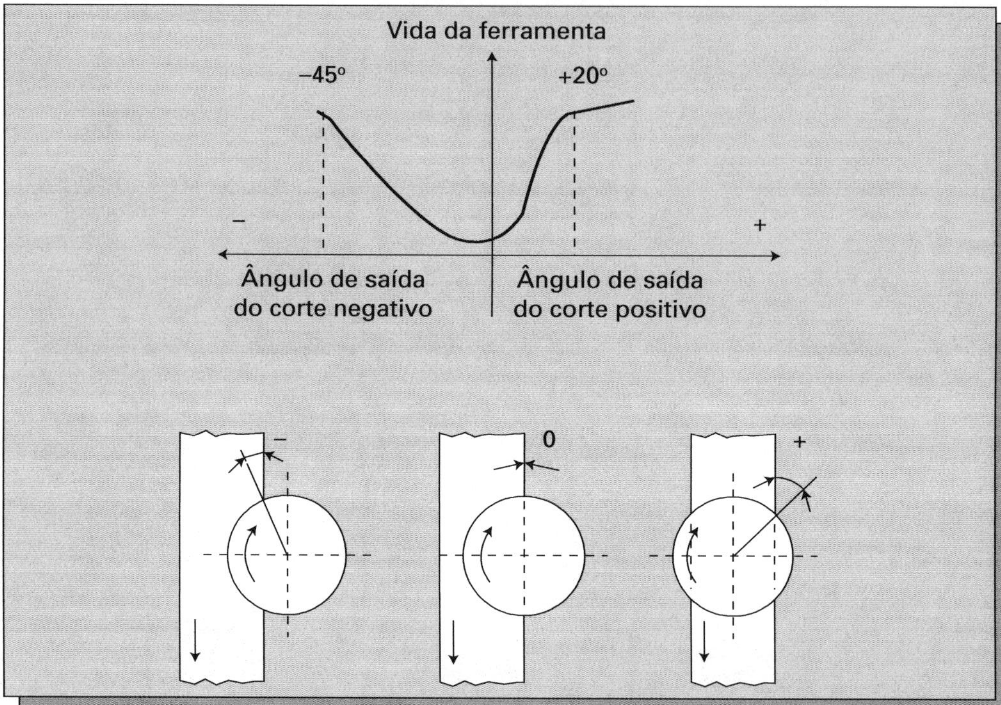

FIGURA 8.14 Ângulo de direção de saída ε (SANDVIK, s/d).

Pode-se, portanto, evitar a falha na saída da ferramenta da peça usando o chanfro na superfície da peça ou uma geometria de saída segura. O processo torna-se mais crítico quando se está faceando uma superfície totalmente irregular, como a face superior de um bloco de motor, onde a ferramenta experimenta várias saídas, sendo difícil evitar as direções perigosas mostradas na Figura 8.14.

8.2 DESGASTE NAS FERRAMENTAS DE CORTE

Mesmo se a ferramenta de corte possuir tenacidade suficiente para evitar uma avaria, estará sempre sujeita ao desgaste. Verifica-se, assim, um desgaste progressivo tanto na superfície de folga quanto na superfície de saída da ferramenta. A Figura 8.15 apresenta as principais áreas de desgaste de uma ferramenta de corte.

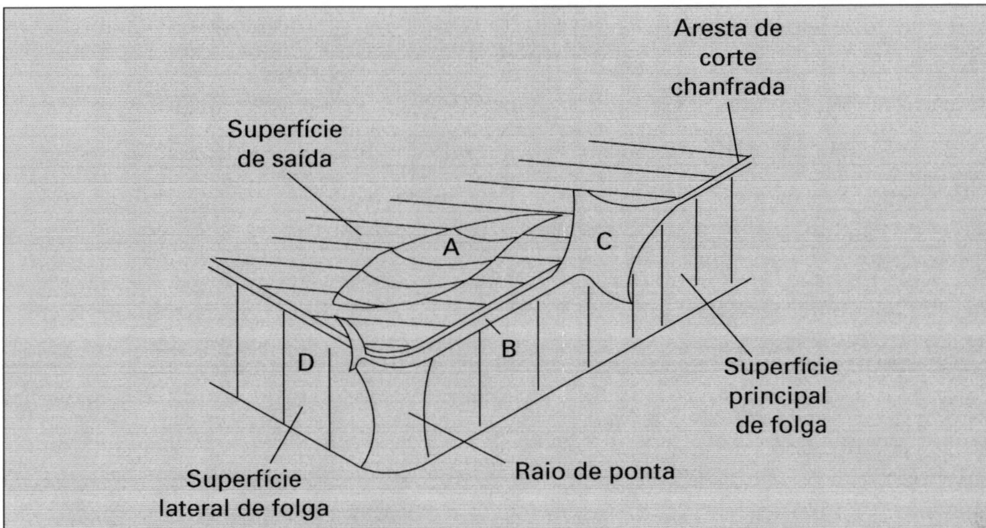

FIGURA 8.15 Principais áreas de desgaste de uma ferramenta de corte (DEARNLEY e TRENT, 1982).

Pelo menos, três formas de desgaste podem ser identificadas na Figura 8.15:

- Desgaste de cratera (área A).
- Desgaste de flanco (área B).
- Desgaste de entalhe (*notch wear*, áreas C e D).

Antes que uma dessas formas de desgaste alcance grandes proporções e coloque o processo de usinagem em risco, a ferramenta deverá ser reafiada ou, mais comumente, substituída. A Figura 8.16 mostra os parâmetros utilizados pela Norma ISO 3685 (1977) para quantificar esses desgastes. Os principais são:

KT = profundidade da cratera

VB_B = desgaste de flanco médio

$VB_{Bmáx}$ = desgaste de flanco máximo

VB_N = desgaste de entalhe

VB_C = desgaste de ponta.

O tempo em que uma aresta de corte trabalha efetivamente antes de ser reafiada ou substituída é denominado "vida da ferramenta de corte" (T). Um critério deve ser, então, adotado para determinar o fim da vida da ferramenta, a fim de manter o processo produtivo dentro de condições econômicas adequadas. Em usinagem, normalmente, as arestas de corte se desgastam seguindo uma curva-padrão, representada na Figura 8.17. Na ordenada, o desgaste pode ser representado por qualquer um dos parâmetros que identificam as formas de desgaste: flanco, cratera ou entalhe, como mostrado na Figura 8.16 (VB_B, $VB_{Bmáx}$, VB_N ou KT).

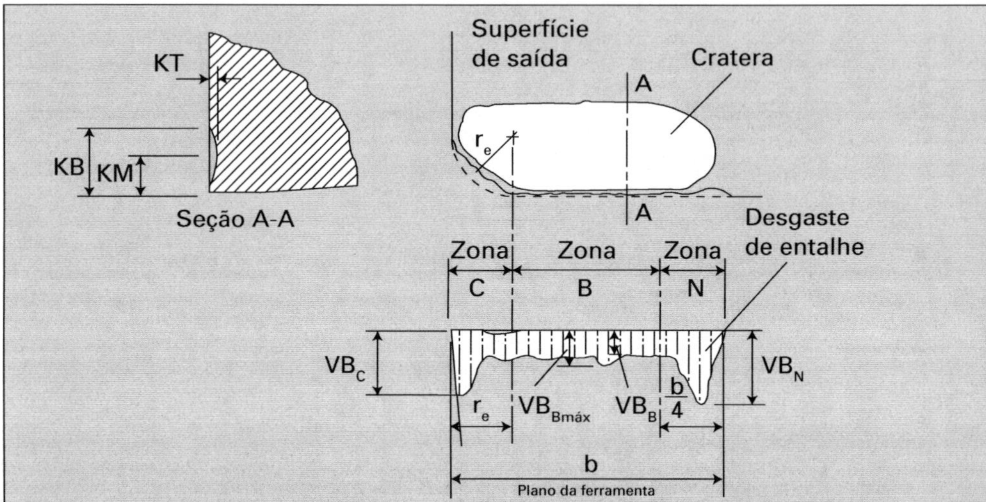

FIGURA 8.16 Parâmetros utilizados para medir os desgastes das ferramentas de corte.

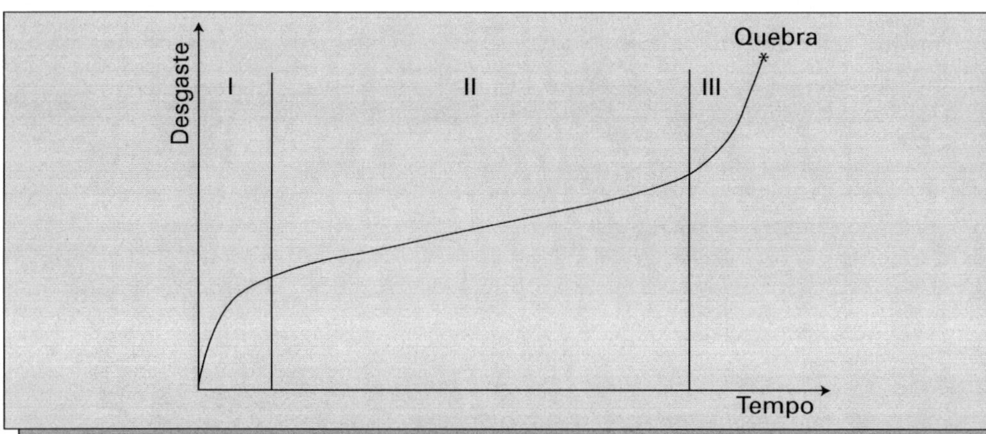

FIGURA 8.17 Comportamento do desgaste de uma ferramenta de corte com o tempo de corte.

Na evolução do desgaste, podem-se distinguir três estágios:

- *Estágio I*: ocorre nos primeiros instantes de corte, quando o desgaste apresenta uma taxa decrescente (a tangente à curva apresenta ângulos de inclinação decrescentes). Nesse estágio, a ferramenta sofre um desgaste acelerado, natural de adequação ao sistema tribológico envolvido, como se a cunha cortante estivesse se acomodando ao processo, passando, então, a apresentar uma taxa de desgaste cada vez menor com o passar do tempo, e uma primeira inflexão no final desse estágio é observada.
- *Estágio II*: caracteriza-se por uma taxa de desgaste constante ao longo do tempo (a tangente à curva apresenta ângulo de inclinação constante). A ferramenta já se encontra totalmente adequada ao processo e os mecanismos específicos de desgaste operam em uma taxa constante até atingir uma nova inflexão.
- *Estágio III*: acontece o início de uma aceleração no desgaste, aumentando acentuadamente a taxa (a tangente à curva apresenta ângulos de inclinação crescentes) e promovendo, em curto espaço de tempo, a quebra da ferramenta, caso o corte tenha continuidade dentro desse estágio. Isso acontece porque o desgaste atingiu níveis tão elevados que as temperaturas e tensões envolvidas vão promover, eventualmente, o colapso da ferramenta.

Os engenheiros envolvidos no processo de usinagem devem, portanto, observar atentamente a evolução dessa curva, a fim de evitar que ela atinja o estágio III, pois, dentro desse estágio, o tempo para ocorrer a quebra é muito curto, tornando-se muito difícil evitá-la. As consequências de uma quebra de ferramenta em serviço podem representar um custo muito elevado. O mais comum é o refugo da peça, sendo, portanto, uma responsabilidade maior quanto mais nobre for o material que a compõe. Materiais como superligas de Ti e Ni, aços inoxidáveis, ligas de cobre e alumínio são, normalmente, de custo alto o suficiente para gerar maiores preocupações. Além do refugo da peça, uma quebra de inserto pode danificar o suporte. A falha do inserto ocorre repentinamente, e mesmo com um bom sistema de segurança na máquina, o dano no suporte é praticamente inevitável. Quando estiverem envolvidas máquinas de concepção moderna, como as atuais, o custo de reparo pode significar grandes perdas em termos de recursos financeiros e tempo de máquina sem produção.

Em operações de acabamento, os critérios adotados são relacionados a parâmetros de rugosidade superficial e, portanto, na maioria das vezes, muito aquém do estágio III. Mas em operação de desbaste, os engenheiros devem ter total conhecimento do comportamento da curva-padrão de desgaste para adotar critérios de fim de vida de ferramentas que evitem atingir o estágio III. Porém, por questões econômicas, não se pode adotar um critério muito conservador, porque isso vai condenar uma ferramenta prematuramente. O ideal é adotar um sistema de monitoramento que seja capaz de determinar com segurança o momento de troca da aresta desgastada. Os componentes da força de usinagem, a potência do motor de acionamento do eixo-árvore (CALDEIRANI FILHO, 1998), a temperatura de corte, a vibração do sistema (SOUSA, 1998) e a emissão acústica (PIGARI, 1995) são parâmetros indicados para esse fim. Todos possuem uma correspondência muito forte com a curva-padrão de desgaste. Assim, o controle de um desses parâmetros pode ser usado para indicar o final de vida da ferramenta, bem como o momento de troca da aresta. Por ser menos intrusivas e mais práticas, a vibração e a potência do motor de acionamento do eixo-árvore são parâmetros já utilizados em muitos casos de monitoramento.

Os critérios de fim de vida recomendados pela norma ISO 3685 (1977) para ferramentas de aço rápido, metal duro e cerâmica, em operações de desbaste, são:

- Desgaste de flanco médio (VB_B = 0,3 mm).
- Desgaste de flanco máximo ($VB_{Bmáx}$ = 0,6 mm).
- Profundidade da cratera ($KT = 0{,}06 + 0{,}3f_c$), onde f_c é o avanço de corte em mm/rev.
- Desgaste de entalhe (VB_N e VC_N = 1 mm).
- Falha catastrófica.

Dessa maneira, quando qualquer um dos limites for ultrapassado, recomenda-se a reafiação ou substituição da ferramenta de corte. Em operações de acabamento, a norma recomenda critérios baseados em parâmetros de rugosidade superficiais, como o R_a. É importante salientar que esses valores sugeridos pela Norma ISO 3685 (1977) são para testes de vida de ferramenta, e, industrialmente, tais parâmetros podem assumir valores diferentes, pois dependem de vários fatores, como rigidez da máquina-ferramenta, precisão requerida na peça etc., fatores que são diferentes para diferentes indústrias. Uma maneira prática muito utilizada industrialmente é permanecer usando a aresta de corte até que as peças produzidas ultrapassem a faixa de tolerância e/ou acabamento estabelecida para a usinagem, mas ainda estejam, porém, dentro das especificações de projeto. Entretanto, usar uma aresta de corte após um elevado nível de desgaste acarreta um alto risco, pois valores excessivos de desgaste causam aumento da força de usinagem e da geração de calor, elevando a chance de alcançar um nível de falha catastrófico.

8.3 MECANISMOS DE DESGASTE

Geralmente, em condições normais de corte, todas as formas de desgaste apresentadas na Figura 8.15 estarão presentes, embora uma delas deva prevalecer. Todas as formas de desgaste acontecem devido aos vários mecanismos de desgaste. A Figura 8.18 apresenta um diagrama clássico com os diversos mecanismos de desgaste em função da temperatura (VIEREGGE, 1970, apud KÖNIG; KLOCKE, 1997).

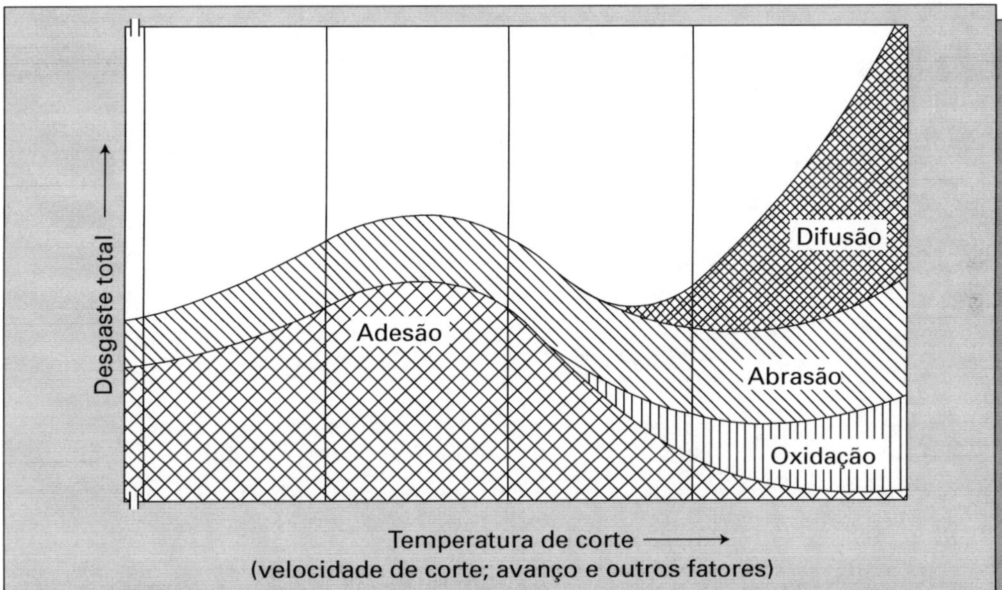

FIGURA 8.18 Diagrama dos mecanismos de desgaste das ferramentas de corte em função da temperatura.

No diagrama da Figura 8.18, os mecanismos de abrasão, adesão, difusão e oxidação são apresentados em função da temperatura de corte ou de qualquer parâmetro que a influencie, principalmente a velocidade de corte. Em baixas temperaturas, apenas os mecanismos de adesão e abrasão estão presentes e a adesão é predominante, enquanto em temperaturas elevadas, a adesão perde lugar para os novos mecanismos de difusão e oxidação. Observa-se que esses dois mecanismos vão crescendo em participação com o aumento da temperatura, e que a difusão cresce em uma escala exponencial. Esse diagrama também salienta que o desgaste total cresce muito com o aumento da temperatura de corte.

A literatura apresenta variações na classificação dos mecanismos de desgaste, porém grande parte dos trabalhos existentes considera pelo menos seis mecanismos diferentes (TRENT; WRIGHT, 2000), sumarizados na Figura 8.19.

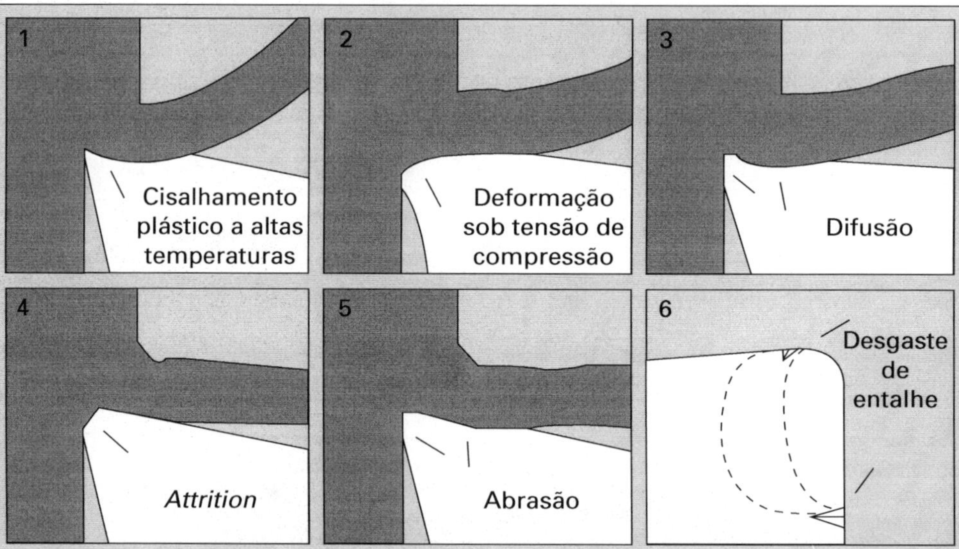

FIGURA 8.19 Mecanismos de desgaste que ocorrem nas ferramentas de corte.

Observa-se que Trent e Wright (2000) colocam a deformação plástica como mecanismos de desgaste (mecanismos 1 e 2 da Figura 8.19), e que, na introdução deste capítulo, a deformação plástica foi considerada uma forma de desgaste da ferramenta de corte, no mesmo nível do desgaste e da avaria.

Os mecanismos de números 3 a 5 coincidem com os apresentados por Vieregge (1960), citado por König e Klocke (1997), enquanto o mecanismo número 6 é uma forma de desgaste, como apresentado na Figura 8.15. Trent e Wright destacam-no como mecanismo, porque, na realidade, falta consenso na literatura para explicar com exatidão essa forma de desgaste. A oxidação, que não aparece destacada nos mecanismos de Trent e Wright, está presente ou faz parte do desgaste de entalhe, como será mostrado adiante.

8.3.1 Deformação plástica superficial por cisalhamento a altas temperaturas

Como foi citado, esse não é propriamente um mecanismo de desgaste, mas um processo de destruição da ferramenta de corte que Trent e Wright preferiram classificar como mecanismo. Ele ocorre mais provavelmente na usinagem de metais com alto ponto de fusão, com ferramentas de aço rápido. As tensões cisalhantes na interface ferramenta/cavaco, nesses casos, são suficientemente grandes para causar deformação plástica na superfície de saída. Por conta das altas temperaturas ali desenvolvidas, a resistência ao escoamento do material da ferramenta próximo à interface é reduzida. Como consequência, o material é cisalhado com o cavaco e arrancado da superfície da ferramenta, formando-se, assim, uma cratera.

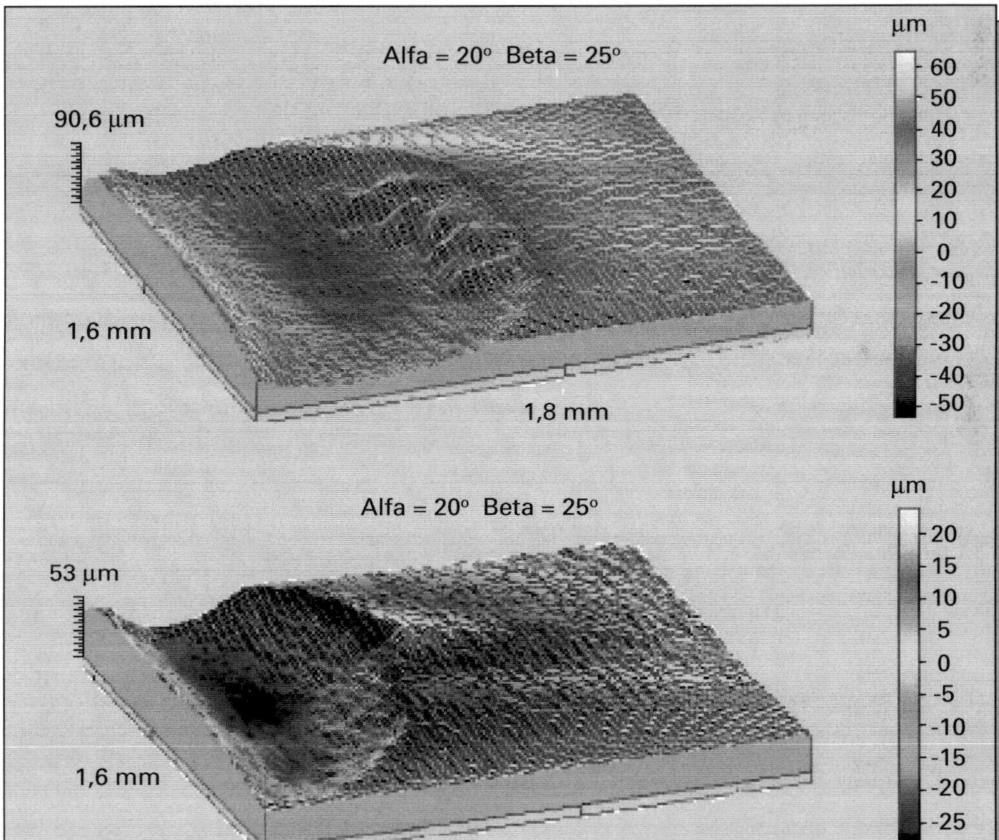

FIGURA 8.20 Perfis das superfícies de saída de ferramentas de metal duro: (a) sem revestimento; (b) revestida com TiNAl após usinagem de aço endurecido por 16 min (ÁVILA, 2003).

No trabalho de Ávila (2003), no qual o autor investiga o uso de ferramentas de metal duro com diferentes recobrimentos no torneamento de aço ABNT 4340 endurecido, utilizou-se um perfilômetro para analisar a cratera na superfície de saída da ferramenta. Observou-se a presença de material acumulado nas imediações do desgaste de cratera ou, mais precisamente, logo após a cratera. Esse material, acima da superfície de saída, é uma evidência de deslocamento de material, incluindo os revestimentos. Tal fenômeno foi igualmente observado nas ferramentas sem revestimento, indicando que houve deslocamento de material de dentro da cratera para além dela, tanto do substrato como do revestimento. Tudo leva a concluir que isso aconteceu por cisalhamento plástico, processo similar ao que ocorreu com o aço rápido observado por Trent e Wright (2000). A Figura 8.20 apresenta esse resultado encontrado em ferramentas sem revestimento e revestidas com TiNAl.

8.3.2 Deformação plástica da aresta de corte sob altas tensões de compressão

Esse é outro mecanismo de desgaste que se identifica mais como uma forma de desgaste. Porém, Trent e Wright preferiram classificá-lo como mecanismo. Essa deformação plástica da aresta sob altas tensões de compressão ocorre na usinagem dos materiais de elevada dureza. As combinações de altas tensões de compressão com altas temperaturas na superfície de saída podem causar a deformação plástica em arestas de aço rápido ou metal duro. Isso geralmente ocorre a altas velocidades de corte e de avanço e leva a uma falha catastrófica. A Figura 8.21 apresenta um desenho esquemático produzido com base na micrografia de uma aresta que sofreu altas deformações de compressão durante o corte. Nesse caso, trata-se de ferramenta de aço-carbono que, obviamente, é mais suscetível a esse processo de destruição após usinar ferro.

As tensões compressivas são máximas na extremidade da aresta e decrescem exponencialmente até zero no ponto em que o cavaco perde contato com a superfície de saída. A aresta de corte é a região em que a cunha é menos resistente, e, dependendo da tensão promovida pelo cavaco, a ferramenta pode entrar em colapso. É fácil entender, portanto, que quanto mais resistente for o material da peça e menos resistente for o material da ferramenta de corte, mais fácil ocorrerá a deformação plástica.

Em ferramentas de metal duro, isso também pode acontecer, mas em ferramentas cerâmicas, em virtude de suas baixas tenacidades, não é possível ocorrer esse tipo de falha. Isso porque o campo plástico dessas ferramentas é muito pequeno. Se o limite de resistência for atingido, ela entra em ruptura imediatamente, promovendo em seguida a quebra da ferramenta e sem experimentar deformação plástica.

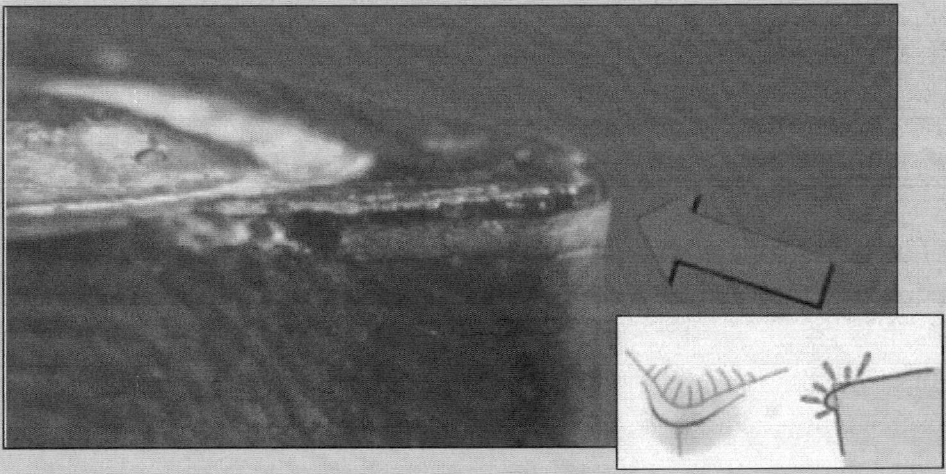

FIGURA 8.21 Deformação plástica ocorrida na ponta da cunha de uma ferramenta (SANDVIK, s/d).

Motta (1994), usinando aço ABNT 8640 com ferramentas de metal duro revestidas, em altas velocidades de corte, observou a deformação plástica na ponta da cunha de corte após a ferramenta apresentar um já acentuado desgaste de flanco. A Figura 8.22 ilustra tal deformação.

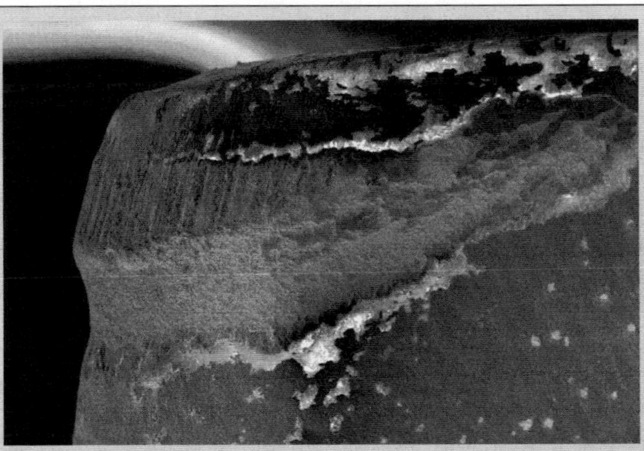

FIGURA 8.22 Cunha de corte de uma ferramenta de metal duro revestida após usinar aço ABNT 8640 a 300 m/min.

Nota-se a presença do desgaste de flanco com a ferramenta perdendo inclusive o revestimento, mas a deformação plástica da cunha é evidente. No início da vida, a ferramenta foi resistente o suficiente para manter o corte, mas, com o passar do tempo, o desgaste de flanco foi se desenvolvendo, chegando a ponto de aumentar muito o carregamento compressivo, de tal forma que culminou com a deformação plástica.

8.3.3 Difusão

Esse mecanismo envolve a transferência de material, no nível atômico, e é fortemente dependente da temperatura, do tempo e da solubilidade dos elementos envolvidos na zona de fluxo (zona secundária de cisalhamento) (MACHADO, 1991). Entende-se por solubilidade dos elementos envolvidos a afinidade química entre os constituintes. Nesse processo, o tamanho dos átomos é também muito relevante. Átomos menores que os da matriz podem formar soluções sólidas intersticiais. Átomos de mesmo tamanho, em relação aos da matriz, tendem a formar soluções sólidas substitucionais. Já átomos maiores que os da matriz não apresentam solubilidade para se difundir na matriz.

Nos processos de usinagem, as velocidades relativas entre ferramenta e peça ou entre ferramenta e cavaco são altas e o tempo de contato entre esses materiais é muito curto. Isso praticamente levaria o mecanismo de difusão a ser desprezível, não fosse a existência de uma zona de aderência (zona morta ou zona de fluxo) na interface ferramenta/cavaco (TRENT; WRIGHT, 2000). Como visto no Capítulo 6, existe um gradiente de velocidades dentro da zona de fluxo que assume valor zero na interface com a ferramenta, o que garante tempo suficiente para haver difusão. As temperaturas na zona de fluxo também são elevadas o suficiente (podendo chegar a 1.000 °C ou 1.200 °C) para promover o processo difusivo. A renovação constante da zona de aderência, promovida pela alta taxa de deformação, garante um fluxo difusivo também constante. Se essa zona de aderência não fosse renovada, haveria o saturamento, o que funcionaria como uma barreira à difusão. Só é concebível a existência da difusão como um mecanismo de desgaste nas ferramentas de corte durante a usinagem se existir o íntimo contato entre as duas superfícies envolvidas – nesse caso, entre o cavaco e a ferramenta e entre a peça e a ferramenta.

A combinação de altas temperaturas com altas tensões de compressão na zona de fluxo favorece a interação química na interface, ocorrendo ligações muito fortes, a ponto de quando da ação de *quick-stop*, a separação ocorrer dentro de um dos materiais envolvidos, o que significa que a união na interface chega a ser mais forte que dentro de um dos materiais.

O mecanismo de desgaste difusivo em ferramentas de metal duro durante a usinagem do aço pode ser entendido como: o carbono se satura na fase cobalto com apenas 0,7%. O ferro tem solubilidade total no cobalto. Assim, em temperaturas da ordem de 1.000 °C, que ocorrem na usinagem, o ferro do aço tende a se difundir para a fase cobalto da ferramenta, fragilizando-a e aumentando a solubilidade do carbono para 2,1%. Essa maior solubilidade do carbono na fase ferro-cobalto promove a dissociação de carbonetos de tungstênio, formando um carboneto complexo do tipo $(FeW)_{23}C_6$, liberando carbono. Esse carboneto complexo de ferro e tungstênio tem uma resistência à abrasão muito menor que o carboneto de tungstênio original, fragilizando, portanto, a ferramenta de corte. Os carbonetos de titânio e tântalo são mais estáveis, o que dificulta a formação do carboneto complexo e impede o enfraquecimento da ferramenta de corte. Isso explica a maior resistência das ferramentas da classe P na usinagem de aço. Cada par ferramenta/peça apresentará suas reações particulares, mas todos tendem a enfraquecer a ferramenta de corte, não só pela perda de elementos importantes da ferramenta para o cavaco pelo transporte atômico difusivo, mas também pela combinação com elementos do cavaco que vão envolver perda de carbonetos duros e abrasivos em troca de outros menos resistentes ao desgaste.

Esse mecanismo difusivo atua tanto na superfície de saída como na superfície de folga, e a taxa de desgaste aumentará com o aumento da velocidade de corte e do avanço, pois o incremento desses parâmetros eleva a temperatura de corte, que é a fonte de energia para o mecanismo difusivo. Como se processa em nível atômico, no microscópio, as áreas desgastadas por difusão têm uma aparência lisa, como pode ser vista detalhadamente na Figura 8.23. Trata-se de uma ferramenta de metal duro da classe ISO K20, sem revestimento, utilizada para usinar Ti6Al4V.

Observa-se, na Figura 8.23, que ambos, o desgaste de flanco e o de cratera, apresentam uma textura lisa, característica da difusão. A cratera bem próxima da aresta de corte é peculiar na usinagem de ligas de titânio (MACHADO; WALLBANK, 1990).

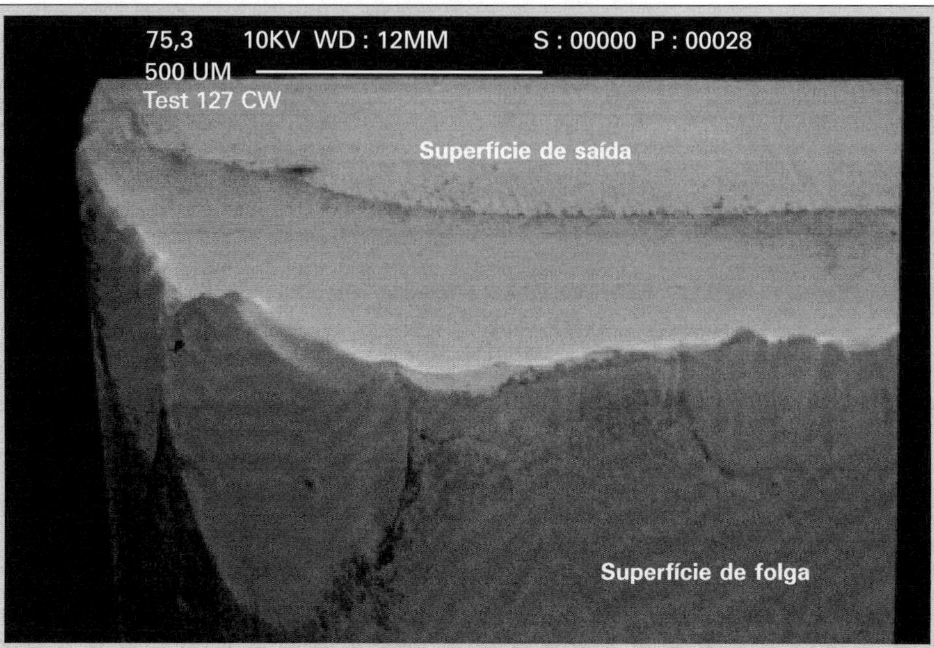

FIGURA 8.23 Vista geral do desgaste de uma ferramenta de metal duro K20 após usinar Ti6Al4V (MACHADO, 1990).

8.3.4 Aderência e arrastamento: *attrition*

Na literatura, esse mecanismo de desgaste é frequentemente chamado "adesão" (HUTCHINGS, 1992; KÖNIG; KLOCKE, 1997). Na língua inglesa, influenciada por Trent, é que se convencionou chamá-lo de *attrition*.

A *attrition* ocorre, geralmente, a baixas velocidades de corte, nas quais o fluxo de material sobre a superfície de saída da ferramenta se torna irregular. A aresta postiça de corte pode aparecer, e na sua presença o processo tem natureza menos contínua, principalmente se ela for instável. Sob tais condições, fragmentos microscópicos são arrancados da superfície da ferramenta e arrastados junto ao fluxo de material adjacente à interface. A Figura 8.24 apresenta uma situação em que predomina esse mecanismo de desgaste na presença da APC. A ferramenta é de aço rápido.

Observa-se na Figura 8.24 que a cunha de corte da ferramenta já perdeu grande parte de material. O fluxo de fragmentos de APC, de tempos em tempos, arrasta consigo grãos da ferramenta. Em geral, a zona de escorregamento (em vez da zona de aderência), o corte interrompido (por exemplo, fresamento), a profundidade de corte variável, entre outros fatores, promovem o fluxo irregular de material e, portanto, favorecem a participação do mecanismo de desgaste por *attrition*.

FIGURA 8.24 Presença da APC promovendo *attrition* na superfície de saída e folga da ferramenta de corte (TRENT; WRIGHT, 2000).

O gráfico da Figura 8.18 deixou claro a contribuição, no desgaste total, do desgaste por *attrition*, que lá é denominado "adesão", por meio do aumento da velocidade de corte. Ele é, portanto, considerado um mecanismo de desgaste característico de baixas velocidades de corte. Entretanto, isso pode ser bem relativo. Se o fluxo de material que corre na superfície de saída, ou na de folga, for irregular, também a altas velocidades, isso pode favorecer o *attrition*. O que pode ocorrer nessa situação é a predominância de mecanismos mais fortemente dependentes da temperatura que o *attrition* a altas velocidades (difusão ou deformações), ofuscando a contribuição desse mecanismo de desgaste caso ele esteja presente.

Como esse mecanismo se processa no nível dos grãos, no microscópio, as áreas desgastadas por *attrition* têm uma aparência áspera. A Figura 8.25 ilustra a área desgastada de uma ferramenta utilizada para usinar Ti6Al4V. Na superfície de saída, onde esteve presente a zona de aderência, prevalece a difusão, com o desgaste apresentando um aspecto liso. Onde a zona de escorregamento esteve presente, observa-se aspecto áspero, característico de *attrition*.

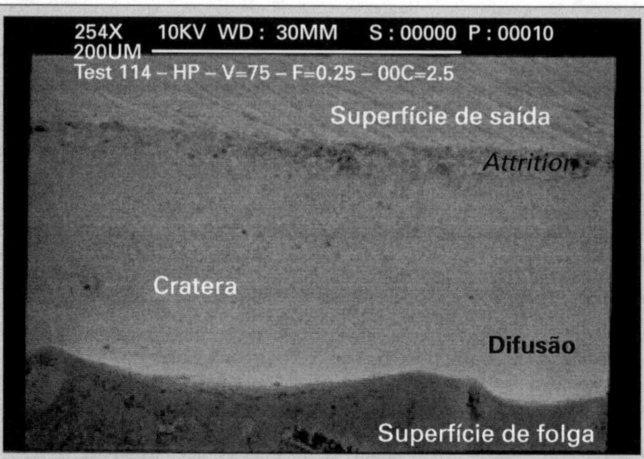

FIGURA 8.25 Detalhe da cratera formada em ferramenta de metal duro K20 após usinar Ti6Al4V a 75 m/min (MACHADO, 1990).

Como o processo de perda de material é em nível de grãos, ele é favorecido em ferramentas com granulação mais fina. É necessária a perda de um número muito elevado de grãos finos para compensar a perda de um grão grande.

8.3.5 Abrasão

Em sistemas tribológicos de um modo geral, o desgaste abrasivo ocorre quando o material é removido ou deslocado da superfície por partículas duras que podem estar soltas entre duas superfícies com movimento relativo, ou que pertencem a uma das superfícies. No caso de as partículas estarem soltas, a abrasão é considerada de "três corpos", na qual as partículas duras são livres para rolar e escorregar entre as duas superfícies. No caso de as partículas emergirem de uma das superfícies, a abrasão é considerada de "dois corpos" (HUTCHINGS, 1992).

Em usinagem, podem ocorrer os dois tipos de abrasão: a dois e a três corpos. No caso da abrasão a dois corpos, as partículas abrasivas são precipitados duros (óxidos, carbonetos, nitretos ou carbonitretos) que, se pertencentes ao material da peça ou do cavaco, desgastam a ferramenta. No caso da abrasão a três corpos, as partículas abrasivas podem pertencer a ambos, peça e cavaco, que se desprendem por *attrition* e são mergulhadas no fluxo de material.

O desgaste abrasivo pode envolver deformação plástica e fratura frágil, gerando perda ou deslocamento de material por microssulcamento, microcorte ou microlascamento. O microssulcamento acarreta um deslocamento de material para as laterais do sulco formado, enquanto o microcorte e o microlascamento acarretam perda de material, gerando também sulcos.

Esse mecanismo é muito importante na usinagem com ferramentas de aço rápido, ferramentas revestidas, cerâmicas puras e mistas. A aparência característica do desgaste abrasivo é apresentada na Figura 8.26.

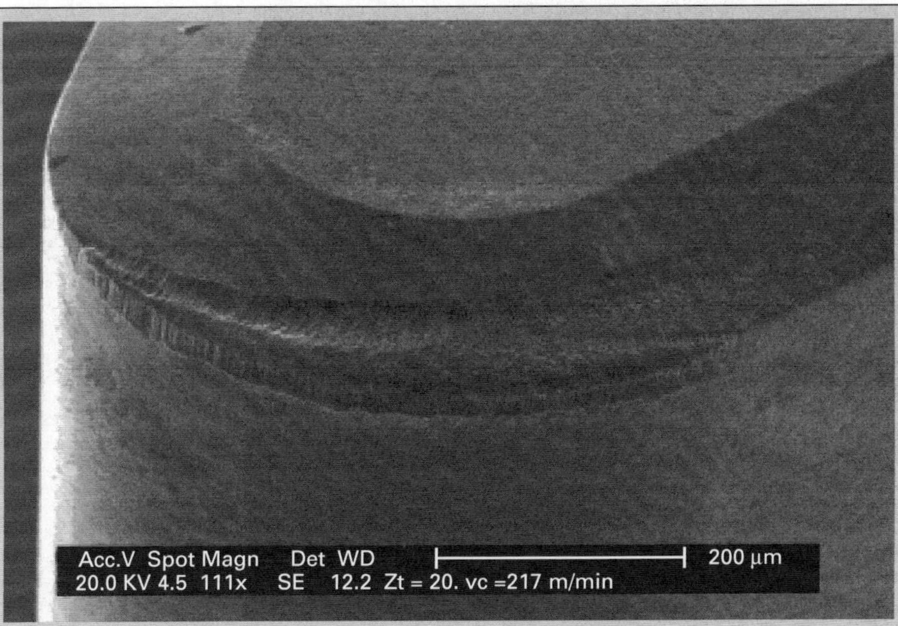

FIGURA 8.26 Desgaste abrasivo em ferramentas de PCBN após usinar aço ABNT 5140 (DIN 19MnCr5) endurecido a 58 HRc (CAMPOS, 2004).

Nota-se claramente a presença de vários sulcos paralelos entre si que foram formados na direção do fluxo de material, tanto do cavaco como da peça. Nesse caso em particular, as partículas provêm da própria ferramenta. Uma vista mais ampliada de regiões desgastadas por abrasão de ferramentas de PcBN na usinagem do aço ABNT 5140 pode ser vista na foto da Figura 8.27.

É interessante salientar que nem sempre ferramentas menos resistentes, como o aço rápido, por exemplo, estarão mais suscetíveis a esse mecanismo de desgaste. Apesar da menor resistência desse tipo de material para o desenvolvimento do microssulcamento, do microcorte ou do microlascamento, pode haver carência da fonte de partículas duras e abrasivas para o processo.

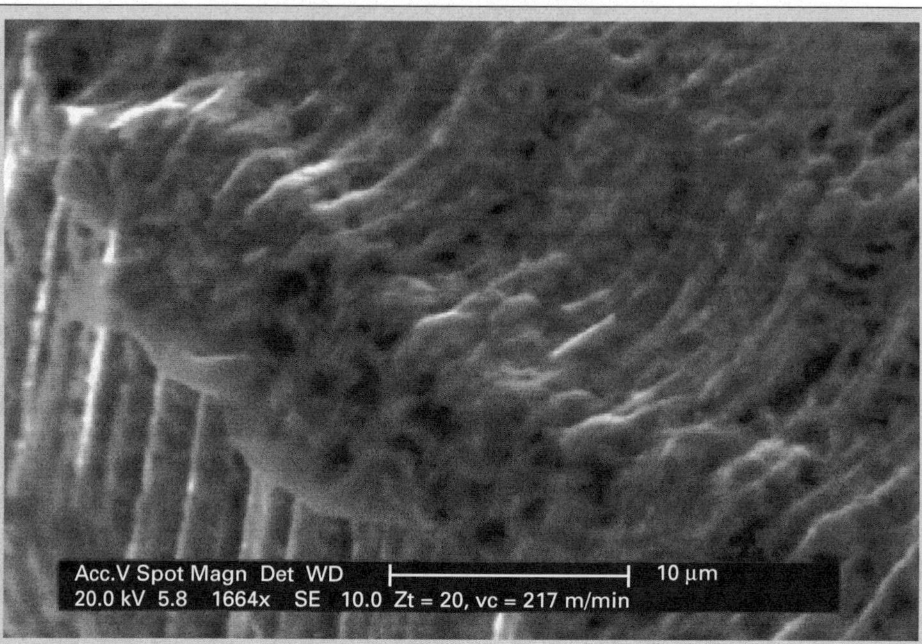

FIGURA 8.27 Sulcos característicos da região desgastada por abrasão em ferramentas de corte (CAMPOS, 2004).

8.3.6 Desgaste de entalhe

O desgaste de entalhe não é propriamente um mecanismo, mas uma forma, e aparece sempre nas regiões coincidentes com as laterais do cavaco (áreas C e D da Figura 8.15). Porém, ainda não existe um consenso na literatura que explique exatamente o mecanismo que provoca o desgaste de entalhe. Há diferentes e prováveis causas para o desenvolvimento do desgaste de entalhe (ALBRECHT, 1956; SOLAJA, 1958; LEYESENSETTER, 1956; LAMBERT, 1962, apud SHAW, 1986) encontradas na literatura, entre as quais se citam:

- Presença de uma camada encruada de material na superfície da peça usinada.
- Concentração de tensão devida a um gradiente de tensão na superfície livre.
- Formação de trincas térmicas devida a um alto gradiente de temperatura na superfície livre.
- Presença de uma rebarba na aresta da superfície previamente usinada.
- Presença de uma camada abrasiva de óxidos na superfície.

- Fadiga da ferramenta por causa da flutuação de força na superfície livre que acompanha os pequenos movimentos laterais das arestas dos cavacos.
- Partículas da ferramenta depositadas na superfície da peça, se previamente usinada, as quais agem como pequenas ferramentas de corte induzindo ao desgaste.

Por falta de consenso, é comum tratar essa forma de desgaste como um mecanismo que ocorre, principalmente, na usinagem de materiais resistentes a altas temperaturas (como ligas de níquel, titânio, cobalto e aço inoxidável). Na altura da profundidade de corte, área C da Figura 8.15, ele pode se desenvolver em ambas as superfícies de saída e de folga da ferramenta, ou apenas na superfície de folga, e, nesse último caso, tem o aspecto da Figura 8.28.

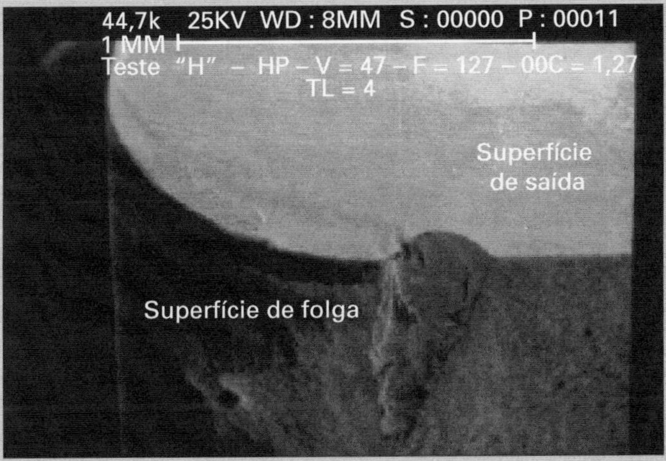

FIGURA 8.28 Desgaste de entalhe observado em uma ferramenta de metal duro K20 após usinagem de Inconel 901 (MACHADO, 1990).

Em geral, nas regiões onde ocorre esse tipo de desgaste, as condições de escorregamento prevalecem e o mecanismo de desgaste, provavelmente, envolve abrasão e *attrition*, fenômenos bastante influenciados pelas interações com a atmosfera (TRENT; WRIGHT, 2000). Em velocidades elevadas, provavelmente a difusão pode fazer parte do processo. Isso é evidenciado pelo fato de o aumento da velocidade de corte aumentar a taxa desse tipo de desgaste (MACHADO, 1990). Existem evidências para sugerir que óxidos se formam continuamente e se aderem à ferramenta naquelas regiões, e a quebra das junções de aderência entre os óxidos e a ferramenta, promovidas pelo mecanismo de *attrition*, pode ocasionalmente remover material da superfície da ferramenta (TRENT; WRIGHT, 2000).

Segundo Richards e Aspinwall (1989), o entalhe na forma de "V" é formado pelas rebarbas produzidas nas arestas laterais do cavaco envolvendo outros mecanismos, incluindo *attrition*.

Na usinagem de ligas de níquel em altas velocidades, verifica-se que os cavacos que caem são rubros nas bordas e cinza no centro, o que significa maiores temperaturas nas bordas. Essa observação chama a atenção, pois a expectativa era justamente o contrário. Ao aplicar os critérios de escoamentos de Tresca e Von Mises, as deformações se iniciam com tensões menores quando prevalece o estado plano de tensão (estado que predomina nas bordas do cavaco). Quando o estado plano de deformação prevalece (estado que predomina no centro dos cavacos), as deformações se iniciam com tensões maiores. Assim, material ainda solidário à peça que está se aproximando da zona de cisalhamento primária e da ferramenta sofrerá deformação primeiro nas suas bordas (estado plano de tensão), e só depois no centro. Com isso, materiais das bordas vão encruar mais, o que impõe maior restrição ao processo de deformação, gerando mais calor e, consequentemente, maiores temperaturas nas bordas. Com temperaturas maiores nas bordas do cavaco, a ferramenta de corte estará mais suscetível a sofrer os mecanismos de desgaste já citados nas regiões de contato com as bordas. Com certeza, entre esses mecanismos se encontra a oxidação, pois nas bordas o oxigênio da atmosfera tem acesso garantido (SHAW et al., 1966). Essa explicação corrobora a teoria de Trent e Wright (2000), que consideram a oxidação seguida de *atrittion* os mecanismos responsáveis pela formação do desgaste de entalhe. Portanto, as duas teorias não são conflitantes, mas complementares. Esse mecanismo, segundo tal explicação, só acontecerá em materiais que tenham alto índice de encruamento, como as ligas de níquel e de aços inoxidáveis austeníticos. Nos outros materiais, o índice de encruamento não é suficiente para apresentar diferenças significativas das bordas para o centro.

A sequência de fotos mostrada nas Figuras 8.29 a 8.31 confirma a presença do mecanismo de *attrition* no desgaste de entalhe.

FIGURA 8.29 Vista do desgaste de entalhe na superfície de folga da ferramenta utilizada para tornear Inconel 901 (MACHADO, 1990).

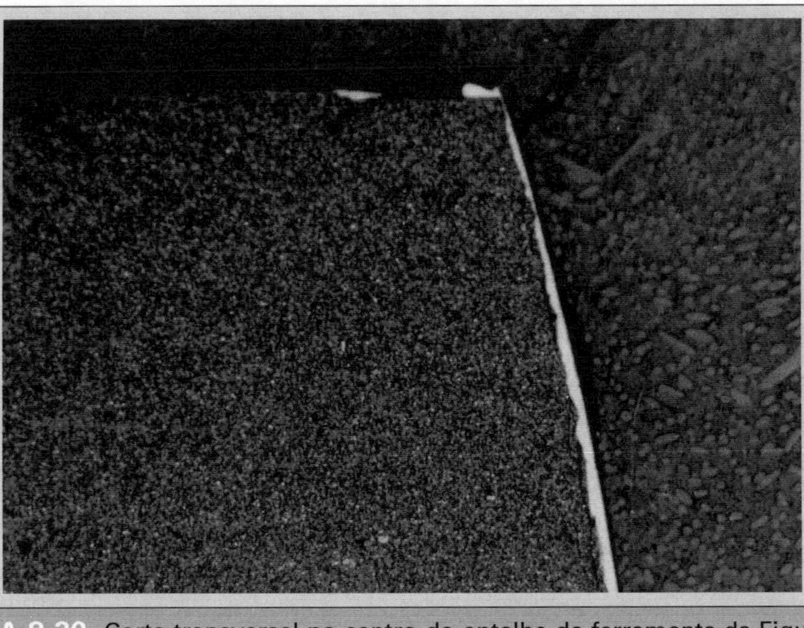

FIGURA 8.30 Corte transversal no centro do entalhe da ferramenta da Figura 8.29 (MACHADO, 1990).

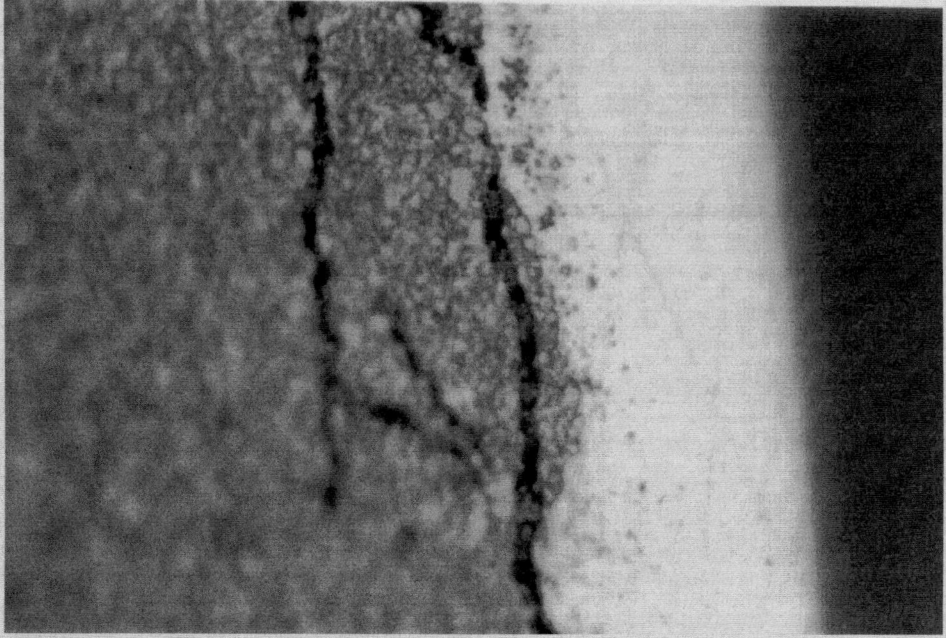

FIGURA 8.31 Detalhe ampliado da borda da superfície de folga da ferramenta mostrada na Figura 8.30 (MACHADO,1990).

A Figura 8.29 mostra o entalhe na superfície de folga da ferramenta apresentando uma camada de material da peça aderido a essa região. Foi feito um corte no centro do entalhe e a amostra foi preparada metalograficamente. Esse corte é visto na Figura 8.30. Observa-se uma trinca grande correndo paralela à superfície de folga da ferramenta, que foi originada quando da preparação da amostra, no período de polimento com disco de diamante, por conta da sobrecarga imprimida manualmente. A Figura 8.31 mostra uma ampliação da interface ferramenta/camada aderida na qual se observam, nitidamente, os grãos da ferramenta dentro do fluxo do material (camada aderida) – confirmação positiva da presença de *attrition* no processo de desenvolvimento do desgaste de entalhe e que vai ao encontro das teorias de Shaw e de Trent e Wright.

O desgaste de entalhe não acontece apenas em ferramentas de metal duro, mas também nas cerâmicas. As ferramentas mais indicadas para a usinagem das superligas de níquel são exatamente as cerâmicas, principalmente as de SIALON® e as reforçadas com *whiskers*, e a forma de desgaste predominante nessas situações é o entalhe (KHAMSEHZADEH, 2001). Os mecanismos envolvidos são também os mesmos (abrasão, *attrition* e até mesmo difusão), e as condições de corte têm forte influência no processo.

Todos esses mecanismos de desgaste são observados na usinagem, mas, certamente, um prevalecerá sobre os demais, dependendo, principalmente, dos materiais da peça e da ferramenta, da operação de usinagem, das condições de corte, da geometria da ferramenta de corte e do emprego do fluido de corte. Em geral, os três primeiros mecanismos são mais importantes em altas taxas de remoção de material, situação em que há o desenvolvimento de altas temperaturas. Os três últimos são mais importantes a baixas velocidades, nas quais as temperaturas de corte são baixas o suficiente para prevenir a ocorrência dos três primeiros.

A análise dos mecanismos de desgaste é complexa, mas o procedimento mais indicado é, em primeiro lugar, considerar o material da ferramenta, o material da peça e as condições de corte. Esses pontos sugerem ou eliminam a possibilidade de predominância de um ou outro mecanismo de desgaste. Segue-se, então, a análise direta das regiões desgastadas. Para tanto, podem-se limpar as ferramentas de corte em solventes apropriados, a fim de retirar material da peça que, geralmente, fica aderido à região desgastada, impedindo a observação da região. A dissolução das partículas aderidas nem sempre é indicada se o mecanismo de adesão estiver presente. Com isso, seguem-se as análises visuais e microscópica, em microscópio óptico e depois eletrônico, se necessário. Outros tipos de análises podem ser empregados, quando disponíveis, como as análises qualitativa e quantitativa superficial de elementos químicos cujas técnicas variam. Tais técnicas podem auxiliar na identificação do desgaste difusivo. Uma vez conhecido(s) o(s) mecanismo(s) de desgaste(s) predominante(s), várias decisões podem ser tomadas no sentido de viabilizar condições mais resistentes ao desenvolvimento de desgaste.

8.4 CURVA DE VIDA DAS FERRAMENTAS

A velocidade de corte é, sem dúvida, o parâmetro de maior influência no desgaste em uma ferramenta de corte de usinagem. Ela é diretamente responsável pelo aumento de temperatura na região de formação de cavacos, sendo esta, por si só, o que ativa ou acelera os mecanismos de desgaste apresentados até o momento. Dessa forma, a curva de vida de uma ferramenta é expressa em termos de velocidade de corte. Define-se curva de vida de uma ferramenta como sendo o gráfico de tempo de vida (T) em função da velocidade de corte (v_c). Foi primeiramente proposta por F. W. Taylor no início do século XX. Esse pesquisador observou que o tempo de vida de uma ferramenta de corte em usinagem mantém relação direta com a velocidade de corte. A obtenção dessa relação é experimental e depende do par ferramenta/peça com valores fixos de avanço e de profundidade de usinagem. Inicia-se, assim, a obtenção da curva de vida com ensaios nos quais são fixados esses parâmetros, sendo a velocidade de corte a única variável. A faixa e o número de valores diferentes de v_c devem ser escolhidos, inicialmente, de acordo com experiências ou recomendações anteriores. As curvas iniciais obtidas experimentalmente são chamadas "curvas de desgaste" e fornecem o desgaste da ferramenta em função do tempo. O desgaste medido, segundo a normalização mostrada na Figura 8.16, deve ser o que melhor caracteriza a vida da ferramenta segundo o critério adotado. A Figura 8.32 mostra um exemplo de uma curva de desgaste obtida para um processo de torneamento com insertos de metal duro medindo o desgaste de flanco.

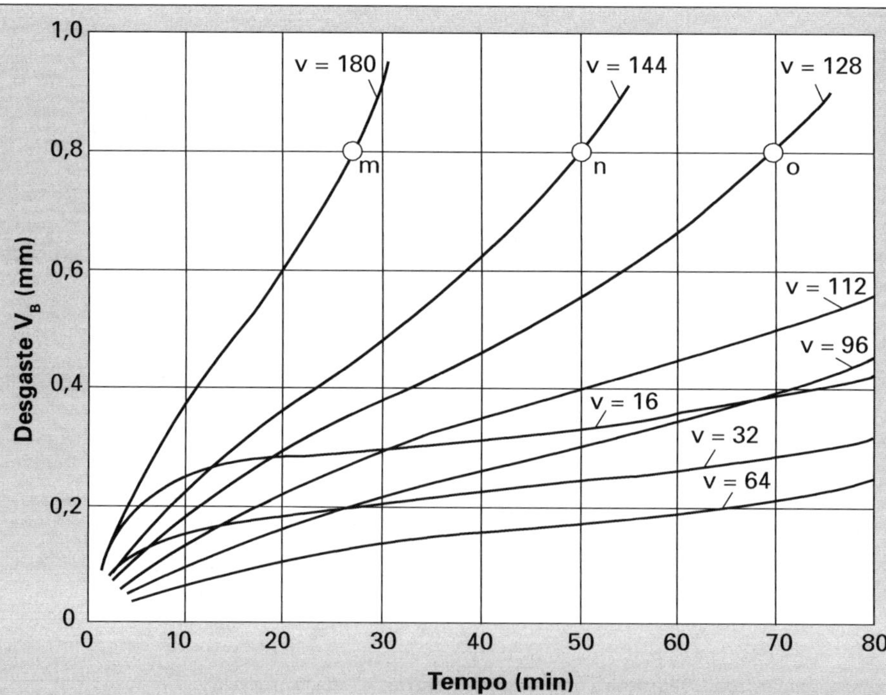

FIGURA 8.32 Exemplo de curva de desgaste obtida para o torneamento de aço com ferramentas de metal duro (FERRARESI, 1977).

Com as curvas de desgaste deve-se estabelecer um valor-limite de desgaste que definirá o tempo de vida da aresta de corte. Para o exemplo da Figura 8.32, adotou-se VB_B = 0,8 mm. Com esse limite de desgaste de flanco, observa-se que o tempo de vida varia para cada velocidade de corte utilizada. Para a velocidade v_c = 180 m/min, o tempo de vida foi de 28 minutos (ponto *m* no gráfico da Figura 8.32). Para v_c = 144 m/min, a vida foi de cinquenta minutos (ponto *n* na Figura 8.32), e para v_c = 128 m/min, a vida foi de setenta minutos (ponto *o* na Figura 8.32). Constrói-se, então, a curva de vida da ferramenta ($T - v_c$) com os pares tempo de vida (T) por velocidade correspondente (v_c). A Figura 8.33 mostra a curva de vida para o exemplo mencionado anteriormente.

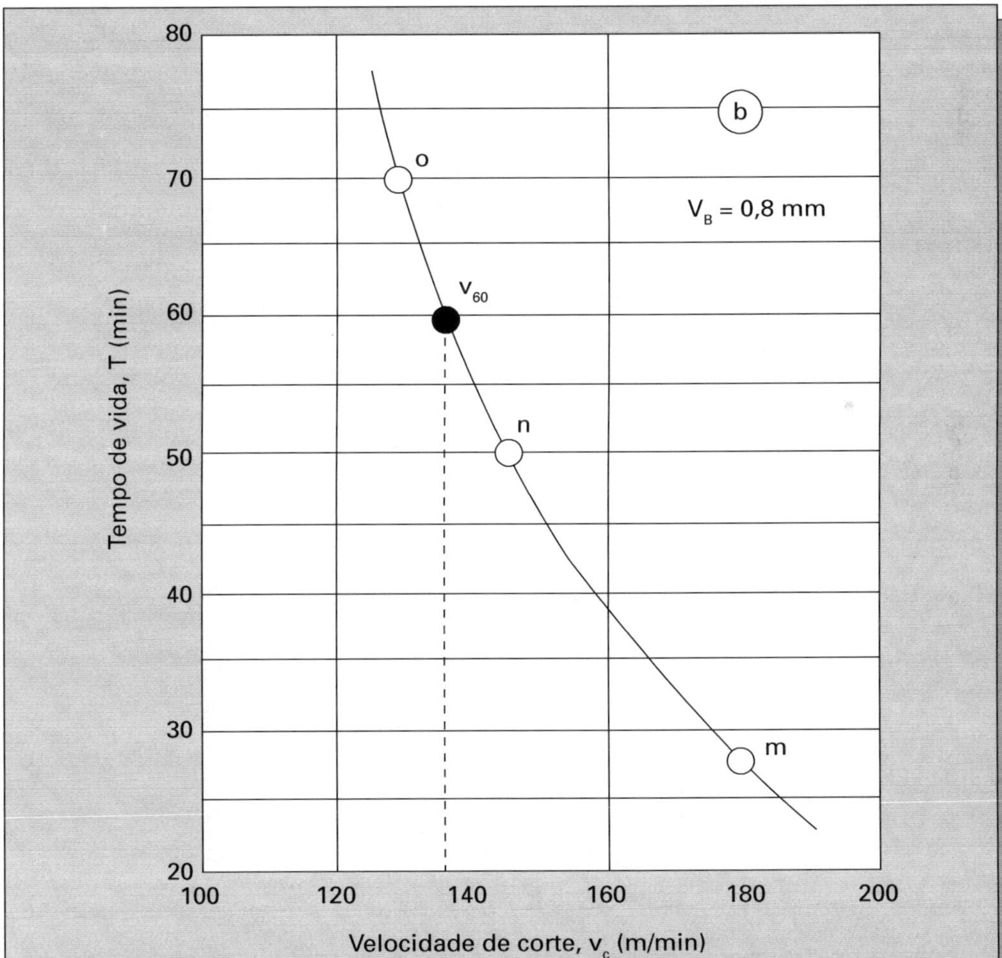

FIGURA 8.33 Exemplo de curva de vida para o exemplo de usinagem de aço com ferramenta de metal duro.

A curva da Figura 8.33 foi construída para o desgaste de flanco, mas curvas semelhantes podem ser usadas para qualquer outra forma de desgaste, ou critério de fim de vida estipulado, que tenha a velocidade de corte como fator determinante. O desgaste também pode ser medido em função do percurso de corte (L) em vez do tempo. Isso pode ser particularmente interessante para o caso de usinagem em série, na qual os lotes de peças são muito grandes e o tempo de corte, muito curto. A curva, neste caso L — v_c, aponta claramente a velocidade na qual se consegue o maior número de peças. Esse ponto, no entanto, não garante uma maior produtividade, uma vez que o tempo de produção do lote pode ser mais importante que a duração da ferramenta. Na Figura 8.33 também é mostrada a velocidade para um tempo de corte equivalente a sessenta minutos, normalmente referida como v_{60}. Esse foi, durante muito tempo, um valor de referência para comparação entre desempenho de materiais ou de ferramentas.

Se a curva de vida for colocada em um gráfico bilogarítmico, terá uma representação muito próxima da linear, o que indica uma relação exponencial entre T e v_c. Esse fato foi proposto inicialmente por F. W. Taylor, que adotou a equação que atualmente leva seu nome:

$$T = K \cdot v_c^{-x} \tag{8.1}$$

Onde o expoente x e a constante K são particulares para cada par ferramenta/peça e demais condições de corte: valores de f, a_p, fluido de corte etc.

Muitas vezes, é mais conveniente expressar a relação $T - v_c$ na forma inversa à da Equação 8.1:

$$v_c \cdot T^y = C \tag{8.2}$$

Nessa transformação, pode-se chegar às seguintes relações entre as constantes das Equações 8.1 e 8.2:

$$y = \frac{1}{x} \qquad C = K^{\frac{1}{x}} \tag{8.3}$$

A Tabela 8.1 mostra, como exemplo, alguns valores para as constantes C e y obtidos experimentalmente para alguns pares ferramenta/peça.

Tabela 8.1 Exemplos de valores para as constantes C e y da Equação de Taylor (FERRARESI, 1977)

Material ABNT	Composição	Ferramenta de carbeto $v_B = 0{,}38$ mm $f.a_p = 0{,}645$ mm²		Ferramenta de aço rápido $v_B = 1{,}5$ mm $f.a_p = 0{,}36$ mm² com fluido de corte	
		C	y	C	y
B1112	10% perlita + 0,1% S	281	0,222	62	0,167
1020	10% perlita + 90% ferrita	244	0,282	58	0,152
3140	75% perlita + 25% ferrita	111	0,324	23	0,282
	Temperado HB = 300 martensita + 0,1% S	93	0,282	32	0,032
	75% perlita + 25% ferrita + 0,1% S	–	–	37	0,096
4140	90% perlita + 10% ferrita	107	0,288	23	0,270
	90% perlita + 10% ferrita + 0,1% S	122	0,270	34	0,174
	Temperado HB = 300 martensita	92	0,280	18	0,247
	Temperado HB = 300 martensita + 0,1% S	95	0,280	25	0,072
4340	Esferoidal	146	0,242	–	–
	Temperado HB = 400 martensita	73	0,322	–	–
8640	50% perlita + 50% ferrita	119	0,278	40	0,080
	75% ferrita + 25% Ferrita	116	0,323	27,5	0,211
	Esferoidal	153	0,323	45	0,179
	Temperado HB = 400 martensita	50	0,475	15	0,169
	Temperado HB = 400 martensita + 0,51% S	–	–	30	0,044
52100	Esferoidal	107	0,345	35	0,150
Médias		127	0,3	34	0,15

Já a Tabela 8.2 mostra outros exemplos das constantes C e y para FoFo (ferro fundido) com diferentes durezas e microestruturas.

Tabela 8.2 Valores de C e y para FoFo com diferentes durezas e microestruturas (ferramenta de carbeto, $VB_B = 0{,}76$ mm, $f.a_p = 0{,}645$ mm) (FERRARESI, 1977)

Material	Dureza (HB)	Ductibilidade (%)	C	y
FoFo nodular	170	22	210	0,232
	183	20	147	0,232
	207	17	110	0,232
	215	4	95	0,187
	216	2	65	0,232
Médias			125	0,223
FoFo cinzento		Estrutura	C	y
	100	Ferrítica	238	0,095
	195	Perlítica grosseira	100	0,250
	225	Perlítica fina	80	0,275
	263	Acicular	45	0,420
Médias			116	0,259

Embora a velocidade de corte seja fator preponderante para a vida de uma aresta de corte, alguns pesquisadores (entre eles, RUFFINO, 1971) investigaram a influência do avanço e da profundidade de usinagem. Assim, uma Equação de Taylor mais completa leva em conta os efeitos separados do avanço e da profundidade de corte. Admitindo-se que cada um desses fatores possui uma forma exponencial em relação ao desgaste, a Equação fica da seguinte forma:

$$v^x \cdot f^y \cdot a_p^{\,z} \cdot T = Q \tag{8.4}$$

Onde as constantes x, y, z e Q devem ser fornecidas para os materiais a serem utilizados quando se pretende uma estimativa de velocidades de corte em relação aos tempos de vida das ferramentas. Publicações especializadas fornecem os valores para essas constantes, obtidos em ensaios experimentais; no entanto, para cada operação, elas podem ser determinadas.

REFERÊNCIAS BIBLIOGRÁFICAS

ASM. *Metals handbook*: machining. 9. ed. New York: ASM International, 1989.

ÁVILA, R. F. *Desempenho de ferramentas de metal duro revestidas com TiN, TiCN e TiAlN (PAPVD) no torneamento do Aço BNT 4340 temperado e revenido*. Tese (em Engenharia Metalúrgica e de Minas) – Universidade Federal de Minas Gerais (UFMG), Belo Horizonte, 2003.

BHATIA, S. M. et al. Thermal cracking of carbide tools during intermittent cutting. *Wear*, v. 51, p. 201-208, 1978.

BHATIA, S. M. Failure of cemented carbide tools in intermittent cutting. *Precision Engineering*, p. 148-152, 1979.

__________. The thermal condition of the tool cutting edge in intermittent cutting. *Wear*, v. 61, p. 21-30, 1986.

CAMPOS, L. A. *Otimização do processo de torneamento de peças endurecidas por meio da definição do intervalo de máxima eficiência da velocidade de corte*. Dissertação (Mestrado) – Pontifícia Universidade Católica de Minas Gerais (PUCMG), Belo Horizonte, 2004.

CALDEIRANI FILHO, J. *Estudo e monitoramento do processo de fresamento frontal com fresas de insertos intercambiáveis*. Tese (em Engenharia Mecânica) – Unicamp, Campinas, 1998.

CHAKRAVERTI, G. et al. Analysis of tool temperature fluctuation in interrupted cutting. *Precision Engineering*, v. 6, n. 2, p. 99-105, Apr. 1984a.

__________. *Proceeding of 5th International Conference on Production Engineering*. Tóquio, p. 209-215, 1984b.

CHANDRASERKARAM, H. Thermal fatigue on tool carbides and its relevance of milling cutters. *Annals of CIRP*, v. 34, n. 1, p. 125-128, 1985.

DA SILVA, M. *Lubrication in metal cutting under built up edge conditions*. Tese (PhD) – University of Warwick, Inglaterra, 1998.

DEARNLEY, P. A.; TRENT, E. M. Wear mechanisms of coated carbides tools. *Metals Technology*, v. 9, p. 60-75, fevereiro 1982.

EKEMAR, C. S. G. et al. Influence of some metallurgical parameters of cemented carbide on the sensitivity to thermal fatigue cracking at cutting edges. *Materials for Metal Cutting. Proc. Conf. of BIRSA*, 14-16 abril, 1970.

FERRARESI, D. *Fundamentos da usinagem dos metais*. São Paulo: Blucher, 1977.

GHANDI, A. K.; BARROW, G. *Annals of CIRP*, v. 34, n. 1, p. 71-74, 1985.

HUTCHINGS, I. M. *Tribology*: friction and wear of engineering materials. London: Edward Arnold, 1992.

ISO 3685. *Tool life testing with single-point turning tools*, 1993.

KABALDIN, Y. G. Temperature and adhesion in continuous and interrupted machining. *Machines and Tooling*, v. 51, n. 4, p. 33-36, 1980.

KAKINO, Y. et al. A study on the generation of thermal crack of cutting tool. *Proceeding of 5th International Conference of Production Engineering*, p. 161-67, 1984.

KHAMSEHZADEH, H. *Behaviour of ceramic cutting tools when machining superalloys*. Tese (Ph.D.) – University of Warwick, 2001.

KÖNIG, W.; KLOCKE, F. *Fertigungsverfahren*: Drehen, Fräsen und Bohren. Berlim, Heidelberg, 1997.

MACHADO, A. R. *Machining of Ti6Al4V and Inconel 901 with a high pressure coolant system.* Tese (Ph.D.) – University of Warwick, 1990.

__________. *Condições da interface cavaco/ferramenta.* Parte I: generalidades. XI COBEM, 11-13 dez. 1991, p. 381-384.

__________.; WALLBANK, J. Machining of titanium and its alloys: a review. *Proc. of the Inst. Mech. Eng.*, v. 204, part B. *J. Eng. Manufacture*, p. 53-60, 1990.

MELO, A. C. A. *Estudo das trincas de origem térmica geradas em ferramentas de metal duro durante o fresamento frontal.* Tese (Doutorado) – Universidade Federal de Uberlândia (UFU), Uberlândia, 2001.

__________. et al. *Estudo da variação da temperatura de corte no fresamento frontal.* 2° COBEF – Congresso Brasileiro de Engenharia de Fabricação. Uberlândia, 18-21 maio 2003. (Anais em CD-Rom).

MELO, A. C. A. et al. Some observation on wear and damages in cemented carbide tools, *Journal of the Brazilian Society of Mechanical Science and Engineering*, v. XXVIII, n. 3, p. 269-277, July – Sept., 2006.

MOTTA, M. F. *Influência do fluido de corte no torneamento do Aço ABNT 8640.* Tese (Doutorado em Engenharia Mecânica) – Universidade Federal de Uberlândia (UFU), Uberlândia, 1994.

PALMAI, Z. Cutting temperature in intermittent cutting. *International Journal of Machine Tools Manufacture*, v. 27, n. 2, p. 261-274, 1987.

PEKELHARING, A. J. The exit failure in interrupted cutting. *Analls of CIRP*, v. 27, n. 1, p. 5-10, 1978.

__________. The exit failure of cemented carbide face milling cutters. Part I – Fundamental and phenomena. *Annals of CIRP*, v. 33, n. 1, p. 47-50, 1984.

PIGARI, A. C. *Monitoramento do desgaste da ferramenta no processo de torneamento usando emissão acústica*. Dissertação (Mestrado em Engenharia Mecânica) – Unicamp, Campinas, 1995.

RICHARDS, N.; ASPINWALL, D. Use of ceramic tools for machining nickel based alloys. *Int. J. Mach. Tools Manufact*, v. 29, n. 4, p. 575-588, 1989.

RUFFINO, R. T. *Algumas considerações sobre as forças de usinagem no torneamento de aço-carbono*. Tese (Doutorado) – Escola de Engenharia de São Carlos (USP), São Carlos, 1971.

SANDIVK, C. *Manual de fresamento*, s/d.

SANTOS, J. A. B. O. *Estudo da aplicação de revestimentos superficiais em fresas caracóis*. Dissertação (Mestrado) – Pontifícia Universidade Católica de Minas Gerais (PUCMG), Belo Horizonte, 2004.

SHAW, M. C. *Metal cutting principles*. Oxford Science Publications, 1986.

SHAW, M. C. et al. A plasticity problem involving plane strain and plane stress simultaneously: groove formation in the machining of high-temperature alloys. *Trans. of ASME. J. Eng. Industry*, p. 142-146, 1966.

SOUSA, M. M. *Utilizando a vibração mecânica para monitorar o desgaste das ferramentas de corte e o acabamento superficial no processo de fresamento*. Tese (em Engenharia Mecânica) – Universidade Federal de Uberlândia (UFU), Uberlândia, 1998.

THE, J. H. L. High-speed films of the incipient cutting process in machining at conventional speeds. *J. for Engineering for Industry*, p. 263-268, fev. 1977.

TRENT, E. M.; WRIGHT, P. K. *Metal cutting*. 4. ed. Oxford: Butterworth-Heinemann, 2000.

VAN LUTTERVELT, C. A.; WILLEMSE, H. G. The exit failure of cemented carbide face milling cutters. Part II – Testing of commercial cutters. *Annals of CIRP*, v. 33, n. 1, p. 51-54, 1984.

VIANA, R. Estudo da caracterização de ferramentas de corte texturizadas a laser e revestidas utilizadas no fresamento frontal do ferro fundido vermicular. Tese de Doutorado, Programa de Pós-graduação em Engenharia Mecânica, FEMEC – UFU, Uberlândia, 2009.

VIEIRA, J. M. et al. Performance of cutting fluids during face milling of steels. *Journal of Materials Processing Technology*, v. 116, p. 244-251, 2001.

WANG, K. K. et al. Investigation of face-milling tool temperatures by simulation techniques. *Journal of Engineering for Industry*, p. 772-780, Aug. 1969.

WANG, Z. Y. et al. Tool temperatures and crack development in milling cutters. *Int. J. Mach Tools and Manufact.*, v. 36, n. 1, p. 129-140, 1996.

WRIGHT, P. K.; BIAGCHI, A. Wear mechanisms that dominates tool-life in machining. *Journal Applied Metal Working. ASM*, v. 1, n. 4, p. 15-23, 1981.

YELLOWLEY, I.; BARROW, G. The influence of thermal cycling on tool life in peripheral milling. *International Journal MTDR*, v. 16, p. 1-12, 1976.

9 Integridade superficial

A condição final de uma superfície usinada é resultado de um processo que envolve deformações plásticas, ruptura, recuperação elástica, geração de calor, vibração, tensões residuais e, às vezes, reações químicas. Todos esses fatores podem ter efeitos diferentes na nova superfície, assim, o termo integridade superficial é utilizado para descrever a qualidade de uma superfície e, portanto, engloba um grande número de alterações sofridas por ela. Dessa forma, o conceito de integridade superficial não pode ser definido apenas em uma dimensão e não abrange somente a textura da superfície ou a sua forma geométrica. Esse termo engloba também outras características da superfície em serviço e de camadas abaixo desta. O diagrama da Figura 9.1 mostra alterações que podem ocorrer em superfícies usinadas e uma classificação destas. De forma geral, tais superfícies podem ser classificadas em alterações na superfície (acabamento) e alterações em camadas internas da peça (alterações subsuperficiais).

- Integridade superficial
  - Acabamento
    - Ondulações
    - Falhas
    - Rugosidade
  - Alterações subsuperficiais
    - Fatores mecânicos
      - Deformação plástica
      - Rebarbas
      - Alteração de microdureza
      - Micro ou macrotrincas
      - Tensões residuais
    - Fatores metalúrgicos
      - Recristalização
      - Transformações metalúrgicas

FIGURA 9.1 Classificação da integridade superficial.

O acabamento de uma superfície usinada é a combinação de vários fatores que podem ser divididos em rugosidade, ondulações e falhas (JUNEJA; SWKHON, 1987; SHAW, 1984; SCHAFFER, 1988; DROZDA; WICK, 1983; SATA, 1963). A exigência de acabamento de um determinado componente deve estar prevista em seu projeto: por exemplo, a superfície de um calibrador deve ser bem lisa, ao passo que a superfície de um disco de freio deve ser bastante rugosa. Kalpakjian (1995) detalha os seguintes fatores a serem considerados na determinação do acabamento superficial:

- Grau de acoplamento entre componentes, como selos de mancais, elementos de vedação e moldes para injeção.
- Coeficiente de atrito, desgaste e lubrificação.
- Resistência à fadiga e à corrosão.
- Resistividade elétrica e térmica de contato.
- Processamento posterior, como pintura.
- Aparência.
- Custo.

Ondulações consistem em irregularidades superficiais ou de erros geométricos cujos espaçamentos são maiores que as irregularidades consideradas rugosidades. Podem ser causadas por vibrações e flexões da ferramenta e/ou peça em virtude da força de usinagem, temperatura de corte ou a erros de fixação da peça ou ferramenta. Peças esbeltas são mais sensíveis a forças elásticas e dinâmicas e, como resultado, as ondulações são mais pronunciadas. Porém, peças com grandes seções transversais são rígidas e, nesses casos, as alturas das ondulações tendem a ser pequenas.

Falhas são interrupções na topografia típica de uma superfície. São não intencionais, inesperadas e indesejáveis. Podem ser causadas por defeitos inerentes, como inclusões, trincas, bolhas, ou podem surgir também durante o processo de corte.

9.1 RUGOSIDADE

A rugosidade de uma superfície é composta de irregularidades finas ou de erros microgeométricos resultantes da ação inerente ao processo de corte (marcas de avanço, aresta postiça de corte, desgaste da ferramenta etc.). A rugosidade pode ser medida por vários parâmetros, que serão tratados posteriormente. Em muitos casos, a rugosidade é utilizada como parâmetro de saída para controlar um processo de usinagem. De fato, a rugosidade de uma superfície depende de vários parâmetros, como máquina-ferramenta, propriedades do material da peça, geometria e material da ferramenta, e operação de usinagem. Métodos estatísticos aplicados ao resultado da medição da rugosidade de uma superfície podem identificar as contribuições relativas de cada um desses parâmetros (WHITEHOUSE, 1997). Por exemplo, na retificação, pode-se avaliar a eficiência do processo ou a proporção de grãos que perderam a afiação, analisando-se, assim, a rugosidade da peça.

Normalmente, ondulações e falhas devem ser evitadas na fabricação de uma superfície, pois representam erros de fabricação. A rugosidade, por sua vez, é um parâmetro especificado de acordo com a aplicação da superfície usinada. Uma rugosidade baixa é essencial em superfícies de mancais, superfícies que servirão de escoamento de fluidos e gases, superfícies cujo visual exige brilho e superfícies que devem refletir raios e luzes. Superfícies que trabalham sob lubrificação devem ter uma rugosidade característica, como as paredes dos cilindros de motores de combustão interna. Nesse caso, a operação de brunimento tem a função de deixar a superfície com uma rugosidade que favoreça a lubrificação. A Figura 9.2 ilustra, de maneira esquemática, todos os elementos que representam o acabamento. Já a Figura 9.3 apresenta o perfil de uma superfície de aço rolamento no estado temperado que foi torneada sob condição de desbaste. Nesse caso, além da rugosidade, as ondulações também estão presentes.

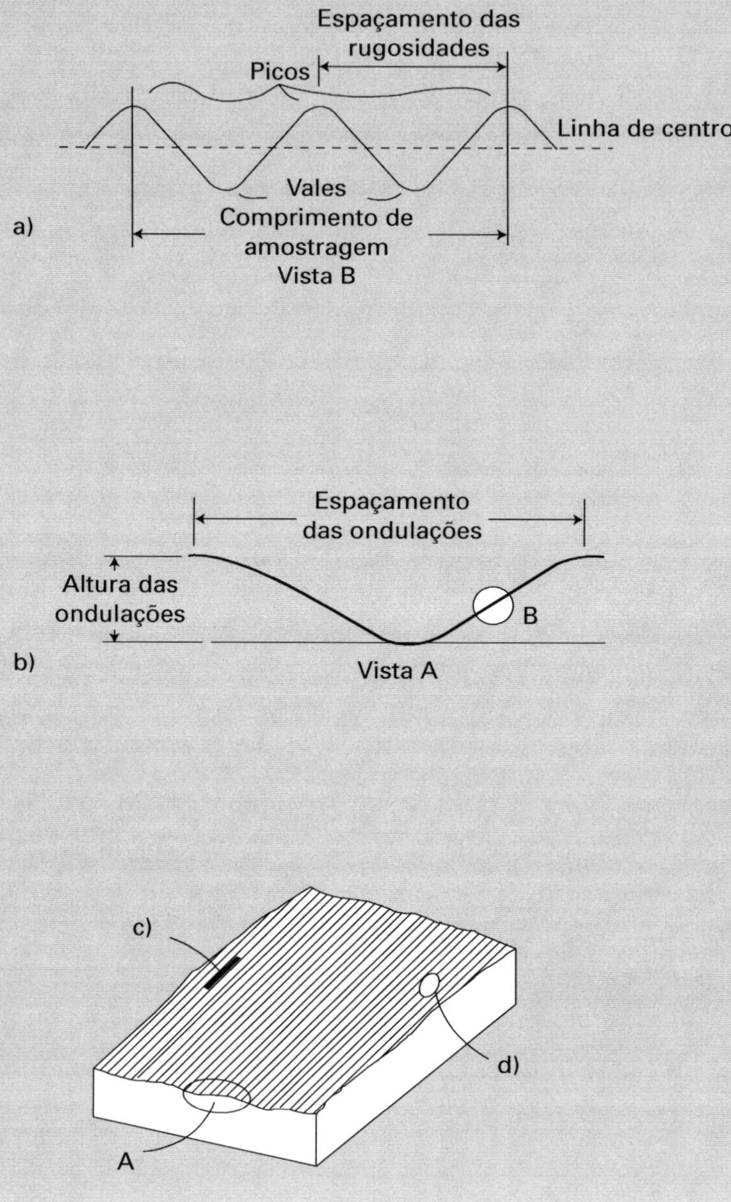

FIGURA 9.2 Elementos do acabamento superficial: (a) rugosidade superficial; (b) ondulações; (c) marcas denotando as direções das irregularidades; (d) falhas (JUNEJA; SWKHON, 1987).

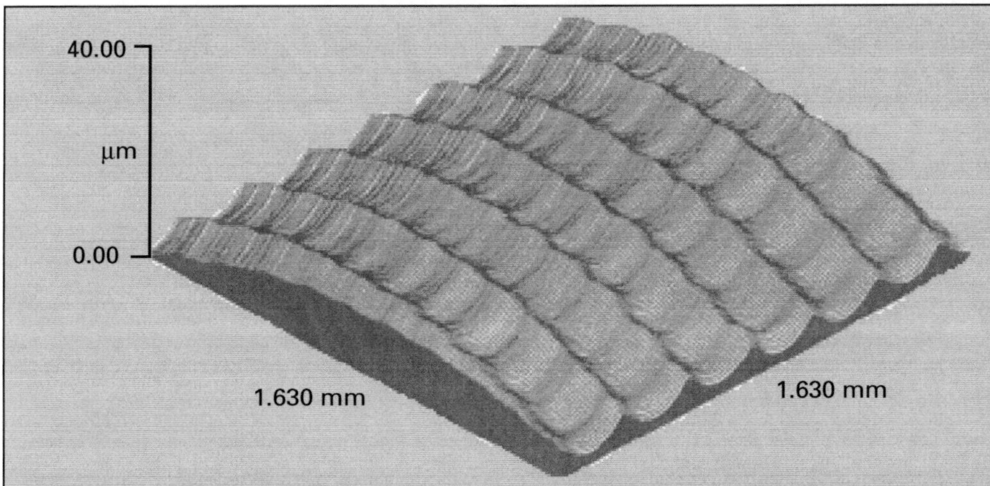

FIGURA 9.3 Perfil tridimensional de uma superfície em aço temperado (62 HR_C) torneada sob condição de desbaste (f = 0,25 mm/rev, r_ε = 1,6 mm) (ABRÃO, 1995).

9.1.1 Parâmetros para a quantificação da rugosidade

Em geral, uma peça usinada é examinada em termos macrogeométricos (dimensões, forma e orientação) e microgeométricos (rugosidade). Ela é examinada depois da operação de usinagem, ou mesmo durante, de acordo com as tolerâncias e rugosidade especificadas no projeto. Os desvios dimensionais, de forma e de orientação, são mais fáceis de medir e de controlar e dependem principalmente da natureza da operação e da rigidez da máquina-ferramenta utilizada. A rugosidade, por sua vez, é afetada por um elevado número de variáveis e pode ser avaliada por diversos parâmetros, que podem ser classificados em:

- *Parâmetros de amplitude*: determinados por alturas dos picos, profundidades dos vales ou pelos dois, sem considerar o espaçamento entre as irregularidades ao longo da superfície.
- *Parâmetros de espaço*: determinados pelo espaçamento do desvio do perfil ao longo da superfície.
- *Parâmetros híbridos*: determinados pela combinação dos parâmetros de amplitude e de espaço.

Diversas organizações, como ISO, DIN e JIS, possuem normas técnicas para a avaliação da rugosidade de superfícies técnicas. A Tabela 9.1 apresenta os principais parâmetros empregados na quantificação da rugosidade de acordo com a Norma ABNT NBR ISO 4287 (2002). A Figura 9.4 representa graficamente os parâmetros R_a e R_t.

Tabela 9.1 Alguns parâmetros de rugosidade

Símbolo	Nome	Definição
R_a	Desvio aritmético médio	Média aritmética dos valores absolutos das ordenadas no comprimento de amostragem.
R_q	Desvio médio quadrático	Raiz quadrada da média dos valores das ordenadas no comprimento de amostragem.
R_t	Altura total do perfil	Soma da maior altura de pico do perfil e da maior profundidade de vale do perfil no comprimento de avaliação.
R_z*	Altura máxima do perfil	Soma da altura máxima dos picos e a maior das profundidades dos vales no comprimento de amostragem.
R_{sk}	Fator de assimetria do perfil (*skewness*)	Quociente entre o valor médio dos valores das ordenadas e R_q ao cubo, no comprimento de amostragem.
R_{ku}	Fator de achatamento do perfil	Quociente entre o valor médio dos valores das ordenadas à quarta potência e o valor de R_q à quarta potência no comprimento de amostragem.

* A norma DIN define o parâmetro R_z como sendo a média das cinco alturas máximas detectadas em cada comprimento de amostragem.

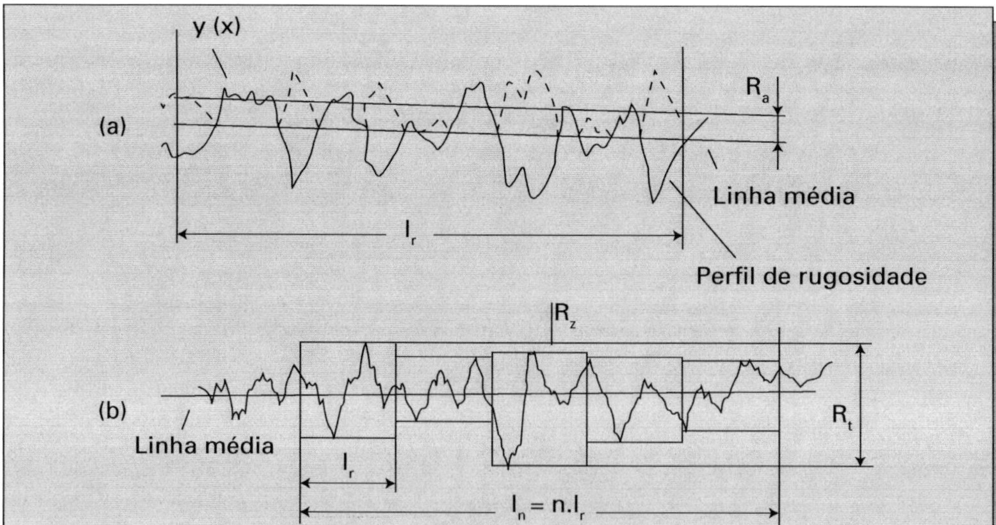

FIGURA 9.4 Alguns parâmetros de rugosidade: (a) R_a e (b) R_t e R_z.

O comprimento de amostragem (l_r) é definido, segundo a Norma ABNT NBR ISO 4287 (2002), como sendo o comprimento na direção do eixo X usado para identificar as irregularidades características do perfil sob avaliação. Já o comprimento de avaliação (l_n) é entendido como sendo o comprimento na direção do eixo X usado para estabelecer o perfil sob avaliação e pode conter um ou mais comprimentos de amostragem. Normalmente é recomendado um comprimento de avaliação equivalente a cinco vezes o comprimento de amostragem, de forma a obter uma maior confiabilidade dos dados. A Tabela 9.2 apresenta esses valores de acordo com a Norma ISO 4288 (1996):

Tabela 9.2 Valores recomendados para comprimentos de amostragem e de avaliação (ISO 4288, 1996)

Faixa de R_a (μm)	Comprimento de amostragem l_r (mm)	Comprimento de avaliação l_n (mm)
Até 0,02	0,08	0,4
De 0,02 a 0,1	0,25	1,25
De 0,1 a 2	0,8	4
De 2 a 10	2,5	12,5
De 10 a 80	8	40

Entre os parâmetros de amplitude, o mais utilizado é o R_a, amplamente empregado como parâmetro de controle de processo, uma vez que alterações no seu valor representam alterações no processo, em especial no desgaste da ferramenta (MUMMERY, 1992). Trata-se de um parâmetro muito utilizado pela indústria e que está disponível nos instrumentos mais simples. Como representa um valor médio, é um parâmetro estável, que não recebe influência de efeitos ocasionais. Embora bastante vantajoso, o parâmetro R_a, isoladamente, não é suficiente para identificar algumas características importantes da superfície, pois superfícies geometricamente diferentes podem apresentar R_a bem próximos, mas desempenhos em serviço bastante diversos. A Figura 9.5 ilustra perfis de superfícies diferentes que apresentam o mesmo valor de R_a.

Já o parâmetro R_q tem o efeito de ampliar os valores dos picos e vales isolados ou esporádicos, podendo, assim, evidenciar defeitos ou marcas em superfícies bem acabadas, como em superfícies de espelhos e lentes. Além disso, representa o desvio-padrão da distribuição de alturas do perfil.

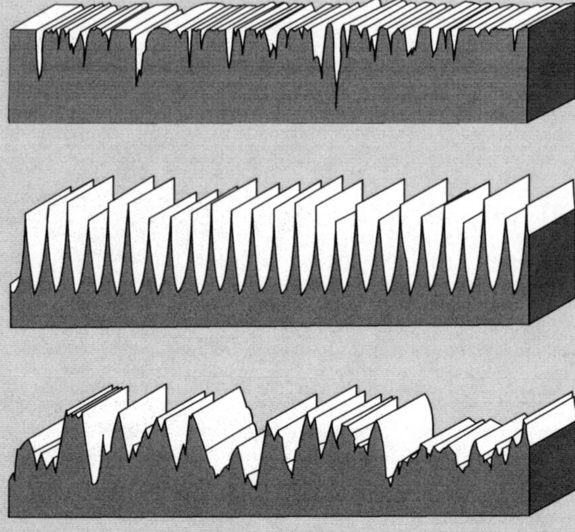

FIGURA 9.5 Representação de diferentes superfícies com o mesmo valor de R_a.

Em casos nos quais é desejável (ou mesmo necessário) especificar a altura máxima da rugosidade, os parâmetros R_t ou R_z devem ser empregados, pois são diretamente influenciados por qualquer defeito ou irregularidade na superfície.

Além dos parâmetros definidos anteriormente, destacam-se ainda outros de natureza estatística, utilizados para avaliar a rugosidade. Pode-se calcular, por exemplo, os valores de *skewness* (R_{sk}) e de *kurtosis* (R_{ku}) de um perfil, sendo que o primeiro representa a assimetria do perfil, e o segundo, seu achatamento. De maneira simplifcada, R_{sk} indica se as irregularidades da superfície são, na maioria, picos ou vales, como ilustra a Figura 9.6. Se a distribuição da amplitude de um perfil tiver uma forma gaussiana balanceada, o valor de R_{ku} será próximo de três. Uma superfície acidentada e áspera terá R_{ku} menor que três, enquanto em superfícies com muitos picos, o valor será maior que três. Uma superfície retificada com um rebolo afiado, por exemplo, terá R_{ku} igual a três.

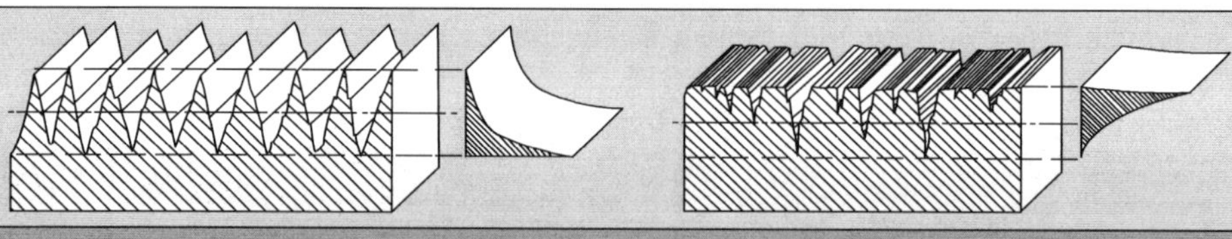

FIGURA 9.6 Comparação entre duas superfícies com diferentes valores de *skewness*: a) R_{sk} positivo; b) R_{sk} negativo (SMITH, 2002).

Inúmeros outros parâmetros são definidos para medir a rugosidade, entretanto a escolha do parâmetro a ser utilizado dependerá muito da aplicação da peça.

9.1.2 Cálculo da rugosidade no processo de torneamento

Os parâmetros R_a e R_t podem ser calculados teoricamente, embora esses valores sejam apenas indicativos, uma vez que os valores reais estarão acrescidos de diversos outros fatores, como vibração e desgaste das arestas de corte, por exemplo. No processo de torneamento, se o avanço (f) é menor que o raio de ponta (r_ε) da ferramenta, os valores de R_a e R_t são calculados, aproximadamente, por:

$$R_a = \frac{f^2}{18\sqrt{3}.r_\varepsilon} = \frac{f^2}{31{,}2.r_\varepsilon} \qquad (9.1)$$

$$R_t = \frac{f^2}{8.r_\varepsilon} \qquad (9.2)$$

Para o caso em que a ferramenta não tenha raio de ponta (Figura 9.7a), ou se esse é muito pequeno, pode-se obter os mesmos valores da seguinte forma:

$$R_a = \frac{f}{4(tan\,\theta_s + cot\theta_e)} \qquad (9.3)$$

$$R_t = \frac{f}{tan\,\theta_s + cot\theta_e} \qquad (9.4)$$

Para o caso em que a ferramenta tenha raio de ponta menor que o avanço (Figura 9.7b), pode-se obter R_t desse modo:

$$R_t = (1 - cos\ \theta_e)r_n + f \cdot sen\ \theta_e \cdot cos\ \theta_e - (2 \cdot f \cdot r_n \cdot sen^3\ \theta_e - f^2 \cdot sen^4\ \theta_e)^{1/2} \qquad (9.5)$$

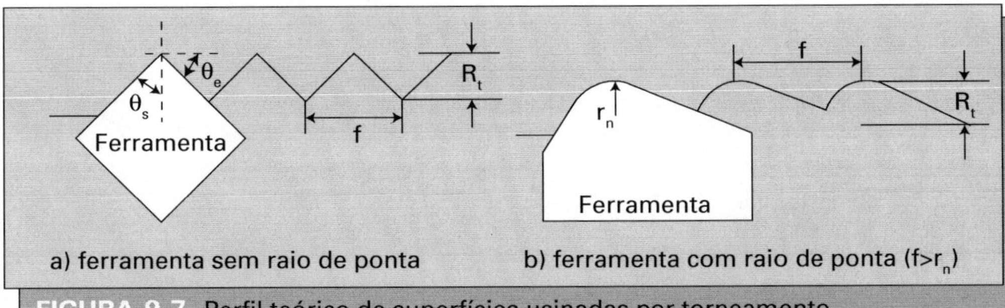

FIGURA 9.7 Perfil teórico de superfícies usinadas por torneamento.

9.1.3 Cálculo da rugosidade para a operação de fresamento

Para uma operação de fresamento tangencial, a rugosidade pode ser teoricamente calculada por:

$$R_a = \frac{f_z^2}{18\sqrt{3}.R} \tag{9.6}$$

$$R_t = \frac{f_z^2}{8.R} \tag{9.7}$$

Onde:

R = raio da fresa

f_z = avanço por dente

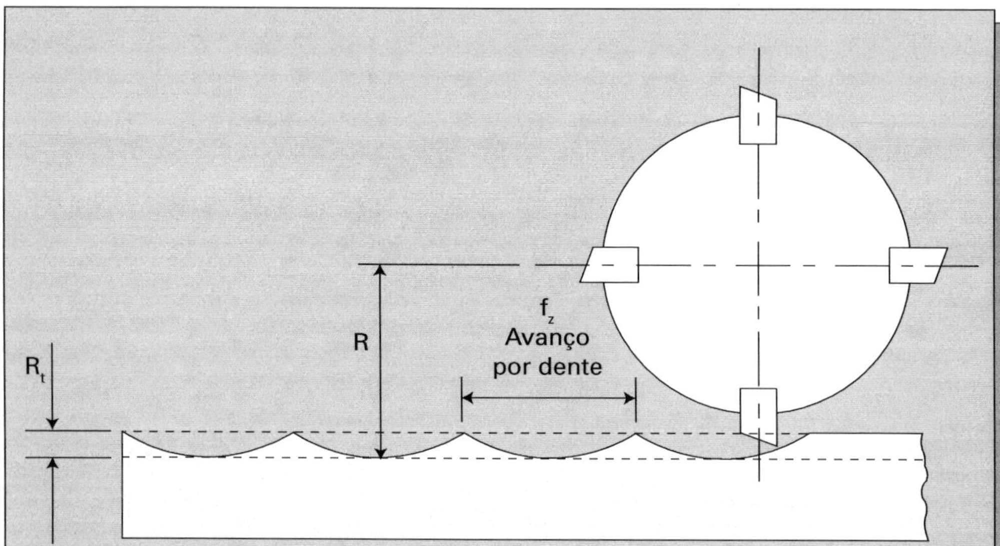

FIGURA 9.8 Perfil teórico de uma superfície usinada por fresamento tangencial.

Para uma operação de fresamento frontal, as equações são as seguintes:

$$R_a = \frac{r_\varepsilon - \sqrt{r_\varepsilon^2 - \left(\frac{f_z}{2}\right)^2}}{2} \tag{9.8}$$

$$R_t = \frac{f_z}{tanC + cot\,D} \tag{9.9}$$

Onde a simbologia é dada pela Figura 9.9.

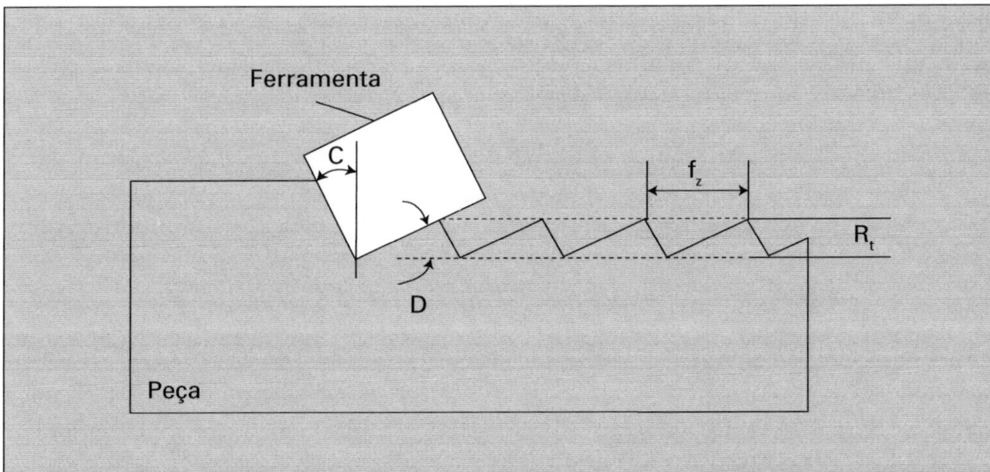

FIGURA 9.9 Perfil teórico de superfície usinada por fresamento frontal.

9.1.4 Efeitos de alguns parâmetros de usinagem na rugosidade

Em uma operação de usinagem na qual a ferramenta é nova, existe pouco contato entre as superfícies, não ocorre vibração nem há formação de aresta postiça de corte, então, a rugosidade será, teoricamente, formada pelas marcas de avanço deixadas na peça pela ferramenta. Essas marcas estão ilustradas na Figura 9.10 para uma operação de torneamento cilíndrico externo utilizando uma ferramenta com raio de ponta (r_ε).

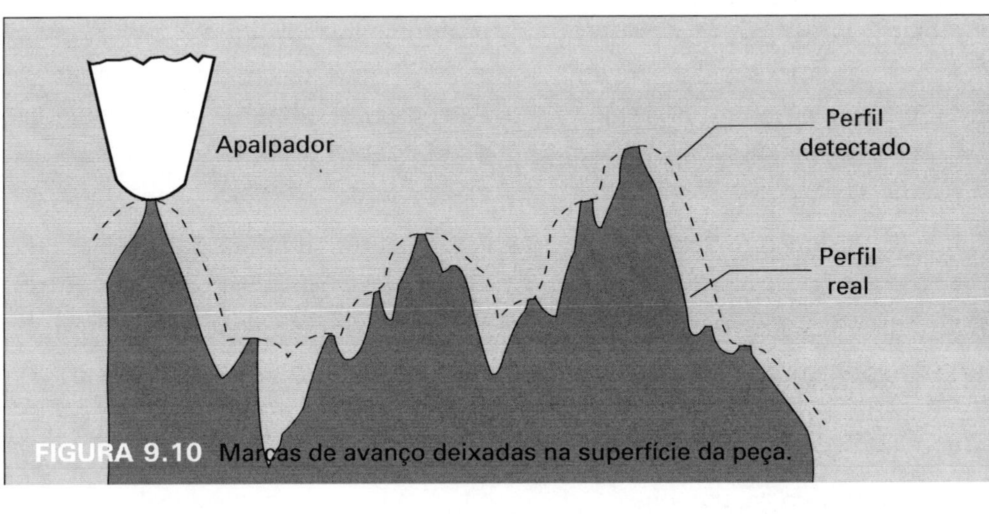

FIGURA 9.10 Marcas de avanço deixadas na superfície da peça.

A rugosidade sofre influência de vários parâmetros de usinagem, incluindo a geometria da ferramenta de corte, a geometria da peça, a rigidez da máquina-ferramenta, o material da peça, as condições de corte e o material da ferramenta (NAKAYAMA et al., 1966; SHOUCKRY, 1982). Em geral, a rugosidade é menor (ou o acabamento é melhor) quando:

- As flexões geradas por esforços de usinagem ou vibrações são pequenas.
- A ponta da ferramenta possui um raio de arredondamento.
- A ferramenta e a peça estão corretamente posicionadas e centradas (evitando desvios).
- O material da peça é inerentemente puro, livre de defeitos (trincas, bolhas e inclusões).
- O eixo principal da máquina-ferramenta está corretamente alinhado e as guias estão sem desgastes.
- A aresta de corte está sem desgastes ou quebras.
- O corte ocorre sem aresta postiça de corte.

As condições de corte têm grande efeito sobre a rugosidade, sendo o avanço o parâmetro influente, isto é, a altura dos picos e a profundidade dos vales das marcas de avanço tendem a aumentar em proporção quadrática ao avanço, como mostram as Equações 9.1 e 9.2.

Sob baixas velocidades de corte, pode ocorrer a formação da APC e o resultado é um acabamento inferior. Um aumento no avanço sob baixas velocidades de corte resulta em uma superfície bem pior. Isso normalmente é atribuído a um aumento no tamanho da APC (BACKER et al., 1952). O efeito da APC no acabamento superficial é atribuído ao fato de que partes dela são cisalhadas durante o processo e permanecem aderidas à superfície da peça em usinagem. Portanto, o acabamento melhora quando se aumenta a velocidade de corte, porque a APC desaparece. Além disso, a elevação da temperatura provoca a redução da resistência ao cisalhamento do material da peça, promovendo a redução das forças de usinagem e, consequentemente, a melhoria do acabamento. Porém, o aumento da velocidade de corte é obtido por meio da elevação da rotação do eixo-árvore, que pode atingir valores nos quais as vibrações prejudicam o acabamento.

A profundidade de usinagem aumenta as forças e, portanto, as possibilidades de flexões. As alturas das ondulações também são aumentadas com a profundidade de corte.

A geometria da aresta tem grande efeito na rugosidade, principalmente, o raio de ponta (r_ε), que deve ser suficientemente grande (pelo menos o dobro do avanço) para diminuir o efeito das marcas de avanço, com apreciável melhoria na rugosidade. Entretanto, um raio de ponta excessivamente alto pode induzir vibrações.

Durante a ação da ferramenta, partes do material à frente desta são comprimidas pela superfície de folga. Uma porção desse material se recupera elasticamente e outra porção sofre deformação plástica em uma direção perpendicular ao movimento da ferramenta sem, no entanto, se separar da peça (Figura 9.11). Esse processo, denominado fluxo lateral, é análogo ao que acontece no sulcamento. Somente uma porção de material é removida em forma de cavaco – o restante fica na peça em forma de rebarbas dos sulcos formados, prejudicando o acabamento (BUTTERY; ARCHARD, 1971). Normalmente, esse fenômeno não é observado durante o corte de materiais frágeis. Além disso, quanto maiores a velocidade de corte e o ângulo de saída (γ_o), menor será o fluxo lateral de material na superfície da peça.

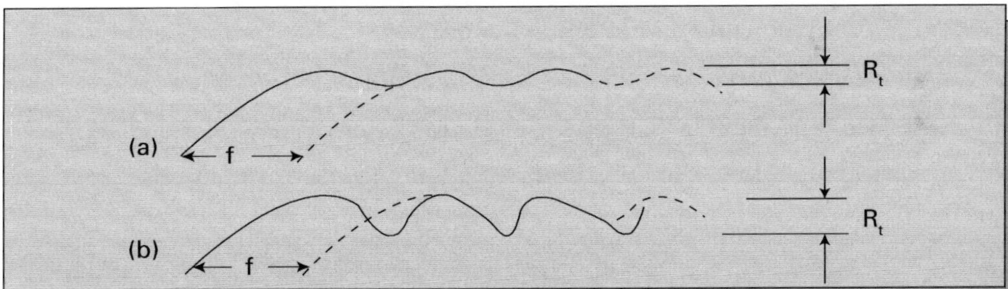

FIGURA 9.11 Perfil usinado: (a) sem fluxo lateral; (b) com fluxo lateral.

Ainda em relação à influência da geometria da ferramenta, em geral, quanto maior o ângulo de saída, menor será a força de usinagem; portanto, as alturas dos picos e as profundidades dos vales que representam a rugosidade das superfícies serão menores.

O ângulo de folga (α_o), por sua vez, deve ser suficientemente alto para evitar o contato com a superfície usinada, pois tal contato gera forças adicionais que causam flexões, além de imprimir na superfície usinada os defeitos ou desgastes da ferramenta. Da mesma forma, esse ângulo deve ser adequado para ajudar na saída de fragmentos de APC, evitando que esses fragmentos fiquem aderidos à superfície da peça.

O efeito dos ângulos de posições principal (χ_r) e secundária (χ_r') é pequeno, mas uma redução no ângulo de posição principal diminui as marcas de avanço, melhorando o escoamento do cavaco e, consequentemente, o acabamento. Ferramentas que possuem arestas raspadoras possuem $\chi'_r = 0°$ por um comprimento uma vez e meia o valor de avanço, com o objetivo de remover parcial ou totalmente as marcas de avanço. Esse método, porém, pode induzir vibrações.

Além da influência das condições de corte e da geometria da ferramenta, outros efeitos devem ser considerados, entre eles a rigidez do suporte da ferramenta, que deve possuir seção transversal suficiente para minimizar flexões. Esse efeito é crítico em operações de mandrilamento, nas quais a ferramenta possui um comprimento em balanço considerável. A máquina-ferramenta deve ser rígida, não possuir erros de alinhamento e ter movimentos precisos para que o acabamento não seja prejudicado. Além disso, são características desejáveis:

- Potência suficiente para manter a velocidade e o avanço previstos.
- Resiliência suficiente para evitar flexões.
- Rigidez e amortecimento contra vibrações.
- Possuir uma base (fundação) adequada para minimizar vibrações e sua transmissão para outras máquinas.
- Exatidão na fabricação de seus componentes de forma a reduzir ao mínimo o desalinhamento.
- Meios adequados para suportar rigidamente a peça e a ferramenta.

Composição química, dureza, microestrutura e consistência metalúrgica do material da peça são fatores que também podem afetar o acabamento que, em geral, é melhorado da seguinte forma:

- Composição química desfavorável ao aparecimento da APC.
- Alta dureza e baixa ductilidade.
- Granulação fina e alta dureza dos microconstituintes.
- Consistência nas propriedades ao longo de toda a seção transversal.

Materiais para ferramenta mais resistentes ao desgaste suportam velocidades de corte mais altas, permitindo a eliminação da aresta postiça de corte. Assim, ferramentas de metal duro, cerâmicas ou de diamante policristalino asseguram um melhor acabamento que ferramentas de aço rápido. A condutividade térmica da cerâmica é menor que a do metal duro, portanto a temperatura na interface ferramenta/cavaco será maior para a cerâmica, o que reduz a possibilidade de aparecimento de aresta postiça de corte e melhora o acabamento da superfície usinada (ANSELL; TAYLOR, 1962).

O fluido de corte reduz o desgaste da ferramenta e o atrito entre a ferramenta e a peça ou o cavaco, contribuindo para uma melhoria do acabamento. O fluido atuando como refrigerante, entretanto, pode aumentar a resistência ao cisalhamento do material da peça como no fresamento e, consequentemente, a força de usinagem, aumentando o desgaste e prejudicando o acabamento superficial. Um revestimento aplicado sobre uma ferramenta para atuar como lubrificante, ou ainda para diminuir a afinidade química entre o material da peça e a ferramenta, pode contribuir para melhorar o acabamento, pela redução do desgaste da ferramenta.

9.1.5 Medição da rugosidade

O aparelho empregado na medição da rugosidade é chamado rugosímetro. A medição pode ser feita com ou sem contato entre um apalpador e a peça, muito embora a medição com contato seja a mais utilizada pela simplicidade, versatilidade e menor custo. Nesse caso, o equipamento consiste em um apalpador de diamante que percorre, em linha reta, uma distância previamente definida (comprimento de avaliação). O deslocamento vertical do apalpador é convertido em sinal elétrico e, então, amplificado. O resultado pode ser apresentado, na forma numérica, pelo gráfico do perfil que representa a superfície analisada e há, ainda, a possibilidade de utilizar filtros para eliminar a influência das ondulações.

Tendo em vista que um apalpador de diamante sempre possui um determinado raio de ponta, este já funciona como um filtro que faz o perfil detectado ser mais suave que o perfil real da peça, como ilustra a Figura 9.12. Assim, quanto menor o raio de ponta do apalpador, mais fidedigna será a representação do perfil. De acordo com Lindberg (1990), rugosímetros de uso geral possuem apalpadores com ângulo de ponta de 90° e raio de 5 µm a 10 µm. A velocidade de deslocamento do apalpador situa-se em torno de 2,5 mm/s.

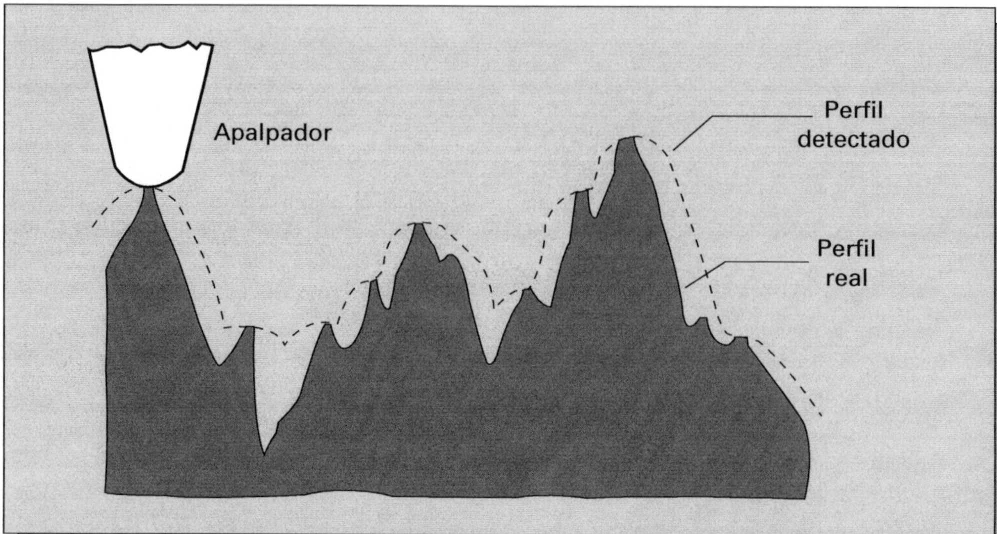

FIGURA 9.12 Perfil real e o detectado pelo apalpador do rugosímetro.

Outra desvantagem apresentada pelo apalpador refere-se ao fato de a área de contato entre o instrumento e a superfície ser muito pequena. Dessa forma, mesmo com baixas forças de medição, a pressão de contato é muito elevada, causando danos inaceitáveis em superfícies de materiais macios e dificuldades de análise de alguns revestimentos. Em contrapartida, materiais muito duros e abrasivos provocam o desgaste progressivo da ponta do apalpador, levando a uma reprodução cada vez menos exata da superfície da peça. A fim de superar esses inconvenientes, a medição de rugosidade pode ser realizada sem contato, isto é, pode ser feita por meio de uma sonda óptica que incide raios infravermelhos sobre a superfície da peça e, em seguida, detecta a dispersão dessa radiação por meio de uma matriz de fotodiodos. A intensidade da dispersão é calculada e, então, correlacionada com os conhecidos parâmetros de rugosidade (LINDBERG, 1990). Embora, a princípio, seu campo de aplicação seja o mesmo dos apalpadores mecânicos, na prática ela é empregada em situações nas quais tais apalpadores podem causar danos à superfície (ou vice-versa), como em borrachas, folhas delgadas, discos rígidos e cilindros de fotocopiadoras. A sonda óptica exige cuidados no que se refere à limpeza da superfície a ser avaliada, uma vez que qualquer sujeira e vibrações são interpretadas como parte da superfície e podem alterar os resultados.

Outra maneira de medição de rugosidades sem contato é por meio de instrumentos com os microscópios ópticos confocais. Estabelecem um caminho especial para um feixe de luz no qual as posições de foco de iluminação e imagem estão alinhados entre si, isto é confocalmente, o que resulta em um "filtro" óptico dos raios refletidos da superfície sendo medida. Áreas desfocadas na superfície aparecem como escuras, mediante este arranjo de foco a luz. Se as lentes da imagem são movidas perpendicularmente à superfície, é possível determinar a posição de foco e assim a altura absoluta de cada imagem com base no brilho máximo. Tais instrumentos são capazes de avaliar a rugosidade segundo as normas existentes, em uma linha, ou em uma área. Também são capazes de fornecer imagem 3D, semelhantes àquela da Figura 9.3 e, uma vez gravada uma imagem 3D, esta pode ser seccionada e medida em qualquer direção. Tais microscópios confocais oferecem grande flexibilidade no manuseio da imagem armazenada eletronicamente, a qual possui resolução da ordem de nanômetros. A correspondência entre as medições de aparelhos confocais 3D e equivalentes 2D por contato é absolutamente precisa, com a vantagem de aqueles serem muito mais precisos e conterem recursos adicionais em 3D não oferecidos pelos mais antigos bidimensionais.

Muitas vezes, a representação bidimensional do perfil não é suficiente para sua completa caracterização. Assim, a perfilometria tridimensional se apresenta como uma ferramenta extremamente útil, permitindo que os parâmetros indicados na Tabela 9.1 sejam calculados tridimensionalmente. A superfície representada na Figura 9.3 foi obtida utilizando-se essa técnica. Além da perfilometria tridimensional, a rugosidade de uma superfície pode ser avaliada por meio da microscopia óptica ou eletrônica, entretanto, nesses casos, a avaliação é apenas qualitativa.

9.2 ALTERAÇÕES SUBSUPERFICIAIS

Durante a usinagem, o processo de remoção de cavaco cria uma superfície com uma camada bastante diferente da existente anteriormente ao corte e, invariavelmente, com alterações abaixo da superfície. A identificação dessas alterações é de suma importância, principalmente em componentes que trabalharão sujeitos a altas tensões, em particular tensões alternadas ou, ainda, sob altas temperaturas ou em ambientes corrosivos, porque a resistência à fluência e outras propriedades mecânicas podem ser afetadas. As principais alterações observadas em operações de usinagem são agrupadas de acordo com a sua origem, podendo ser de natureza mecânica ou metalúrgica (JUNEJA; SWKHON, 1987; DROZDA; WICK, 1983; VON TURKOVICH; FIELD, 1981; FIELD et al., 1972).

9.2.1 Alterações de natureza mecânica

- *Deformação plástica*: alteração bastante comum na usinagem de desbaste. Consiste na deformação plástica na e sob a superfície do componente. Pode ser identificada pelas estruturas metalúrgicas alongadas na direção do fluxo de deformação.
- *Rebarbas*: podem ser fragmentos de aresta postiça de corte ou, ainda, na retificação de materiais dúcteis, as rebarbas que surgem pela incapacidade do abrasivo de transformar em cavaco o material deformado plasticamente. Em geral, essas alterações influenciam não só a superfície usinada, mas também a rugosidade.
- *Alterações de microdureza*: a dureza da peça pode sofrer alterações significativas ao longo de sua seção transversal em função de alterações metalúrgicas. No caso de aços, por exemplo, a temperatura atingida na superfície, associada à velocidade de resfriamento (severidade), pode levar à formação de martensita não revenida ou ao revenido dessa martensita. No primeiro caso, tem-se a elevação da microdureza das camadas atingidas; no segundo, a redução da dureza em relação ao valor inicial.
- *Trincas*: micro ou macrotrincas podem surgir na peça durante a usinagem, principalmente se processos não convencionais forem usados. Entretanto, tendem a ser mais frequentes em materiais frágeis. Microtrincas são prejudiciais à resistência à fadiga e à corrosão sob tensão, portanto, devem ser evitadas.
- *Tensões residuais*: podem ser de tração ou de compressão e de intensidade e profundidade variadas. A tensão de compressão é benéfica, visto que aumenta a resistência à fadiga da peça. Normalmente, quanto maior o desgaste da ferramenta, mais intensa e profunda será a tensão residual de compressão.

9.2.2 Alterações de natureza metalúrgica

- *Recristalização*: qualquer metal cujas superfícies são deformadas plasticamente durante a operação de usinagem pode sofrer recristalização quando aquecido a temperaturas superiores às temperaturas de recristalização.
- *Transformação de fases*: as altas temperaturas desenvolvidas durante a usinagem podem promover a transformação de fase na superfície dos componentes usinados. Na usinagem dos aços, pode ocorrer a formação de martensita frágil e não revenida.

9.3 AVALIAÇÃO DA INTEGRIDADE SUPERFICIAL

Field et al. (1972) propõem um conjunto mínimo de dados para a avaliação da integridade superficial que define os testes essenciais para obter informações mínimas a respeito da integridade de um componente, a saber:

- Textura superficial.
- Macroestrutura (ampliação de dez vezes ou menor):
  - Macrotrincas.
  - Macroataque.
- Microestrutura:
  - Microtrincas.
  - Deformação plástica.
  - Ataque intergranular.
  - Protrusões e depressões.
  - Aresta postiça de corte.
  - Camadas fundidas e redepositadas.
  - Ataque seletivo.
- Microdureza.

O conjunto-padrão de dados para a avaliação de uma superfície requer ensaios adicionais de fadiga, corrosão, tensões residuais e medição de distorções. Finalmente, o conjunto expandido de dados para avaliação de integridade envolve ainda ensaios abrangentes de fadiga e ensaios mecânicos, como tração e fluência.

Diversas técnicas podem ser empregadas com o objetivo de avaliar, qualitativa e quantitativamente, a magnitude da influência de uma operação de usinagem, ou, ainda, dos parâmetros de corte sobre as propriedades e desempenho a serviço do componente acabado. Essas técnicas normalmente são agrupadas em destrutivas e não destrutivas, algumas delas sendo de fácil execução e de baixo custo (como inspeção visual por microscopia óptica, medição de dureza, análise metalográfica, uso de partículas magnéticas ou de líquido penetrante), podendo fornecer informações valiosas acerca das condições gerais em que se encontra a peça. Outros métodos, entretanto, são onerosos e consomem muito tempo (como difractometria por raios X e ensaios de fadiga), sendo recomendados somente em estágios avançados de investigação, quando as técnicas mais simples se mostrarem incapazes de fornecer as informações necessárias.

9.3.1 Tensão residual

A tensão residual deixada pela ação das arestas de corte sobre a superfície usinada pode ser avaliada pela difractometria por raios X, sendo essa a principal técnica utilizada na detecção da distribuição de tensões residuais. Esse método relaciona o ângulo de difração (Θ) dos raios incidentes (com comprimento de onda λ) com a distância entre planos atômicos (d). Assim, quando tensões residuais de tração são induzidas, a distância entre os planos atômicos diminui, ao passo que a situação inversa é observada quando tensões compressivas estão presentes. A Figura 9.13 ilustra duas situações: em "a" não há tensões induzidas e em "b" tensões de tração estão presentes. Calculando-se a deformação associada à variação na distância (d), é possível determinar, utilizando-se os módulos de elasticidade e de Poisson do material, o valor da tensão residual aplicada.

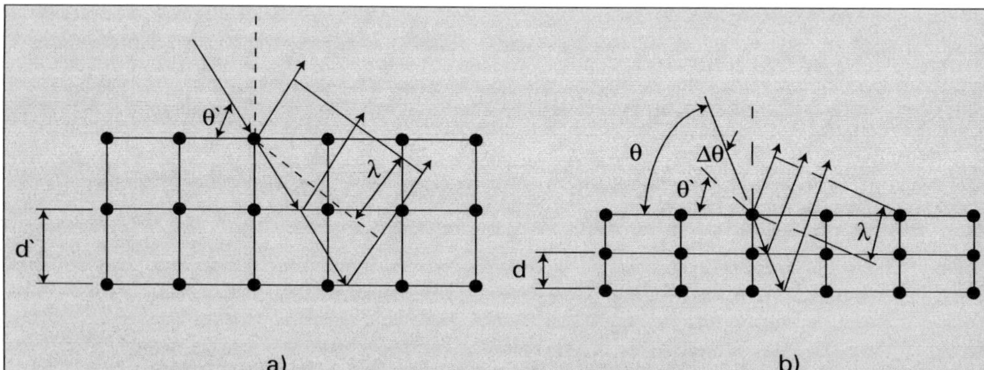

FIGURA 9.13 Representação dos planos de átomos: (a) peça isenta de tensões residuais; (b) tensões de tração induzidas.

Outros métodos mais simples e inexatos de determinar tensões residuais são: medição da flexão proveniente da remoção de sucessivas camadas de material da peça (normalmente uma chapa ou anel seccionado); fixação, na peça, de uma roseta composta de três extensômetros, que permite a detecção das deformações associadas ao alívio das tensões após a execução de um furo central com diâmetro entre 1,5 e 3 mm.

Em geral, a operação de torneamento induz tensões residuais superficiais de tração. De acordo com Liu e Barasch (1982), a forma da cunha de corte é determinante sobre o padrão de tensões residuais nas camadas mais próximas à superfície usinada. Além disso, o desgaste da ferramenta induz tensões normais e cisalhantes, que, por sua vez, conduzem a deformações nas camadas mais superficiais, provocando tensões residuais (XIE et al., 1990). Quando o efeito térmico, provocado pelo calor gerado pelo atrito e pela deformação plástica, suplantar a ação mecânica, o resultado será tensões de tração na superfície usinada. Esse fato se observa em processos com altas velocidades de corte (TSUCHIDA et al., 1975).

No caso do torneamento de um aço cementado de alta dureza com ferramentas cerâmicas, observa-se que tensões residuais compressivas de maior intensidade são registradas com o aumento do avanço (KÖNIG et al., 1990). Além disso, o uso de fluido de corte e de ferramenta de PcBN impede o aparecimento de alterações metalúrgicas.

A Figura 9.14 mostra a variação nas tensões residuais impostas após torneamento (com ferramentas de PcBN novas e desgastadas) e retificação (com rebolo de Al_2O_3) de um aço rolamento temperado (62 HR_C). Observa-se que tensões compressivas foram induzidas em todas as situações, entretanto o torneamento com ferramenta de PcBN já desgastada promoveu tensões de maiores magnitude e profundidade, provavelmente em razão da maior área de contato entre a superfície de folga da ferramenta e a peça.

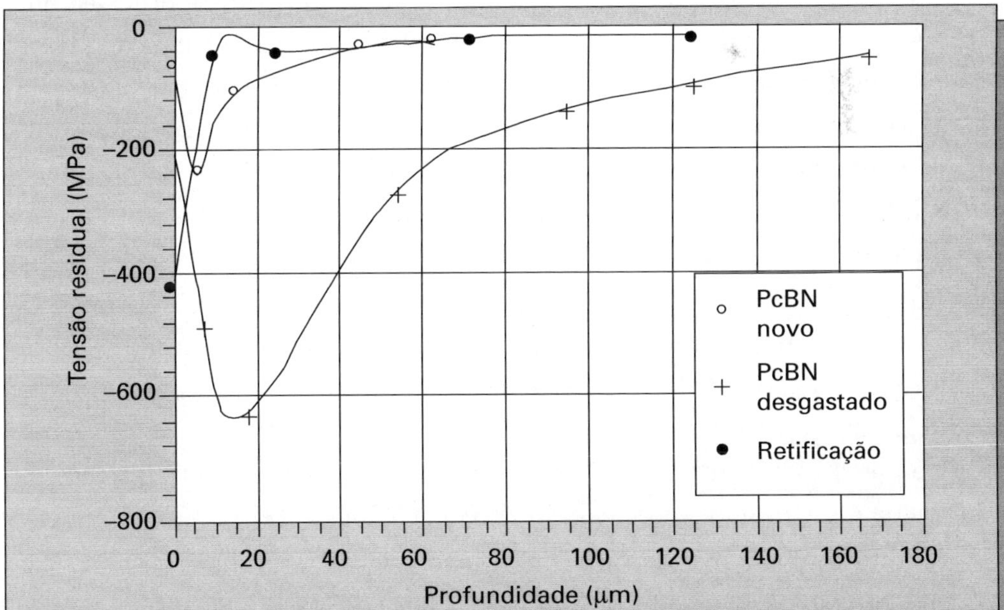

FIGURA 9.14 Tensões residuais induzidas em aço rolamento temperado (62 HR_C) após torneamento e retificação (ABRÃO, 1995).

O fresamento, porém, induz deformações plásticas que levam ao aparecimento de tensões residuais compressivas (BRINKSMEIER et al., 1982), e com o aumento da velocidade de corte, tanto a intensidade quando a profundidade afetada tendem a aumentar. A resistência à fadiga do aço ABNT 4340 temperado após o fresamento frontal é superior à de corpos de prova produzidos por retificação, provavelmente porque tensões compressivas mais profundas foram induzidas pela primeira operação (KÖNIG; WAND, 1987).

As operações de retificação de aços, por sua vez, geralmente provocam a oxidação e a descarbonetação da camada superficial, acompanhadas da presença de martensita não revenida e revenida, além de microtrincas (SHAW; VYAS, 1994), em virtude das altas temperaturas atingidas durante o processo. "Queima da peça" é o termo popularmente empregado para descrever tais alterações. Os ciclos de aquecimento e resfriamento alternados da peça durante a retificação provocam o aparecimento de tensões residuais de tração na superfície da peça, as quais são reduzidas até o valor nulo cerca de 200 µm abaixo da superfície, dependendo do material da peça e das condições de operação (TÖNSHOFF; BRINKSMEIER, 1980).

A operação de dressagem do rebolo também tem influência considerável tanto sobre o acabamento quanto sobre as alterações subsuperficiais: uma dressagem fina (grau de recobrimento alto) induz, na peça, tensões de origem térmica mais intensas, promovendo tensões residuais de tração, apesar do acabamento de superior qualidade quando comparada a uma dressagem mais grosseira, ou seja, quando se empregam valores baixos de grau de recobrimento (BRINKSMEIER et al., 1982). No entanto, a retificação de acabamento produz menos calor que a de desbaste (BRINKSMEIER et al., 1984).

Em relação ao material abrasivo utilizado, em oposição aos rebolos de Al_2O_3, rebolos de cBN promovem tensões residuais de compressão em razão da maior dureza (agressividade) e condutividade térmica deste, que fazem com que menos calor seja gerado e conduzido à peça. Além disso, a intensidade das tensões residuais compressivas induzidas por rebolos de cBN em peças de aço aumenta com a dureza da peça, promovendo maior resistência à fadiga (HERZOG et al., s/d).

A retificação de desbaste de um aço-rolamento com dureza de 62 HR_C, utilizando rebolo de Al_2O_3, induz tensões residuais de tração de elevada intensidade. Entretanto, essas tensões residuais podem ser totalmente eliminadas pela operação de retificação de acabamento, desde que uma camada com profundidade de 100 μm seja removida (MITTAL; ROWE, 1982). As tensões residuais impostas pela retificação dependem também da classe do rebolo, da penetração de trabalho e do fluido de corte utilizado (TARASOV et al., 1957). O uso de óleo integral durante a retificação se mostrou benéfico para a integridade de um aço rolamento (NEAILEY, 1988). Seu desempenho, superior ao do fluido diluído em água, é atribuído à sua maior eficiência em reduzir o coeficiente de atrito entre o rebolo e a peça, promovendo tensões residuais de tração de menor intensidade que o fluido à base de água.

9.3.2 Fadiga

A fadiga é definida como uma alteração estrutural permanente, localizada e progressiva que ocorre em materiais sujeitos a flutuações de tensão e deformação. A trinca e a subsequente ruptura do componente ocorrem após um determinado número de ciclos dessa flutuação. O processo consiste em quatro etapas (DIETER, 1981): iniciação da trinca, crescimento da trinca em banda de deslizamento, crescimento da trinca nos planos de alta tensão de tração e ruptura final estática. A maior parte dos ensaios de fadiga realizados em laboratório é feita submetendo o corpo de prova à tração e à compressão.

A resistência à fadiga é considerada uma importante propriedade dinâmica, sendo fortemente influenciada pela condição da superfície. É medida em termos do número de ciclos necessários para a falha do corpo de prova sob determinada carga. As curvas S-N normalmente apresentam a tensão máxima ($S_{máx}$), a tensão mínima ($S_{mín}$) ou a amplitude de tensão (S_r) contra o número de ciclos (N). Além disso, é preciso levar em conta a razão entre as tensões máxima e mínima (R), que varia entre –1 e 1. Em geral, quanto menor o valor de R, menor será o número de ciclos necessários para a ruptura do corpo de prova. Se após dez milhões de ciclos sob determinada tensão aplicada não houver a ruptura do corpo de prova, o teste será encerrado e esse valor de tensão é denominado "limite de resistência à fadiga" (e representado por →). A Figura 9.15 compara a resistência à fadiga do aço rolamento JIS SUJ2 (62 HR_C) submetido às operações de torneamento (com ferramentas de PcBN e de cerâmica mista) e retificação (rebolo de Al_2O_3). Observa-se que o torneamento com ferramenta de PcBN confere maior resistência à fadiga, ao passo que o torneamento com cerâmica e a retificação apresentam valores similares de resistência à fadiga; porém, o processo abrasivo promove maior dispersão nos resultados.

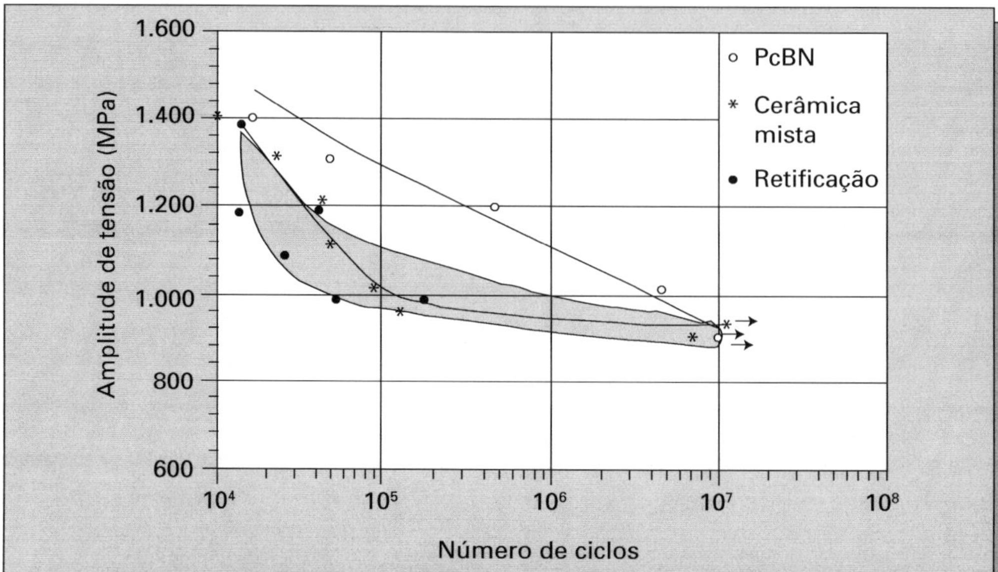

FIGURA 9.15 Comparação da resistência à fadiga do aço rolamento JIS SUJ2 (62 HR_c) submetido às operações de torneamento (com ferramentas de PcBN e de cerâmica mista) e de retificação (rebolo de Al_2O_3) (ABRÃO, 1995).

9.4 INFLUÊNCIA DOS PARÂMETROS E DA OPERAÇÃO DE USINAGEM SOBRE A INTEGRIDADE SUPERFICIAL

Em geral, as operações de usinagem induzem na peça tensões de origem mecânica e térmica que normalmente têm efeito adverso sobre a sua integridade. As alterações microestruturais promovidas por operações de usinagem com ferramentas de geometria definida normalmente atingem as camadas mais superficiais e, mesmo sob condições severas de corte, dificilmente ultrapassam 80 µm (FIELD et al., 1972). Assim, sua observação exige o corte da peça para retirada de uma amostra seguida do embutimento, polimento e ataque dessa amostra.

Durante a usinagem de aços (em especial dos aços ligados após o tratamento de têmpera e de revenido), alterações microestruturais termicamente induzidas podem ocorrer em função da temperatura atingida na superfície. Se a temperatura de revenido é atingida, seguida de resfriamento lento, as camadas atingidas têm sua dureza e resistência ao desgaste reduzidas, produzindo uma camada chamada "martensita revenida". Entretanto, se a temperatura de austenitização do aço é atingida, o que se terá é a formação de austenita nessas camadas que, após resfriamento brusco (seja pelo fluido de corte, seja pela condução de calor para o restante da peça), se transformará em martensita não revenida (também chamada "camada branca"), que apresenta dureza e fragilidade elevadas e está propensa à nucleação e à fácil propagação de trincas, o que, obviamente, confere à peça baixa resistência à fadiga (NEAILEY, 1988).

O torneamento de aços ao carbono sob baixas velocidades de corte resulta na formação de aresta postiça de corte com a presença de uma camada de material encruado e fragmentos aderidos à superfície usinada (WATSON; MURPHY, 1979). Porém, sob altas velocidades de corte, uma camada martensítica extremamente dura pode se formar nas camadas mais superficiais da peça. Assim, recomenda-se uma faixa intermediária para a velocidade de corte capaz de produzir um acabamento aceitável com mínimos danos subsuperficiais. A Figura 9.16 mostra a seção transversal de peça de aço rolamento JIS SUJ2 (62 HR_C) após o torneamento (Figura 9.16a) com ferramenta de PcBN e a retificação com rebolo de Al_2O_3 (Figura 9.16b). No primeiro caso, é possível identificar a presença de uma camada de martensita não revenida na superfície (camada branca com espessura aproximada de 2 μm), seguida de uma camada de martensita revenida mais escura. Já a peça retificada apresenta uma estrutura austenítica originalmente obtida por meio do tratamento térmico, sugerindo que temperaturas mais baixas foram atingidas. Isso se deve provavelmente ao fato de essa operação ter sido realizada empregando-se condições de usinagem bastante suaves. No entanto, os grãos abrasivos deixaram sulcos mais profundos na peça.

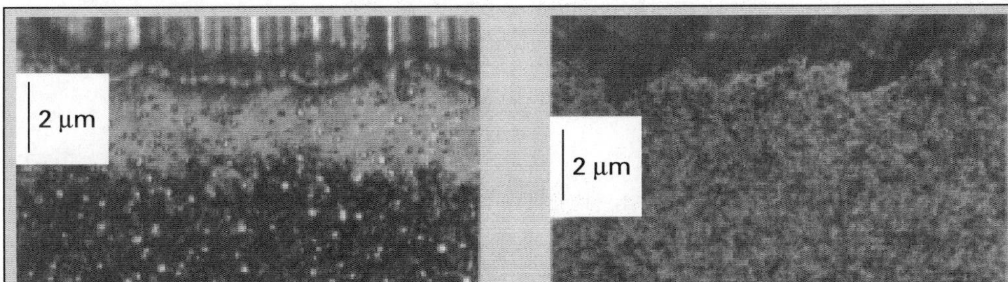

a) torneamento b) retificação

FIGURA 9.16 Seção transversal de uma peça em aço rolamento temperado após (a) torneamento; (b) retificação (ABRÃO, 1995).

Alterações microestruturais são inevitavelmente acompanhadas de alterações de dureza, que podem ser detectadas por meio dos ensaios Vickers ou

Knoop, nos quais se empregam cargas geralmente inferiores a 100 g. A Figura 9.17 ilustra a variação de microdureza (medida aplicando-se uma carga de 25 g) abaixo da superfície de peças torneadas (com ferramentas de PcBN de alta e média concentrações) e retificadas (com rebolo de Al_2O_3).

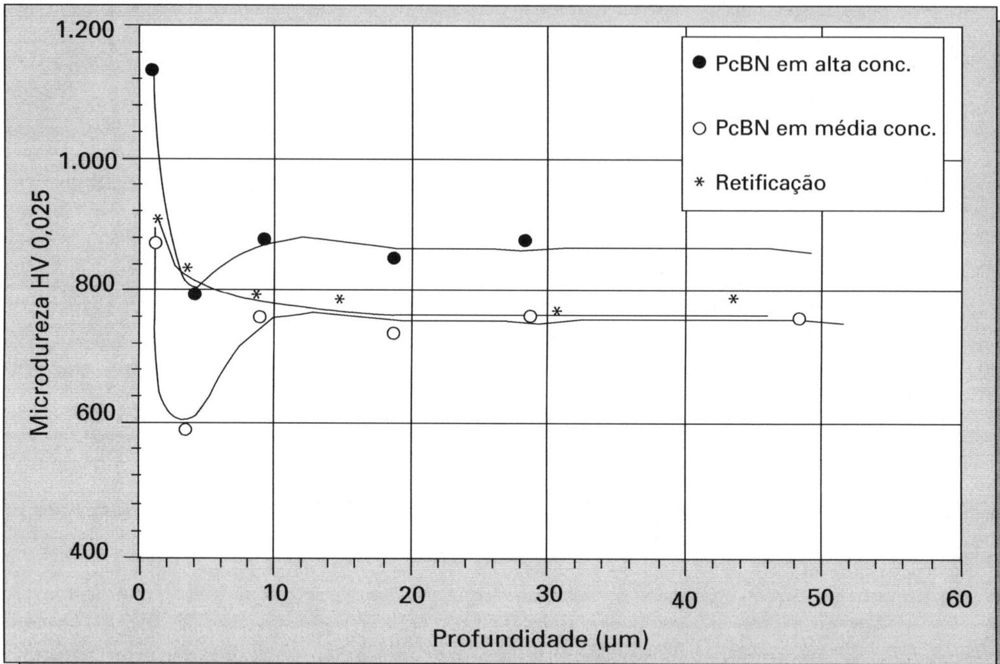

FIGURA 9.17 Variação de microdureza em função da profundidade para peças em aço rolamento temperado (62 HR_C) submetidas a torneamento e retificação (ABRÃO, 1995).

Nota-se que a amostra torneada com PcBN de alta concentração apresenta uma dureza superior a 1.100 HV, na região próxima à superfície, caracterizando a presença de martensita não revenida e caindo abruptamente poucos micrômetros abaixo da superfície. A mesma situação é observada quando a peça é retificada. Já a peça torneada com PcBN de média concentração induz ao aparecimento de martensita revenida, indicada pela queda de dureza para valores próximos de 600 HV, cerca de 4 μm abaixo da superfície. A diferença no comportamento das duas ferramentas de PcBN pode ser atribuída à diferença entre os valores de condutividade térmica das duas ferramentas.

REFERÊNCIAS BIBLIOGRÁFICAS

ABNT NBR ISO 4287. *Especificações geométricas do produto (GPS) – rugosidade – método do perfil – termos, definições e parâmetros de rugosidade*, 2002.

ABRÃO, A. M. *The machining of annealed and hardened steels using advanced ceramic cutting tools*. Tese (Ph.D.). University of Birmingham, 1995.

ANSELL, C. T.; TAYLOR, J. *The surface finishing properties of a carbide and ceramic cutting tool*. Proceedings of the 3rd International MTDR Conference. Advances in Machine Tool Design and Research, setembro 1962, p. 225-243.

BACKER, W. R. et al. The size effect in metal cutting. *Trans. of ASME*, v. 74, p. 61-71, 1952.

BRINKSMEIER, E. et al. Residual stresses – Measurement and causes in machining processes. *Annals of the CIRP*, v. 31, n. 2, p. 491-510, 1982.

BRINKSMEIER, E. et al. Nondestructive testing for evaluating surface integrity. *Annals of the CIRP*, v. 33, n. 2, p. 489-509, 1984.

BUTTERY, T. C.; ARCHARD, J. F. "Grinding and abrasive wear". *Proc. Inst. Mech. Engrs.*, v. 185, n. 43, p. 537-551, 1971.

DAGNALL, H. *Exploring surface texture*. 2. ed. London: Rank Taylor Hobson Limited, 1986.

DIETER, G. E. *Metalurgia mecânica*. Rio de Janeiro: Guanabara Koogan, 1981.

DROZDA, T. J.; WICK, C. Tools and manufacturing engineers handbook – Machining. *SME*, p. 21-40, 1983.

FIELD, M. et al. A review of measuring methods for surface integrity. *Annals of the CIRP*, v. 21, p. 219-238, 1972.

HERZOG, R. et al. Residual stresses of heat treated steels with different hardness after grinding with cubic boron nitride. *CBN – International Conference on Residual Stresses ICRS2*. Nancy, s/d.

ISO 4288. *Rugosidade Superficial*, 1996.

JUNEJA, B. L.; SWKHON, G. S. *Fundamentals of metal cutting and machine tools*. Nova Délhi: John Wiley & Sons, 1987.

KALPAKJIAN, S. *Manufacturing engineering and technology*. 3. ed. New York: Addison-Wesley Publishing Co., 1995.

KÖNIG, W.; WAND, T. H. Turning bearing steel with amborite and ceramic. *Industrial Diamond Review*, n. 3, p. 117-120, 1987.

__________. et al. Fine turning & drilling hardened steels. *Industrial Diamond Review*, v. 2, n. 90, p. 79-85, 1990.

LINDBERG, R. A. *Processes and materials of manufacture*. New Jersey: Prentice Hall, 1990.

LIU, C. R.; BARASCH, M. M. Variables governing patterns of mechanical residual stress in a machined surface. *Journal of Engineering for Industry. Trans. of ASME*, n. 104, p. 257-264, 1982.

METALS HANDBOOK. Fatigue testing mechanical testing. New York: ASM International, s/d.

MITTAL, R. N.; ROWE, G. W. Residual stresses and their removal from ground in 31 steel components. *Metals Technology*, n. 9, maio 1982, p. 191-197.

MUMMERY, L. Surface texture analysis – The handbook. *Hommelwerke GmbH*, 1992.

NAKAYAMA, K. et al. Relationship between cutting forces, temperature, built-up edge and surface finish. *Annals of CIRP*, v. 14, p. 211-223, 1966.

NEAILEY, K. Surface integrity of machined components/microstructural aspects. *Metals and Materials*, fevereiro 1988, p. 93-96.

SATA, T. Surface finish in metal cutting. *Annals of the CIRP*, v. 12, n. 4, p. 190-197, 1963.

SCHAFFER, G. H. The many faces of surface texture. *American Machinist and Automated Manufacturing*, junho 1988, p. 61-68.

SHAW, M. C. *Metal cutting principles*. Oxford Science Publication, 1984.

__________; VYAS, A. Heat-affected zones in grinding steel. *Annals of the CIRP*, v. 43, n. 1, p. 279-282, 1994.

__________. Heat-affected zones in grinding steel. *Annals of the CIRP*, v. 43, n. 1, p. 279-282, 1994.

SHOUCKRY, A. S. The effect of cutting conditions on dimensional accuracy. *Wear*, v. 80, p. 197-205, 1982.

SMITH, G. T. *Industrial metrology*: surface and roundness, 2002.

TARASOV, L. P. *et al*. Effect of grinding conditions and resultant residual stresses on the fatigue strength of hardened steel. *Proceedings of the 16th Annual Meeting of the American Society for Testing and Materials*, n. 57, junho 1957, p. 601-623.

TÖNSHOFF, H. K.; BRINKSMEIER, E. Determination of mechanical and thermal influences on machined surfaces by microhardness and residual stress analysis. *Annals of the CIRP*, v. 29, n. 2, p. 519-530, 1980.

TSUCHIDA, K. et al. A study on the residual stress distributions by turning. *Bulletin of the Japan Society of Mechanical Engineering*, v. 18, n. 118, p. 123-130, 1975.

VON TURKOVICH, B. F.; FIELD, M. Survey on material behavior in machining. *Annals of CIRP*, v. 30, n. 2, p. 533-540, 1981.

WATSON, D. W.; MURPHY, M. C. The effect of machining on surface integrity. *The Metallurgist and Materials Technologist*, Apr. 1979, p. 199-204.

WHITEHOUSE, D. J. Review article: surface metrology. *Meas. Sci. Technol.*, n. 8, p. 955-972, 1997.

XIE, Q. *et al.* On tool wear and its effect on machined surface integrity. *Journal of Materials Shaping Technology*, n. 8, p. 255-265, 1990.

10 Condições Econômicas de Corte

A velocidade de corte tem grande influência sobre o desgaste e, consequentemente, sobre a vida da ferramenta de usinagem. Influência essa mais significativa que o avanço e a profundidade de usinagem, uma vez que atua fortemente sobre a economia do processo como um todo. Isso indica que, de maneira geral, para a otimização da produtividade em um processo de usinagem, deve-se, a princípio, aumentar a profundidade de usinagem, em seguida, aumentar o avanço e, por último, elevar a velocidade de corte, mas sempre se observando a limitação de potência da máquina e a resistência mecânica da peça e das ferramentas. Como o avanço está relacionado ao acabamento superficial, seu aumento também será limitado por esse fator.

Quando se aumenta a velocidade de corte, o tempo de usinagem diminui, mas o desgaste da aresta se acelera significativamente, por isso esta deve ser substituída com mais frequência. Para a usinagem seriada de grandes lotes de peças em altas velocidades de corte, o somatório dos tempos de troca de aresta pode ser muito alto. Pode-se ter uma situação, por exemplo, em que o tempo de cada troca de aresta equivale ao tempo de corte de várias peças. Portanto, altas velocidades de corte induzem a frequentes trocas de aresta, contribuindo, assim, para aumentar o tempo de fabricação de um lote. Porém, se a velocidade de corte utilizada for significativamente baixa, o desgaste será pequeno e pode não haver necessidade de troca frequente de aresta. Nesse caso, mais uma vez, o tempo de usinagem do lote também tende a ser alto, pois o tempo efetivo de usinagem é alto. Dessa forma, tudo leva a crer que há uma velocidade de corte "ideal" intermediária às velocidades anteriores na qual o tempo de fabricação do lote é mínimo, uma vez que a função tempo de corte como função da velocidade de corte [$t_c = f(v)$] parece aumentar quando v aumenta ou diminui.

A situação descrita anteriormente foi observada durante os primeiros estudos econômicos sobre usinagem realizados por Frederick W. Taylor, nos Estados Unidos, e por G. Schlesinger, na Alemanha, no início do século XX (FERRARESI,

1977). Desde então, o desenvolvimento tecnológico tem sido intenso e alguns conceitos mudaram bastante. No início, usavam-se definições de velocidade de corte de máxima produção como sendo aquela em que se produzia o máximo volume de cavacos em um determinado tempo total de corte. Mais tarde, esse conceito foi mais bem definido como velocidade de corte, sendo aquela em que o tempo de produção de uma peça em um lote é mínimo. Neste capítulo, somente serão apresentados os conceitos básicos e aplicados a ferramentas de aresta única em uma operação de torneamento cilíndrico externo.

Esses mesmos conceitos, no entanto, poderão ser estendidos a outras ferramentas e operações. Aqui também se admite que já tenham sido escolhidos a sequência de operações e o ferramental adequado. As possibilidades de redução de tempo de usinagem por meio de decisões administrativas e financeiras também não são os objetivos deste capítulo.

10.1 CÁLCULO DA VELOCIDADE DE MÁXIMA PRODUÇÃO (v_{MXP})

Um ciclo básico e genérico de usinagem de uma peça, pertencente a um lote de *Z* peças, pode ser constituído das seguintes fases:

- *Fase a*: preparo da máquina-ferramenta para usinagem de um lote de *Z* peças.
- *Fase b*: colocação e fixação da peça para usinagem na máquina-ferramenta (carga).
- *Fase c*: aproximação ou posicionamento da ferramenta para o início do corte.
- *Fase d*: corte da peça.
- *Fase e*: afastamento da ferramenta.
- *Fase f*: soltura e retirada da peça usinada (descarga).

A redução de tempo correspondente à fase "a" pode ser conseguida por meio de um adequado planejamento de processos, pelo emprego de dispositivos etc. As fases "c" e "e" podem ser otimizadas por um adequado programa CNC, caso a máquina permita. Mesmo as fases "b" e "f" também podem ser otimizadas por dispositivos especiais de fixação, sistemas automatizados de carga/descarga etc. Este capítulo, porém, pretende otimizar a fase "d", que depende diretamente dos parâmetros de usinagem selecionados.

A fim de tornar o estudo analítico-matemático, usam-se os seguintes símbolos para designar cada uma das parcelas de tempo durante o ciclo completo de usinagem, anteriormente descrito:

t_t = tempo total de usinagem de uma peça (fases de "a" a "f")

t_p = tempo de preparo da máquina (fase "a")

t_s = tempo de carga e de descarga da máquina (fases "b" e "f")

t_a = tempo de aproximação e de afastamento da ferramenta (fases "c" e "e")

t_c = tempo de corte (fase *d*)

t_{tf} = tempo de troca de ferramenta

T = tempo de vida de uma aresta

n_t = número de trocas de aresta na produção do lote de Z peças

Z_T = número de peças usinadas com uma aresta de corte no tempo (T)

Z = número total de peças no lote.

O tempo de usinagem de uma peça no lote pode ser calculado da seguinte maneira:

$$t_t = \frac{t_p}{Z} + t_s + t_a + t_c + \frac{t_{tf} n_t}{Z} \tag{10.1}$$

Na expressão anterior, somente a quarta e a quinta parcelas têm relação com os parâmetros de corte. O número de trocas de aresta (n_t) está relacionado ao tempo de corte (t_c) e este depende diretamente do avanço e da velocidade de corte. O tempo de corte também depende da operação de usinagem que está sendo executada e será detalhadamente calculado mais à frente. O número de trocas, no entanto, pode ser calculado. As trocas de aresta deverão acontecer, no máximo, depois de decorrido o tempo de vida (T) de uma aresta. Assim, o número de peças usinadas (Z_t) deve ser o número inteiro resultante da divisão do tempo de vida pelo tempo de corte:

$$Z_T = int\left(\frac{T}{t_c}\right) \tag{10.2}$$

Admitindo-se que ao final do lote haverá uma troca, pode-se escrever que:

$$n_t + 1 = \frac{Z}{Z_T} \tag{10.3}$$

Substituindo-se a Equação 10.2 na Equação 10.3 e rearranjando-se as fórmulas, tem-se:

$$n_t = Z \cdot \frac{t_c}{T} - 1 \tag{10.4}$$

Substituindo-se agora a Equação 10.4 na Equação 10.1 e rearranjando-se as fórmulas, tem-se:

$$t_t = \frac{t_p}{Z} + t_s + t_a + t_c + \left(\frac{t_c}{T} - \frac{1}{Z}\right) t_{tf} \tag{10.5}$$

Para este exemplo, o tempo de usinagem será calculado para uma operação de torneamento cilíndrico externo representado na Figura 10.1.

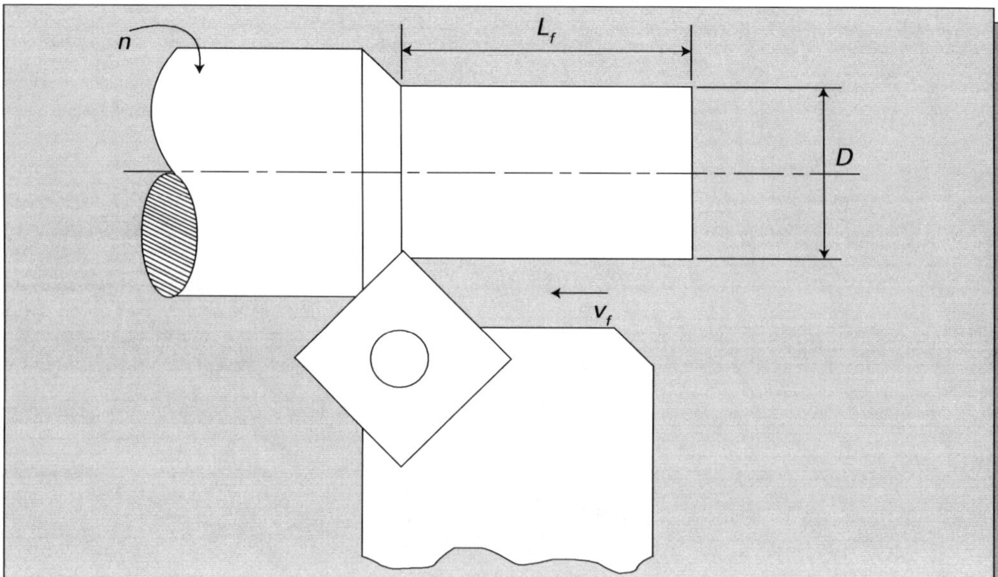

FIGURA 10.1 Esquema de uma operação de torneamento cilíndrico externo usado para calcular o tempo de corte.

Para este exemplo, o tempo de corte pode ser escrito como:

$$t_c = \frac{L_f}{v_f} \tag{10.6}$$

A velocidade de avanço, por sua vez, pode ser escrita como:

$$v_f = f \cdot n \tag{10.7}$$

Onde n pode ser escrito como:

$$n = \frac{v_c \cdot 1.000}{\pi \cdot D} \tag{10.8}$$

Substituindo-se a Equação 10.8 na Equação 10.7 e esta na Equação 10.6, tem-se o tempo de corte escrito como função da velocidade de corte:

$$t_c = \frac{L_f \cdot \pi \cdot D}{1.000 \cdot f \cdot v_c} \tag{10.9}$$

Substituindo-se, então, a Equação 10.9 na Equação 10.5, tem-se:

$$t_t = \frac{t_p}{Z} + t_s + t_a + \frac{L_f \pi D}{1.000 f v_c} + \frac{t_{tf}}{T} \cdot \frac{L_f \pi D}{1.000 f v_c} - \frac{t_{tf}}{Z} \tag{10.10}$$

Tem-se ainda que o tempo de vida da aresta (T) é também função da velocidade de corte, segundo a Equação de Taylor para a vida das ferramentas. Para utilização neste capítulo, tal Equação será escrita na forma:

$$T v_c^{\,x} = K \tag{10.11}$$

A qual, substituída na Equação 10.10, resulta, após rearranjo das fórmulas, em:

$$t_t = \frac{t_p}{Z} + t_s + t_a - \frac{t_{tf}}{Z} + \left(\frac{L_f \pi D}{1.000 f}\right) v_c^{-1} + \left(\frac{t_{ft} L_f \pi D}{1.000 K f}\right) v_c^{x-1} \tag{10.12}$$

A Equação 10.12 pode ser dividida em três parcelas distintas de tempo:

$$t_1 = \frac{t_p}{Z} + t_s + t_a - \frac{t_{tf}}{Z} \tag{10.13}$$

$$t_2 = \left(\frac{L_f \pi D}{1.000f}\right) v_c^{-1} \tag{10.14}$$

$$t_3 = \left(\frac{t_{ft} L_f \pi D}{1.000Kf}\right) v_c^{x-1} \tag{10.15}$$

Na Figura 10.2 representa-se, qualitativamente, o comportamento de cada uma dessas parcelas de tempo designadas anteriormente como t_1, t_2 e t_3.

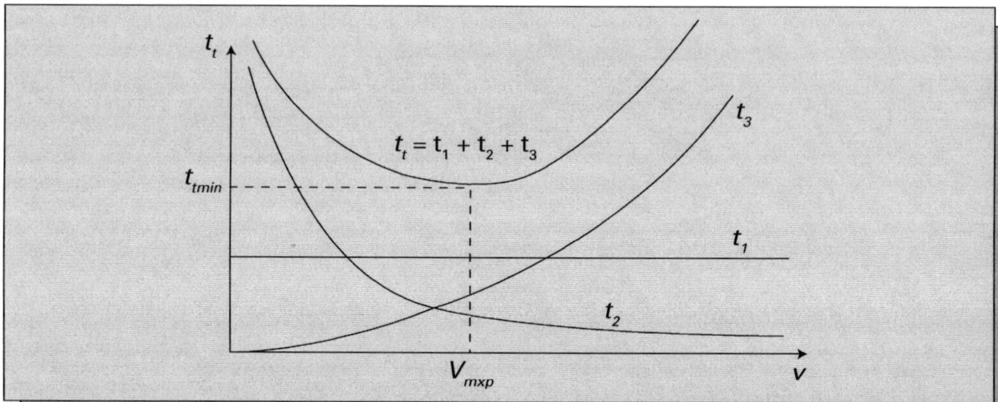

FIGURA 10.2 Representação qualitativa das parcelas de tempo segundo a Equação 10.12.

Observa-se que a primeira parcela (t_1) terá sempre uma forma constante, independentemente da velocidade de corte. A segunda parcela (t_2), por sua vez, tem um comportamento inverso em relação à velocidade de corte, ou seja, diminui com o aumento da velocidade de corte. Já a terceira parcela (t_3) aumenta exponencialmente com a velocidade de corte. Dessa forma, o comportamento da soma dessas três parcelas conterá um ponto mínimo, à medida que se aumenta a velocidade de corte, como já era de se esperar.

Analisando-se a Equação 10.12, pode-se perceber que o tempo total de usinagem de uma peça é função de v_c e de f. Embora sendo o tempo função de ambas as variáveis, demonstra-se que não existe mínimo, do ponto de vista matemático, nesse caso (FERRARESI, 1977). O efeito do aumento do avanço (f) no tempo de corte (t_c) é uma função monotônica decrescente. O aumento do avanço causa uma diminuição do tempo de corte e acarreta um aumento da força de corte, a qual pode atingir o limite de resistência da aresta de corte ou da própria peça. Um valor de avanço muito alto também causa flexões na peça, prejudicando suas dimensões finais usinadas. Porém, o avanço é diretamente proporcional à rugosidade superficial, a qual pode atingir limites inaceitáveis para a especificação da peça. Assim, o avanço não é uma variável de usinagem que possa ser usada para minimizar o tempo de corte, mas deve ser fixado em um máximo valor aceitável, levando-se em conta as limitações de resistência da peça ou da aresta, bem como a qualidade superficial e dimensional.

Para encontrar o ponto mínimo da Equação 10.12 em relação a v_c, usa-se, então, a seguinte derivada:

$$\frac{dt_c}{dv} = -\frac{L_f \pi D}{1.000f} v_c^{-2} + (x-1)\frac{L_f t_{tf} \pi D}{1.000Kf} v_c^{x-2} = 0 \tag{10.16}$$

que resulta em:

$$v_{mxp} = \sqrt[x]{\frac{K}{t_{tf}(x-1)}} \tag{10.17}$$

Onde v_{mxp} é a velocidade de máxima produção, ou seja, a velocidade em que a fabricação do lote de Z peças será em um tempo mínimo. Reescrevendo-se a Equação 10.17 da seguinte forma, pode-se avaliar o tempo de vida da ferramenta nesse tempo:

$$[t_{tf}(x-1)]\, v^{x}_{mxp} = K \tag{10.18}$$

$$T = [t_{tf}(x-1)] \tag{10.19}$$

10.2 CÁLCULO DA VELOCIDADE ECONÔMICA DE CORTE (v_0)

Para os cálculos da velocidade econômica de corte, necessita-se determinar primeiramente o custo da operação de usinagem. Custo, em uma empresa, é um assunto muito delicado, pois envolve aspectos econômicos, lucratividade etc., temas geralmente tratados com bastante cautela e mantidos em segredo, tanto quanto possível. Além disso, a sua determinação precisa é muito complexa, tanto que há extensos estudos a respeito, com contínuos melhoramentos para uma determinação mais precisa. Neste capítulo, pretende-se introduzir uma metodologia para a determinação de custo de apenas uma operação de usinagem, a qual pode ser estendida e aplicada a situações reais e certamente mais complexas. Com essa metodologia, chega-se a uma Equação de custos que pode ser tão completa quanto necessária, dependendo das parcelas incluídas. Tal equação conterá parcelas relacionadas às variáveis de usinagem e somente estas serão analisadas. Com esse objetivo em mente, definem-se algumas parcelas de custo como sendo:

C_p = custo de usinagem de uma peça de um lote de Z peças

C_m = custo de matéria-prima para uma peça (ou da peça antes da operação)

C_c = custo do corte em usinagem

C_{mq} = custo de operação da máquina (juros, depreciação, manutenção, espaço ocupado, energia consumida etc.)

C_f = custo referente à ferramenta de corte

C_{tf} = custo de uma troca de ferramenta

Dessa forma, definidas as parcelas, pode-se calcular o custo da operação como sendo o somatório de diversas parcelas, a saber:

$$C_p = C_m + C_c + C_{mq} + C_f \qquad \text{(R\$)} \qquad (10.20)$$

A parcela de custos C_m é constante em relação às condições de usinagem. A parcela C_c pode ser calculada como:

$$C_c = \frac{t_t S_h}{60} \qquad \text{(R\$)} \qquad (10.21)$$

Onde S_h é o custo do operador da máquina, incluindo-se todos os encargos em R$ por hora. A parcela C_{mq} pode ser calculada como:

$$C_{mq} = \frac{t_t S_{mq}}{60} \qquad \text{(R\$)} \qquad (10.22)$$

Onde S_{mq} é o custo de operação da máquina em R$ por hora. A parcela de custo da ferramenta (C_f) envolve o custo da aresta de corte, do porta-ferramentas e também do tempo de troca da aresta. O custo de uma troca de ferramenta pode ser expresso da seguinte forma:

$$C_{tf} = \frac{C_{pf}}{n_{pf}} + \frac{C_{is}}{n_a} \quad \text{(R\$)} \tag{10.23}$$

Onde:

C_{pf} = custo do porta-ferramentas (R$)

n_{pf} = número máximo de vezes que o porta-ferramentas suporta a troca de aresta

C_{is} = custo do inserto (R$)

n_a = número de arestas úteis no inserto

Substituindo-se as Equações 10.21, 10.22 e 10.23 na Equação 10.20, obtém-se:

$$C_p = C_m + \frac{t_t S_h}{60} + \frac{t_t S_{mq}}{60} + \frac{C_{tf}}{Z_T} \tag{10.24}$$

Usando-se a Equação 10.2, pode-se escrever que:

$$C_p = C_m + \frac{t_t S_h}{60} + \frac{t_t S_{mq}}{60} + \frac{t_c}{T} C_{tf} \tag{10.25}$$

Usando-se agora a Equação 10.5, pode-se substituir t_t na Equação 10.25. Porém, para simplificar o raciocínio, a Equação 10.5 será abreviada agrupando-se as parcelas de tempo que independem das condições de usinagem em uma única parcela (t_f):

$$t_t = t_f + t_c + \left(\frac{t_c}{T} + \frac{1}{Z} \right) t_{tf} \tag{10.26}$$

Onde:

$$t_f = \frac{t_p}{Z} + t_s + t_a \tag{10.27}$$

Substituindo-se:

$$C_p = C_m + \frac{t_c}{60}\left(S_h + S_{mq}\right) + \frac{t_c}{T}\left[C_{tf} + \frac{t_{tf}}{60}\left(S_h + S_{mq}\right)\right] \quad (10.28)$$

Para simplificar ainda mais, criam-se mais três constantes, C_1, C_2 e C_3, como sendo:

$$C_1 = C_m \quad (10.29)$$

$$C_2 = \frac{(S_h + S_{mq})}{60} \quad (10.30)$$

$$C_3 = \left[C_{tf} + \frac{t_{tf}}{60}\left(S_h + S_{mq}\right)\right] \quad (10.31)$$

Assim, a Equação 10.28 é agora escrita como:

$$C_p = C_1 + t_c C_2 + \frac{t_c}{T} C_3 \quad (10.32)$$

Para o caso do torneamento cilíndrico externo, utilizado anteriormente como exemplo, pode-se calcular o tempo de corte por meio da Equação (10.9), que será substituída na Equação 10.32, resultando em:

$$C_p = C_1 + \mathrm{C}_2 \frac{\pi D L_f}{1.000\, f} v_c^{-1} + C_3 \frac{\pi D L_f}{1.000\, f T} v_c^{-1} \quad (10.33)$$

Usando-se novamente a Equação de Taylor e substituindo-se, tem-se:

$$C_p = C_1 + \mathrm{C}_2 \frac{\pi D L_f}{1.000\, f} v_c^{-1} + C_3 \frac{\pi D L_f}{1.000 K f} v_c^{x-1} \quad (10.34)$$

De forma semelhante à análise realizada para a Equação 10.12, divide-se a Equação 10.32 em três parcelas distintas:

$$C_{p1} = C_1 \quad (10.35)$$

$$C_{p2} = \frac{\pi D L_f}{1.000 f} v_c^{-1} \tag{10.36}$$

$$C_{p3} = \frac{\pi D L_f}{1.000 K f} v_c^{x-1} \tag{10.37}$$

Na Figura 10.3, representa-se, qualitativamente, o comportamento de cada uma das parcelas de custo designadas anteriormente como C_{p1}, C_{p2} e C_{p3}.

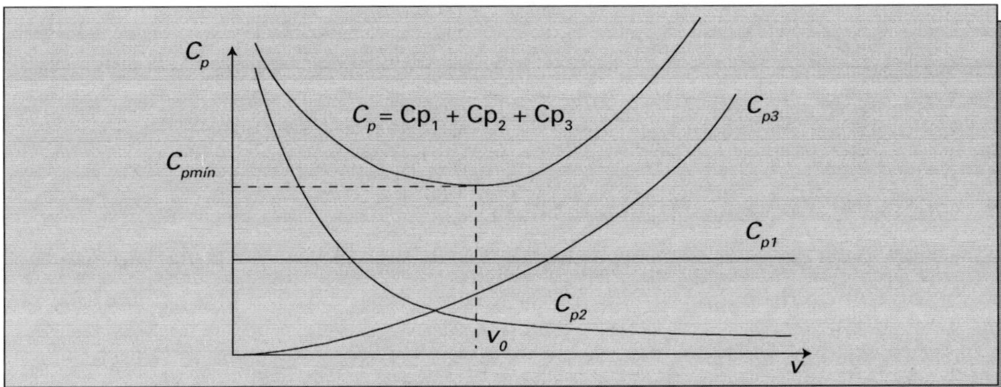

FIGURA 10.3 Representação qualitativa das parcelas de custo segundo a Equação 10.33.

Observa-se que a primeira parcela (C_{p1}) terá sempre uma forma constante, independentemente da velocidade de corte. A segunda parcela (C_{p2}), por sua vez, tem um comportamento inverso em relação à velocidade de corte, ou seja, diminui com o aumento da velocidade de corte. Já a terceira parcela (C_{p3}) aumenta exponencialmente com a velocidade de corte. Dessa forma, o comportamento da soma dessas três parcelas conterá um ponto mínimo, à medida que se aumenta a velocidade de corte, como já era de se esperar. Se a velocidade de corte usada for muito alta, os custos de troca de ferramenta serão dominantes, contribuindo, assim, para aumentar o custo total. Se, ao contrário, utiliza-se uma velocidade de corte muito baixa, os custos de operação serão altos, contribuindo também para o aumento do custo total. Para encontrar o mínimo custo, usa-se a mesma técnica já descrita para encontrar a velocidade de máxima produção. Da mesma forma, faz-se a análise de custos em função do avanço, como na discussão anterior para a velocidade de máxima produção. Uma abordagem mais detalhada pode ser encontrada em Ferraresi (1977). Buscando-se o mínimo custo, tem-se:

$$\frac{dC_p}{dv} = -C_2 \frac{\pi D L_f}{1.000 f} v_c^{-2} + (x-1) C_3 \frac{\pi D L_f}{1.000 K f} v_c^{x-2} = 0 \tag{10.38}$$

Resolvendo-se:

$$v_0 = \sqrt[x]{\frac{C_2 K}{60(x-1)C_3}} \tag{10.39}$$

Onde v_0 é a velocidade de mínimo custo.

10.3 INTERVALO DE MÁXIMA EFICIÊNCIA (I_{MEF})

Na Figura 10.4, representam-se as curvas de custo de usinagem de uma peça e do tempo de usinagem, ambas em função da velocidade de corte.

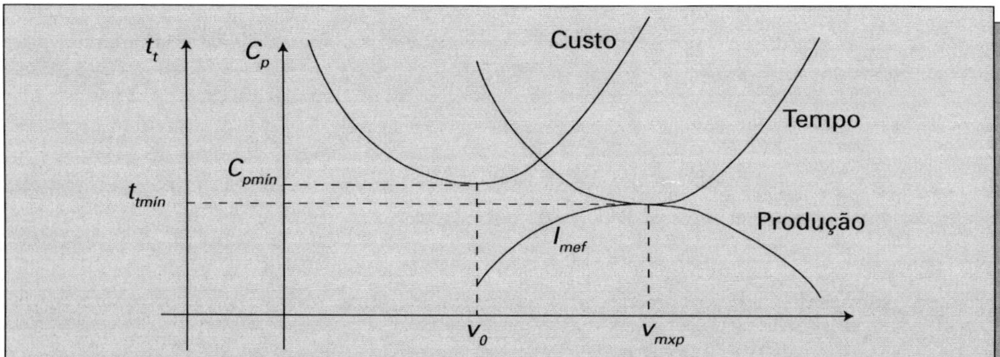

FIGURA 10.4 Representação esquemática do intervalo de máxima eficiência.

Define-se o intervalo de máxima eficiência como sendo aquele compreendido entre a velocidade de mínimo custo (v_0) e a de máxima produção (v_{mxp}). É primordial para a eficiência de usinagem de uma fábrica que as operações estejam dentro desse intervalo. Para velocidades menores que v_0, tem-se um aumento de custos devido a uma significativa parcela referente a longos tempos de corte, fazendo pesar os custos de operação das máquinas e dos operadores, além de uma queda da produção. Ao contrário, trabalhando-se acima da velocidade v_{mxp}, tem-se o peso de custos de ferramentas, de operadores e máquinas por conta da alta frequência de paradas referentes a trocas de ferramentas, com adicional redução da produção. Dentro do intervalo de máxima eficiência e aumentando-se a velocidade desde v_0 até v_{mxp}, haverá um aumento de custos, porém um correspondente aumento de produção. Esse recurso pode ser utilizado sempre que a produção tiver de ser maior em número de peças, porém sem ultrapassar o limite de v_{mxp}, a partir do qual a produção volta a cair – e, nesse caso, com o agravante de aumento de custos.

O raciocínio anterior deve ser empregado com cautela e as variáveis fundamentais para análise são as constantes da Equação de Taylor, que podem ser obtidas por métodos experimentais para cada par ferramenta/peça e para condições de corte constantes. Estimativas podem ser feitas por meio de tabelas que fornecem as constantes da Equação de Taylor, porém sua utilização deve se dar com bastante cautela, uma vez que são muito dependentes das condições particulares de usinagem. Preferencialmente, os valores de velocidades de mínimo custo e de máxima produção devem estar dentro dos valores usados em ensaios experimentais para obtenção das constantes da Equação de Taylor. Extrapolações podem ser arriscadas, uma vez que a relação entre tempo de vida e velocidade de corte é exponencial, com expoente x geralmente entre 2 e 4, e valores de K da ordem 10^8 e 10^{10} para a maioria dos ensaios realizados.

REFERÊNCIAS BIBLIOGRÁFICAS

FERRARESI, D. *Fundamentos da usinagem dos metais.* São Paulo: Blucher, 1977.

11 Usinagem por abrasão

Diferentemente das operações executadas com ferramentas de geometria definida, na usinagem por abrasão, o material da peça é removido por meio da ação de grãos abrasivos, os quais são partículas não metálicas, extremamente duras, com arestas que apresentam forma e orientação irregulares. Exemplos típicos de operações abrasivas são o lixamento, a retificação, a lapidação e o brunimento, entre outros. Embora haja registros do uso da remoção de material por abrasão no Antigo Egito (2000 a.C.) e no Antigo Testamento (Samuel 13:20), a utilização de máquinas retificadoras industriais começou na década de 1860, inicialmente com a produção de peças para máquinas de costura, seguida de componentes para bicicletas (MALKIN, 1989).

A retificação merece destaque entre os processos abrasivos pela sua importância para a indústria metal-mecânica, visto que tal operação é capaz de assegurar a produção de componentes com tolerâncias dimensionais e geométricas superiores às obtidas em operações que utilizam ferramentas de corte com geometria definida (como torneamento, fresamento, furação etc.). Porém, a retificação é considerada uma operação pouco eficiente, pois nela um elevado consumo de energia é revertido em uma baixa taxa de remoção de material, se comparada às citadas operações com ferramentas de geometria definida.

A Figura 11.1 apresenta algumas das principais operações de retificação (KALPAKJIAN, 1995). Nela, observa-se que as operações podem ser agrupadas de acordo com a superfície usinada (cilíndrica externa, cilíndrica interna ou plana) e com o movimento relativo entre peça e rebolo (de passagem ou de mergulho).

Além das operações descritas na Figura 11.1, outras operações de usinagem por abrasão merecem destaque por sua aplicação em importantes segmentos da indústria metal-mecânica. A Figura 11.2 ilustra algumas dessas operações: lapidação de esferas de mancais de rolamentos, brunimento de cilindros, retificação de engrenagens e afiação de ferramentas de corte.

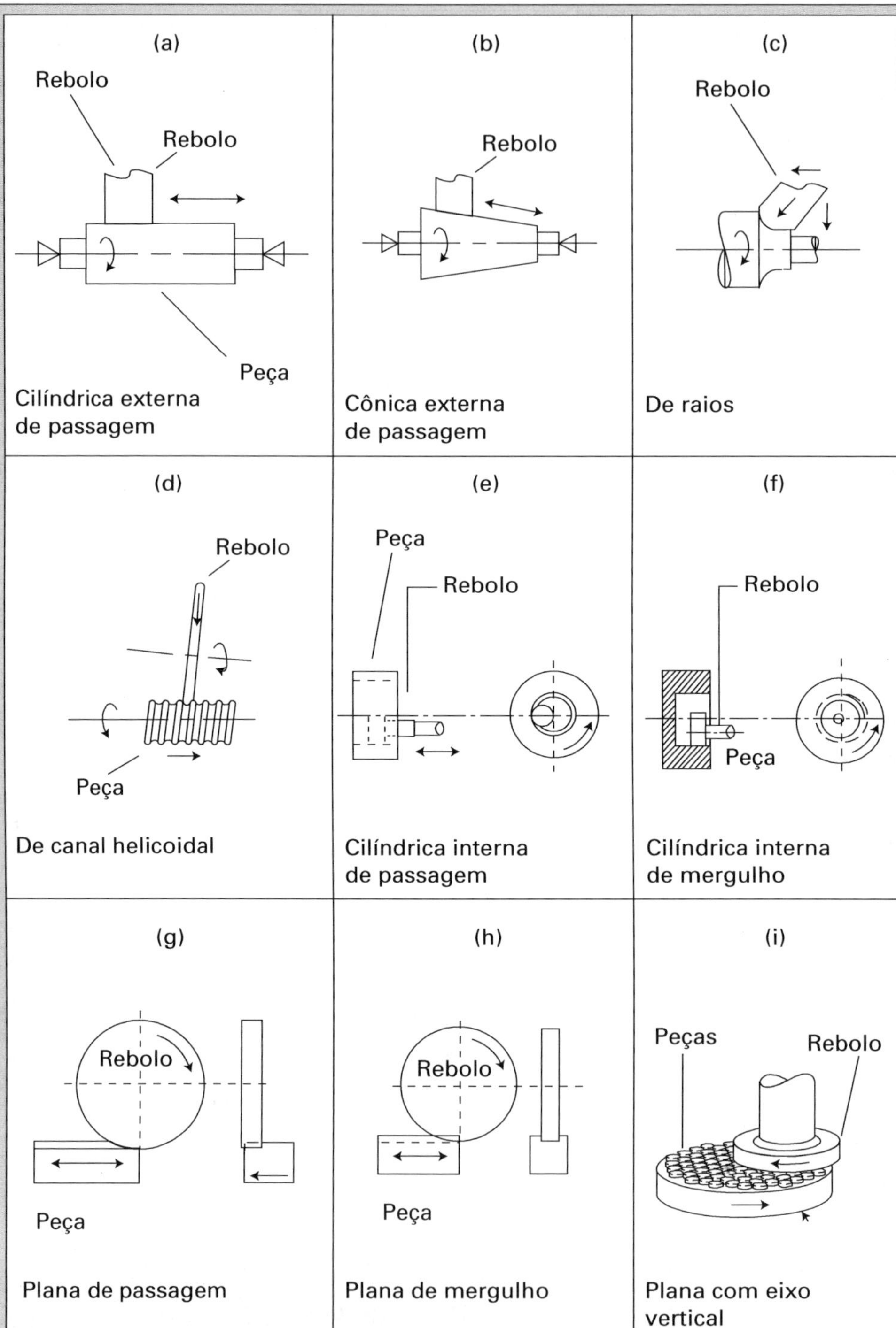

FIGURA 11.1 Principais operações de retificação.

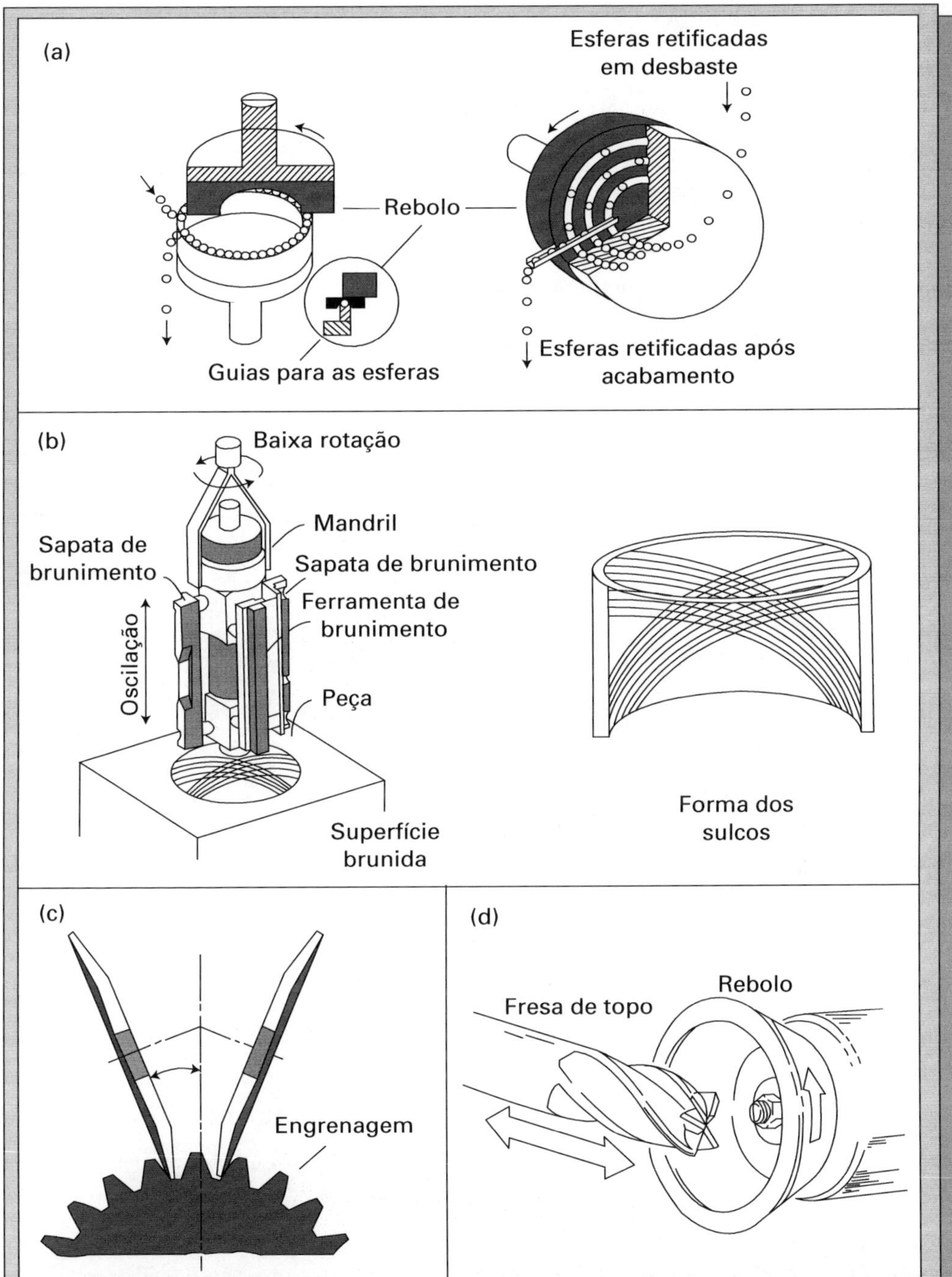

FIGURA 11.2 Exemplos de operações de usinagem por abrasão: (a) lapidação de esferas de rolamento; (b) brunimento; (c) retificação de engrenagens; (d) afiação de ferramentas de corte.

11.1 GRANDEZAS FÍSICAS DAS OPERAÇÕES DE RETIFICAÇÃO

As principais grandezas físicas relativas às operações de retificação são apresentadas a seguir e ilustradas na Figura 11.3 para as operações cilíndrica e plana:

v_s = velocidade periférica do rebolo (m/s)

v_w = velocidade periférica da peça (mm/s ou m/min)

a_p = profundidade de usinagem (mm)

a_e = penetração de trabalho (mm)

l_c = comprimento de contato rebolo/peça (mm).

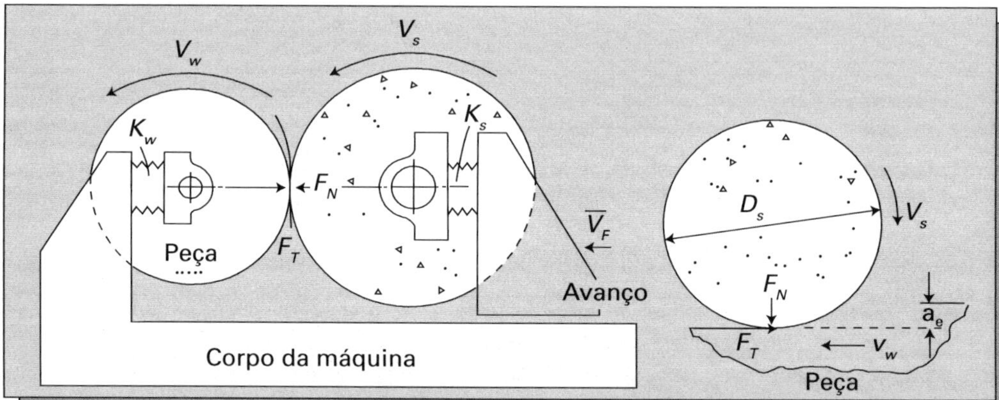

FIGURA 11.3 Grandezas físicas na retificação.

A velocidade periférica do rebolo, normalmente, varia entre 10 m/s e 45 m/s para rebolos com abrasivos convencionais, mas pode chegar a 90 m/s ou 120 m/s no caso de rebolos superabrasivos, o que pode implicar valores de rotação do eixo-árvore superiores a 10.000 rpm. Já a velocidade da peça assume valores mais modestos, na faixa de 10 m/min a 25 m/min (NUSSBAUM, 1988).

A profundidade de usinagem normalmente é selecionada em função da largura do rebolo, sendo recomendado que o valor dessa profundidade varie de 1/4 a 4/5 do valor da largura do rebolo. A penetração de trabalho, exceto em situações especiais, situa-se na faixa de centésimos de milímetros, podendo, porém, variar de milésimos a décimos de milímetros. Esses baixos valores de penetração de trabalho contribuem para a obtenção de tolerâncias estreitas (qualidades de trabalho IT4 ou IT3). Já em operações com ferramentas de geometria definida são empregados, obrigatoriamente, valores mais elevados de profundidade de usinagem e de penetração de trabalho. Com isso, têm-se a elevação das forças de usinagem e, consequentemente, a obtenção de tolerâncias mais abertas (qualidades de trabalho iguais ou superiores a IT7).

Por fim, o comprimento de contato rebolo/peça define a extensão de contato entre ambos, sendo particularmente elevado na operação cilíndrica interna quando o diâmetro do rebolo se aproxima do diâmetro da peça. Porém, no caso da operação cilíndrica externa, a extensão do contato rebolo/peça se resumiria a um segmento de reta não fossem as deformações elásticas impostas ao par.

De forma a correlacionar as operações de retificação plana, cilíndrica externa e cilíndrica interna, Hahn (apud OLIVEIRA, 1989) propôs uma grandeza denominada diâmetro equivalente (d_e), que representa o grau ao qual a superfície do rebolo e da peça se adaptam (Equação 11.1). O sinal positivo representa a operação cilíndrica externa, e o negativo, a operação cilíndrica interna:

$$d_e = \frac{d_s}{\left[1 \pm \left(\frac{d_s}{d_w}\right)\right]} \qquad (11.1)$$

Onde:

d_s = diâmetro do rebolo

d_w = diâmetro da peça.

Conhecendo o valor do diâmetro equivalente, é possível determinar o comprimento de contato rebolo/peça e, consequentemente, a pressão exercida pelo rebolo, parâmetro de fundamental importância na seleção da dureza do rebolo. A Figura 11.4 ilustra essa situação.

Outra grandeza bastante empregada é a espessura de corte equivalente (h_{eq}), proposta por Peters (apud OLIVEIRA, 1989), e que representa a espessura da camada de material arrancado pelo rebolo (Equação 11.2):

$$h_{eq} = v_w \frac{a_e}{v_s} \qquad (11.2)$$

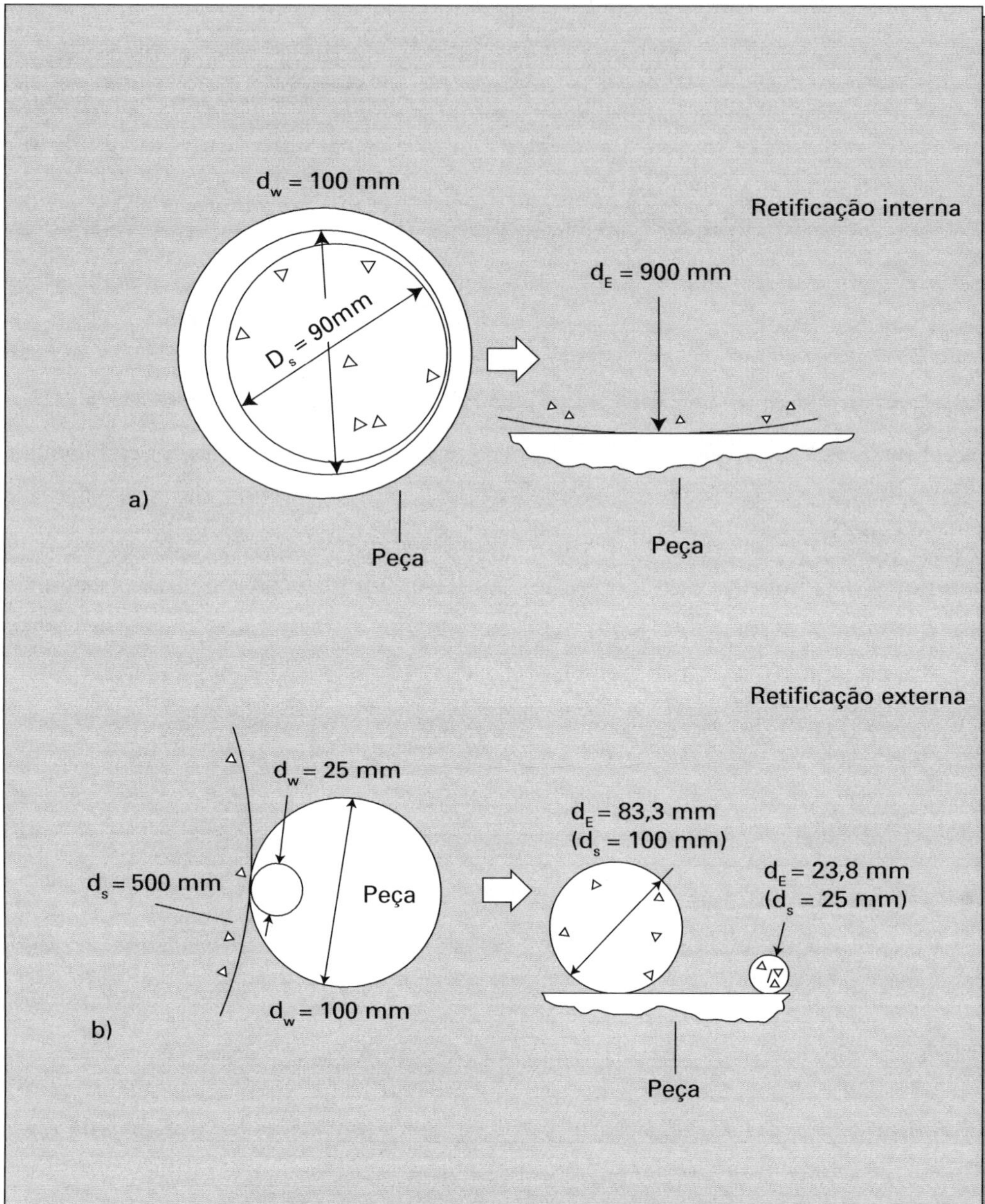

FIGURA 11.4 Equivalência entre diâmetros de rebolos nas operações cilíndricas (a) interna e (b) externa.

A Figura 11.5 mostra a influência da espessura de corte equivalente sobre a rugosidade e forças normal e tangencial específicas (LINDSAY, 1995). Nota-se que com o aumento de h_{eq}, essas três grandezas também têm seus valores elevados.

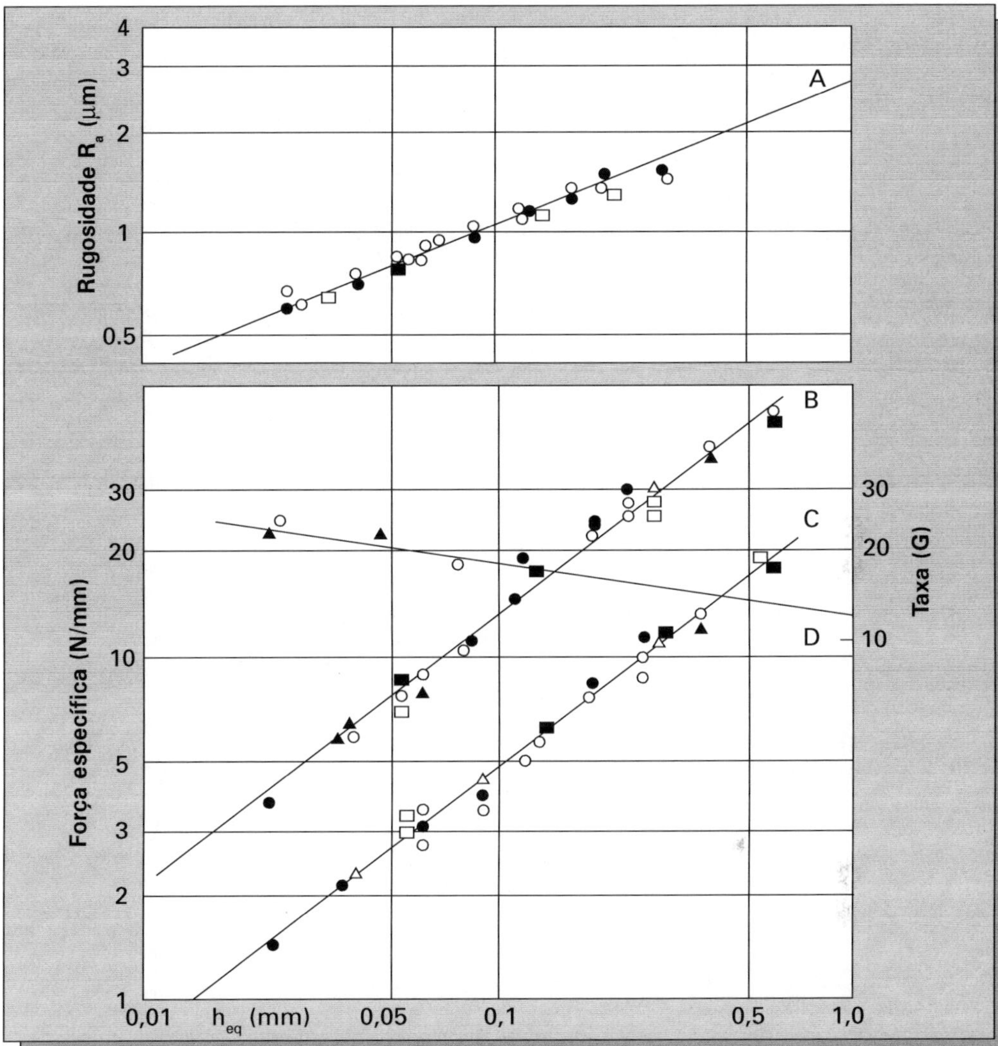

FIGURA 11.5 Influência da espessura de corte equivalente sobre a rugosidade (A), forças específicas normal (B) e tangencial (C) de retificação e taxa G (D).

11.2 REBOLO

A ferramenta de corte empregada na retificação, denominada rebolo, é constituída de abrasivos e de material ligante (também chamado "aglomerante"). Além disso, o rebolo deve ser relativamente poroso, de modo a permitir o alojamento do fluido de corte e de cavacos, principalmente, em operações nas quais o comprimento de contato rebolo/peça é mais extenso. O diagrama da Figura 11.6 representa um rebolo com grãos abrasivos, ligante (formando pontes entre os abrasivos) e poros.

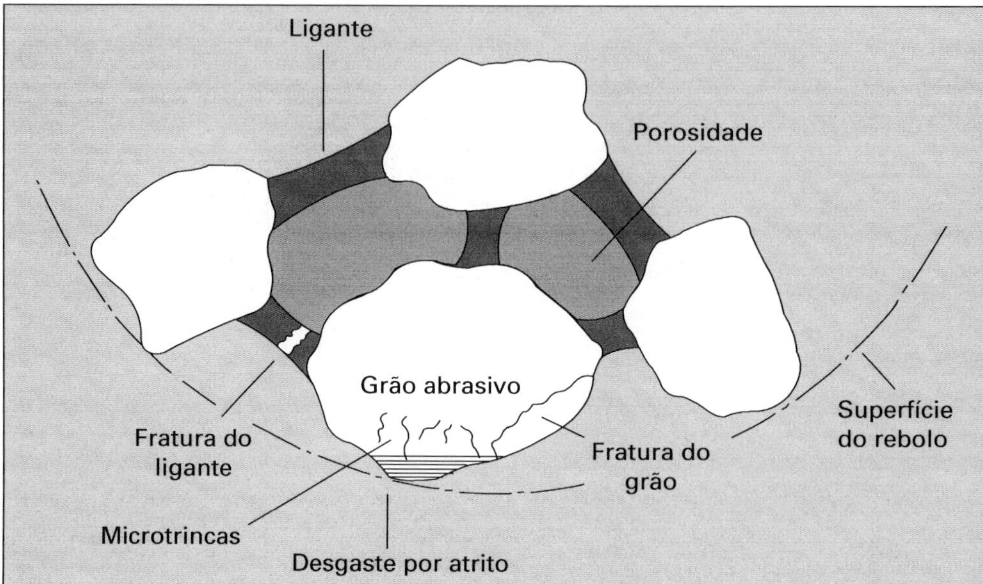

FIGURA 11.6 Estrutura do rebolo.

O rebolo possui algumas características que determinam sua correta especificação, a saber:

- Material abrasivo.
- Tamanho dos grãos abrasivos (granulometria).
- Material ligante.
- Estrutura (ou porosidade).
- Dureza do rebolo.

Com tantas características que podem variar, a correta especificação de um rebolo resulta em uma ampla gama de opções no momento da escolha do rebolo mais indicado para uma determinada operação. Na Figura 11.7, é mostrada a chave de código utilizada na seleção de rebolos (SALMON, 1992). Um sistema similar também é apresentado pela Fepa (Federação Europeia dos Fabricantes de Produtos Abrasivos). A primeira letra denota o material do abrasivo e pode ser precedida de um número que especifica esse abrasivo. Em seguida, tem-se a indicação do tamanho médio (granulometria) do abrasivo em número de fios por polegada linear da última malha utilizada no processo de separação dos abrasivos. Depois, têm-se a dureza do rebolo representada por letras de A a Z e a indicação da estrutura do rebolo em números naturais. Finalmente, o último dígito representa o tipo de aglomerante utilizado no rebolo.

Abrasivo	Granulometria	Dureza	Estrutura	Ligante
38A	**60**	**K**	**2**	**V**
A: óxido de alumínio C: carboneto de silício B: cBN D: diamante	8-14: muito grosseiro 16-36: grosseiro 46-80: médio 90-220: fino 240-1200: muito fino	A: macio Z: duro	0-3: denso 4-6: médio 7-9: poroso 10+: altamente poroso	V: vitrificado B: resinoide R: elástico M: metálico

FIGURA 11.7 Chave de código para a seleção de rebolos.

Entre os principais materiais abrasivos empregados industrialmente, destacam-se o óxido de alumínio (Al_2O_3), o carboneto de silício (SiC), o diamante e o nitreto cúbico de boro (cBN). Os dois primeiros são considerados abrasivos convencionais, ao passo que os dois últimos são chamados "superabrasivos". A Tabela 11.1 apresenta algumas propriedades e as principais aplicações desses abrasivos (MALKIN, 1989; OLIVEIRA, 1989; LINDSAY, 1995). Observa-se que o óxido de alumínio e o cBN podem ser utilizados nas mesmas situações, da mesma forma que o carboneto de silício e o diamante.

Tabela 11.1 Propriedades e aplicações de abrasivos

Abrasivo	Estrutura cristalina	Dureza Knoop (kgf/mm²)	Condutividade térmica relativa	Estabilidade térmica (°C)	Afinidade química	Recomendado para:
Al_2O_3	Hexagonal	2.100	1	1.750	Cerâmicas, óxidos, vidros, rocha	Aços em geral, aço rápido, aços temperados e cementados, aços inoxidáveis e ligas aeronáuticas
cBN	Cúbica	4.700	35-120	1.400	Nenhuma	Aços temperados, ligas aeronáuticas, ferrosos de alta dureza

(*continua*)

Tabela 11.1 Propriedades e aplicações de abrasivos (*continuação*)

Abrasivo	Estrutura cristalina	Dureza Knoop (kgf/mm²)	Condutividade térmica relativa	Estabilidade térmica (°C)	Afinidade química	Recomendado para:
SiC	Hexagonal	2.400	10	1.500	Materiais que assimilam carbono	Não metálicos, vidro, ferros fundidos, carboneto de tungstênio
Diamante	Cúbica	8.000	100-350	800	Materiais que assimilam carbono	Cerâmicas duras, não metálicos, não ferrosos, metal duro brasado

O tamanho médio dos grãos abrasivos é o principal responsável pela rugosidade da peça, cujos valores típicos de R_a variam de 0,15 µm a 2,5 µm, isto é, quanto menor o tamanho do abrasivo, menor será a rugosidade da superfície retificada (altas velocidades do rebolo e baixas velocidades da peça também contribuem para a redução da rugosidade da peça). Dois processos de separação e de classificação de abrasivos são normalmente utilizados (SALMON, 1992): grãos abrasivos com tamanho entre 8 e 220 são separados por sucessivos peneiramentos, ao passo que abrasivos de tamanho inferior são separados por flotação, ou seja, os abrasivos são adicionados à água e, após períodos preestabelecidos, os abrasivos que sedimentaram são recolhidos (quanto mais longo for o tempo necessário para a sedimentação, menor será a granulometria do abrasivo recolhido). No caso do peneiramento, o tamanho médio do abrasivo é de cerca de 60% da distância entre dois fios adjacentes da última malha pela qual ele passou (MALKIN, 1989).

A dureza do rebolo não está associada à dureza dos seus grãos abrasivos, mas à capacidade do ligante de manter o abrasivo unido ao corpo do rebolo. Dessa forma, é considerado duro o rebolo capaz de reter o abrasivo sob condições severas. Macio é considerado o rebolo que permite o desprendimento dos abrasivos com facilidade. Uma regra prática aplicada à indústria sugere o uso de rebolos macios para a retificação de materiais duros, e vice-versa. Essa recomendação justifica-se pelo fato de que, durante a retificação de materiais duros, exige-se muito da capacidade de corte dos abrasivos, que se desgastam com maior rapidez. Assim, o desprendimento desses abrasivos desgastados permite que novos abrasivos afiados entrem em ação. No entanto, a capacidade do processo de manter a tolerância dimensional é reduzida se a correta dureza não for utilizada.

A estrutura do rebolo diz respeito à relação densidade/porosidade. Dessa forma, se uma grande quantidade de abrasivos de pequeno tamanho é misturada ao ligante e prensada sob elevada pressão, isso resultará em um rebolo extremamente denso. Entretanto, rebolos com ligante resinoide e metálico apresentam porosidade mínima. Em relação ao material ligante, existem basicamente quatro opções principais: vitrificado, resinoide, elástico e metálico. Malkin (1989) descreve brevemente o método de fabricação e algumas aplicações de cada tipo de aglomerante. O ligante vitrificado é o mais utilizado em razão de seu custo reduzido, porém, normalmente, a velocidade do rebolo é menor (v_s = 30 m/s), a menos que este seja reforçado. A matéria-prima é a argila ou o feldspato, que são misturados ao abrasivo e prensados na forma do rebolo. A porosidade do rebolo vitrificado é garantida pela adição de paradiclorobenzeno. Após a secagem, o rebolo é submetido a temperaturas acima de 1.260 °C por vários dias (de um a dois para atingir a temperatura máxima, mantida por doze horas, seguida de resfriamento lento para evitar que as tensões térmicas resultem em trincas). Sob altas temperaturas, o ligante se funde e une os abrasivos, e durante o resfriamento tem-se a formação de pontes entre os abrasivos.

O ligante resinoide é composto por resina fenólica termorresistente. Após a prensagem na forma final, o rebolo é submetido à cura sob temperaturas de 150 °C a 200 °C. Rebolos resinoides são largamente empregados em operações de retificação de desbaste pesado em razão de sua elevada resistência mecânica e da capacidade de suportar choques (com a aplicação do reforço de fibras de vidro é possível atingir v_s = 100 m/s). Entretanto, o aglomerante resinoide é suscetível ao ataque químico causado por fluidos de corte alcalinos, provocando a deterioração do rebolo ao longo do tempo.

O aglomerante elástico é composto de borracha (natural ou sintética) vulcanizada. O processo de fabricação do rebolo consiste na mistura de borracha crua, enxofre e material abrasivo, seguida da prensagem na forma de placas com a espessura desejada e, finalmente, da vulcanização a temperaturas entre 150 °C e 275 °C. São largamente empregados em operações de corte e como rebolos de arraste na retificação sem centros.

Por fim, o ligante metálico é empregado quase exclusivamente em rebolos de diamante e cBN. O ligante mais usado é o bronze produzido por metalurgia do pó. Ferro e níquel também são frequentemente usados. Uma maneira de produzir rebolos abrasivos de menor custo é por meio da eletrodeposição, permitindo, assim, a produção de rebolos de forma, com cantos vivos e pequenos raios, além de rebolos extremamente finos. O abrasivo é depositado em camadas que atingem uma espessura máxima de 6 mm. O núcleo do rebolo pode ser alumínio, bronze, aço etc.

Um rebolo pode ser considerado um sistema ternário composto de abrasivos (V_g), ligante (V_b) e poros (V_p) (Equação 11.3). O diagrama da Figura 11.8 (MALKIN, 1989) representa esse sistema, no qual cada vértice do triângulo corresponde a uma concentração de 100% de cada um dos componentes e frações intermediárias são obtidas proporcionalmente a partir da distância do vértice medida no eixo correspondente. As retas paralelas aos eixos (portanto, perpendiculares às arestas) representam composições específicas dos componentes, isto é, o intervalo ① representa $75\% < V_p < 86\%$; o intervalo ②, $38\% < V_g < 68\%$; e o intervalo ③, $54\% < V_b < 68\%$. A área escura na Figura 11.8 indica a faixa de composição de rebolos vitrificados factível tanto do ponto de vista prático quanto do ponto de vista tecnológico. Dessa forma, é possível determinar as proporções máximas e mínimas entre os componentes:

$$V_g + V_b + V_p = 100 \tag{11.3}$$

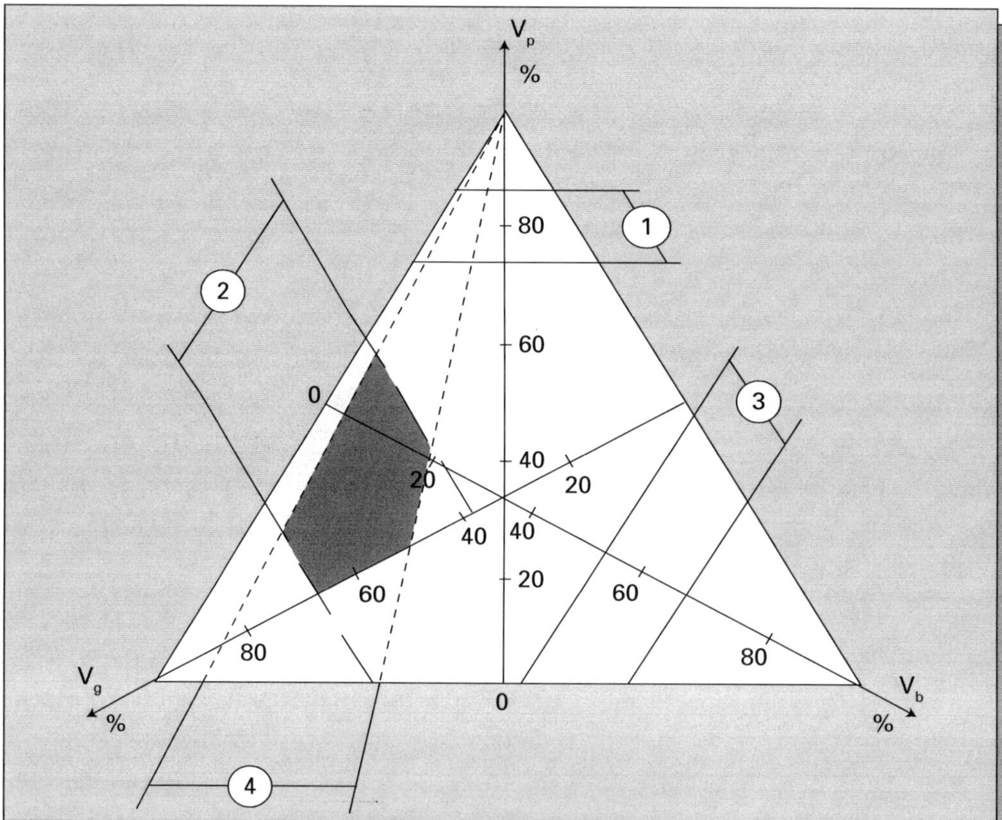

FIGURA 11.8 Diagrama ternário de rebolos.

11.3 MECANISMO DE CORTE NA RETIFICAÇÃO

Durante a ação de um único abrasivo, três situações podem ocorrer de acordo com o estado de afiação da ferramenta, conforme representado na Figura 11.9 (SALMON, 1992): corte, riscamento ou sulcamento e atrito. O corte diz respeito à efetiva remoção de cavaco por cisalhamento pela ação do grão abrasivo. O riscamento (ou sulcamento) representa a etapa de deformação plástica sem a produção de cavaco (formação de rebarbas) e o atrito provém do contato da área plana (desgastada) do abrasivo com a peça. Essa última etapa é a mais prejudicial ao processo, visto que a energia consumida não é revertida na produção de cavaco. Além disso, o calor gerado provoca a elevação da temperatura da peça, podendo levar a alterações metalúrgicas.

Portanto, ao contrário das operações com ferramentas de geometria definida, nos processos abrasivos não se observa a ocorrência de uma zona de aderência, isto é, o cisalhamento do material ocorre na presença da zona de escorregamento apenas.

Após algum tempo de retificação, os grãos abrasivos perdem a capacidade de corte e, com isso, tem-se a elevação das forças de retificação, que podem provocar a fratura do abrasivo ou mesmo sua extração completa. A capacidade de produção de uma fratura frágil, na qual novas arestas de corte afiadas são geradas, é chamada "friabilidade do abrasivo". Embora pareça contraditório, o abrasivo deve ser duro o suficiente para penetrar e cisalhar o material da peça, bem como ser tenaz para suportar as variações cíclicas de tensões e temperatura e, ao mesmo tempo, friável para produzir arestas afiadas na fratura.

A agressividade de um rebolo, proposta por Nakayama (*apud* OLIVEIRA, 1989), representa a taxa de penetração do rebolo contra a pressão normal de corte. Dimensionalmente, a agressividade tem unidade de volume por tempo e força, ou seja, taxa de remoção de cavaco por unidade de força. Dessa forma, quanto maior a agressividade de um rebolo, maior é a sua capacidade de remoção de cavaco à custa de uma baixa força normal de retificação.

A razão G é a relação entre o volume de material usinado (Z_w) e o volume de rebolo desgastado (Z_s) (Equação 11.4). Uma razão G baixa indica que há desgaste excessivo do rebolo e que, consequentemente, este permanece agressivo durante a retificação. No entanto, uma razão G alta indica que a perda de grãos é menor, entretanto ocorre a perda progressiva da agressividade do rebolo durante a operação e, por conseguinte, de sua capacidade de remoção. Assim, a situação ideal é aquela na qual o desgaste dos grãos provoca o aumento da força de retificação e o desprendimento dos grãos desgastados, dando lugar, assim, a novos grãos afiados:

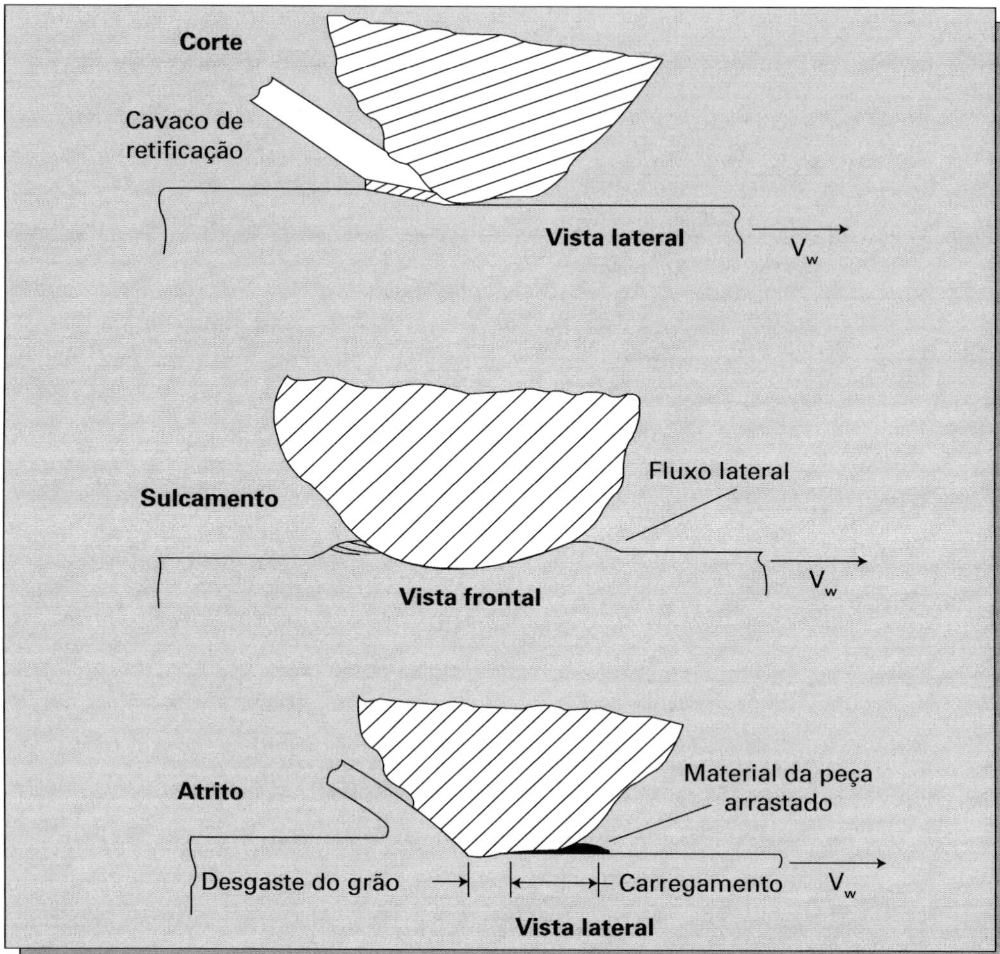

FIGURA 11.9 Etapas do processo de remoção do cavaco.

$$G = \frac{Z_w}{Z_s} \tag{11.4}$$

A Figura 11.10 (LINDSAY, 1995) compara os valores de G entre rebolos de cBN e de óxido de alumínio na retificação de materiais diversos. Nota-se que, independentemente do material da peça, o rebolo de cBN assegura valores bem mais elevados de G.

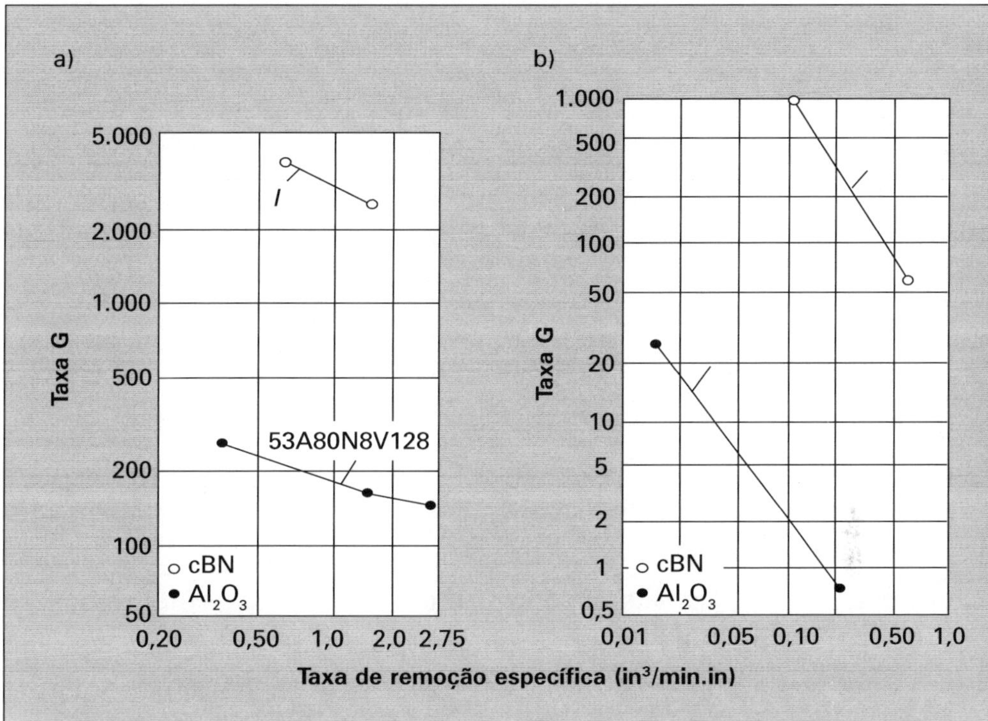

FIGURA 11.10 Comparação entre os valores da razão *G* para rebolos de cBN e de Al_2O_3 na retificação de: (a) aço rolamento AISI 52100; (b) aço rápido AISI M50.

11.4 DRESSAGEM

O aumento da força de retificação nem sempre é suficiente para arrancar os grãos desgastados, tornando necessária a dressagem do rebolo. A dressagem (também conhecida como "dressamento", "afiação" ou "retificação do rebolo") consiste em preparar o rebolo por meio da usinagem da superfície de trabalho, normalmente utilizando uma ferramenta de diamante (dressador). As principais finalidades dessa operação são (OLIVEIRA, 1989):

- Obtenção de concentricidade entre a superfície de trabalho e o eixo de rotação do rebolo.
- Perfilamento da face de trabalho para uma operação de forma.
- Remoção dos grãos abrasivos desgastados para aumentar a agressividade do rebolo.

Retificadoras mais modernas, ou especiais, podem realizar a dressagem simultaneamente à operação de retificação; entretanto, muitas máquinas exigem a interrupção da operação de retificação para que a dressagem seja realizada. Assim, a identificação do momento adequado para a realização da dressagem é de vital importância para o êxito da retificação, pois, caso a dressagem seja realizada prematuramente, tem-se a retirada de grãos abrasivos que ainda mantêm sua capacidade de corte, além da elevação do tempo improdutivo nesses casos, aumenta-se o custo de retificação. Porém, caso a dressagem do rebolo seja retardada, corre-se o risco de usar um rebolo sem capacidade de corte, o que poderá provocar danos à integridade da peça, que, na maioria dos casos, resulta no seu refugo.

O dressador, em geral de diamante, pode ser uma ferramenta de ponta única dotada de movimento de avanço, ou uma ferramenta metálica (estática ou rotativa) com camadas de diamantes incrustados (sem movimento de avanço). A Figura 11.11 representa a operação de dressagem com um dressador de ponta única (OLIVEIRA, 1989). Após a definição do valor da profundidade de dressagem (a_d = 50 µm a 200 µm), o dressador se desloca longitudinalmente enquanto o rebolo gira. O avanço do dressador é chamado "passo de dressagem (S_d)", e a largura de atuação do dressador é representada por b_d.

Embora o número de parâmetros envolvidos na dressagem não seja pequeno, essa operação pode ser mais facilmente quantificada em função do grau de recobrimento (U_d). Conforme mostrado na Equação 11.5, o grau de recobrimento é a razão entre a largura do dressador e o passo de dressagem:

$$U_d = \frac{b_d}{S_d} \tag{11.5}$$

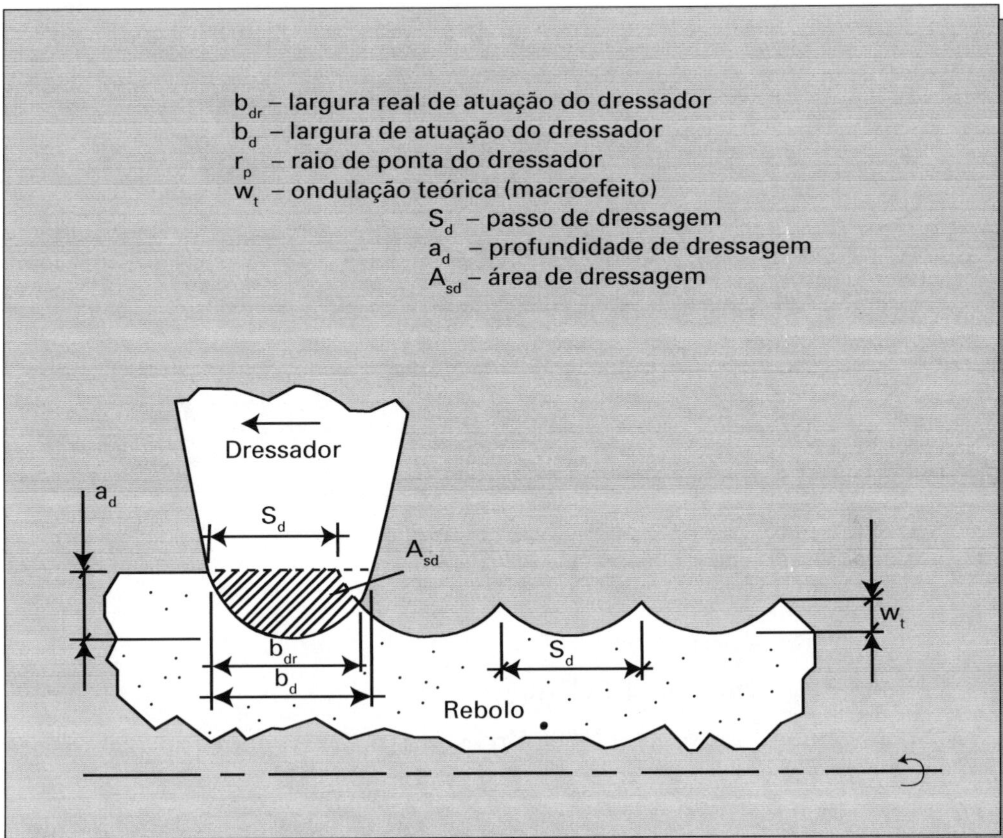

FIGURA 11.11 Esquema da dressagem de rebolos.

Quando $U_d = 1$, produz-se na superfície de trabalho do rebolo uma rosca com largura igual ao passo. Já $U_d < 1$ representa uma largura do dressador inferior ao passo de dressagem. Nessa situação, não aplicada industrialmente, o dressador não atua sobre toda a superfície de trabalho, deixando grãos abrasivos gastos no rebolo. Por fim, quando se tem $U_d > 1$, a largura do dressador é superior ao passo de dressagem, produzindo uma "rosca fina" na superfície de trabalho. Nesse caso, há um número elevado de grãos abrasivos atuantes, contribuindo para o aumento da agressividade do rebolo e a melhoria do acabamento da peça. Em contrapartida, tem-se a elevação da temperatura de retificação. A Figura 11.12 ilustra essas três situações, e a Tabela 11.2 mostra os principais efeitos das diversas condições de dressagem sobre o desempenho da retificação (DINIZ, s/d):

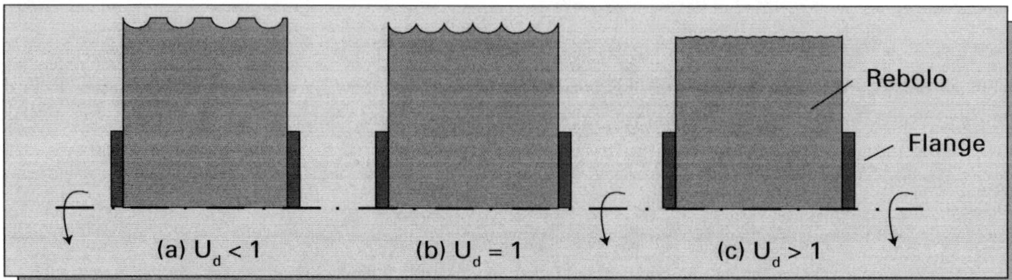

FIGURA 11.12 Exemplos do efeito do grau de recobrimento.

Tabela 11.2 Efeito das condições de dressagem sobre o desempenho da retificação

$1 < U_d < 2{,}5$	$2{,}5 < U_d < 4$	$4 < U_d > 6$
Agressividade máxima; Rugosidade alta e uniforme; Vida do rebolo longa.	Agressividade intermediária; Rugosidade média e variável; Vida do rebolo intermediária	Agressividade baixa; Rugosidade baixa e variável; Vida do rebolo curta.

11.5 FORÇAS E POTÊNCIA DE RETIFICAÇÃO

O conhecimento e controle das forças atuantes na retificação são de extrema importância para a determinação da potência motriz do rebolo e para o dimensionamento estrutural da máquina. Além disso, as forças influenciam a qualidade dimensional e geométrica da peça, bem como sua rugosidade, o desgaste do rebolo e o tempo de retificação. A força de retificação pode ser decomposta em um componente normal e outro tangencial à superfície que está sendo retificada, entretanto, por se tratar de uma situação na qual se tem apenas a condição de escorregamento, a força tangencial pode ser facilmente obtida quando se conhecem a força normal e o coeficiente de atrito entre o rebolo e a peça, ou, ainda, a partir da potência de retificação. Em geral, a força tangencial varia de 25% a 40% do valor da força normal (LINDSAY, 1995). Conhecendo-se a força tangencial e as velocidades do rebolo e da peça, é possível determinar a potência de retificação por meio da Equação 11.6:

$$P = F_t\,(v_s \pm v_w) \qquad (11.6)$$

O sinal positivo é empregado no caso de retificação discordante e negativo para a operação concordante, todavia, em virtude do fato de v_w ser muito inferior a v_s, a contribuição de v_w normalmente é desprezada.

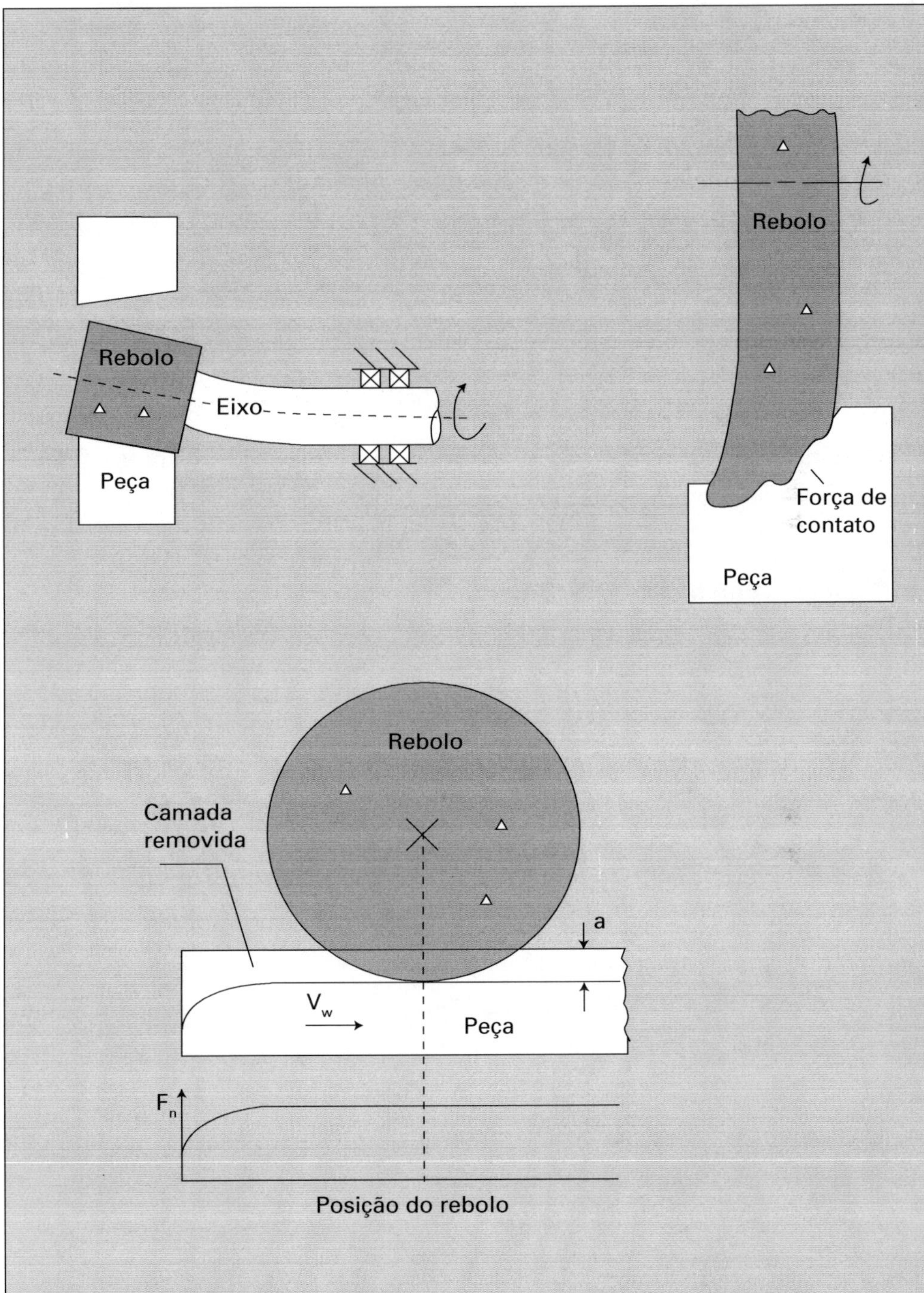

FIGURA 11.13 Desvios na retificação: (a) conicidade na retificação interna; (b) desvio de forma na retificação plana; (c) planicidade na retificação plana.

Quando o rebolo toca a peça, no primeiro momento, todo o conjunto máquina–rebolo–peça se deforma elasticamente. Por conseguinte, na primeira passagem do rebolo, não se atinge a penetração de trabalho previamente estabelecida, sendo necessárias passagens subsequentes. A cada nova passagem do rebolo (sem a alteração da penetração de trabalho inicial), tem-se o alívio progressivo das deformações elásticas, até que a penetração de trabalho inicialmente programada seja atingida. Esse procedimento é chamado "faiscamento" (*spark out*) e graças a ele a retificação é considerada uma operação capaz de remover quantidades infinitesimais de material, o que assegura tolerâncias dimensionais e geométricas inatingíveis por meio de operações com ferramentas de geometria definida, conforme citado anteriormente. A Figura 11.13 (MALKIN, 1989) ilustra exemplos de desvios geométricos e de forma decorrentes da deformação elástica dos componentes do sistema.

11.6 TEMPERATURA DE RETIFICAÇÃO

Se, por um lado, a ação simultânea de centenas de grãos abrasivos contribui para garantir a qualidade da peça retificada, por outro, o atrito entre cada abrasivo e a superfície da peça e a deformação plástica associada à produção do cavaco contribuirão para a elevação da temperatura na interface rebolo/peça. Esse é um dos pontos mais críticos da operação, agravado ainda pelas seguintes situações:

- A extensão do contato rebolo/peça dificulta o acesso do fluido de corte.
- Os materiais empregados na confecção do rebolo muitas vezes são refratários, o que dificulta a dissipação do calor.
- A pequena massa e a natureza descontínua do cavaco também dificultam a dissipação do calor.

Os principais problemas decorrentes da elevação excessiva da temperatura da peça são:

- Alterações dimensionais relacionadas ao coeficiente de expansão térmica do material.
- Alterações microestruturais (*queima*) da peça.
- Indução de tensões residuais de tração.
- Surgimento de trincas.

No primeiro caso, corre-se o risco de perda do componente devido ao fato de o sobremetal a ser removido na retificação situar-se na faixa centesimal. Assim, materiais com elevado coeficiente de expansão térmica podem ter removidos uma penetração de trabalho superior à preestabelecida.

Em relação às alterações microestruturais, merece destaque o aparecimento de uma fina camada de martensita não revenida na superfície de aços, seguida de uma camada de martensita revenida, como foi visto na Figura 9.16. A camada de martensita revenida (também chamada "camada branca") surge quando a temperatura de retificação excede a temperatura de austenitização, seguida de resfriamento rápido, o que resulta no aparecimento da camada martensítica, que é extremamente dura e frágil. Abaixo da superfície da peça a velocidade de resfriamento é menor, promovendo o aparecimento da camada martensítica revenida, que possui baixa dureza. A interface entre essas duas camadas é uma região extremamente propícia ao aparecimento de trincas. Em virtude da mudança de cor da peça, observada nessa situação, e da formação de óxidos na superfície, esse fenômeno é comumente chamado "queima da peça".

Essas alterações microestruturais podem ser identificadas por meio do perfil de microdureza da peça. Além disso, a presença de tensões residuais de tração e trincas contribui para a redução da resistência à fadiga do componente retificado. A Figura 11.14 apresenta essas duas situações (FIELD et al., 1995).

Embora tensões residuais compressivas (em virtude da interação mecânica entre os grãos abrasivos e a superfície da peça) possam ser observadas em componentes retificados, as tensões residuais de tração têm consequências mais graves para a peça. As tensões de tração surgem por causa da variação de temperatura na peça, uma vez que, durante a passagem do rebolo, a camada mais externa é submetida a temperaturas mais altas que as camadas mais internas, o que resulta em valores diferentes de expansão térmica. Entretanto, após a passagem do rebolo, a temperatura nas camadas superficiais cai mais rapidamente que a das camadas mais internas, provocando o aparecimento de tensões de tração. Além disso, as transformações de fase mencionadas anteriormente estão associadas a alterações volumétricas, o que também contribui para o surgimento de tensões de tração.

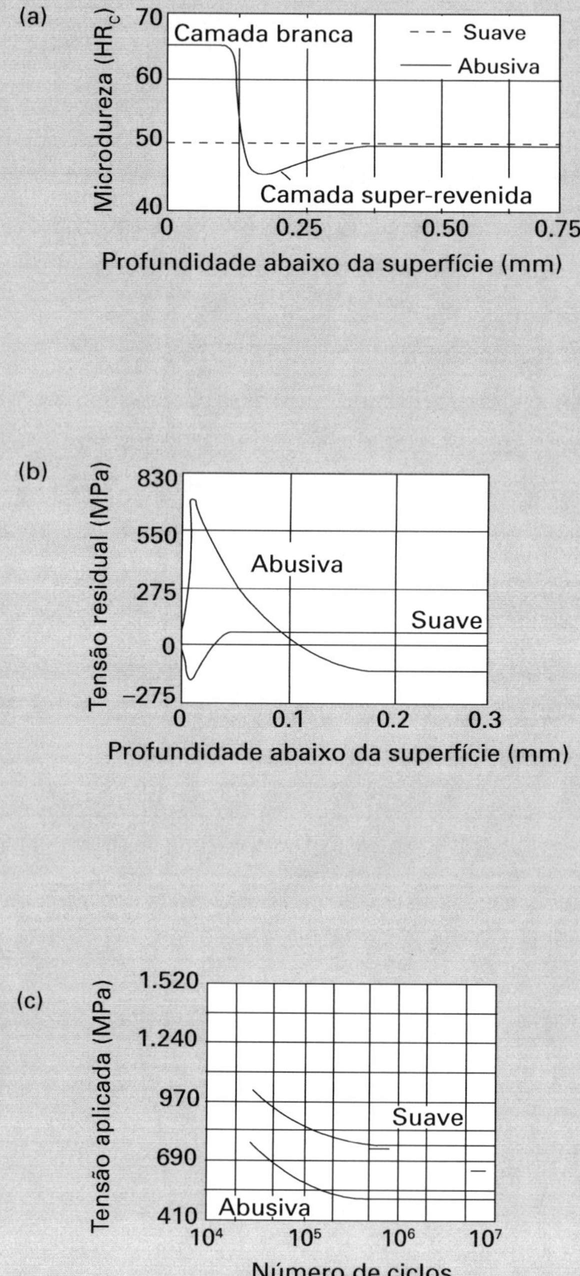

FIGURA 11.14 (a) Variação de microdureza; (b) Tensões residuais; (c) Resistência à fadiga de peças retificadas.

O controle da temperatura de retificação dentro de níveis aceitáveis depende, principalmente, da manutenção da agressividade do rebolo e do emprego adequado de fluidos de corte. Mantendo-se a agressividade do rebolo, evita-se que grãos abrasivos já desgastados, e, portanto, sem capacidade de corte, entrem em atrito com a peça, promovendo, consequentemente, a elevação da temperatura sem a geração de cavacos.

11.7 FLUIDOS DE CORTE

O emprego de fluidos de corte na retificação deve atender aos requisitos de refrigeração e lubrificação de acordo com as necessidades específicas de cada operação. Operações com elevada área de contato rebolo/peça e que produzam cavacos mais longos exigem fluidos de corte com ação predominantemente lubrificante (óleo integral), ao passo que em operações com áreas de contatos menos extensas ou que produzam cavacos na forma de pó, devem ser empregados fluidos refrigerantes.

Fluidos de corte com elevado poder lubrificante reduzem o atrito entre rebolo e peça, evitando, assim, a elevação da temperatura da peça e tornando a operação mais eficiente. Além disso, óleos integrais possuem ponto de ebulição superior ao da água em aproximadamente 200 °C, portanto, suportam temperaturas mais elevadas. Entretanto, além do custo desfavorável, fluidos de corte com alto poder lubrificante apresentam viscosidade elevada, o que dificulta seu acesso à interface ferramenta/cavaco, mesmo empregando bombas potentes. Com isso, o que normalmente se observa na indústria é o uso de fluidos de corte à base de água, pois estes permitem variações na ação refrigerante ou lubrificante de acordo com a proporção água/óleo (LINDSAY, 1995).

Salmon (1992) afirma que o aspecto mais importante a respeito do emprego de fluidos de corte na retificação é assegurar que estes sejam fornecidos a uma velocidade igual ou superior à velocidade do rebolo, de forma a garantir que os poros sejam preenchidos com fluidos para uso ao longo do comprimento de contato. O projeto do bocal para aplicação do fluido de corte também é relevante não só para garantir a lubri refrigeração, mas também a remoção de cavacos incrustrados no rebolo.

11.8 OPERAÇÕES ESPECIAIS DE RETIFICAÇÃO

Além das operações de retificação apresentadas na Figura 11.1, outras duas merecem destaque: a retificação *creep feed* e a retificação sem centros (*centerless*).

11.8.1 Retificação *creep feed*

Essa operação, ilustrada na Figura 11.15, é caracterizada por baixa velocidade da peça e elevada penetração de trabalho, promovendo, assim, altas taxas de remoção de material. Dessa forma, é possível produzir perfis complexos ou canais profundos em poucas (ou mesmo uma única) passagens do rebolo. Exemplos típicos de aplicação dessa operação são a retificação de canais de brocas e o perfilamento da raiz de pás de turbinas. A Tabela 11.3 compara os principais parâmetros das operações de retificação convencional e *creep feed* (KALPAKJIAN, 1995).

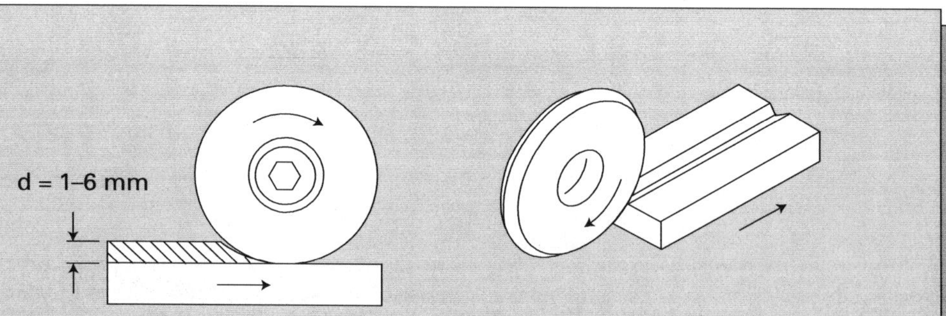

FIGURA 11.15 Esquema da retificação *creep feed*.

Tabela 11.3 Parâmetros usados na retificação convencional e *creep feed*

Parâmetro	Convencional	*Creep feed*
v_s (m/s)	25-50	25-50
v_w (m/min)	10-60	0,1-1
a_e (mm)	0,01-0,05	1-6

Em virtude da elevada penetração de trabalho e do extenso comprimento de contato rebolo/peça, elevadas forças e temperatura de retificação são observadas na operação *creep feed*. Em geral, o rebolo utilizado nessa operação é superabrasivo e possui ligante resinoide com estrutura aberta, a fim de manter a temperatura de usinagem baixa e garantir o acabamento da peça. Salmon (1992) recomenda que essa operação seja feita com rebolos, com a seguinte estrutura aproximada: V_g = 30% a 40%, V_b = 5% a 10% e V_p = 50% a 60%. Equipamentos modernos operam com a dressagem contínua do rebolo.

Requisitos para retificadoras *creep feed* são:

- Alta potência do motor principal.
- Alta rigidez.
- Alta capacidade de absorção de choques.
- Controle preciso de velocidade da peça (sistema de avanço mecânico e não hidráulico).
- Sistema de bombeamento de fluido de corte de alta pressão e vazão (em torno de 10 bar e de 300 l/min a 600 l/min, respectivamente).

11.8.2 Retificação sem centros (*centerless*)

Essa operação é uma retificação cilíndrica externa que emprega dois rebolos: de corte e de arraste. A remoção de material é feita pelo rebolo de corte e a peça não é suportada entre centros, mas repousa sobre uma régua de apoio. A Figura 11.16 ilustra as duas configurações possíveis para a retificação sem centros (NUSSBAUM, 1988):

- *Retificação de passagem (longitudinal)*: nesse caso, as peças avançam continuamente entre os dois rebolos, entrando por um lado e deslocando-se longitudinalmente. O ângulo de inclinação entre os eixos dos dois rebolos é de cerca de 3° (podendo variar de 2° a 5°). Em virtude do fato de os rebolos não serem dotados de movimento de avanço radial, pequenos ajustes são necessários após cada dressagem, a fim de compensar a redução de diâmetro do rebolo. A velocidade do rebolo de corte varia de 30 m/s a 40 m/s, e a do rebolo de arraste, de 0,3 m/s a 0,5 m/s. Apenas peças cilíndricas são produzidas.
- *Retificação radial (de mergulho)*: a peça é posicionada sobre a régua de apoio enquanto o rebolo de arraste se encontra afastado do rebolo principal. Com o início da operação, a peça e o rebolo de arraste avançam

radialmente contra o rebolo de corte a uma velocidade de avanço entre 0,3 mm/min (acabamento) e 3 mm/min (desbaste), até a peça atingir o diâmetro desejado. Concluída a operação, o rebolo de arraste se afasta, a peça é retirada (manual ou automaticamente) e o ciclo recomeça. Aqui é possível produzir peças cônicas ou de diâmetro variável.

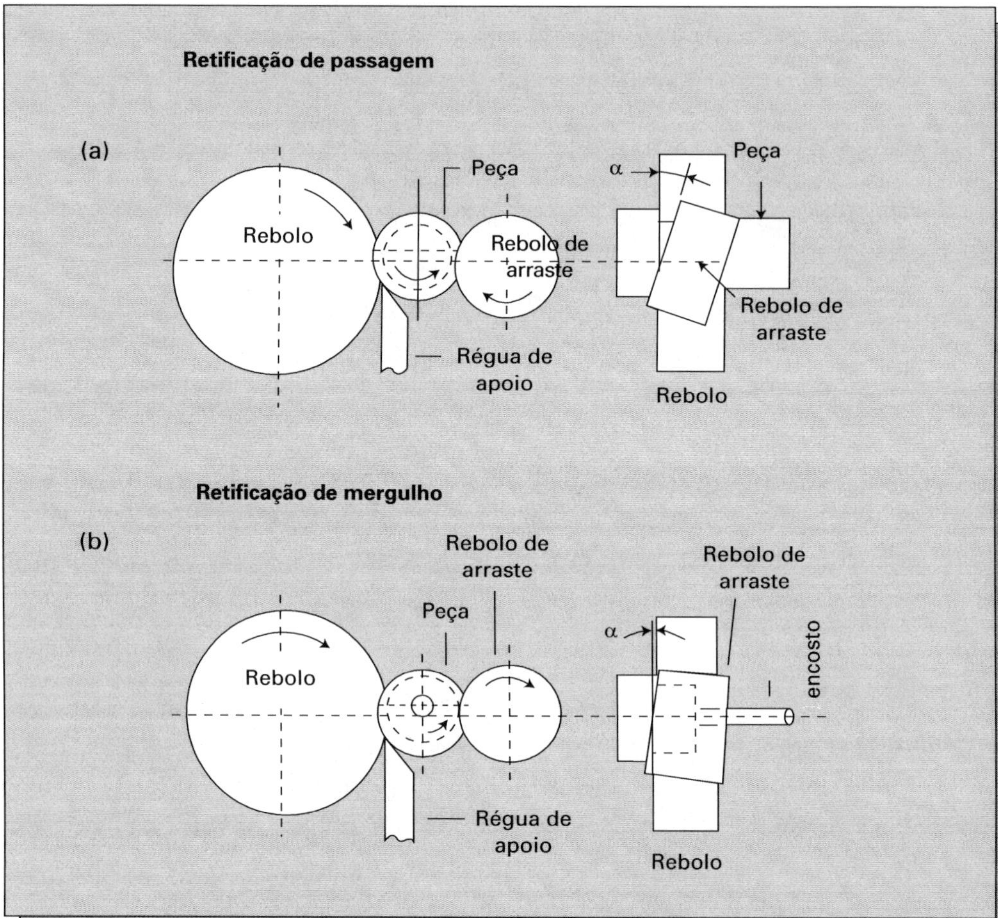

FIGURA 11.16 Retificação sem centros: (a) de passagem; (b) radial.

Essa operação exige pouca habilidade do operador, sendo normalmente empregada para a produção em massa. Apesar de a peça não estar fixa, essa operação é bastante precisa e consistente. Peças comumente produzidas por essa operação são rolos para mancais de rolamento, válvulas de motores, eixos de cames e pinos para pistão.

REFERÊNCIAS BIBLIOGRÁFICAS

DINIZ, A. E. *Processos de retificação*. Campinas: Unicamp, s/d.

FIELD, M. et al. Surface finish and surface integrity. *Metals handbook: machining*. 9. ed. New York: ASM International, 1995.

KALPAKJIAN, S. *Manufacturing engineering and technology*. 3. ed. New York: Addison-Wesley Publishing Co., 1995.

LINDSAY, R. P. Principles of grinding. *Metals handbook: machining*. 9. ed. New York: ASM International, 1995.

MALKIN, S. *Grinding technology – Theory and application of machining with abrasives*. Chichester: Ellis Horwood Ltd., 1989.

NUSSBAUM, G. C. *Rebolos & abrasivos* – Tecnologia básica. São Paulo: Ícone, 1988.

OLIVEIRA, J. F. G. Tópicos avançados sobre o processo de retificação. *Publicação 048/89*. Laboratório de Máquinas-Ferramentas (EESC/USP), 1989.

SALMON, S. C. *Modern grinding process technology*. New York: McGraw-Hill, 1992.

12 Aspectos Tecnológicos e Recomendações

Vários são os parâmetros que podem influenciar o desempenho dos processos de usinagem, tendo em vista as variáveis de saída, como as propriedades do material usinado, o material da ferramenta de corte, a geometria da aresta de corte, as condições de corte etc. Como parâmetros de saída e avaliadores do desempenho do processo, podem-se listar o tempo de vida da aresta de corte, o tipo de cavaco, a textura superficial, a taxa de remoção de material, a força ou a potência de usinagem e a formação da aresta postiça de corte. Conhecendo-se a influência de cada um dos parâmetros de usinagem no desempenho, o engenheiro de processos pode melhor combiná-los de forma a otimizar o desempenho dos processos. Assim, os temas tratados neste capítulo permitem um melhor desempenho de tal tarefa, bem como uma melhor compreensão das recomendações que seguem.

Quando se analisam os materiais usinados mais comuns com o objetivo de otimizar os resultados das operações de usinagem, algumas propriedades chamam mais a atenção, como: dureza, resistência à tração, ductilidade, condutividade térmica, capacidade de endurecimento por deformação, além de outras propriedades relacionadas à microestrutura. Normalmente, baixos valores de dureza permitem usinar com maiores valores de parâmetros cinemáticos (velocidade de corte e de avanço) e de profundidade, bem como obter longos tempos de vida e, consequentemente, altas taxas de remoção a menores custos. Também se esperam baixas forças e potência de corte. Exceções são os materiais de baixa dureza e alta ductilidade, nos quais há formação de APC, que causa um acabamento superficial limitado e esses materiais tendem a produzir rebarbas excessivas. Tais rebarbas necessitam de operações posteriores, aumentando, assim, os custos e o tempo de entrega. Porém, o aumento de dureza, causado por trabalhos a frio, tende a melhorar o quadro, principalmente por melhorar a forma do cavaco – em geral por produzir cavacos curtos. Materiais com baixa ductilidade e dureza são, geralmente, de fácil usinagem, como é o caso do ferro fundido. Os cavacos tendem a ser altamente segmentados e a energia necessária para a sua remoção é baixa.

Alta condutividade térmica significa que o calor produzido na região de formação de cavacos é rapidamente conduzido para as imediações, longe da região de corte. Altos valores desse parâmetro são, em geral, desejados. Infelizmente, a condutividade do material usinado nem sempre é uma escolha do engenheiro de fabricação, embora se possam desenhar algumas ligas para melhorar o desempenho dos processos de usinagem. De maneira bem geral e simplificada, podem-se classificar as ligas metálicas para usinagem na seguinte ordem:

- Ligas de alumínio, de cobre e de magnésio.
- Aços não ligados.
- Ferros fundidos.
- Aços ligados.
- Aços inoxidáveis.
- Ligas de alta resistência térmica e mecânica.

Embora nem todos os materiais usinados estejam na lista anterior, os que lá constam servem de comparação para estabelecer uma usinabilidade relativa. Analogamente, durante a usinagem dessas ligas, a vida da ferramenta piora na mesma proporção.

Alguns materiais metálicos apresentam a característica de aumentar sua resistência mecânica à medida que são deformados plasticamente, o que pode ser denominado "endurecimento por deformação" (*work hardening*). O aumento da resistência depende da taxa de deformação e da capacidade de endurecimento do material. Uma alta taxa de endurecimento significa um rápido aumento de resistência em relação à taxa de deformação. Quando se formam cavacos, a taxa de deformação é localmente muito alta. Materiais com alta taxa de endurecimento são os aços inoxidáveis austeníticos, com ligas de alta resistência térmica e mecânica. Aços-carbono, no entanto, são materiais com baixa taxa de endurecimento por deformação a frio. Altas taxas de endurecimento por deformação significam que mais energia é necessária para a remoção de material, levando a maiores forças e potência de corte. Em geral, baixos valores de parâmetros cinemáticos e de profundidade devem ser usados para valores aceitáveis em termos de vida da ferramenta. Para materiais com altas taxas de endurecimento, arestas de corte com geometrias afiadas são preferíveis para que se diminua a deformação, evitando-se, assim, o endurecimento.

A microestrutura do material que está sendo usinado também desempenha um papel significativo no desempenho da operação de usinagem. Macroinclusões possuem tamanhos maiores que 150 µm. Elas são, em geral, duras e de caráter abrasivo, causando desgaste, ou mesmo avarias, à aresta de corte. Estas são mais frequentes em aços de baixa qualidade e devem ser evitadas para a maioria das aplicações em peças usinadas.

A laminação a frio, ou o trabalho a frio, é realizada em peças ou barras para uniformizar a microestrutura, ou mesmo provocar endurecimento quando o material é propenso ao endurecimento por deformação. O trabalho a frio, em geral, provoca aumento de dureza e redução na vida das ferramentas, porém pode levar à redução de rebarbas e de APC.

A condição de material recozido é usada, na maioria das vezes, para a redução da dureza em um processo no qual as lamelas de cementita da estrutura perlítica são esferoidizadas. Isso provoca significativa redução de dureza e torna a estrutura menos abrasiva, aumentado, assim, a vida da ferramenta.

A integridade superficial da peça previamente à operação de usinagem também pode ser significativa para o desempenho do processo de usinagem. Superfícies forjadas, ou fundidas, muitas vezes são inevitáveis; porém, as superfícies forjadas podem estar endurecidas, aumentando, assim, o desgaste das ferramentas, da mesma forma como a presença de resíduos de areia de fundição acelera o desgaste abrasivo. Em muitos casos, a limpeza de superfícies antes da usinagem pode melhorar o desempenho da usinagem.

Os elementos de ligas em um material a ser usinado são fatores de extrema importância para orientar o engenheiro de fabricação: eles são os principais responsáveis pela melhoria das propriedades físicas e mecânicas das ligas. No entanto, essas mesmas qualidades que os fazem adequados a componentes mecânicos de alta responsabilidade e desempenho em serviço os tornam difíceis de usinar, uma vez que a formação de cavacos os leva à falha por ruptura ao cisalhamento.

A seleção dos parâmetros de usinagem, bem como a sua otimização, também está ligada aos processos anteriores de obtenção da microestrutura do material. Previamente à operação de usinagem, o material pode ter sido laminado a quente, laminado a frio, normalizado, recozido ou endurecido. A estrutura de um material laminado a quente é, em geral, heterogênea e grosseira. Por conta da longa exposição a altas temperaturas, acima da recristalização, os grãos podem ser grandes e heterogêneos. Já a estrutura normalizada passou por aquecimento na temperatura de austenitização por tempo suficiente para uma completa normalização e foi resfriada até a temperatura ambiente. Isso resulta em uma estrutura mais fina e homogênea, o que permite melhores condições de usinagem com parâmetros de corte mais altos.

12.1 AÇOS-CARBONO E LIGADOS

Os aços são, sem dúvida, os materiais mais comumente usinados no mundo (DE GARMO et al., 1988). Microinclusões estão frequentemente presentes na maioria dos aços usinados, tais como Al_2O_3 e Ca, por exemplo, as quais são duras e possuem caráter abrasivo. Outras, como FeO e MnO, são menos danosas e até participam da formação do cavaco em razão de sua alta deformabilidade. Outras inclusões podem até ajudar na formação do cavaco, permitindo a adoção de parâmetros cinemáticos e de profundidade mais altos, levando a uma melhora do desempenho da operação de usinagem (SANDVIK, 1994).

A adição de elementos de liga para facilitar a usinagem, como o enxofre, a alguns aços baixo carbono também permite a adoção de altos valores de parâmetros de corte, mantendo o bom desempenho da operação em termos de vida da ferramenta e de potência de corte. Aços com adição de S e Mn em quantidades suficientes permitem a formação de sulfeto de manganês. Durante a formação do cavaco, as inclusões de sulfeto de manganês se deformam plasticamente, produzindo planos de baixa resistência e diminuindo a energia necessária para a formação e propagação de trincas. Isso facilita a deformação na zona primária de cisalhamento, resultando em aumento do ângulo do plano de cisalhamento e da curvatura do cavaco, além de reduzir a espessura do cavaco no comprimento de contato e da temperatura na interface. Igualmente, os sulfetos são, em geral, lubrificantes sólidos que facilitam a saída do cavaco e diminuem a tensão de cisalhamento na zona secundária. A formação do cavaco pode ser facilitada pelas inclusões de enxofre e de estanho, porém isso também vai depender da forma e da distribuição desses sulfetos na matriz.

Outro aditivo bastante comum na forma de sulfeto é o chumbo, que também pode estar combinado com enxofre e estanho. Porém, seu uso tem sido restrito por causar problemas de saúde nos trabalhadores que mantêm contato com produtos com adição de chumbo. O selênio também pode ser usado como aditivo em combinação com o enxofre. Esses elementos são mais comuns em aços-carbono e inoxidáveis dos tipos ferríticos, martensíticos e austeníticos.

A presença de carbonetos na microestrutura dos aços pode obrigar uma redução dos parâmetros cinemáticos, principalmente da velocidade de corte. Carbonetos são, em geral, partículas duras, por vezes da mesma ordem de dureza das ferramentas utilizadas. Essas ferramentas atuam de forma similar aos grãos abrasivos de um rebolo, levando a um desgaste excessivo e, por conseguinte, à redução de vida útil da ferramenta. A porcentagem de carbono e a presença de elementos de liga são os componentes necessários para a formação de carbonetos. À temperatura ambiente e sem nenhum tratamento térmico de endurecimento, há três tipos básicos de microestrutura na ligas de aço, além da austenita: ferrita, perlita e cementita. A ferrita é macia e dúctil, enquanto a cementita é dura e abrasiva. Cementita é a estrutura mais dura que pode ser obtida, estando até acima da martensita. A perlita é uma mistura de ferrita e cementita na forma de lamelas alternadas, tendo uma dureza intermediária. A dureza depende da espessura das lamelas, sendo as mais finas mais duras. A porcentagem de ferrita, perlita e de cementita na estrutura dos aços depende, principalmente, da porcentagem de carbono. Em virtude de seu caráter altamente abrasivo, mesmo pequenas porcentagens de cementita provocam significativa redução de vida nas ferramentas de usinagem.

Normalmente, o recozimento é empregado em aços com conteúdo de carbono acima de 0,5%. Em aços com menor conteúdo de carbono, o recozimento não afeta de maneira significativa a usinabilidade do aço. Muitas vezes um tratamento similar ao recozimento é realizado, o chamado "alívio de tensões", porém a temperaturas abaixo da recristalização, não afetando o desempenho da usinagem.

Nos aços, o carbono é o principal elemento, capaz de afetar o desempenho desse material durante a sua usinagem. Outros elementos, como Ni, Co, Mn, V, Mo, Nb, W, Cu etc., combinados com o carbono, também desempenham importante papel. Aços contendo entre 0,05% e 2% de carbono, sem outros elementos de ligas em quantidades significativas, formam a maioria dos materiais usinados. Aços baixo carbono (< 0,55%), em geral de baixa dureza (< 200 HB), são suscetíveis a formar APC, resultando em vida curta e em limitado acabamento superficial. Alto carbono (> 0,55%) tem maior dureza, porém permite maiores valores de parâmetros de corte com vida aceitável, melhorando, dessa forma, o desempenho e a taxa de remoção. A adição de elementos como S, Mn (< 2%), Se e Pb pode melhorar consideravelmente os parâmetros de corte, conforme já mencionado.

Aços altamente ligados, por sua vez, são mais duros e resistentes que aços-carbono, o que requer, na maioria dos casos, uma redução dos parâmetros de corte para que se obtenham valores aceitáveis de vida e desempenho. Aços ligados, como os aços-ferramenta, empregados em moldes e matrizes ou em ferramentas de corte, como aços rápidos (HSS), são usinados em estado recozido. Usiná-los após seu endurecimento, somente com classes especiais de metal duro recoberto, com cerâmicas ou com PcBN. Mesmo assim, usando parâmetros moderados de corte e com condições econômicas justificáveis apenas em determinados casos especiais, de acordo com a tecnologia disponível atualmente. No futuro, com o atual desenvolvimento de novos materiais para ferramentas e de novas coberturas, essas operações se tornarão mais viáveis economicamente. Para a produção de peças usinadas envolvendo aços de alta liga, algumas alternativas devem ser buscadas, como a produção de componentes em *net shape*, o que permite minimizar o volume de material removido por usinagem. Esse procedimento pode contribuir para uma grande melhoria no desempenho da operação.

12.2 AÇOS INOXIDÁVEIS

Os aços inoxidáveis representam também uma significativa parcela dos materiais submetidos a operações de usinagem. Nesse caso, o Cr é o principal elemento de liga com conteúdo superior a 12% e, se associado a uma alta porcentagem de carbono, seu desempenho em usinagem pode ser bastante comprometido. Dependendo também da microestrutura, os aços inoxidáveis podem ser ferríticos, martensíticos ou austeníticos. Os ferríticos contêm principalmente Cr como elemento de liga e sua estrutura e propriedades lembram as do ferro puro. Os martensíticos contêm Ni em quantidade suficiente para formar estrutura similar à da austenita e permitem endurecimento por tratamentos térmicos similares aos empregados no aço. Outros elementos, como Mo, Cu, Ti e Nb, também têm efeito similar, além de melhorar a resistência dos aços inoxidáveis ao ataque de ácidos.

Aços inoxidáveis ferríticos podem conter aditivos para melhorar sua usinabilidade, como o S, mas, em geral, as operações não têm o mesmo desempenho de operações similares em aços-carbono com os mesmos aditivos. Aços martensíticos são usinados no estado recozido, pois seu conteúdo de carbono permite a presença de carbonetos de cromo na matriz, aumentado, assim, o desgaste das ferramentas. A Figura 12.1 mostra uma comparação de desempenho em usinagem entre diversos tipos de aços inoxidáveis.

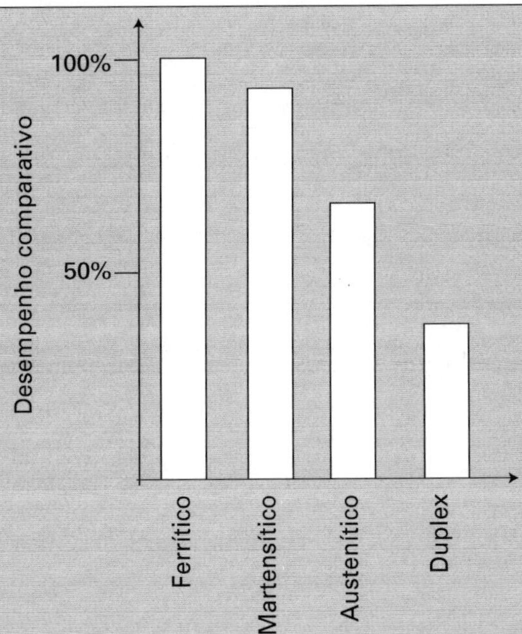

FIGURA 12.1 Desempenho comparativo em usinagem de diversos tipos de aços inoxidáveis (SANDVIK, 1994).

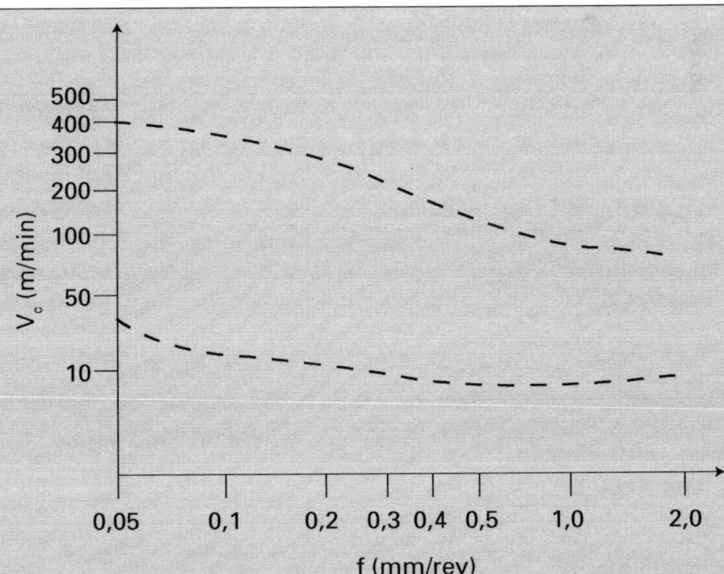

FIGURA 12.2 Região mais favorável para a usinagem de aços inoxidáveis austeníticos (SANDVIK,1994).

Aços austeníticos são os mais comuns e também podem conter aditivos para facilitar a usinagem e melhorar seu desempenho, sendo S e Se os mais comuns. No entanto, tais aditivos prejudicam a resistência à corrosão desses aços e, portanto, são usados com moderação. Esses aços são, em geral, usinados no estado recozido, em razão da menor dureza, no entanto, a possibilidade de formação de APC e de rebarbas pode levar a uma ponderação entre sacrificar o desempenho em usinagem, em prol de evitar operações posteriores de rebarbamento ou de polimento. O diagrama da Figura 12.2 indica uma região mais favorável à velocidade de corte e avanço na usinagem de aços inoxidáveis austeníticos.

Os aços inoxidáveis são caracterizados pela sua baixa condutividade térmica e pela alta capacidade de endurecimento por deformação, além de serem materiais que aderem à aresta de corte formando APC. Quando se usinam essas ligas após passarem por algum tipo de trabalho a frio, deve-se procurar usar uma profundidade de usinagem que ultrapasse a camada encruada, evitando, assim, uma alta taxa de desgaste de flanco, mas com o risco de ocorrer desgaste de entalhe. Aços com a presença de Ti são mais difíceis de usinar pela possibilidade de formação de Ti(CN), aumentando, dessa forma, a abrasividade. Em virtude de sua baixa condutividade térmica, a maior parte do calor, geralmente carregada pelo cavaco, deverá ser absorvida pela aresta de corte, contribuindo mais rapidamente para a sua deterioração. Portanto, arestas de corte mais afiadas devem ser preferidas, com substratos ou coberturas de maior condutividade térmica. No que se refere às forças de corte, os aços inoxidáveis apresentam maiores valores, se comparados com os aços-carbono. Os cavacos, de maneira geral, são lamelares e ainda contínuos na maioria dessas ligas. Para a usinagem de aços inoxidáveis, recomenda-se:

- Deve-se preferir o trabalho em duas faixas distintas de velocidade dos aços inoxidáveis ferríticos/martensíticos: entre 40 m/min e 90 m/min e entre 180 m/min e 400 m/min. Valores intermediários podem produzir APC. Geralmente, quanto maior a porcentagem de elementos de liga, maiores serão as dificuldades de usinagem e, consequentemente, os custos de usinagem.
- As principais características encontradas na usinagem de aços inoxidáveis são alta tendência para endurecimento por deformação, altas forças de corte (comparados a aços-carbono com equivalente porcentagem de carbono), necessidade de aresta com quebra-cavacos e formação de APC.

- Para melhor desempenho, selecionam-se menores valores de raio de ponta, arestas afiadas, classes com maior dureza e coberturas PVD, as quais, em geral, produzem arestas mais afiadas.
- Para operações de desbaste, é preferível usar altos valores de avanço e de profundidade de usinagem combinados com baixas velocidades.
- Para fresamento, o corte concordante deve ser, preferencialmente, usado, bem como um baixo ângulo de entrada do cortador na peça.

12.3 FERRO FUNDIDO (FoFo)

São ligas com conteúdo de carbono, em geral, entre 2% e 4%, além de outros elementos de liga mais comuns, como silício, manganês, fósforo e enxofre. Outros elementos, como cobre, níquel, molibdênio e cromo, também podem ser encontrados em classes especiais de ferros fundidos. Esses materiais têm, em geral, boa rigidez, resistem bem a cargas de compressão e têm boa fluidez para preencher moldes de fundição. Sua resistência mecânica e ductilidade podem ser melhoradas por tratamento térmico. O carbono está presente na microestrutura do FoFo na forma de carbonetos (cementita) e como grafite. A forma de grafite depende da adição de outros elementos à liga. Por exemplo, um conteúdo de 1% a 3% de silício produz veios de grafite com baixa porcentagem de cementita, caracterizando o ferro fundido cinzento. Baixa porcentagem de Si produz uma microestrutura predominantemente com cementita, caracterizando o ferro fundido branco. O FoFo cinzento possui boas características para usinagem, como dureza baixa (até 270 HB, em geral), relativa ductilidade e produção de cavacos segmentados, uma vez que os veios de grafite são praticamente "vazios", preenchidos apenas com grafite em pó. Em virtude dessas características, as forças de corte são baixas e o desgaste das ferramentas é economicamente aceitável para velocidades e avanços altos. Já o FoFo branco, pelo contrário, possui alta dureza (acima de 500 HB), sua microestrutura contém alta porcentagem de cementita abrasiva e dura. Essa combinação leva a altas forças de corte, bem como a altas taxas de desgate das arestas de corte com baixo rendimento em operações de usinagem. Os elementos de liga utilizados em ferros fundidos podem ser divididos em dois grupos: formadores de carbetos, como Cr, Co, Mn, Mo e V, e grafitizantes, como Si, Ni, Al, Cu e Ti.

A taxa de resfriamento também pode afetar a microestrutura do FoFo, afetando o desempenho da usinagem. Altas taxas de resfriamento podem levar o

FoFo cinzento a um baixo rendimento em usinagem, pois não há tempo suficiente para o Si decompor a cementita em grafite. Esse fenômeno ocorre principalmente em seções finas de peças fundidas, às vezes produzindo FoFo cinzento nas partes espessas e FoFo branco nas partes delgadas em uma mesma peça.

As estruturas básicas dos ferros fundidos são ferrita, perlita e misturas dessas duas. Uma estrutura de FoFo com matriz predominantemente ferrítica e pouca ou nenhuma perlita é a mais fácil de usinar com baixas forças, permitindo altas velocidades de corte e de avanço com desgaste de ferramenta em condições econômicas. Essa estrutura, em geral, possui dureza em torno de 150 HB, além de estrutura macia e alta ductilidade, características da ferrita, o que pode levar à ocorrência de APC se forem usadas baixas velocidades de corte. Microestruturas contendo maiores porcentagens de perlita podem atingir até 280 HB a 300 HB, com alta resistência mecânica. Se as lamelas de ferrita são finas, os valores de dureza e de resistência mecânica são maiores, especialmente em seções finas, nas quais a taxa de resfriamento tende a ser maior e, consequentemente, possuir uma microestrutura mais refinada, contendo até carbetos. Essa é, sem dúvida, a pior parte de usinar ferros fundidos. A dureza Brinnel pode ser um indicativo do desempenho em usinagem, embora nada haja que indique a característica abrasiva da microestrutura, nem mesmo as variações que ocorrem em virtude das taxas de resfriamento.

O acabamento superficial vindo da fundição, após desmoldagem e limpeza, é outro importante fator a ser considerado para o desempenho em usinagem. Partículas de areia presentes na superfície fundida desgastam as arestas de corte rapidamente, em especial se combinadas com altas taxas de resfriamento, favorecidas por seções delgadas das peças.

Os principais tipos de ferros fundidos comumente usinados são:

- FoFo cinzento com grafite na forma de lamelas e diversas faixas de resistência mecânica.
- FoFo branco com alta porcentagem de cementita.
- FoFo nodular com grafite na forma esferoidal (SG, do inglês *spheroidal graphite*).
- Vermicular com grafite na forma vermicular e estrutura entrelaçada.
- FoFo maleável.
- FoFo altamente ligado.

A Figura 12.3 mostra um gráfico comparativo de usinabilidade entre alguns desses materiais.

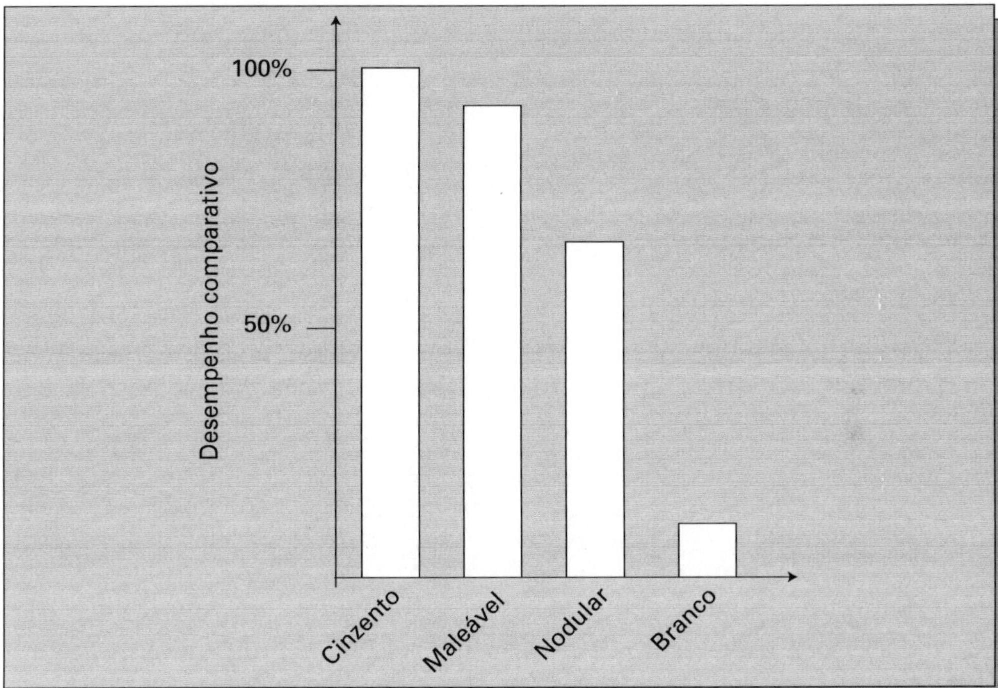

FIGURA 12.3 Desempenho comparativo em usinagem entre diversos tipos de ferros fundidos (SANDVIK, 1994).

Para um bom desempenho na usinagem de ferros fundidos, algumas recomendações básicas devem ser seguidas:

- Uma baixa porcentagem de carbono pode levar a dificuldades de usinagem, pois haverá menores porcentagem de veios de grafite e indução à fratura de cavacos.
- Microestruturas com alta porcentagem de ferrita e alto teor de Si são mais resistentes mecanicamente, menos dúcteis e têm menor tendência a gerar APC, o que melhora o processo de usinagem.
- O aumento de perlita aumenta a dureza e a resistência mecânica, não permitindo altas velocidades de corte e de avanço, além de diminuir o desempenho em usinagem.
- Quanto mais refinada a estrutura lamelar, pior será o desempenho em usinagem, levando a menores valores de velocidade de corte e de avanço.

- Porcentagens tão pequenas quanto 5% de carbonetos na microestrutura reduzem substancialmente as condições de corte. Esse efeito é pior em estruturas perlíticas.
- As partes superiores da peça fundida concentram as piores impurezas, uma vez que estas tendem a "boiar" durante o envazamento do metal fundido.
- Ferros fundidos cinzentos são os mais fáceis de usinar com cavacos curtos e quebradiços, seguidos dos nodulares e maleáveis, com cavacos longos. Os ferros fundidos vermiculares e brancos estão na outra ponta da escala.
- Os principais tipos de desgaste quando usinando FoFo são a abrasão, a adesão e a difusão, nessa ordem. A abrasão é causada por carbonetos na microestrutura e por areia na superfície. A adesão pode vir de APC em baixas velocidades. E a difusão pode ocorrer em altas velocidades na superfície de saída quando não se usam coberturas apropriadas, PcBN ou cerâmicas.
- Para FoFo branco, somente PcBN e cerâmicas têm sido usados com sucesso, além de uma crescente tendência de empregar a retificação.

12.4 LIGAS TERMORRESISTENTES E SUPERLIGAS (HSTR, DO INGLÊS *HIGH STRENGHT THERMAL RESISTANT SUPERALLOYS*)

Essa classe de metais inclui uma extensa lista de aços ligados, alguns inoxidáveis de alta liga, ligas refratárias e algumas ligas de titânio. Alguns também são conhecidos como ligas termorresistentes à base de ferro; ligas à base de níquel; ligas à base de cobalto.

Essas ligas são, geralmente, resultados de desenvolvimentos metalúrgicos em ligas já existentes, buscando uma melhor relação resistência mecânica/peso, resistência mecânica a quente e resistência à corrosão. Esses materiais possuem valores de resistência mecânica acima da maioria das ligas e podem mantê-las em temperaturas mais altas, o que equivale dizer que a formação de cavacos em usinagem é, consequentemente, muito difícil, se comparada à maioria das ligas metálicas. Além disso, essas ligas têm baixa condutividade térmica (por serem de natureza inoxidável), tendem a se soldar facilmente às arestas de corte e a endurecer por deformação (natureza inoxidável), bem como possuem elementos altamente reativos (Ti e Mg, por exemplo) e alta porcentagem de carbonetos dispersos na microestrutura – todas péssimas características para as operações de usinagem.

As ligas à base de ferro são, normalmente, as "menos difíceis" de usinar, embora tenham um desempenho muito inferior às suas equivalentes, contendo apenas carbono, sem elementos de liga. As velocidades de corte e de avanço são bastante reduzidas para que se consigam tempos de vida aceitáveis economicamente. As ligas mais próximas, em termos de condições de usinagem, podem ser os aços inoxidáveis austeníticos – além disso, são mais bem usinadas na condição de recozidas, laminadas e com alívio de tensões. Muitas dessas ligas, se usinadas somente na condição recozida, ou se solubilizadas, podem ser mais problemáticas por conta do endurecimento por deformação e do aparecimento de APC.

As ligas à base de Ni são muito difíceis de usinar em condições econômicas de corte. Se a liga contém também cromo, o que é comum para aumentar a resistência à corrosão, a situação se agrava ainda mais. Nesse caso, a usinagem deve ser realizada, preferencialmente, em estado solubilizado, situação em que as condições de corte podem ser comparadas aos aços inoxidáveis austeníticos. Sendo esses materiais altamente endurecíveis por deformação, as velocidades devem ser diminuídas para que se obtenha um desempenho aceitável. A Figura 12.4 mostra uma comparação de algumas dessas ligas com o alumínio em termos de capacidade de endurecimento por deformação.

As superligas à base de cobalto são similares às anteriores em termos de estrutura e de desempenho em usinagem. Quando possuem altas porcentagens de cromo, níquel e de tungstênio, sua resistência mecânica a quente é consideravelmente aumentada. Nesses casos, o desempenho da usinagem é substancialmente prejudicado e somente efeitos moderados podem ser esperados usinando-se na condição solubilizada, a melhor para a usinagem. As peças fundidas com essas ligas possuem, ainda, melhores propriedades mecânicas que as forjadas e representam desafio maior para a usinagem. As superfícies fundidas possuem uma camada dura e altamente abrasiva, facilitando o desgaste por entalhe, o que limita a vida das ferramentas, mesmo a baixos valores de velocidade e de avanço.

Algumas recomendações, que têm levado a ligeiros ganhos de desempenho em usinagem dessas ligas, são:

- Arestas positivas e afiadas.

- Valores altos de avanço e de profundidade de corte permitem maior remoção por vida de ferramenta.
- Arestas desgastadas pioram substancialmente a remoção e a qualidade da superfície.
- Ferramentas de metal duro com micrograõs, sem cobertura, ou com *whiskers* ou cerâmicas, produzem os melhores resultados.
- Uso de fluido de corte é, geralmente, benéfico.
- Evitar vibrações e usar sistemas de fixação com alta rigidez.
- Ângulos de folga altos são benéficos.
- Fresamento em corte discordante é recomendado, bem como suficiente espaço para cavacos, geralmente longos, nos cortadores.
- Corte interrompido é muito prejudicial para a durabilidade da aresta.

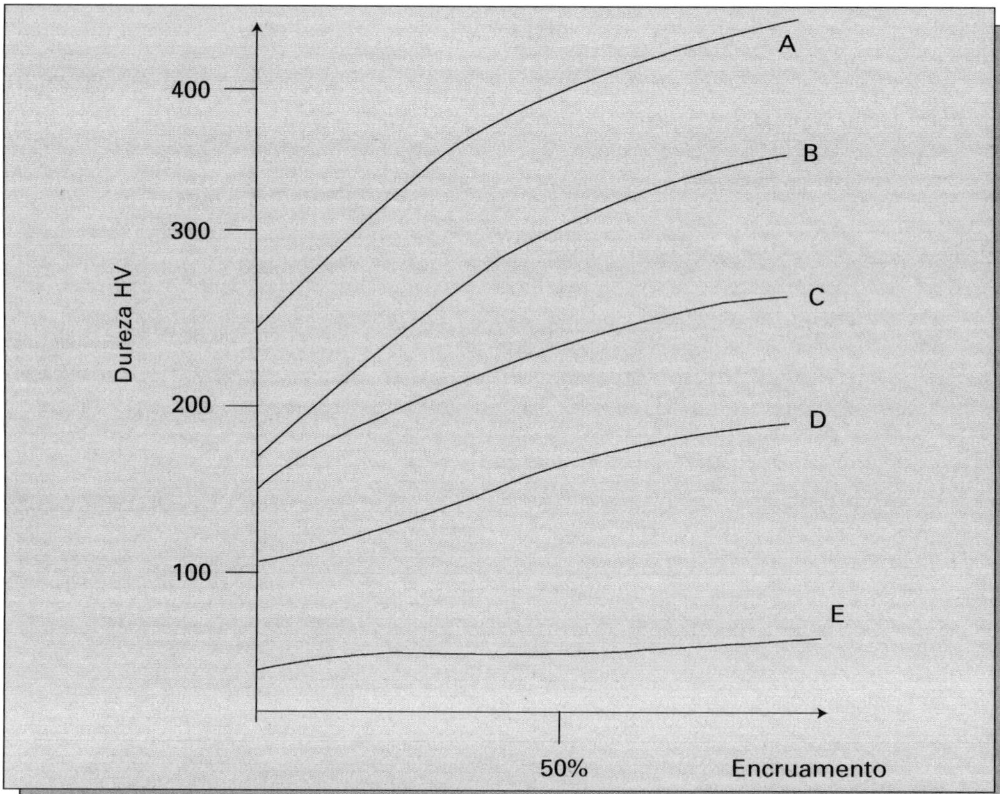

FIGURA 12.4 Comparação entre a dureza de diversas superligas e alumínio em decorrência do encruamento. A: Inconel; B: aço inoxidável austenítico; C: Monel; D: aços-carbono; E: alumínio.

12.5 COMPÓSITOS

O desenvolvimento e o uso de materiais compósitos têm se intensificado nas áreas militar, aeronáutica e, mais recentemente, automobilística. Os compósitos são o resultado da combinação de materiais de diferentes naturezas em uma mesma liga: por exemplo, a combinação de metais e cerâmicas tem resultado em compósitos de matriz metálica (MMC, do inglês *Metal Matrix Composites*) ou em compósitos de matriz polimérica, reforçados com fibras de carbono etc. Em termos de usinagem, os compósitos representam um desafio, uma vez que combinam materiais, muitas vezes com características bastante diversas. Matrizes podem ser de natureza abrasiva, como as cerâmicas, ou de natureza dúctil, como os metais. Os reforços podem, da mesma forma, conter as mais variadas propriedades, a fim de conferir propriedades especiais ao compósito, dificultando, dessa forma, na maioria dos casos, a usinagem. As principais dificuldades encontradas são a abrasividade e a necessidade de usinagem sem prejudicar as integridades superficial e subsuperficial desses materiais. Compósitos reforçados com fibras longas e em camadas, por exemplo, devem ser furados sem delaminar as camadas ou danificar as fibras. A natureza abrasiva das fibras desgasta as arestas muito rapidamente se as condições de corte não forem adequadas, podendo prejudicar a superfície usinada. Além disso, os gases ou a poeira resultante da usinagem de alguns compósitos podem conter substâncias altamente prejudiciais à saúde humana.

Em geral, ferramentas de corte com formatos e arestas de corte especiais são necessárias para a usinagem de compósitos. Arestas afiadas são as melhores opções, pois forças de corte não são altas na usinagem de compósitos. Em materiais abrasivos, altos valores de avanço devem ser preferidos, minimizando o tempo de contato ferramenta-peça, no qual esse caminho é permitido sem prejudicar a integridade superficial da peça usinada.

12.6 MATERIAIS ENDURECIDOS

Materiais endurecidos são geralmente aqueles com dureza acima de 45 HR_C, os quais, em um passado não muito distante, eram usinados apenas por processos abrasivos. Atualmente, a usinagem com arestas de geometria definida desses materiais tem sido possível graças ao desenvolvimento de máquinas e de ferramentas capazes de suportar as altas forças de corte e as duras condições tribológicas impostas pela formação de cavacos nesses materiais. A escolha das máquinas, das ferramentas e das condições de corte para esses materiais, principalmente em operações de torneamento e de fresamento, são essenciais para o sucesso do processo. Na região de formação de cavacos, quando se usinam materiais endurecidos, há altos valores de temperatura, altas tensões de ruptura para a formação do cavaco, além de altas tensões aliviadas pela remoção dos cavacos. A microestrutura de materiais endurecidos é formada principalmente de martensita e de carbonetos livres, que possuem alta dureza e funcionam como abrasivos em um processo de retificação, uma vez que suas durezas são comparáveis com as encontradas em materiais usados em rebolos (Al_2O_3 e SiC). A Figura 12.5 ilustra alguns materiais endurecidos usináveis com suas respectivas durezas e uma porcentagem relativa entre carbonetos e martensita.

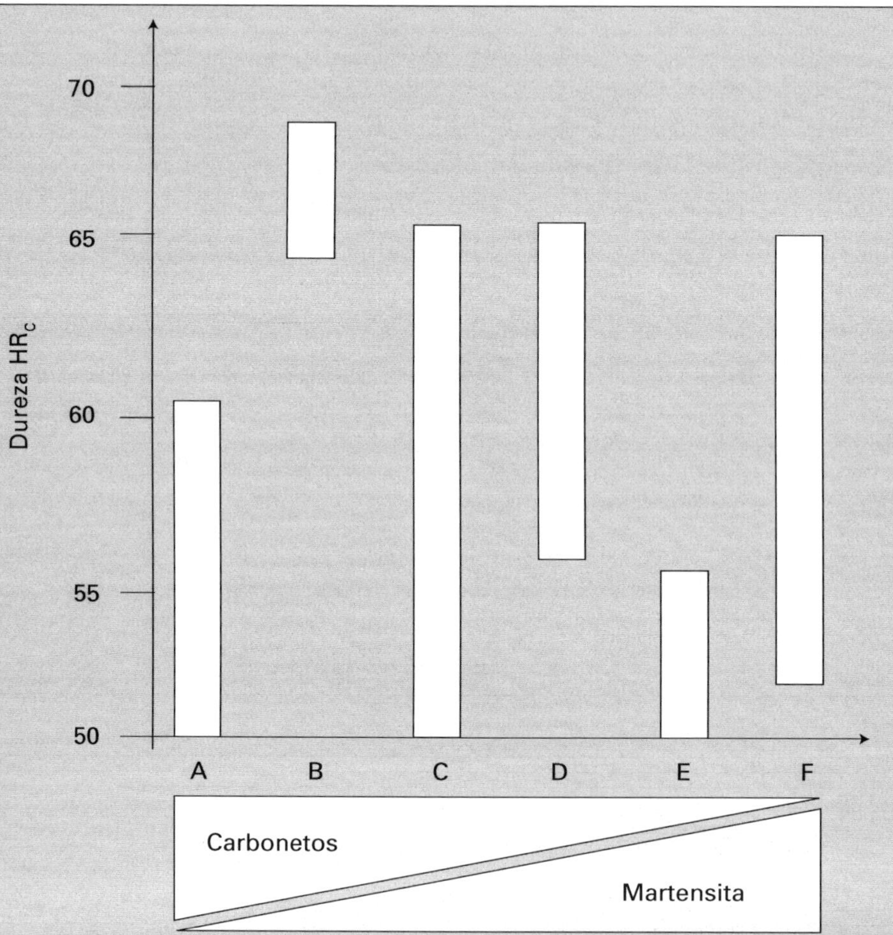

FIGURA 12.5 Durezas e porcentagem relativa entre carbonetos e martensita nos principais aços endurecidos. A: FoFo branco; B: aço rápido; C: aços-ferramenta; D: aços para rolamentos; E: aços endurecidos por tratamento térmico; F: aços cementados (SANDVIK, 1994).

Outras maneiras de endurecimentos de metais, menos utilizadas, mas cujo crescimento tem sido acentuado, são os recobrimentos por *spray*, soldagem ou plasma. Nesses casos, as operações de usinagem são bastante difíceis e o desempenho, muito limitado. Baixas velocidades e acelerado desgaste de ferramentas devem ser esperados. Processos abrasivos são altamente recomendados, pelo menos nas operações iniciais, nas quais as superfícies tendem a ser bastante irregulares.

As ferramentas mais indicadas para operações de usinagem nesses materiais são as classes de carbonetos com altas durezas, ou as de cerâmica e PcBN. A fixação e a rigidez, bem como a estabilidade dinâmica da máquina-ferramenta, devem ser as melhores possíveis, pois essas ferramentas possuem um caráter bastante frágil. Geralmente, uma menor porcentagem de CBN no inserto de PcBN, aliada a um ligante cerâmico, são as melhores combinações para usinar aços endurecidos em operações de acabamento. Alto conteúdo de CBN com ligantes mais dúcteis são mais indicados para outros materiais endurecidos e operações desbaste.

As cerâmicas também são indicadas para a usinagem desses materiais e, assim como as ferramentas de PcBN, a preparação das arestas é fundamental. As arestas desses materiais não devem ser afiadas; pelo contrário, devem conter sempre chanfros e, se possível, arredondamentos (*honing*) após a operação de chanfro. As condições de corte também devem ser apropriadas, recomendando-se, de maneira geral, altas velocidades de corte, bem como baixos valores de avanço e de profundidade de corte. O uso de fluido de corte não é necessário, pois a capacidade de resfriar a ferramenta é insignificante, e o resfriamento da região de corte pode tornar o material da peça mais difícil de ser rompido para a formação do cavaco. A interrupção do resfriamento pode ser apontada como a principal causa de perda das arestas de PcBN e de cerâmica em decorrência do choque térmico.

12.7 EFEITOS DE DIVERSOS ELEMENTOS DE LIGA NA USINAGEM

Em relação aos elementos de liga presentes em materiais metálicos, pode-se prever o seu desempenho de forma qualitativa, se comparados aos materiais já conhecidos. A seguir são delineadas conclusões gerais de como certos elementos químicos afetam a usinagem, embora a combinação entre eles é que será o fator decisivo e determinante na usinagem.

- *Alumínio*: induz ductilidade em ligas de níquel, necessitando do controle do cavaco. Forma nitretos em contato com nitrogênio em altas temperaturas, produzindo superfícies endurecidas.
- *Berílio*: é tóxico e a usinagem de suas ligas pode ser prejudicial à saúde humana. É adicionado para endurecer ligas de cobre e lhes conferir efeito de mola.
- *Boro*: em pequenas porcentagens, aumenta a dureza e dificulta a usinagem.
- *Carbono*: facilita o endurecimento das ligas e forma carbonetos com ferro, cromo e vanádio, aumentando a resistência ao desgaste abrasivo e diminuindo o desempenho do material em usinagem.
- *Cromo*: sua presença reduz o desempenho do material em usinagem e geralmente é adicionado para aumentar a resistência mecânica, o endurecimento e a resistência ao desgaste abrasivo e à corrosão.
- *Cobalto*: é adicionado, principalmente, para aumentar a resistência mecânica a quente, bem como as propriedades magnéticas. Forma carbonetos e, por consequência, reduz o desempenho do material em usinagem.
- *Cobre*: é usado extensivamente na produção de latão e de bronze e a qualidade da usinagem vai depender do segundo elemento presente, embora não tenha grande influência sobre a formação de cavacos, exceto ao afetar a ductilidade e produzir cavacos mais longos.
- *Chumbo*: em pequenas porcentagens, produz aços de corte fácil, especialmente em velocidades abaixo de 60 m/min.
- *Magnésio*: usado para produzir ligas de baixa densidade, geralmente melhora a usinagem da liga. Ligas com alta porcentagem de Mg podem ser perigosas pela facilidade de combustão.
- *Manganês*: ligas com alto conteúdo de Mn não são magnéticas nem encruáveis. Afeta a usinagem por induzir o encruamento e o surgimento de APC.
- *Níquel*: aumenta a dureza, a resistência à corrosão e a resistência mecânica, mas reduz o desempenho do material em usinagem. Também é usado em combinação com cromo para melhorar o desempenho mecânico a quente. Ligas contendo Ni também tendem a formar APC e desgaste de entalhe.
- *Nióbio*: aumenta a resistência mecânica e à corrosão, permitindo, assim, a usinagem somente a baixas velocidades.

- *Silício*: serve principalmente para permitir a quebra do cavaco e aumentar o desgaste por abrasão nas ligas onde está presente. Em ligas de alumínio, particularmente, melhora a fluidez para fundição; e na porcentagem hipereutética, produz partículas de Si na matriz, o que acelera o desgaste abrasivo das ferramentas de usinagem.
- *Tântalo*: seu uso e suas consequências são os mesmos do nióbio.
- *Estanho*: usado nas ligas de cobre para produção de bronze, é um material com baixo coeficiente de atrito quando aplicado em mancais. Geralmente, não prejudica a usinagem, uma vez que o bronze não representa grande desafio, a não ser que a liga seja muito macia, o que prejudica a usinagem a baixas velocidades.
- *Titânio*: quando ligado a Al, Mn, Sn ou V, produz ligas de baixa densidade com excelente resistência mecânica e à corrosão, o que dificulta a usinagem. Os principais problemas são a APC e o baixo tempo de vida, além de haver perigo de combustão durante a usinagem.
- *Tungstênio*: é o primeiro elemento a ser acrescentado para melhorar a dureza e diminuir a condutividade térmica. Quando presente, afeta negativamente o desempenho do material em usinagem.
- *Vanádio*: usado em combinação com Cr, oferece boas propriedades de corte, bem como aumenta a resistência mecânica e a ductilidade. Esses fatores afetam negativamente a usinagem.
- *Zinco*: usado extensivamente em ligas de baixa resistência mecânica e baixo custo para ligas fornecidas no estado fundido ou laminado, melhora a usinagem, a não ser que a liga seja muito macia, o que indica tendência à formação de APC.

REFERÊNCIAS BIBLIOGRÁFICAS

DE GARMO, E. P. et al. *Material and processes in manufacturing*. 7. ed. New York: Macmillan, 1988.

MACHADO, A. R.; SILVA, M. B. Usinagem dos metais HSC. Apostila: 8. ed. Uberlândia: Universidade Federal de Uberlândia (UFU), 2004.

SANDVIK, C. *Modern metal cutting*: a practical handbook. Sweden: Sandvik Coromant, Technical Editorial Dept., 1994.

Apêndice A1

VALORES DOS COEFICIENTES DA EQUAÇÃO DE KIENZLE PARA O TORNEAMENTO DOS PRINCIPAIS MATERIAIS METÁLICOS (CATÁLOGO SANDVIK, 2002.8)

Material		Força de corte específica $k_{s0,4}$ [N/mm²]	Dureza (HB)
Aços			
Sem liga	C = 0,1%–0,25%	2.000	125
	C = 0,25%–0,55%	2.100	150
	C = 0,55%–0,80%	2.200	170
Baixa liga	Não endurecidos	2.150	180
(elementos de liga ≤ 5%)	Aços para rolamentos	2.300	210
	Endurecidos e temperados	2.550	275
	Endurecidos e temperados	2.850	350
Alta liga	Recozidos	2.500	200
(elementos de liga > 5%)	Aços-ferramenta endurecidos	3.900	325
Fundidos	Sem liga	2.000	180
	Baixa liga (elementos de liga ≤ 5%)	2.100	200
	Alta liga (elementos de liga > 5%)	2.650	225
Aços inoxidáveis – Ferríticos/martensíticos			
	Não endurecidos	2.300	200
	PH-endurecidos	3.550	330
	Endurecidos	2.850	330
Aços inoxidáveis – Austeníticos			
	Não endurecidos	2.300	180
	PH-endurecidos	3.555	330
	Superausteníticos	2.950	200
Aços inoxidáveis – Austeníticos-ferríticos (Duplex)			
	Não soldáveis ≥ 0,05%C	2.550	230
	Soldáveis < 0,05%C	3.050	260
Aços inoxidáveis-Fundidos	Não endurecidos	2.100	200
Ferríticos/martensíticos	PH-endurecidos	3.150	330
	Endurecido	2.650	330

(continuação)

Material		Força de corte específica $k_{s0,4}$ [N/mm²]	Dureza (HB)
Aços inoxidáveis-Fundidos			
	Autênticos	2.200	180
	PH-endurecidos	3.150	330
	Superausteníticos	2.700	200
Aços inoxidáveis-Fundidos (Duplex)			
	Não soldáveis ≥ 0,05%C	2.250	230
	Soldáveis < 0,05%C	2.750	260
Superliga resistente ao calor à base de ferro			
	Recozidas ou tratadas em solução	3.000	200
	Envelhecidas ou tratadas em solução e envelhecidas	3.050	280
À base de níquel			
	Recozidas ou tratadas em solução	3.300	250
	Envelhecidas ou tratadas em solução e envelhecidas	3.600	350
	Fundidas ou fundidas e envelhecidas	3.700	320
À base de cobalto			
	Recozidas ou tratadas em solução	3.300	200
	Tratadas em soluções e envelhecidas	3.700	300
	Fundidas ou fundidas e envelhecidas	3.800	320
Ligas de titânio			Rm[3]
	Comercial puro (99,5% Ti)	1.550	400
	α, ligas próximo α e $\alpha + \beta$, recozidas	1.700	950
	ligas $\alpha + \beta$ em condições envelhecidas, ligas β recozidas ou envelhecidas	1.700	1050
Ferros fundidos maleáveis	Ferríticos (cavacos curtos)	940	130
	Perlíticos (cavacos longos)	1.100	230
Ferros fundidos cinzentos	Baixa resistência à tensão cinzentos	1.100	180
	Alta resistência à tensão	1.150	220
Ferros fundidos nodulares SG			
	Ferríticos	1.050	160
	Perlíticos	1.750	250
	Martensíticos	2.700	380
Aços duros	Endurecidos e temperados	3.250	45 HRc
Aços extraduros	Endurecidos e temperados	5.550	60 HRc
Ferros fundidos coquilhados			
	Fundidos ou fundidos e envelhecidos	2.800	400

(*continuação*)

Material		Força de corte específica $k_{s0,4}$ [N/mm²]	Dureza (HB)
Ligas de alumínio frio, não envelhecidas	Forjadas ou forjadas e tratadas	500	60
	Forjadas ou forjadas e envelhecidas	800	100
Ligas de alumínio forjadas ou forjadas e trabalhadas a frio, não envelhecidas		500	60
	Forjadas ou forjadas e envelhecidas	800	100
Ligas de alumínio	Fundidas não envelhecidas	750	130
	Fundidas ou fundidas e envelhecidas	950	130
Ligas de alumínio	Fundidas 13%–15% Si	950	130
	Fundidas 16%–22% Si	950	130
Cobre e ligas de cobre	Ligas de corte livre ≥ 1%Pb	700	110
	Latão bronze, com chumbo, ≤ 1%Pb	700	90
	Bronze e cobre sem chumbo, incluindo cobre eletrônico	1.750	100

VALORES DOS COEFICIENTES DA EQUAÇÃO DE KIENZLE PARA O FRESAMENTO DOS PRINCIPAIS MATERIAIS METÁLICOS (CATÁLOGO SANDVIK 2002.2)

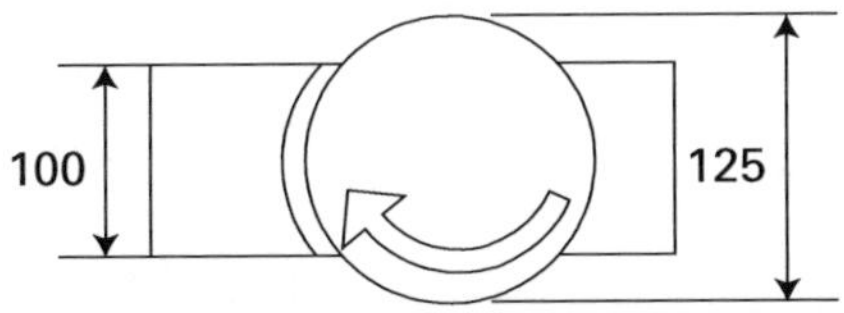

Condições:

Fresa (diâmetro): 125 mm cetralizada sobre a peça

Largura fresada: 100 mm

Material		Força de corte específica k_{s1} [N/mm^2]	Dureza (HB)	mc ou z
Aços Sem liga	 C = 0,10%–0,25% C = 0,25%–0,55% C= 0,55%–0,80%	1.500 1.600 1.700 1.800 2.000	125 150 170 210 300	0,25 0,25 0,25 0,25 0,25
Baixa liga (elementos de liga ≤ 5%)	Não temperados Temperados revenidos	1.700 2.000 2.300	175 275 350	0,25 0,25 0,25
Alta liga (elementos de liga > 5%)	Recozidos Aços-ferramenta endurecidos	150 2.150 2.900 3.100	200 200 300 380	0,25 0,25 0,25 0,25
Fundidos	Sem liga Baixa liga (elementos de liga ≤ 5%) Alta liga (elementos de liga > 5%)	1.400 1.600 1.950	150 200 200	0,25 0,25 0,25
Aços inoxidáveis Ferríticos/martensíticos	 Não endurecidos PH-endurecidos Endurecidos	1.800 2.800 2.300	200 330 330	0,21 0,21 0,21 0,21
Austeníticos	Não endurecidos PH-endurecidos	2.000 2.800	200 330	0,21 0,21

continuação

Material		Força de corte específica k_{s1} [N/mm²]	Dureza (HB)	*mc* ou *z*
Austeníticos-ferríticos (Duplex)	Não soldáveis C ≥ 0,05%C Soldáveis < 0,05%C	2.000 2.400	230 260	0,21 0,21
Aços inoxidáveis-fundidos Ferríticos/martensíticos	Não endurecidos PH-endurecidos Endurecido	1.700 2.500 2.100	200 330 330	0,25 0,25 0,25
Austeníticos	Austeníticos PH-endurecidos	1.800 2.500	200 330	0,25 0,25
Austeníticos-ferríticos (Duplex)	Não soldáveis ≥ 0,05%C Soldáveis < 0,05%C	1.800 2.200	230 260	0,25 0,25
Superligas resistentes ao calor à base de ferro	 Recozidas ou tratadas em solução e envelhecidas ou tratadas em solução e envelhecidas	2.400 2.500	200 280	0,25 0,25
À base de níquel	Recozidas ou tratadas em solução e envelhecidas ou tratadas em solução e envelhecidas Fundidas ou fundidas e envelhecidas	2.650 2.900 3.000	250 350 320	0,25 0,25 0,25
À base de cobalto	Recozidas ou tratadas em solução Tratadas em soluções e envelhecidas Fundidas ou fundidas e envelhecidas	2.700 3.000 3.100	200 300 320	0,25 0,25 0,25
Ligas de titânio	Comercial puro (99,5% Ti) α, ligas próximo α e $\alpha + \beta$ recozidas, ligas $\alpha + \beta$ em condições envelhecidas, ligas β recosidas e envelhecidas	1.300 1.400 1.400	Rm² 400 950 1050	 0,23 0,23 0,23
Ferros fundidos maleáveis	Ferríticos (cavacos curtos) Perlíticos (cavacos longos)	800 900	130 250	0,28 0,28
Ferros fundidos cinzentos	Baixa resistência à tensão Alta resistência à tensão	900 1.100	180 245	0,28 0,28
Ferros fundidos Nodulares	Ferríticos Perlíticos	900 1.350	160 250	0,28 0,28

continuação				
Material		Força de corte específica k_{s1} [N/mm²]	Dureza (HB)	*mc* ou *z*
Aços extraduros	Temperados e revestidos	4.200	59HRc	0,25
Ferros fundidos e coquilhados Fundidos ou fundidos e envelhecidos		2.200	400	0,28
Ligas de alumínio Forjadas ou forjadas e envelhecidas	Forjadas ou forjadas e tratadas a frio, não envelhecidas	400 650	60 100	
Ligas de alumínio	Fundidas, não envelhecidas Fundidas ou fundidas e envelhecidas	600 700	75 90	0,25 0,25
Ligas de alumínio	Ai > 99%	350	30	
Ligas de alumínio	Fundidas, 13%–15% Si Fundidas, 16%–22% Si	700 700	130 130	
Cobre e ligas de cobre	Ligas de corte livre ≥ 1%Pb Latão bronze, com chumbo, ≤ 1%Pb Bronze, e cobre sem chumbo incluindo cobre eletrônico	550 550 1.350	110 90 100	0,25 0,25

$$Kg = k_{S1} \cdot Hm^{-z}$$

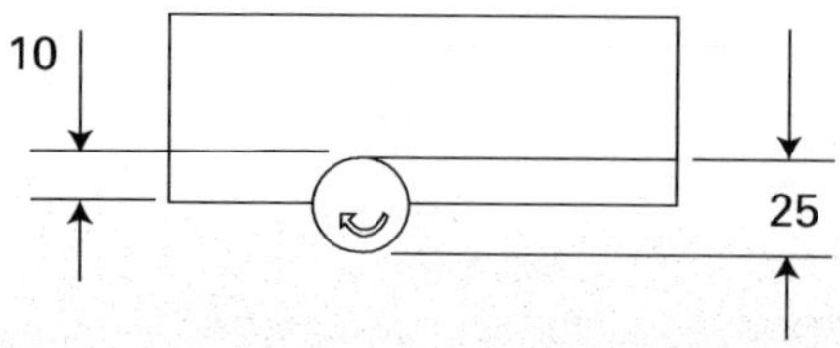

Condições:

Fresa (diâmetro): 25 mm

Largura fresada: 10 mm

Material		Força de corte específica k_{s1} [N/mm²]	Dureza (HB)	mc ou z
Aços		1.500	125	0,25
Sem liga	C = 0,10%–0,25%	1.600	150	0,25
	C = 0,25%–0,55%	1.700	170	0,25
	C = 0,55%–0,80%	1.800	210	0,25
		2.000	300	0,25
Baixa liga	Não temperados	1.700	175	0,25
(elementos de liga ≤ 5%)	Temperados e revenidos	2.000	275	0,25
		2.300	350	0,25
Alta liga	Recozidos	1.950	200	0,25
(elementos de liga > 5%)	Aços-ferramenta endurecidos	2.150	200	0,25
		2.900	300	0,25
		3.100	380	0,25
Fundidos	Sem liga	1.400	150	0,25
	Baixa liga (elementos de liga ≤ 5%)	1.600	200	0,25
	Alta liga (elementos de liga > 5%)	1.950	200	0,25
Aços inoxidáveis				
	Não endurecidos	1.800	200	0,21
Ferríticos/martensíticos	PH-endurecidos	2.500	330	0,21
	Endurecidos	2.100	330	0,21
Austeníticos	Não endurecidos	2.000	200	0,21
	PH-endurecidos	2.800	330	0,21
Austeníticos-ferríticos	Não soldáveis C ≥ 0,05%C	2.000	230	0,21
(Duplex)	Soldáveis < 0,05%C	2.400	260	0,21
Aços inoxidáveis-fundidos	Não endurecidos	1.700	200	0,25
Ferríticos/martensíticos	PH-endurecidos	2.500	330	0,25
	Endurecido	2.100	330	0,25
Austeníticos	Austeníticos	1.800	200	0,25
	PH-endurecidos	2.500	330	0,25
Austeníticos-ferríticos	Não soldáveis ≥ 0,05%C	1.800	230	0,25
(Duplex)	Soldáveis < 0,05%C	2.200	260	0,25
Superliga resistente ao calor		2.400	200	0,25
à base de ferro	Recozidas ou tratadas em solução e envelhecidas ou tratadas em solução e envelhecidas	2.500	280	0,25

continuação				
Material		Força de corte específica k_{s1} [N/mm²]	Dureza (HB)	*mc* ou *z*
À base de níquel	Recozidas ou tratadas em solução e envelhecidas ou tratadas em solução e envelhecidas Fundidas ou fundidas e envelhecidas	2.650 2.900 3.000	250 350 320	0,25 0,25 0,25
À base de cobalto	Recozidas ou tratadas em solução Tratadas em soluções e envelhecidas Fundidas ou fundidas e envelhecidas	2.700 3.000 3.100	200 300 320	0,25 0,25 0,25
Ligas de titânio[1]	Comercial puro (99,5% Ti) α, ligas próximo α e $\alpha + \beta$ recozidas, ligas $\alpha + \beta$ em condições envelhecidas, ligas β recozidas e envelhecidas	1.300 1.400 1.400	Rm[2] 400 950 1050	 0,23 0,23 0,23
Ferros fundidos maleáveis	Ferríticos (cavacos curtos) Perlíticos (cavacos longos)	800 900	130 250	0,28 0,28
Ferros fundidos cinzentos	Baixa resistência à tensão Alta resistência à tensão	900 1.100	180 245	0,28 0,28
Ferros fundidos Nodulares	Ferríticos Perlíticos	900 1.350	160 250	0,28 0,28
Aços extraduro	Temperados e revestidos	4.200	59 HRC	0,25
Ferros fundidos e coquilhados Fundidos ou fundidos e envelhecidos		2.200	400	0,28
Ligas de alumínio	Forjadas ou forjadas e tratadas a frio, não envelhecidas Forjadas ou forjadas e envelhecidas	400 650	60 100	
Ligas de alumínio	Fundidas, não envelhecidas Fundidas ou fundidas e envelhecidas	600 700	75 90	0,25 0,25
Ligas de alumínio	Ai > 99%	350	30	
Ligas de alumínio	Fundidas,13%–15% Si Fundidas,16%–22% Si	700 700	130 130	
Cobre e ligas de cobre	Ligas de corte livre ≥ 1%Pb Latão bronze com chumbo, ≤ 1%Pb Bronze e cobre sem chumbo, incluindo cobre eletrônico	550 550 1.350	110 90 100	0,25 0,25

$$Kg = K_{S1} \cdot Hm^{-z}$$